高等学校电子信息类专业系列教材·新形态

Digital Signal Processing

数字信号处理

伍永峰　编著

视频　课件
大纲　教案
源码　建议

郑州大学出版社

内容简介

　　本书系统阐述了数字信号处理的基本概念、基本原理、基本分析方法、基本算法、实现方法及应用。全书共 8 章内容(不含绪论),包括:离散时间信号与离散时间系统的时域分析、离散时间信号与离散时间系统的频域分析、离散傅里叶变换、快速傅里叶变换、无限长脉冲响应数字滤波器的设计、有限长脉冲响应数字滤波器的设计、数字信号处理的实现以及数字信号处理实验。章后配有自测题、习题与上机题,供学习者进行自我检测。本书配有多媒体课件、实验讲义、MATLAB 和 C 程序实例、MATLAB 和 C 程序源代码、微课视频等教学辅助材料,适合课堂讲授、课程实验和课程设计各个环节的教学要求,读者可以扫二维码获取。

　　本书概念清楚、理论分析透彻,充分反映了数字信号处理的新理论、新技术、新方法和新应用,特别是自始至终运用 MATLAB 来阐述基本概念和基本原理,将经典理论与现代技术相结合,使知识点的叙述更加清楚易懂。

　　本书为高等院校信息工程、电子信息工程、通信工程、电子科学与技术、电气工程及其自动化、自动化、计算机科学等专业本科生教材,也可供从事信息处理、通信、电子技术等方面的工程技术人员及有关科研、教学人员参考使用。

图书在版编目(CIP)数据

数字信号处理 / 伍永峰编著. —郑州:郑州大学出版社,2022.8
ISBN 978-7-5645-8786-4

Ⅰ.①数…　Ⅱ.①伍…　Ⅲ.①数字信号处理　Ⅳ.①TN911.72

中国版本图书馆 CIP 数据核字(2022)第 099666 号

数字信号处理

SHUZI XINHAO CHULI

策划编辑	祁小冬	封面设计	苏永生
责任编辑	吴　波	版式设计	凌　青
责任校对	刘永静	责任监制	凌　青　李瑞卿

出版发行	郑州大学出版社	地　址	郑州市大学路 40 号(450052)
出 版 人	孙保营	网　址	http://www.zzup.cn
经　销	全国新华书店	发行电话	0371-66966070
印　刷	郑州印之星印务有限公司		
开　本	787 mm×1 092 mm　1 / 16		
印　张	18.5	字　数	440 千字
版　次	2022 年 8 月第 1 版	印　次	2022 年 8 月第 1 次印刷

书　号	ISBN 978-7-5645-8786-4	定　价	39.00 元

前言

进入 21 世纪以来,电子信息技术得到了巨大的发展,数字化、信息化和智能化已深刻地影响并改变着人类的生存和发展方式。

数字信号处理课程是电子信息类学科的核心课程,相关的原理和技术是通信和自动控制等诸多学科的基础。目前,对数字信号处理课程的教学理念、教学内容、教学方法以及实验教学等提出了很多新的、更高的要求。为了适应数字信号处理新理论与新技术的发展,满足普通高等院校教学的需要,培养学生学习知识、分析并解决问题的能力,教材必须逐步更新。

本书系统地介绍了数字信号处理的基本原理、基本概念、基本分析方法与基本算法及应用。全书共分为 8 章内容(不含绪论),分别为离散时间信号与离散时间系统的时域分析、离散时间信号与离散时间系统的频域分析、离散傅里叶变换、快速傅里叶变换、无限长脉冲响应数字滤波器的设计、有限长脉冲响应数字滤波器的设计、数字信号处理的实现、数字信号处理实验。

本书具有的特色:

(1)以立德树人为根本,遵循"夯实基础,拓宽口径,重视设计,突出综合,强化实践"的原则,以学生为中心,线上线下结合,通过数字信号处理的理论课与实验课教学,对学生进行系统化的专业理论与工程项目训练,培养学生的工程意识、工程素养、工程研究与工程创新能力。

(2)课程思政与专业教学无缝对接、有机结合,开展符合课程实际和专业特点的课程思政教育,培养更加符合新时代、新工科人才培养目标要求的,既有专业素养又有家国情怀、强烈的社会责任感、美好道德情操、深厚人文底蕴的社会主义建设者和接班人。

(3)以 OBE(Outcomes-Based Education,基于学习产出的教育)工程教育的理念为基准,依据"新工科"人才培养目标的要求,全书立足于电子信息领域高素质人才培养,发挥实践需求引领、工程特色鲜明的优势,可有力支撑雷达探测、卫星导航、通信技术、图像处理、模式识别、人工智能、地震监测、家用电器、医疗设备、环境监测、汽车产业等研究方向。全书对于一些重点性的分析方法、算法、设计方法等给出了完整性的 MATLAB 仿真，并对新技术条件下基于模型的数字信号处理系统的设计方法以及基于模型的数字信号处理系统 C 语言、HDL 语言自动代码生成技术进行了详细讲解，注重对学生应用现代技术条件和方法分析解决工程实际问题的综合能力的培养。

（4）全书学习目标分为知识目标、能力目标和素质目标。知识目标：掌握数字信号处理的时域、频域及变换域分析，包括离散傅里叶变换、快速傅里叶变换、数字滤波器设计与实现、有限字长效应等。能力目标：通过数字信号处理理论课的学习，培养理论分析能力；通过综合实验，增强实践操作能力；通过解决通信系统、数字图像处理中的实际问题，提高工程应用能力。素质目标：培养创新理念与创新精神；通过工程实践，培养精益求精的工匠精神、科学精神与爱国主义情怀。在论述数字信号处理理论和知识体系的同时，将知识体系进行系统总结，结合学科发展和应用领域变革，浓缩知识内容，力求把握基础理论与应用、深度与广度的关系，实现知识到能力的迁移，注重工程实践能力培养。

（5）满足多层次的教学需求，充分汲取经典教材和课程改革的精华，根据当前数字信号处理的发展现状，系统、全面地阐述数字信号处理的理论体系，突出基本概念、基本原理、基本分析方法、实现方法和相关应用。概念的定义精确、严密且逻辑性强，对于一些难于理解的问题，做出详尽而易于理解的解释；重点算法的实现方法用传统的 MATLAB 仿真，全书力求做到系统性、科学性、启发性、先进性和适用性。

（6）采用三步教学方法的结构，充分利用 MATLAB 的优势。第一步，每章从讨论基本理论和算法开始；第二步，给出一些人工求解计算实例；第三步，用 MATLAB 推演讲解。开始时尽量提供详细的 MATLAB 源程序以及详尽的注释，以便学生在计算机上验证这些例子。本书中所罗列的程序就执行速度而言，不一定是最快的，也不一定是最简洁的，但表达是最清晰的。

（7）本书通过大量的简单但实用的例子，遵循一般例题和典型例题相结合，基础习题和提高习题相结合，以满足不同层次（学校、学生）的需求，每章都有习题和上机实验题，每章最后配有自测题，以供学习者进行自我检测。另外，还配有电子课件、习题解答、程序实例等教学辅助材料，适合课堂讲授、课程实验和课程设计各个环节的教学要求。

全书由伍永峰编著，宁夏大学民族预科学院赖永菁老师统稿与校对。

本书获 2022 年宁夏大学高水平教材出版基金资助。本书是 2021 年国家级和省级一流本科专业建设点——宁夏大学物理与电子电气工程学院电子信息工程专业的重点建设教材之一，宁夏回族自治区"十三五"电气信息类重点专业群建设的研究成果之一，教育部产学合作协同育人项目（项目编号：202002051001）建设的成果之一。

本书可作为普通高等学校电子信息类和相近专业的本科生和专业硕士研究生的教材以及非电子信息类专业硕士研究生的教材，也可以作为相关专业工程技术人员的参考书。

由于作者自身水平有限，书中难免有错误与不妥之处，敬请读者批评指正。读者反馈信息可以发送至：wyfxk09208@163.com。

编　者

2022 年 6 月

目　录

第0章 绪 论

自从 1965 年库利和图基提出快速傅里叶变换(Fast Fourier Transform,FFT)算法以来,随着计算机和信息科学的发展,数字信号处理(Digital Signal Processing,DSP)已经形成了一门独立、完备的学科体系。数字信号处理是利用计算机或者专用处理设备,以数值计算的方法对信号进行采集、变换、滤波、综合、压缩、识别、增强、估值等加工处理从而提取有用信息便于利用。进入 21 世纪以来,数字信号处理无论是在理论体系还是在实现的技术方面都得到了巨大的发展,使得人类信息技术从数字化过渡到了信息化和智能化,极大地推动了社会生产力的发展,是人类历史上前所未有的大发展阶段。

一、信号、系统、数字信号处理

信号是信息的物理载体,或者定义为携带信息的函数,信息则是信号的具体内容。信号是多种多样的,根据载体不同可以将信号分为电信号和非电信号。在各种信号中,电信号是最便于处理、传输的,是应用最广泛的。对于工程实际中的非电信号如温度、湿度、压力、速度、位移、电场强度、声音和图像等非电信号,人们总是通过相应的传感器将其转换为电信号,这些电信号经过 A/D 转换后转化为数字信号进行处理。信号表现上可分为任意时刻能够精确确定信号取值的确定性信号和任意时刻不能精确确定信号取值的随机信号。信号以函数形式表征时,其自变量可以是时间、频率或者其他的物理量,按照自变量数划分为一维信号、二维信号或者多维信号;按照自变量是连续或者离散,可以把信号划分为连续信号和离散信号;按照周期性可以划分为周期信号和非周期信号;按照信号取值的有限多个和无限多个又可以将信号划分为无限长信号和有限长信号。

本书主要讨论的是一维的确定性信号的处理原理和实现方法。

绝大多数的一维信号按照时间和其幅度划分为四种信号:

(1)连续时间信号:时间取值是连续的,幅度取值可以是连续的、也可以是离散的。

(2)模拟信号:时间连续、幅度也连续的信号。

(3)离散时间信号:时间取值离散,幅度取值可以是连续的,也可以是离散的。本书中也称为序列,也可认为是对模拟信号进行等间隔的采样信号。本书不讨论非等间隔采样信号。

(4)数字信号:时间离散、幅度离散的信号。其幅度是按照二进制编码量化,是对离散时间信号量化后的信号。

系统的定义为处理信号的各种物理设备,或者说,凡是能够将信号经过处理达到人们要求的各种设备(包括软件)都称为系统。系统按照处理的信号不同分为四类:

（1）模拟系统：处理模拟信号的系统，即系统输入和输出均为模拟信号。模拟系统一般由电阻、电感、电容、半导体器件以及模拟集成电路构成。

（2）连续时间系统：处理连续时间信号的系统，系统的输入、输出均为连续时间信号。

（3）离散时间系统：处理离散时间信号的系统，即系统的输入、输出均为离散时间信号。

（4）数字系统：处理数字信号的系统，即系统的输入和输出均为数字信号。一般由CPU加上一些常用的外设组成。

二、数字信号处理主要研究的问题概述

在国际上一般把1965年库利和图基提出快速傅里叶变换作为数字信号处理这一学科的开端，这一算法的提出，开辟了数字信号处理学科发展的广阔的前景。

数字信号处理和许多学科紧密相关，数学的重要分支微积分、概率论与随机过程、复变函数、高等代数及数值计算等都是它极为重要的分析工具；而网络理论、信号与系统则是其理论基础，它与很多学科领域，例如通信理论、计算机科学、大规模集成电路与微电子学、消费电子、生物医学、人工智能、最优控制及军事电子学等结合都很紧密，并对它们的发展起着主要的促进作用。

总之，数字信号处理已形成一个和国民经济紧密相关的独立的、完整的学科理论体系，这些理论主要包括：

（1）信号的转换：利用多种多样的传感器实现各种非电信号转换为电信号，很多的传感器都自带高精度的A/D转换器，可以很可靠、方便地使用，这一点也是反映一个国家数字信号处理水平的显著标志。

（2）信号的采集：A/D技术、抽样定理、多采样率数字信号处理、量化噪声分析等；

（3）离散信号的分析：时域分析和频域分析，信号的变换、合成与追踪；

（4）离散系统分析：系统的描述、系统的时域和频域分析、系统的设计与综合等；

（5）算法研究：快速傅里叶变换、快速卷积与相关算法；

（6）数字滤波技术：IIR、FIR和自适应滤波等；

（7）信号的估值：各种估值理论、相关函数与功率谱分析和估计等；

（8）信号的建模：包括AR、MA、ARMA、CAPON、PRONY等；

（9）多采样率数字信号处理理论及应用；

（10）现代谱分析理论与技术；

（11）数字信号处理的实现；

（12）数字信号处理的应用。

贯穿整个数字信号处理的核心问题是离散傅里叶变换以及快速傅里叶变换算法，离散傅里叶变换实现了信号在频域内的离散化，而各种快速傅里叶变换算法则使很多数字信号处理的速度得到极大提高，真正地实现了高速实时性的数字信号处理。

三、数字信号处理系统的基本组成

图0-1是数字信号处理系统的框图，既可以实现数字信号的处理，也可以实现模拟信号的处理。其中的处理器根据实际需要，可以采用符合要求的CPU。

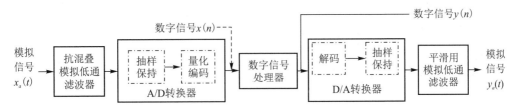

图0-1 数字信号处理系统的组成框图

处理模拟信号的基本流程:传感器将所要处理的模拟信号转换为相应的电信号 $x_a(t)$,经过抗混叠的模拟低通滤波使信号变为带限信号(满足奈奎斯特采样定理的要求),然后进入 A/D 转换器将模拟信号经过采样、保持、量化和编码转换为数字信号 $x(n)$,随后送入处理器进行数字化处理。根据实际需要,若所需为数字信号则直接输出数字信号 $y(n)$;若需要输出模拟信号,则经过 D/A 转换器将数字信号转换为模拟信号,之后经过模拟低通滤波器消除高频信号成分得到光滑的所需要的模拟信号 $y_a(t)$。

处理数字信号的基本流程:直接将代表数字信号的序列 $x(n)$ 送入处理器,由处理器根据系统功能的要求经过处理后得到数字输出信号 $y(n)$,同样根据需要可以输出模拟信号 $y_a(t)$。

数字信号处理是利用数字信号处理系统对数字信号(包括数字化后的模拟信号)进行处理,所处理的信号在时间上和幅度上均为离散化信号;离散时间信号处理是应用离散时间系统对离散时间信号进行处理,所处理的信号是在时间上离散而幅度连续的信号;当用数字信号处理去完成离散时间信号的处理时,不仅要在幅度上对离散时间信号进行"量化",而且要对离散时间系统的系数也进行"量化"。量化问题在后续章节重点进行讲述。

四、数字信号处理的特点

由于数字信号处理是用数值运算的方式实现对信号的处理,因此,相对模拟信号处理,数字信号处理主要有以下优点。

(1)精度高:在计算精度方面,模拟系统是不能和数字系统相比拟的。模拟系统的精度由所使用的元件精度决定,模拟元件的精度很难达到 10^{-3} 以上;而数字系统的精度是由数字系统的采样频率、架构和字长决定的。运算位数由 8 位到 16、32、64 位等。例如,一个 14 位字长的数字系统可以达到 10^{-4} 的精度,因此,在高精度系统中只能采用数字系统。

(2)可靠性强:由于数字系统里的信息只有"0"和"1"两个高低电平表示,因而数字系统受温度、噪声、环境和系统自身的电磁干扰等的影响很小,尤其是使用了大规模集成电路后,设备简化,进一步提高了系统的稳定性和可靠性。而模拟系统中的元件性能受温度的影响较大,并且电平是连续变化的,易受温度、噪声和环境的电磁干扰等影响。

(3)灵活性:数字信号处理系统(简称数字系统)的性能取决于三个因素:采样频率、架构和字长。系统参数存储在存储器中,很容易改变,甚至通过参数的改变,系统可以变成各种完全不同的系统。

(4)便于大规模集成:数字部件具有高度的规范性,便于大规模集成和大规模生产,性价比不断提高,这也是 DSP 芯片和超大规模可编程器件发展迅速的主要原因之一。由于采用了大规模集成电路,数字系统体积小、质量轻、可靠性强,可以实现模拟系统无法实现的诸多功能。

(5)时分复用:用一套数字系统分时处理多路信号。数字系统可以实现智能系统的功能,可根据环境条件、用户需求,自动选择最佳的处理算法。例如,软件无线电等。软件无线电的基本思想就是:将宽带 A/D 变换器及 D/A 变换器尽可能地靠近射频天线,建立一个具有"A/D-DSP-D/A"模型的通用的、开放的硬件平台,在这个硬件平台上尽量利用软件技术来实现电台的各种功能模块。例如,通过可编程数字滤波器对信道进行分离;使用数字信号处理(DSP)技术,通过软件编程来实现通信频段的选择以及完成传送信息抽样、量化、编码/解码、运算处理和变换等;通过软件编程实现不同的信道调制方式的选择,如调幅、调频、单边带、跳频和扩频等;通过软件编程实现不同的保密结构、网络协议和控制终端功能等。

(6)可获得高性能指标:数字信号可以存储,数字系统可以进行各种复杂的变换和运算。这一优点更加使数字信号处理不再仅仅限于对模拟系统的逼近,它可以实现模拟系统无法实现的诸多功能。例如,对信号进行频谱分析,用模拟频谱仪只能分析到 10 Hz 的频率;但在数字频谱分析中,已经可以做到 10^{-3} Hz;又如,有限长脉冲响应数字滤波器可实现精确的线性相位,模拟滤波器是达不到这一要求的。

由于数字信号处理的突出优点,使得它在通信、语音、雷达、地震测报、声呐、遥感、生物医学、家电、仪器仪表等领域得到广泛的应用。

五、数字信号处理的实现

数字信号处理的主要对象是数字信号,且是采用数值运算的方法达到处理目的的。因此,其实现方法不同于模拟信号处理的实现方法。数字信号处理的实现方法基本上可以分为两种,即软件实现方法和硬件实现方法。软件实现方法指的是按照原理和算法,自己编写程序或者采用已有的程序在通用计算机上实现;硬件实现是按照具体的要求和算法,设计硬件结构图,用乘法器、加法器、延时器、控制器、存储器以及输入输出接口等基本部件实现的一种方法。

(1)采用通用计算机用软件实现:软件实现灵活,只要改变程序中的有关参数就可以改变系统的相关技术指标和性能,但是运算速度慢,一般达不到实时处理,因此,这种方法适合于算法研究和仿真。硬件实现运算速度快,可以达到实时处理要求,但是不灵活,很少用在实时系统,主要用于教学和科研的前期研究和仿真。

(2)用单片机实现:属于软硬结合实现,由于单片机发展应用已经很久,价格便宜,且功能很强,根据不同应用需求配备不同的单片机实现实时控制,但单片机的最大缺陷是处理的数据量不能太大,不能用于复杂的数字信号处理。

(3)利用通用的 DSP 芯片实现:利用通用的 DSP 芯片,配以数字信号处理软件,既灵活,速度又比软件方法快。因为 DSP 芯片比通用单片机有更为突出的优点,它结合了数字信号处理的特点,内部配有专用的乘法累加器,结构上采用流水线工作方式以及并行结构、多总线,且配有适合数字信号处理的指令,是一种可实现高速运算的微处理器。

(4)利用专用的 DSP 芯片实现:利用市场上推出的专用的 FFT、有限长脉冲响应滤波器、卷积运算、相关分析等专用数字芯片,完成特定的功能。这种方法的速度高,但功能单一,灵活性差。

(5)应用可编程逻辑器件 FPGA(Field Programmable Gate Array,现场可编程逻辑门阵列)实现:FPGA 实现数字信号处理具有明显的优势。其一,FPGA 具有很强的运算能力,因为 FPGA 内部有大量的硬线 MAC(Multiply Accumulator),这些 MAC 在全流水线下可高速运行;其二,FPGA 具有极大的灵活性,在 FPGA 内部可采用全并行、半并行和串行三种结构,可以根据资源与速度均衡的原则选择信号的传输方式,达到优化;其三,通过集成可降低系统的成本。

数字信号处理经历了单片 DSP 处理器、多片 DSP 处理器并行工作的架构模式。目前,主流的也是用得最多的数字信号处理器的架构采用的是 FPGA+DSPs 处理器模式或者 FPGA+DSPs+ARM 处理器模式,兼顾了灵活性与高性能。

综上所述,如果从数字信号处理的实际应用情况和发展考虑,数字信号处理的实现方法分为软件实现和硬件实现两大类。而硬件实现指的是选用合适的 DSP 芯片,配有适合芯片语言及任务要求的软件,实现某种信号处理功能的一种方法。这种系统无疑是一种最佳的数字信号处理系统。对于更高速的实时系统,DSP 的速度也不满足要求时,应采用可编程器件或开发专用芯片来实现。

六、数字信号处理的应用

数字信号处理的理论和技术一出现就受到人们的极大关注,发展非常迅速,形成了一套完整的理论体系,可以说,数字信号处理是发展最快、应用最广泛、成效最显著的学科之一。目前,随着集成电路性价比的不断提高,数字信号处理已广泛应用。

(1)信号处理:如数字滤波、自适应滤波、快速傅里叶变换、Hibert 变换、相关运算、频谱分析、卷积、模式匹配、窗函数和任意波形的生成等。

(2)通信:调制解调、自适应均衡、数据加密、数据压缩、回波抵消、多路复用、传真、扩频通信、移动通信、纠错编码、可视电话、高性能的路由器等。

(3)图形图像处理:二维和三维图形处理、图像的压缩与传输、图像鉴别、图像增强、图像转换、模式识别、动画、电子地图、机器人视觉。

(4)语音编码、语音合成、语音识别、语音增强、语音邮件、语音存储、文本-语音转换。

(5)军事:保密通信、雷达处理、声呐处理、导航、制导、全球定位(GPS、北斗)、电子对抗、搜索跟踪、情报收集与处理等。

(6)仪器仪表:频谱分析、函数发生、数据采集、锁相环、暂态分析、石油/地质勘探、地震预报与地震信号处理等。

(7)自动控制:引擎控制、发动机控制、声控、自动驾驶、机器人控制、神经网络控制等。

(8)医疗工程:助听器、X 射线扫描、心电图/脑电图、超声波设备、核磁共振、网络诊断、病人监护等。

(9)家用电器:高保真音响、音乐合成、音调控制、玩具与游戏、数字电话、电视、变频空调、机顶盒等。

(10)计算机:震裂处理器、图形加速器、工作站、多媒体计算机等。

数字信号处理涉及的内容非常广泛,其所应用的数学工具涉及微积分、随机过程、高等代数、数值分析、复变函数、数值方法和各种变换等;数字信号处理的理论基本包括网络理论、信号与系统、神经网络等;数字信号处理的实现技术又涉及计算机、DSP 技术、微电子技术、专用集成电路设计和程序设计等方面。

由此可见,要从事数字信号处理理论研究和应用开发工作,需要学习的知识很多。本书作为数字信号处理的基础教材,主要讲述数字信号处理的基本原理和基本分析方法,作为今后学习更多专业知识和技术的基础。

第1章 离散时间信号与离散时间系统的时域分析

【学习导读】

在绪论里已经阐述过,根据信号在时间和幅度上的连续性与离散性,将信号分为连续时间信号和离散时间信号。连续时间信号是时间取值连续,幅度取值可以连续也可以离散的信号;模拟信号(analog signal)是连续信号的一种,其在时间上和幅度取值上都是连续的。离散时间信号(discrete time signal)是时间取值离散,幅度取值可以连续也可以离散的信号,本书中用序列 $x(n)$ 表示;数字信号(digital signal)是时间离散、幅度离散的信号,可以认为数字信号是离散时间信号的一种,其幅度是按照二进制编码量化,是对离散时间信号量化后的信号。

【学习目标】

- 知识目标:①掌握离散时间信号——序列的表示方法、序列运算、序列的周期性;②掌握离散时间系统的线性、时不变性、因果性及稳定性。
- 能力目标:掌握离散时间信号与系统的时域分析方法,提升自身应用 MATLAB 分析、解决数字信号处理问题的能力。
- 素质目标:通过模拟信号数字处理的学习培养工程研究能力与工程素养,深刻体会精益求精的工匠精神;理解不断探索、不断创新的科学精神。

1.1 离散时间信号——序列

1.1.1 离散时间信号的表示方法

对模拟信号 $x_a(t)$ 进行等间隔采样,采样间隔为 T,得到:

$$x(n)=x_a(t)\big|_{t=nT}=x_a(nT) \quad -\infty<n<+\infty \tag{1-1}$$

$x(n)$ 是一串有序数字的集合,是整数 n 的函数,为离散时间序列(discrete time series)。注意这里 n 取整数,非整数时无定义。

1.用集合符号表示序列

数的集合用集合符号 $\{\cdot\}$ 表示。离散时间信号是一个有序的数的集合,可表示成集合:

$$x(n)=\{x_n,n=\cdots,-2,-1,0,1,2,\cdots\}$$

集合中有下划线的元素表示 $n=0$ 时刻的采样表。

2. 用函数表示序列

将 $x(n)$ 表示为 n 的函数,例如:

$$x(n) = \cos(0.2\pi n) + \sin(0.3\pi n), -\infty < n < +\infty$$

3. 用图形表示序列

例如,图 1-1 表示序列 $x(n) = \sin(0.1\pi n)$,图 1-2 表示序列 $x(n) = n$。

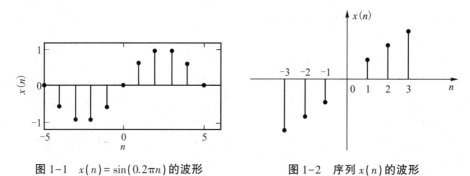

图 1-1 $x(n) = \sin(0.2\pi n)$ 的波形   图 1-2 序列 $x(n)$ 的波形

1.1.2 常用基本序列

1. 单位采样序列(unit sample sequence)$\delta(n)$

$$\delta(n) = \begin{cases} 1 & n=0 \\ 0 & n \neq 0 \end{cases} \qquad (1-2)$$

单位采样序列也称为单位脉冲序列,特点是仅在 $n=0$ 时取值为 1,其他均为 0。它类似于模拟信号和系统中的单位脉冲函数 $\delta(t)$,但不同的是 $\delta(t)$ 在 $t=0$ 时,取值无穷大,$t \neq 0$,取值为 0,对时间 t 的积分为 1。单位脉冲序列和单位冲激信号如图 1-3 所示。

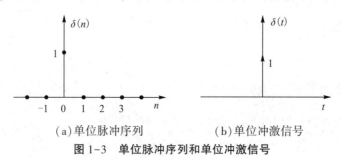

(a)单位脉冲序列   (b)单位冲激信号

图 1-3 单位脉冲序列和单位冲激信号

2. 单位阶跃序列(unit step sequence)$u(n)$

$$u(n) = \begin{cases} 1 & n \geq 0 \\ 0 & n < 0 \end{cases} \qquad (1-3)$$

单位阶跃序列如图 1-4 所示。它类似于模拟信号中的单位阶跃函数 $u(t)$,$\delta(n)$ 与 $u(n)$ 满足:

$$\delta(n) = u(n) - u(n-1) \tag{1-4}$$

$$u(n) = \sum_{k=0}^{\infty} \delta(n-k) \tag{1-5}$$

3.矩形序列(rectangular sequence)$R_N(n)$

$$R_N(n) = \begin{cases} 1 & 0 \leqslant n \leqslant N-1 \\ 0 & \text{其他} \end{cases} \tag{1-6}$$

式中,N 称为矩形序列的长度。当 $N=4$ 时,$R_4(n)$ 的波形如图 1-5 所示。矩形序列可用单位阶跃序列表示,如式(1-7):

$$R_N(n) = u(n) - u(n-N) \tag{1-7}$$

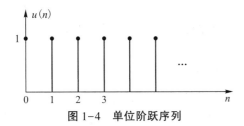

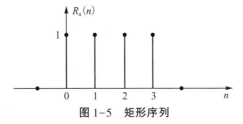

图 1-4　单位阶跃序列　　　　　图 1-5　矩形序列

4.实指数序列(real-valued exponential sequence)

$$x(n) = a^n u(n),\ a\ \text{为实数} \tag{1-8}$$

如果 $|a|<1$,$x(n)$ 的幅度随 n 的增大而减小,称 $x(n)$ 为收敛序列;如果 $|a|>1$,则称 $x(n)$ 为发散序列。其波形如图 1-6 所示。

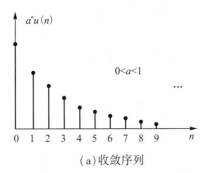

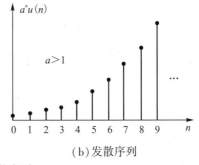

(a)收敛序列　　　　　　　　　(b)发散序列

图 1-6　实指数序列

5.正弦序列(sinusoidal sequence)

$$x(n) = \sin(\omega n + \varphi) \tag{1-9a}$$

式(1-9a)中,ω 称为正弦序列的数字域频率(也称为数字频率),单位是弧度,它表示序列变化的速率,或者说表示相邻两个序列值之间相位变化的弧度数。

如果正弦序列是由模拟信号 $x_a(t)$ 采样得到的,那么

$$x_a(t) = \sin(\Omega t)$$

$$x(n) = x_a(t)\big|_{t=nT} = \sin(\Omega nT) = \sin(\omega n)$$

因此,得到数字频率 ω 与模拟角频率 Ω 之间的关系为

$$\omega = \Omega T \tag{1-9b}$$

数字信号处理

式(1-9b)具有普遍意义,它表示凡是由模拟信号采样得到的序列,模拟角频率 Ω 与序列的数字域频率呈线性关系。由于采样频率 F_s 与采样周期 T 互为倒数,因而有

$$\omega = \Omega / F_s \tag{1-10}$$

式(1-10)表示数字域频率是模拟角频率对采样频率的归一化频率。对给定的模拟信号,其频率 Ω 是确定的,而对于由模拟信号采样得来的数字信号的频率 ω 是相对的,采样频率不同,数字信号的频率则不同。本书用 ω 表示数字域频率,Ω 表示模拟角频率和模拟频率。

6.复指数序列（complex-valued exponential sequence）

复指数序列用下式表示:

$$x(n) = \mathrm{e}^{(\sigma + \mathrm{j}\omega_0)n} \tag{1-11}$$

式(1-11)中,ω_0 为数字域频率。设 $\sigma = 0$,用极坐标和实部虚部表示如下式:

$$x(n) = \mathrm{e}^{\mathrm{j}\omega_0 n}$$

$$x(n) = \cos(\omega_0 n) + \mathrm{j}\sin(\omega_0 n)$$

7.周期序列

如果对所有 n 存在一个最小的正整数 N,使下面等式成立:

$$x(n) = x(n \pm N), N \text{ 为正整数} \tag{1-12}$$

则称序列 $x(n)$ 为周期性序列,周期为 N。

设 $x(n) = A\sin(\omega_0 n + \varphi)$,那么

$$x(n+N) = A\sin[\omega_0(n+N) + \varphi] = A\sin(\omega_0 n + \omega_0 N + \varphi)$$

如果要使 $x(n) = x(n+N)$ 成立,则要求 $N = (2\pi/\omega_0)k$ 中,k 与 N 均取整数,且 k 的取值要保证 N 是最小的正整数,满足这些条件,正弦序列才是以 N 为周期的周期序列。

具体正弦序列有以下三种情况:

(1)当 $2\pi/\omega_0$ 为整数时,$k=1$,正弦序列是以 $2\pi/\omega_0$ 为周期的周期序列。

例如,$\sin(\pi n/8)$,$\dfrac{2\pi}{\pi/8} = 16$,正弦序列的周期为 16。

(2)$2\pi/\omega_0$ 不是一个整数,而是一个有理数时,$2\pi/\omega_0 = P/Q$,式中 P、Q 是互为素数的整数,取 $k=Q$,那么 $N=P$,则该正弦序列是以 P 为周期的周期序列。

例如,$\sin(4\pi n/5)$,$2\pi/\omega_0 = 5/2$;取 $k=2$,该正弦序列是以 5 为周期的周期序列。

(3)$2\pi/\omega_0$ 是无理数,任何整数 k 都不能使 kN 为正整数,因此,此时的正弦序列不是周期序列。例如,$\omega_0 = 1/4$,$\sin(\omega_0 n)$ 不是周期序列。

对于复数指数序列的周期性也有和上面同样的分析结果。

以上介绍了基本序列及序列运算集中常用的典型序列,对于任意序列 $x(n)$,可以用单位脉冲序列的移位加权和表示:

$$x(n) = \sum_{m=-\infty}^{\infty} x(n)\delta(n-m)$$

这种表示对数字信号的分解、合成与跟踪具有重要意义。

1.1.3 序列的基本运算

数字信号处理中任何复杂的算法都是由序列的基本运算组成。序列的运算包括序

列的加法、乘法、移位、翻褶、尺度变换和卷积等。

1.加法

两个序列的和是指同序号的序列值逐项对应相加而构成一个新的序列。

$$z(n)=x(n)+y(n) \tag{1-13}$$

2.乘法

两个序列的乘积是指同序号的序列值逐项对应相乘而构成的一个新序列。

$$z(n)=x(n) \cdot y(n) \tag{1-14}$$

如图 1-7 所示是序列 $x_1(n)$ 和 $x_2(n)$ 的加法与乘法运算。

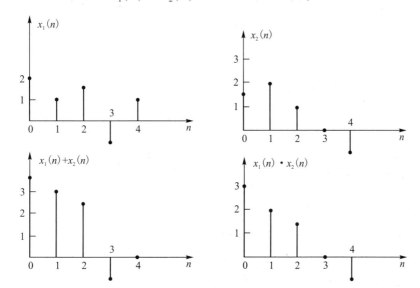

图 1-7　序列的加法和乘法

3.移位

序列为 $x(n)$,当 m 为正整数时,则 $x(n-m)$ 就是对序列逐项向右移位(延时);$x(n+m)$ 就是对序列 $x(n)$ 逐项向左移位(超前)。

4.翻褶

若序列为 $x(n)$,则 $x(-n)$ 是以 $n=0$ 的纵轴为对称轴加以翻褶。

5.尺度变换

令 $y(n)=x(Mn)$,是 $x(n)$ 序列每隔 M 点取一点形成的序列,相当于 n 轴的尺度变换,称为对信号进行 M 倍的抽取;令 $y(n)=x(n/L)$,称为由 $x(n)$ 作 L 倍的插值所产生的信号。

6.卷积

两个序列 $x(n)$ 和 $h(n)$ 的卷积定义为

$$y(n)=x(n)*h(n)=\sum_{m=-\infty}^{\infty}x(m)h(n-m)=\sum_{m=-\infty}^{\infty}h(m)x(n-m) \tag{1-15}$$

上述定义的卷积又称为两个序列的线性卷积,详见 1.2 节。

1.1.4　MATLAB 实现

产生单位脉冲序列和单位阶跃序列函数。

```
function [x,n] = impseq(n0,ns,nf)        % 生成单位脉冲序列及其移位序列
                                          % 移位 n0
n=[ns:nf];
x=[(n-n0)==0];
end
function [x,n] = stepseq(n0,ns,nf)       % 生成单位阶跃序列及其移位序列
                                          % 移位 n0
n=[ns:nf];
x=[(n-n0)>=0];
end
```

【例1-1】　用 MATLAB 实现基本序列。

```
ns=0;nf=10;np=0;ns3=-2;a=1.2;
[x1,n1]=impseq(np,ns,nf);[x2,n2]=stepseq(np,ns,nf);
np=3;[x5,n2]=stepseq(np,ns,nf);n3=[-10:3];
x4=[zeros(1,10),ones(1,4)];
n=[0:20];x=2*cos(pi/8*n);x3=a.^n;
subplot(2,3,1),stem(n1,x1);title('单位脉冲序列');
subplot(2,3,2),stem(n2,x2,'.');title('单位阶跃序列');
subplot(2,3,3),stem(n3,x4);title('矩形序列');axis([0,5,0,1.5]);
subplot(2,3,4),stem(n2,x5,'.');title('单位阶跃移位序列');
subplot(2,3,5),stem(n,x);title('正弦序列');
subplot(2,3,6),stem(n,x3);title('指数序列');
```

运行结果见图1-8。

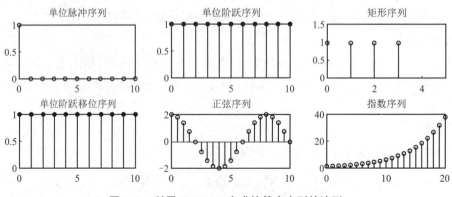

图 1-8　利用 MATLAB 生成的基本序列的波形

【**例 1-2**】　画出以下两个序列的波形图。

（1）$x(n) = \cos(0.04\pi n) + 0.2w(n)$，$0 \le n \le 120$。$w(n)$ 为具有零均值及单位方差的高斯随机信号。

（2）对调幅信号 $x(n) = \cos(2\pi f_m t) * \cos(2\pi f_c t)$ 进行等间隔采样，其中载波频率 $f_c = 1\,000$ Hz，调制信号频率 $f_m = 100$ Hz，采样频率为 $F_s = 10\,000$ Hz，采样点 $N = 128$。

```
n=[0:120];
x1n=cos(0.04* pi* n)+0.2* randn(size(n));
subplot(1,2,1);stem(n,x1n);grid;xlabel('n');ylabel('x(n)');
% xn=cos(2* pi* fm* n* T).* cos(2* pi* fc* n* T)
N=128;n=0:N-1;                    % N 为信号 x2n 的长度
Fs=1000;T=1/Fs;Tp=N* T;          % 采样频率 Fs=10kHz,Tp 为采样时间
t=0:T:(N-1)* T;k=0:N-1;f=k/Tp;
fc=Fs/10;                        % 调幅信号的载波频率 fc1=1000Hz
fm=fc/10;                        % 调幅信号的调制信号频率 fm1=100Hz
xm=cos(2* pi* fm* n* T);         % 产生调幅信号
xc=cos(2* pi* fc* n* T);         % 产生载波信号
x2n=cos(2* pi* fm* n* T).* cos(2* pi* fc* n* T);
                                 % 产生调幅信号
subplot(1,2,2);stem(n,x2n);grid;
xlabel('n');ylabel('x(n)');
```

结果如图 1-9 所示。

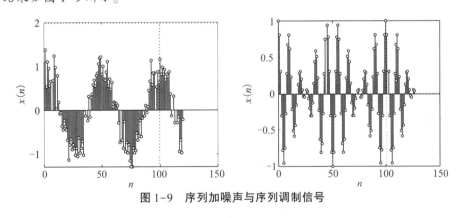

图 1-9　序列加噪声与序列调制信号

1.2　线性卷积

1.2.1　线性卷积的定义

设系统的输入序列为 $x(n)$，系统的初始输出 $y(0) = 0$，用单位脉冲序列的移位加权和形式表示为

$$x(n) = \sum_{m=-\infty}^{\infty} x(m)\delta(n-m) \qquad (1-16)$$

于是系统的输出序列

$$y(n) = T[x(n)] = T\left[\sum_{m=-\infty}^{\infty} x(m)\delta(n-m)\right] \qquad (1-17)$$

由于系统是线性的(加权和的响应等于响应的加权和),所以上式可以写成

$$y(n) = T[x(n)] = \sum_{m=-\infty}^{\infty} x(m)T[\delta(n-m)] \qquad (1-18)$$

$T[\delta(n-m)]$ 是系统在 $\delta(n-m)$ 作用下的输出。由于系统是移不变系统。所以满足

$$T[\delta(n-m)] = h(n-m)$$

因此,得到

$$y(n) = T[x(n)] = \sum_{m=-\infty}^{\infty} x(m)h(n-m) = x(n)*h(n) \qquad (1-19)$$

定义式(1-19)为 LTI 系统的线性卷积,简称卷积。因此,线性移不变系统的输出序列是输入序列与系统的单位脉冲响应的线性卷积,也称为卷积和。

1.2.2 线性卷积的性质

线性卷积服从交换律、结合律和分配律。分别用公式表示如下:

1.交换律

$$x(n)*h(n) = h(n)*x(n) \qquad (1-20)$$

2.结合律

$$x(n)*[h_1(n)*h_2(n)] = [x(n)*h_1(n)]*h_2(n) \qquad (1-21)$$

3.分配律

$$x(n)*[h_1(n)+h_2(n)] = x(n)*h_1(n)+x(n)*h_2(n) \qquad (1-22)$$

设 $h_1(n)$ 和 $h_2(n)$ 分别是两个系统的单位脉冲响应,$x(n)$ 表示输入序列。系统的结合律按照式(1-21)的右端,信号通过系统 $h_1(n)$ 处理后再通过系统 $h_2(n)$ 处理等效于按照式(1-21)左端,信号通过一个系统,该系统的单位脉冲响应为 $h_1(n)*h_2(n)$,如图 1-10(a)、(b)所示。换句话说,系统并联的等效系统的单位脉冲响应等于两个系统分别的单位脉冲响应之和。系统的分配律,按照式(1-22),信号同时通过两个系统相加,等效于信号通过一个系统,该系统的单位脉冲响应等于两个系统的单位脉冲响应的和,如图 1-10(c)、(d)所示。换句话说,系统并联的等效系统的单位脉冲响应等于两个系统分别的单位脉冲响应之和。

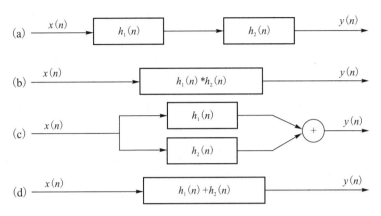

图 1-10　卷积的结合律和分配律

1.2.3　线性卷积的计算

1.线性卷积的计算基本步骤

对于给定的序列 $x(n)$ 和 $h(n)$，卷积

$$y(n) = x(n) * h(n) = \sum_{m=-\infty}^{\infty} x(m)h(n-m) = \sum_{m=-\infty}^{\infty} h(m)x(n-m) \qquad (1-23)$$

可以按照下列步骤计算：

(1)将 $x(n)$ 和 $h(n)$ 用 $x(m)$ 和 $h(m)$ 表示，并将 $h(m)$ 翻褶得到 $h(-m)$；

(2)将 $h(-m)$ 移位 n 得到 $h(n-m)$；

(3)将 $x(m)$ 和 $h(n-m)$ 相同的 m 的序列值对应相乘；

(4)将步骤(3)中的所有的乘积结果相加，得到移位为 n 时的卷积值 $y(n)$；

(5)改变移位值 n，重复步骤(2)～(4)，依次计算得到完整的序列卷积 $y(n)$。

2.卷积的计算方法

线性卷积的计算方法有：图解法、列表法、对位相乘相加法、向量-矩阵乘法和 MATLAB 求解。下面通过具体实例说明图解法、列表法、向量-矩阵法和应用 MATLAB 语言求解。

(1)图解法和列表法。

【例 1-3】　已知 $x(n) = R_4(n)$，$h(n) = R_4(n)$，求 $y(n) = x(n) * h(n)$。

解：卷积序列 $y(n)$ 的长度为 $L = M + N - 1 = 7$，依据上述计算方法得卷积结果

$$y(n) = x(n) * h(n) = \{1, 2, 3, 4, 3, 2, 1\}$$

图解法的过程如图 1-11 所示。

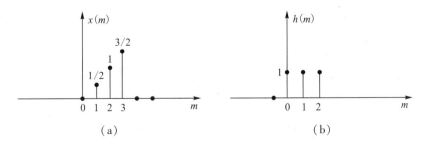

（a）　　　　　　　　　　　　（b）

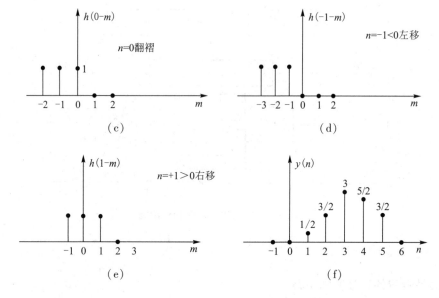

图 1-11   例 1-3 图解法计算线性卷积

列表法如图 1-12 所示,对角斜线上各数值就是 $x(m)h(n-m)$ 的值,而对角斜线上各数值的和就是 $y(n)$ 各项的值。这种列表法的原理和图解法一样,但可以省去作图过程。

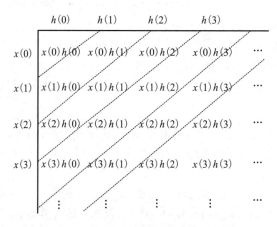

图 1-12   例 1-3 列表法计算线性卷积

(2)向量-矩阵乘法。

【例 1-4】 用向量-矩阵乘法计算两个序列 $x(n)$ 与 $h(n)$ 的线性卷积。

$x(n)=3\delta(n)+2\delta(n-1)+\delta(n-2)$,$h(n)=2\delta(n-1)+\delta(n-1)+\delta(n-2)$

解:设序列 $h(n)$ 的长度为 M,在 $0 \leqslant m \leqslant M-1$ 范围内有非零值,$x(n)$ 长度为 N,在 $0 \leqslant n \leqslant N-1$ 范围内有非零值,卷积序列 $y(n)$ 的取值范围是 $0 \leqslant n \leqslant N+M-1$。两个序列的卷积序列:

$$y(n) = T[x(n)] = \sum_{m=-\infty}^{\infty} x(m)h[\delta(n-m)]$$

对于每一个 n，上式改写为

$$y(n) = x(0)h(n) + x(1)h(n-1) + \cdots + x(N-1)h(n-N+1), n = 0,1,\cdots,L-1$$

写为矩阵的形式为

$$y(n) = [x(0), x(1), \cdots, x(N-1)] \begin{bmatrix} h(n) \\ h(n-1) \\ \vdots \\ h(n-N+1) \end{bmatrix}$$

若将 $y(n)$ 逐次加 1 写成行向量：

$$y(n) = [y(0), y(1), \cdots, y(L-1)]$$

把等式 h 向量顺序延列排列，且当 $n<0$ 时，$h(n)=0$，可以得到

$$[y(0), y(1), \cdots, y(N-1)] = [x(0), x(1), \cdots, x(N-1)] \begin{bmatrix} h(0) & h(1) & h(2) & \cdots & h(L-1) \\ 0 & h(0) & h(1) & \cdots & h(L-2) \\ 0 & 0 & h(0) & \cdots & h(L-3) \\ \vdots & \vdots & \vdots & \vdots & \vdots \\ 0 & 0 & 0 & \cdots & h(L-N) \end{bmatrix}$$

由以上表达式将卷积运算转换为矩阵乘法运算

$$y(n) = x\boldsymbol{H}$$

其中，矩阵 $\boldsymbol{H}$ 称为 Toeplitz 矩阵，矩阵有 N 行，$L=N+M-1$ 列。

用上述结果，当系统的输入和输出序列都是以数值给出时，就可以很快捷地计算矩阵。上述方法也是应用 MATLAB 计算线性矩阵的编程原理。

$$[y(0), y(1), y(2), y(3), y(4)] = [x(0), x(1), \cdots, x(2)] \begin{bmatrix} h(0) & h(1) & h(2) & 0 & 0 \\ 0 & h(0) & h(1) & h(2) & 0 \\ 0 & 0 & h(0) & h(1) & h(2) \end{bmatrix}$$

$$= \{6,7,7,3,1\}$$

（3）应用 MATLAB 语言。

【例 1-5】　MATLAB 的信号处理工具箱提供了计算两个离散序列卷积和的函数。其调用格式：

$$c = \mathrm{conv}(a,b)$$

式中，a,b 为带卷积的两个序列的向量表示，c 为卷积结果。

用 MATLAB 计算两个序列 $x(n) = \{1,1,2,2,1,1\}$ 和 $h(n) = \{1,2,3,2,1\}$ 的卷积 $y(n) = x(n) * h(n)$。

```
x=[1,1,2,2,1,1];h=[1,2,3,2,1];
N=6;M=5;L=10;
n1=0:N-1;n2=0:M-1;
n=0:L-1;
y=conv(x,h);
subplot(131);stem(n1,x,'.');
```

```
xlabel('n');ylabel('x(n)');grid on
subplot(132);stem(n2,h,'.');
xlabel('n');ylabel('h(n)');grid on
subplot(133);stem(n,y,'.');
xlabel('n');ylabel('y(n)');grid on
```

运行结果如下：

$$y=[2,10,28,60,92,112,106,70]。$$

运行结果如图 1-13 所示。

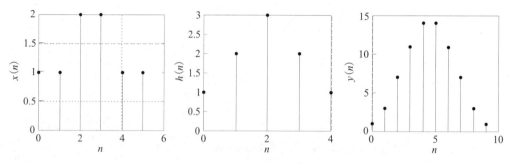

图 1-13　例 1-5 图解法计算线性卷积

1.3　离散时间系统

设离散时间系统的输入为 $x(n)$，经过规定的运算，系统输出序列用 $y(n)$ 表示。设运算关系用 $T[\cdot]$ 表示，输出与输入关系用下式表示：

$$y(n)=T[x(n)] \tag{1-24}$$

其框图如图 1-14 所示。

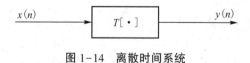

图 1-14　离散时间系统

在离散时间系统中，最重要和最常用的是线性时不变系统，这是因为很多物理过程都可用这类系统表征，且便于分析、设计与实现。

1.3.1　线性系统

满足叠加原理的系统，或者同时满足齐次性和可加性的系统称为线性系统。

设 $x_1(n)$ 和 $x_2(n)$ 分别作为系统的输入序列，其输出序列分别为 $y_1(n)$ 和 $y_2(n)$，

$$y_1(n)=T[x_1(n)],y_2(n)=T[x_2(n)] \tag{1-25}$$

那么线性系统一定同时满足下面两个公式：

可加性：

$$T[x_1(n)+x_2(n)]=y_1(n)+y_2(n) \tag{1-26}$$

齐次性：

$$T[ax_1(n)] = ay_1(n) \tag{1-27}$$

对任意的常数 a 和 b，若有

$$y(n) = T[ax_1(n) + bx_2(n)] = ay_1(n) + by_2(n) \tag{1-28}$$

则此系统为线性系统，否则为非线性系统。

【例 1-6】　证明 $y(n) = 6x(n) + 5$ 所代表的系统是非线性系统。

证明　系统对输入 $x_1(n)$ 和 $x_2(n)$ 的响应分别为

$$y_1(n) = T[x_1(n)] = 6x_1(n) + 5$$
$$y_2(n) = T[x_2(n)] = 6x_2(n) + 5$$
$$ay_1(n) + by_2(n) = 6ax_1(n) + 6bx_2(n) + 5(a+b)$$

系统对 $x(n) = ax_1(n) + bx_2(n)$（a, b 为任意常数）的响应为

$$y(n) = T[ax_1(n) + bx_2(n)] = 6ax_1(n) + 6bx_2(n) + 5$$
$$T[ax_1(n) + bx_2(n)] \neq ay_1(n) + by_2(n)$$

系统对加权和的响应不等于响应的加权和，系统为非线性系统。

1.3.2　时不变系统

设 $y(n)$ 是系统对输入序列 $x(n)$ 的响应。如果输入为 $x(n-n_0)$ 时，系统的输出为 $y(n-n_0)$，则该系统具有移不变性，并称该系统为时不变系统。时不变系统，当输入序列移位 n_0 时，输出序列也跟着移位 n_0。因此，时不变系统的特性不随时间变化，只要加的输入是相同的，不论什么时间输出都是相同的。

定义：如果系统对输入信号的运算关系 $T[\cdot]$ 在整个运算过程中不随时间变化，或者说系统对于输入信号的响应与信号加于系统的时间无关，则这种系统称为时不变系统（移不变系统）。用公式表示如下：

$$y(n-n_0) = T[x(n-n_0)] \tag{1-29}$$

检验一个系统是否是时不变系统，就是检查其是否满足上式。

【例 1-7】　判断 $y(n) = ax(n) + b$ 所代表的系统是否是时不变系统，式中 a 和 b 是常数。

解：

$$y(n) = ax(n) + b$$
$$y(n-n_0) = ax(n-n_0) + b$$
$$y(n-n_0) = T[x(n-n_0)]$$

因此该系统是时不变系统。

【例 1-8】　判断 $y(n) = nx(n)$ 所代表的系统是否是时不变系统。

解：

$$y(n-n_0) = (n-n_0)x(n-n_0)$$
$$T[x(n-n_0)] = nx(n-n_0)$$

$$T[x(n-n_0)] \neq y(n-n_0)$$

因此该系统不是时不变系统。

1.3.3 线性时不变系统

同时满足线性和时不变性的系统称为线性时不变时域离散系统,简称 LTI(Linear Time Invariant)系统,或称线性移不变时域离散(Linear Shift Invariant,LSI)系统。这种系统是应用最广泛的系统。LTI 系统最重要的特点是系统的处理过程可以统一用系统单位脉冲响应、差分方程和系统函数来描述,它的输入与输出之间可以利用卷积运算,尤为重要的是在第 4 章我们会讨论到线性卷积的快速计算法,应用快速卷积去计算系统的响应可以使运算速度提高几个数量级。本书中未加说明所指的系统都是属于线性时不变系统。

1.3.4 系统的因果性

1.因果性

若系统在 n_0 时刻的输出只取决于 n_0 时刻的输入 $x(n_0)$ 及其以前的输入 $x(n_0-k)$,而与 n_0 时刻以后的输入 $x(n_0+k)(k=0,1,2,\cdots,\infty)$ 无关,则称该系统具有因果性质,或称该系统为因果系统。这意味着,系统的输出的变化不会超前于输入的变化。如果 n_0 时刻的输出还取决于 n_0 时刻以后的输入,在时间上违背了因果性,系统无法实现,则系统被称为非因果系统。因此系统的因果性是指系统的可实现性,所有实际的系统都是因果系统。理论上也存在非因果系统。例如,一个系统的输出 $y(n)$,有大量未来的输入数据 $x(n+1),x(n+2),\cdots$,预先存储在存储器中可以被调用,因而,可以很接近于实现了一个非因果系统。实际中,可以用一个因果系统逼近一个非因果系统,比如两项的数字低通滤波器是不可以实现的,但可以用实际滤波器去逼近它。因而比模拟系统更能获得接近理想的特性,这一点是数字系统优于模拟系统的特点之一。数学上因果系统满足如下方程:

$$y(n)=f[x(n),x(n-1),x(n-2),\cdots] \tag{1-30}$$

2.系统是因果性系统的充分必要条件

线性时不变系统具有因果性的充分必要条件是系统的单位脉冲响应满足下式:

$$h(n)=0,n<0 \tag{1-31}$$

因此,因果系统的单位脉冲响应必然是因果序列。

1.3.5 系统的稳定性

1.系统的稳定性

所谓稳定系统,是指对有界输入产生有界输出系统。即:如果系统的输入 $|x(n)| \leqslant M(M$ 为正数时,系统的输出 $|y(n)|<\infty)$,则系统被称为稳定系统。

2.系统是因果性系统的充分必要条件

系统稳定的充分必要条件是系统的单位脉冲响应绝对可和,用公式表示为

$$\sum_{n=-\infty}^{\infty} |h(n)| < \infty \tag{1-32}$$

【例1-9】 设线性时不变系统的单位脉冲响应 $h(n)=a^n u(n)$，a 是实常数，试分析该系统的因果稳定性。

解：由于 $n<0$ 时，$h(n)=0$，因此系统是因果系统。

$$\sum_{n=-\infty}^{\infty} |h(n)| = \sum_{n=0}^{\infty} |a|^n = \lim_{N \to \infty} \sum_{n=0}^{N-1} |a|^n = \lim_{N \to \infty} \frac{1 - |a|^N}{1 - |a|}$$

只有当 $|a|<1$ 时，才有

$$\sum_{n=-\infty}^{\infty} |h(n)| = \frac{1}{1 - |a|}$$

因此系统稳定的条件是 $|a|<1$；$|a| \geqslant 1$ 时，系统不稳定。系统稳定时，$|h(n)|$ 的值随 n 的增大而减小，此时序列 $h(n)$ 称为收敛序列。如果系统不稳定，$|h(n)|$ 的值随 n 的增大而增大，则称为发散序列。

【例1-10】 设系统的单位脉冲响应 $h(n)=u(n)$，求对于任意输入序列 $x(n)$ 的输出 $y(n)$，并检验系统的因果性和稳定性。

解：

$$y(n) = x(n) * h(n) = \sum_{k=-\infty}^{n} x(k) u(n-k)$$

当 $n-k<0$ 时，$u(n-k)=0$；当 $n-k \geqslant 0$ 时，$u(n-k)=1$

因此，求和限为 $k \leqslant n$，所以

$$y(n) = \sum_{k=-\infty}^{n} x(k)$$

上式表示该系统是一个累加器，它将输入序列从加上之时开始，逐项累加，一直加到 n 时刻为止。下面分析该系统的稳定性，由于

$$\sum_{n=-\infty}^{\infty} |h(k)| = \sum_{n=0}^{\infty} |u(n)| = \infty$$

因此该系统是一个不稳定系统。该系统是一个因果系统。

根据以上介绍的稳定的概念，可以通过检查系统单位脉冲响应是否满足绝对可和的条件来判断系统是否稳定。实际中，如何用实验信号测定系统是否稳定是一个重要问题，显然，不可能对所有有界输入都检查是否得到有界输出。可以证明，只要用单位阶跃序列作为输入信号，如果稳态输出趋于常数（包括零），则系统一定稳定，否则系统不稳定。不必要对所有有界输入都进行实验。

1.4 离散时间系统的输入输出描述——线性常系数差分方程

对于模拟系统，我们知道由微分方程描述系统输入/输出之间的关系，对于离散时间系统，则用差分方程描述或研究输入与输出之间的关系。线性时不变系统用线性常系数差分方程来描述。本节主要介绍这类差分方程及其解法。本书中差分方程均指线性常

系数差分方程,不另说明。

1.4.1 线性常系数差分方程

一个 N 阶线性常系数差分方程用下式表示:

$$y(n) = \sum_{i=0}^{M} b_i x(n-i) - \sum_{i=1}^{N} a_i y(n-i) \qquad (1-33)$$

式中,$x(n)$ 和 $y(n)$ 分别是系统的输入序列和输出序列,a_i 和 b_i 均为常数,式中 $y(n-i)$ 和 $x(n-i)$ 项只有一次幂,也没有相互交叉相乘项,故称为线性常系数差分方程。差分方程的阶数是用方程 $y(n-i)$ 项中 i 的最大取值与最小取值之差确定的。在式(1-33)中,$y(n-i)$ 项 i 最大的取值为 N,i 的最小取值为零,因此称为 N 阶差分方程。

1.4.2 线性常系数差分方程的求解

已知系统的输入序列,通过求解差分方程可以求出输出序列。求解差分方程的基本方法有以下五种:

(1)经典解法。这种方法类似于模拟系统中求解微分方程的方法,它包括齐次解与特解;由边界条件求待定系数较麻烦,实际中很少采用,这里不作介绍。

(2)递推法。这种方法简单,且适合用计算机求解,但只能得到数值解,对于阶次较高的线性常系数差分方程不容易得到封闭式(公式)解答。

(3)卷积法。卷积法适用于系统的起始状态为零。不直接求解差分方程,而是先由差分方程求出系统的单位脉冲响应,再与已知的输入序列进行卷积运算,得到系统的输出。

(4)变换域法。这种方法是将差分方程变换到 Z 域进行求解,方法简便有效,这部分内容放在第 2 章学习。

(5)应用 MATLAB 解差分方程。

本节只介绍递推法,其中包括如何用 MATLAB 求解差分方程。

观察式(1-33),求 n 时刻的输出,要知道 n 时刻以及 n 时刻以前的输入序列值,还要知道 n 时刻以前的 N 个输出序列值。因此求解差分方程在给定输入序列的条件下,还需要确定 N 个初始条件。以上介绍的五种基本解法都只能在已知 N 个初始条件的情况下,才能得到唯一解。如果求 n_0 时刻以后的输出,n_0 时刻以前的 N 个输出值 $y(n_0-1)$,$y(n_0-2)$,$\cdots$,$y(n_0-N)$ 就构成了初始条件。

式(1-33)表明,已知输入序列和 N 个初始条件,则可以求出 n 时刻的输出;如果将该公式中的 n 用 $n+1$ 代替,可以求出 $n+1$ 时刻的输出,因此式(1-33)表示的差分方程本身就是一个适合递推法求解的方程。

【例1-11】 已知一个线性时不变系统用下列常系数线性差分方程描述:

$$y(n) = ay(n-1) + x(n)$$

求解起始条件分别为(1)$h(n)=0,n<0$;(2)$h(n)=0,n\geq0$ 时,系统的单位脉冲响应并说明系统的因果稳定性。

解:

(1)由 $h(n)=0,n<0$

令 $x(n)=\delta(n)$，代入差分方程：

$$h(0)=ah(0-1)+\delta(0)=1$$
$$h(1)=ah(1-1)+\delta(1)=a$$
$$\cdots$$
$$h(n)=ah(n-1)+\delta(n)=a^{n}$$

因此　　　　　　　　　　$h(n)=a^{n}u(n),n\geqslant0$

(2)由 $h(n)=0,n\geqslant0$

将差分方程改写为

$$y(n-1)=a^{-1}[y(n)-x(n)]$$
$$y(n)=a^{-1}[y(n+1)-x(n+1)]$$

令 $x(n)=\delta(n)$，代入差分方程

$$h(0)=a^{-1}[h(1)-\delta(1)]=0$$
$$h(-1)=a^{-1}[h(0)-\delta(0)]=-a^{-1}$$
$$h(-2)=a^{-1}[h(-1)-\delta(-1)]=-a^{-2}$$
$$\vdots$$
$$h(n)=-a^{-n}u(-n-1)$$

以上结果说明：

(1)一个常系数线性差分方程,初始条件不同,那么这个差分方程所代表的系统不一定是一个因果系统,系统的稳定性也不一定相同。例如,上例中第一个解的结果表明系统是因果系统,且当 $|a|<1$ 时系统是一个稳定系统。而第二个解说明系统是非因果系统,当 $|a|>1$ 时系统是一个稳定系统。

(2)对于实际系统,用递推法求解,总是由初始条件向 $n>0$ 的方向递推,是一个因果解。但对于差分方程,其本身也可以向 $n<0$ 的方向递推,得到的是非因果解。因此差分方程本身不能确定该系统是因果系统还是非因果系统,还需要用初始条件进行限制。因为单位脉冲响应是指输入为单位脉冲序列时系统的零状态响应,所以,用差分方程求解系统的单位脉冲响应时,只要令输入序列为单位脉冲序列,并且零初始值,即可得到系统的单位取样响应。

1.4.3　应用 MATLAB 求解线性常系数差分方程

MATLAB 信号处理工具箱提供的 filter( ) 函数实现线性常系数差分方程的递推求解,调用格式如下：

(1)yn=filter(B,A,xn)

计算系统对输入信号向量 xn 时的零状态响应输出信号向量 yn, yn 与 xn 长度相等,其中,B 和 A 是式(1-33)所给差分方程的系数向量,即

$$B=[b0,b1,b2,\cdots,bM],A=[a0,a1,a2,\cdots,aN]$$

其中 a0=1,如果 a0≠1,则 filter( )函数中,用 a0 对系数向量 B 和 A 归一化。

(2)yn= filter(B,A,xn,xi)

计算系统对输入信号向量 xn 的全响应输出信号 yn。其中,xi 是等效初始条件的输

数字信号处理

入序列,所以 xi 是由初始条件确定的。MATLAB 信号处理工具箱提供的 filtic( )就是由初始条件计算 xi 的函数,其调用格式如下:

$$xi = filtic(B,A,ys,xs)$$

其中,ys 和 xs 是初始条件向量:ys = $[y(-1),y(-2),y(-3),\cdots,y(-N)]$,xs = $[x(-1),x(-2),x(-3),\cdots,x(-M)]$。如果 xn 是因果序列,则 xs = 0,调用时可缺省 xs。

【例 1-12】 线性移不变系统的差分方程为

$$y(n) = 0.5y(n-1)+x(n)$$

利用 MATLAB 求解差分方程和系统的单位脉冲响应。设初始状态,$y(-1)=1$。

解:%epl41.mn:调用 filter 解差分方程 y(n)-0.8y(n-1)=x(n)

```
a=0.8;ys=1; L=31;              % 设置差分方程的初始值 y(-1)=1
xn=[1, zeros(1,30)];% x(n)     % 单位脉冲响应长度 N=31
B=1;A=[1,-a];                  % 差分方程的系数
xi=filtic (B, A, ys )          % 由初始条件确定初始输入
yn= filter(B,A,xn,xi);         % 调用 filter 解差分方程,计算系统输出 y(n)
n=0:length(yn)-1;
[h,n]=impz(B,A,L);             % 调用 impz 函数计算系统的单位冒充响应 h(n)
subplot(1,2,1);
stem(n,yn,'fill');
title('(a)');xlabel('n');ylabel('y(n)');
subplot(1,2,2);
stem(n,h,'fill');
title('(b)');xlabel('n');ylabel('h(n)');
```

程序中取差分方程系数 $a=0.8$ 时,得到系统输出 $y(n)$,如图 1-15(a)所示,与例 1-10 的解析递推结果完全相同。如果令初始条件"$y(-1)=0$"(仅修改程序中"ys=0"),则得到系统的单位取样响应 $y(n)=h(n)$,如图 1-15(b)所示。

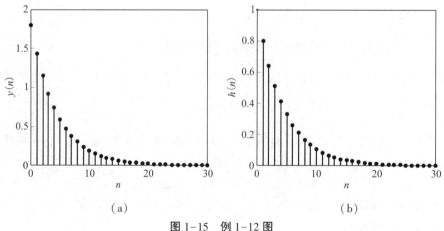

(a)   (b)

图 1-15 例 1-12 图

1.5　模拟信号数字处理方法

　　数字信号处理技术相对于模拟信号处理技术有许多优点,将模拟信号经过采样、量化和编码形成数字信号,经数字信号处理技术进行处理,处理完毕,如果需要,再转换成模拟信号,这种处理方法称为模拟信号数字处理方法。其原理框图如图 1-16 所示。图中的预滤波与平滑滤波所起的作用在后面介绍,本节主要介绍采样定理和采样恢复。

图 1-16　模拟信号数字化处理系统原理图

1.5.1　采样的基本概念

　　对模拟信号进行采样可以看作一个模拟信号通过一个电子开关 S。设电子开关每隔周期 T 合上一次,每次合上的时间 $\tau \ll T$,在电子开关输出端得到其采样信号 $\hat{x}_a(t)$。对模拟信号的采样有两种,理想采样与实际采样。如图 1-17(a)所示的是实际采样,是用有一定宽度的周期脉冲的采样。理想采样时利用周期性的冲激函数的抽样,如图 1-17(b)所示。

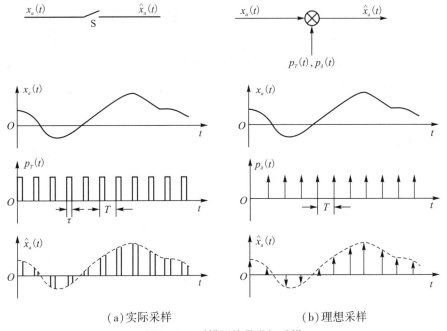

（a）实际采样　　　　　　　　　　（b）理想采样

图 1-17　对模拟信号进行采样

　　如图 1-17(a)所示,开关的作用等效成一宽度为 τ,周期为 T 的矩形脉冲串 $p_T(t)$,采

样信号 $\hat{x}_a(t)$ 是 $x_a(t)$ 与 $p_T(t)$ 相乘的结果。如果让电子开关合上时间 $\tau \rightarrow 0$，则形成理想采样，此时上面的脉冲串变成单位冲击串，用 $p_\delta(t)$ 表示。$p_\delta(t)$ 中每个单位冲激处在采样点上，强度为 1，理想采样是 $x_a(t)$ 与 $p_\delta(t)$ 相乘的结果，采样过程如图 1-17(b) 所示。用公式表示

$$p_\delta(t) = \sum_{n=-\infty}^{\infty} \delta(t - nT) \tag{1-34}$$

$$\hat{x}_a(t) = x_a(t) p_\delta(t) = \sum_{n=-\infty}^{\infty} x_a(t) \delta(t - nT) \tag{1-35}$$

式(1-35)中，$\delta(t)$ 是单位冲激信号，在上式中只有当 $t = nT$ 时，才可能有非零值，因此写成下式：

$$\hat{x}_a(t) = \sum_{n=-\infty}^{\infty} x_a(nT) \delta(t - nT) \tag{1-36}$$

其中，T 为采样周期，$f_s = 1/T$ 为采样频率，$\Omega_s = 2\pi f_s = 2\pi/T$。

1.5.2 理想采样及其频谱

下面研究理想采样前后信号频谱的变化，从而找出为了使采样信号能不失真地恢复原模拟信号，采样频率 $f_s = 1/T$ 与模拟信号最高频率 f_c 之间的关系。

我们知道在傅里叶变换中，两信号在时域相乘的傅里叶变换等于两个信号的傅里叶变换的卷积，按照式(1-36)推导如下：

设

$$X_a(\mathrm{j}\Omega) = FT[x_a(t)]$$

$$\hat{X}_a(\mathrm{j}\Omega) = FT[\hat{X}_a(t)]$$

$$P_\delta(\mathrm{j}\Omega) = FT[p_\delta(t)]$$

对式(1-34)进行傅里叶变换，得到

$$P_\delta(\mathrm{j}\Omega) = FT[p_\delta(t)] = \sum_{k=-\infty}^{\infty} 2\pi a_k \delta(\Omega - k\Omega_s) \tag{1-37}$$

式中，$\Omega_s = 2\pi/T$ 称为采样角频率，单位是 rad/s。

$$a_k = \frac{1}{T} \int_{-T/2}^{T/2} \delta(t) \mathrm{e}^{-\mathrm{j}k\Omega_s t} \mathrm{d}t = \frac{1}{T}$$

$$P_\delta(\mathrm{j}\Omega) = FT[p_\delta(t)] = \frac{2\pi}{T} \sum_{k=-\infty}^{\infty} \delta(\Omega - k\Omega_s) \tag{1-38}$$

$$
\begin{aligned}
\hat{X}_a(\mathrm{j}\Omega) &= \frac{1}{2\pi} X_a(\mathrm{j}\Omega) * P_\delta(\mathrm{j}\Omega) \\
&= \frac{1}{2\pi} \cdot \frac{2\pi}{T} \int_{-\infty}^{\infty} X_a(\mathrm{j}\theta) \sum_{k=-\infty}^{\infty} \delta(\Omega - k\Omega_s - \theta) \mathrm{d}\theta \\
&= \frac{1}{T} \sum_{k=-\infty}^{\infty} \int_{-\infty}^{\infty} X_a(\mathrm{j}\theta) \delta(\Omega - k\Omega_s - \theta) \mathrm{d}\theta \\
&= \frac{1}{T} \sum_{k=-\infty}^{\infty} X_a(\mathrm{j}\Omega - \mathrm{j}k\Omega_s)
\end{aligned}
\tag{1-39}
$$

式(1-39)表明:理想采样信号的频谱是原模拟信号的频谱沿频率轴,每间隔采样角频率 Ω_s 重复出现一次,并叠加形成周期函数。或者说理想采样信号的频谱是原模拟信号的频谱以 Ω_s 为周期进行周期性延拓而成的。如图 1-18 和图 1-19 所示。

如图 1-18 中,带限信号 $x_a(t)$ 的最高频率是 Ω_c,其频谱为 $X_a(j\Omega)$, $x_a(t)$ 的频谱称为基带频谱,如图 1-18(a)所示;$p_\delta(t)$ 的频谱 $P_\delta(j\Omega)$,如图 1-18(b)所示。采样信号 $\hat{X}_a(t)$ 的频谱 $\hat{X}_a(j\Omega)$,如图 1-18(c)所示。

① 如果采样频率 $f_s \geqslant 2f_c$,基带谱与其他周期延拓形成的谱不重叠,如图 1-18(c)所示情况,无频谱混叠发生。

②如果选择的采样频率 $f_s < 2f_c$,$X_a(j\Omega)$ 按照采样频率 f_s 进行周期延拓时,形成频谱混叠现象,如图 1-18(d)所示,频率混叠在 $f_s/2$ 附近最严重。

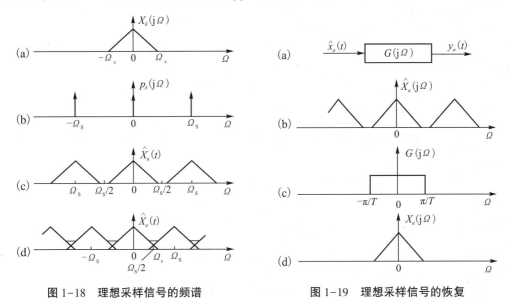

图 1-18　理想采样信号的频谱　　　　图 1-19　理想采样信号的恢复

总结上述内容,采样定理叙述如下:

(1)对连续信号进行等间隔采样形成采样信号,采样信号的频谱是原连续信号的频谱以采样频率 Ω_s 为周期进行周期性的延拓形成的,用公式(1-39)表示。

(2)设连续信号 $x_a(t)$ 属带限信号,最高截止频率为 $f_c(\Omega_c)$,如果采样频率 f_s 满足

$$f_s \geqslant 2f_c(\text{或 } \Omega_s \geqslant 2\Omega_c)$$

那么让采样信号 $\hat{X}_a(t)$ 通过一个增益为 T、截止频率为 $\Omega_s = 2\pi/T$ 的理想低通滤波器,可以唯一地恢复出原连续信号 $x_a(t)$。如果 $\Omega_s < 2\Omega_c$,会造成采样信号中的频谱混叠现象,不可能无失真地恢复原连续信号。

(3)实际中对模拟信号进行采样,需根据模拟信号的最高频率,按照采样定理的要求选择采样频率,即 $\Omega_s \geqslant 2\Omega_c$,但考虑到理想滤波器 $G(j\Omega)$ 不可实现,要有一定的过渡带,采样频率选择的总是比两倍信号的最高频率大一些,例如选到 $\Omega_s = 3\Omega_c \sim 4\Omega_c$。

(4)若 $x_a(t)$ 不是带限信号,在采样之前加一个低通滤波器,滤除高于 $\Omega_s/2$ 的高频分

量,使信号为带限信号,从而消除频谱混叠现象,用来防止频谱混叠的模拟低通滤波器又称为"抗混叠滤波器",抽样频率又称为"奈奎斯特频率"。下表给出常见模拟信号的频率。

表 1-1　不同信号应用中的 f_h 和 f_s

	机械	语音(speech)	音频(audio)	视频(video)
f_h	2 kHz	4 kHz	20 kHz	4 MHz
f_s	4 kHz	8 kHz	40 kHz	8 MHz

1.5.3　采样的恢复——数字信号转换成模拟信号

1.理想采样恢复

模拟信号 $x_a(t)$ 经过理想采样,得到采样信号 $\hat{x}_a(t)$,$x_a(t)$ 和 $\hat{x}_a(t)$ 之间的关系

$$\hat{x}_a(t) = x_a(t)p_\delta(t) = \sum_{n=-\infty}^{\infty} x_a(t)\delta(t - nT)$$

如果选择采样频率 f_s 满足采样定理,$\hat{x}_a(t)$ 的频谱没有频谱混叠现象,可用一个传输函数为 $G(j\Omega)$ 的理想低通滤波器不失真地将原模拟信号 $x_a(t)$ 恢复出来,这是一种理想恢复。

理想低通滤波器的传输函数

$$G(j\Omega) = \begin{cases} T & |\Omega| < \dfrac{\Omega_s}{2} \\ 0 & |\Omega| \geqslant \dfrac{\Omega_s}{2} \end{cases} \qquad (1-40)$$

将 $\hat{x}_a(t)$ 输入低通滤波器后,低通滤波器的输出信号 $y_a(t)$ 的频谱,即原信号的频谱:

$$y_a(j\Omega) = \hat{x}_a(j\Omega)G_a(j\Omega) = x_a(j\Omega) \qquad (1-41)$$

由于满足采样定理,所以理想滤波器的输出认为是不失真地恢复了原信号,即

$$y_a(t) = x_a(t)$$

下面先分析推导该理想低通滤波器的输入和输出之间的关系,以便了解理想低通滤波器是如何由采样信号恢复原模拟信号的,然后再介绍在实际中数字信号如何转换成模拟信号。

理想低通滤波器的单位脉冲响应 $g(t)$:

$$g(t) = \frac{1}{2\pi}\int_{-\infty}^{\infty} G(j\Omega)e^{j\Omega t}d\Omega = \frac{T}{2\pi}\int_{-\Omega_s/2}^{\Omega_s/2} G(j\Omega)e^{j\Omega t}d\Omega = \frac{\sin\dfrac{\Omega_s}{2}t}{\dfrac{\Omega_s}{2}t} = \frac{\sin\dfrac{\pi}{T}t}{\dfrac{\pi}{T}t}$$

理想低通滤波器的输入、输出分别为 $\hat{x}_a(t)$ 和 $y_a(t)$,

$$y_a(t) = \hat{x}_a(t) * g(t) = \int_{-\infty}^{\infty} \hat{x}_a(t) g(t-\tau) \mathrm{d}\tau \tag{1-42}$$

$$y_a(t) = \hat{x}_a(t) * g(t) = \int_{-\infty}^{\infty} \sum_{-\infty}^{\infty} x_a(nT)\delta(\tau-nT)g(t-\tau)\mathrm{d}\tau$$

$$= \sum_{n=-\infty}^{\infty} \int_{-\infty}^{\infty} x_a(nT)\delta(\tau-nT)g(t-\tau)\mathrm{d}\tau \tag{1-43}$$

$$= \sum_{n=-\infty}^{\infty} x_a(nT)g(t-nT)$$

$$= \sum_{n=-\infty}^{\infty} x_a(nT)\frac{\sin[\pi(\tau-nT)/T]}{\pi(t-nT)/T}$$

$$x_a(t) = y_a(t) = \sum_{n=-\infty}^{\infty} x_a(nT)\frac{\sin[\pi(\tau-nT)/T]}{\pi(t-nT)/T} \tag{1-44}$$

$$g(t-nT) = \frac{\sin[\pi(\tau-nT)/T]}{\pi(t-nT)/T} \tag{1-45}$$

（1）式（1-45）称为信号重构的抽样内插公式,当 $n=\cdots,-1,0,1,2,\cdots$ 时, $x_a(nT)$ 是一串离散的采样值,而 $x_a(t)$ 是模拟信号。

（2） $g(t-nT)$ 称为内插函数。波形如图 1-20 所示。这种用理想低通滤波器恢复的模拟信号完全等于原模拟信号 $x_a(t)$,是一种无失真的恢复。但由于 $g(t)$ 是非因果的,因此理想低通滤波器是非因果不可实现的。下面介绍实际的数字信号到模拟信号的转换。

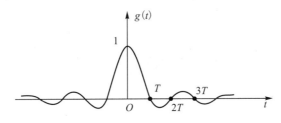

图 1-20　内插函数 $g(t)$ 的波形

2.实际的采样恢复

实际中采用 D/AC（Digital/Analog Converter）完成数字信号到模拟信号的转换。D/AC包括三部分,即解码器、零阶保持器和平滑滤波器,D/AC 方框图如图 1-21 所示。解码器的作用是将数字信号转换成离散时间信号 $x_a(nT)$,零阶保持器和平滑滤波器则将 $x_a(nT)$ 变成模拟信号 $x_a(t)$ 。

图 1-21　D/AC 原理图

由离散时间信号 $x_a(nT)$ 恢复模拟信号 $x_a(t)$ 的过程是内插的过程。理想低通滤波的方法是用 $g(t)$ 函数作内插函数,还可以用一阶线性函数作内插。

零阶保持器是将前一个采样值进行保持,直到下一个采样值来到,再跳到新的采样值并保持,因此相当于常数内插。零阶保持器的单位冲激函数 $h(t)$ 及输出波形如图 1-22 所示。

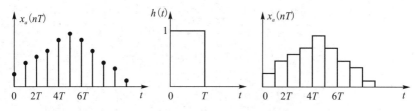

图 1-22 零阶采样保持器输入输出波形

对 $h(t)$ 进行傅里叶变换,得到其传输函数:

$$H(j\Omega) = \int_{-\infty}^{\infty} h(t)e^{-j\Omega t}dt = \int_{0}^{T} e^{-j\Omega t}dt = T\frac{\sin(\Omega T/2)}{\Omega T/2}e^{-j\Omega T/2} \qquad (1-46)$$

其幅度特性和相位特性如图 1-23 所示。由该图看到,零阶保持器是一个低通滤波器,能够起到将离散时间信号恢复成模拟信号的作用。图中虚线表示理想低通滤波器的幅度特性。零阶保持器的幅度特性与其有明显的差别,主要是在 $|\Omega| > \pi/T$ 区域有较多的高频分量,表现在时域上,就是恢复出的模拟信号是台阶形的。因此需要在 D/AC 之后加平滑低通滤波器,滤除多余的高频分量,对时间波形起平滑作用,这也就是在图 1-23 模拟零阶信号数字处理框图中,最后加平滑滤波器的原因。虽然这种零阶保持器恢复的模拟信号有些失真,但简单、易实现,是经常使用的方法。实际中,将解码器与零阶保持器集成在一起,就是工程上的 D/AC 器件。

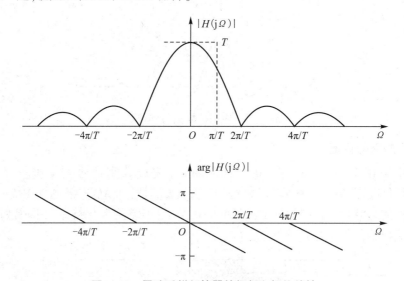

图 1-23 零阶采样保持器的幅频和相位特性

本章小结

1.离散时间信号是时间取值离散,幅度取值可以连续也可以离散的信号。数字信号是对离散时间信号量化后的信号。常用的基本序列有单位脉冲序列 $\delta(n)$、单位阶跃序列 $u(n)$、矩形序列 $R_N(n)$、实指数序列、正弦序列和复指数序列等,序列的基本运算包括乘法、加法、移位、翻褶及尺度变换等。

2.任何一个序列可以由 $\delta(n)$ 的移位加权和来表示,即

$$y(n) = \sum_{m=-\infty}^{\infty} x(m) \cdot \delta(n-m)$$

3.在离散时间系统中,最常用的是线性时不变系统,这是因为很多物理过程都可以用这类系统表征,并且便于分析、设计和实现。系统的输入为 $x(n)$ 时的响应为 $y(n) = T[x(n)]$,则系统是线性系统的条件:

$$T[ax_1(n)+bx_2(n)] = T[ax_1(n)]+T[bx_2(n)] = ay_1(n)+by_2(n)$$

系统参数不随时间变化的系统称为时不变系统,即系统的响应与激励系统的时刻无关。时不变(移不变)系统的条件是: $y(n-k) = T[x(n-k)]$。

同时满足线性和时不变条件的离散系统称为线性时不变离散系统。

4.线性时不变离散系统响应可以用卷积和表示:

$$y(n) = x(n)*h(n) = \sum_{m=-\infty}^{\infty} x(m)h(n-m)$$

即线性时不变系统的输出序列等于输入序列和系统单位脉冲响应的线性卷积。

5.线性时不变系统因果、稳定的时域充分必要条件。

系统具有因果性的充分必要条件: $h(n) = 0, n < 0$

系统具有稳定性的充分必要条件: $\sum_{m=-\infty}^{\infty} |h(n)| < \infty$

6.对于模拟系统常用微分方程描述系统的输出与输入之间的关系。对于离散时间系统,则用差分方程来描述输出与输入之间的关系。线性移不变系统用线性常系数差分方程来描述。一个 N 阶常系数线性差分方程,其一般形式为

$$y(n) = \sum_{i=0}^{M} b_i(n-i) - \sum_{i=1}^{N} a_i y(n-i)$$

常系数差分方程的求解方法有经典解法、递推法、卷积法和变换域法。

7.采样定理是用数字信号处理技术处理模拟信号的理论基础。当满足采样定理的要求,即 $f_s \geq 2f_c$,才能避免采样信号中的频谱混叠现象,才有可能不失真地恢复原来的信号。采样定理要求被采样信号为带限信号,因此,在实际的数字系统中,采样前常常加一个前置低通滤波器也称为"抗混叠滤波器",阻止高于折叠频率 $f_s/2$ 的频率分量进入,以保证采样时满足采样定理的要求。有关采样频率 f_s(或 Ω_s)、折叠频率 $f_s/2$(或 $\Omega_s/2$)、信号的最高频率 f_h、采样间隔 T、采样时间 T_p 和采样点 N 是信号采样中常用的参数,一定要搞清楚它们之间的关系。

8.数字信号处理的概念比较抽象,其数值计算比较烦琐,MATLAB 很好地解决了复杂的数值计算问题,现在已经成为解决数字信号处理问题的公认的标准软件。它不仅能帮助大家灵活运用课程的基本内容,加深对课程基本概念的理解,并学会利用计算机软件解决在理论学习中不易解决的问题,对以后深入学习和应用信号处理知识都会有很大的帮助。因此。从初始学习数字信号处理开始就要认真学习 MATLAB 在数字信号处理中的应用。与本章有关的 MATLAB 函数如表 1-2 所示。(本书对函数功能进行列表说明,详细用法可以参考例题或使用 MATLAB 的 help 命令)

表 1-2 与本章有关的 MATLAB 函数

函数名	函数功能描述
zeros	x=zeros[1,N],产生一个一维零值序列,长度为 N
ones	x=ones[1,N],产生一个一维 1 值序列,长度为 N
stepseq	[x,n]=stepseq(n0,n1,n2),产生单位阶跃序列,始于 n1,终于 n2,n=n0 处阶跃至 1
impseq	[x,n]=impseq(n0,n1,n2),产生单位脉冲序列,始于 n1,终于 n2,在 n=n0 处序列采样值阶跃至 1
stepseq	[x,n]=stepseq(n0,n1,n2),产生位置可调的单位阶跃序列,始于 n1,终于 n2
conv	c=conv(x1,x2),计算序列 x1 与 x2 的卷积
seqshift	[y,ny]=seqshift(x,nx,n0)实现序列的平移。y(n)=x(n-n0),n0 为平移量
seqfold	[y,ny]=seqfold(x,nx),实现序列的翻转,y(n)=x(-n)

自测题

一、填空题

1.任一个信号 $x(n)$ 与序列 $\delta(n-n_0)$ 的卷积等于_____。

2.系统的线性属性实质上包涵了_____和_____性两种性质。

3. 已知某线性移不变系统的单位脉冲响应为 $h(n)$,则系统稳定的充要条件是_____。

4.某线性移不变系统 $x(n)=\delta(n-1)$ 时输出 $y(n)=\delta(n-2)+\delta(n-3)$,则该系统的单位脉冲响应 $h(n)=$_____。

5.数字频率 $\omega=0.25\pi$,若采样率 $f_s=2$ kHz,其对应的模拟频率 $\Omega=$_____Hz 。

6.序列 $x(n)$ 的能量定义为_____。

7.对信号 $x_a(t)=\sin(2\pi ft+\pi/8)$ 进行采样,$f=50$ Hz,采样频率 $f_s=200$ Hz,则所得到的采样序列 $x(n)=$_____,$x(n)$ 的周期为_____。

8.实际中,为了检验一个系统是否稳定,只要用 $u(n)$ 序列作为输入信号,如果输出_____,则系统一定稳定。

9.我们可以从三个角度用三种表示方法描述一个线性时不变离散时间系统,它们是

_____、_____和_____。

10.模拟信号的频率为 Ω,对应的数字频率为_____,它表示数字域的频率是模拟角频率对_____的归一化频率。

二、选择题

1.数字信号的特征是(　　)

A.时间离散、幅值连续　　　　　　B.时间离散、幅值量化

C.时间连续、幅值量化　　　　　　D.时间连续、幅值连续

2.下列四个离散信号中,是周期信号的是(　　)

A.$\sin(100n)$　　　　　　　　　　B.e^{j2n}

C.$\sin(30\pi n)$　　　　　　　　　D.$e^{j\frac{1}{3}n}$

3.下列关系正确的为(　　)

A.$u(n)=\sum_{k=0}^{n}\delta(n)$　　　　　　B.$u(n)=\sum_{k=0}^{\infty}\delta(n-k)$

C.$u(n)=\sum_{k=-\infty}^{n}\delta(n)$　　　　　D.$u(n)=\sum_{k=-\infty}^{\infty}\delta(n-k)$

4.$y(n)$是系统的输出序列,$x(n)$是系统的输入序列,下列属于线性系统的是(　　)

A.$y(n)=x^2(n)$　　　　　　　　B.$y(n)=4x(n)+6$

C.$y(n)=2x(n)$　　　　　　　　D.$y(n)=e^{x(n)}$

5.下列系统不是因果系统的是(　　)

A.$h(n)=3\delta(n)$　　　　　　　B.$h(n)=u(n)$

C.$h(n)=u(n)-2u(n-1)$　　　　D.$h(n)=2u(n)-u(n-1)$

6.一离散系统,当其输入为 $x(n)$ 时,输出为 $y(n)=7x^2(n-1)$,则该系统是(　　)

A.因果、非线性系统　　　　　　B.因果、线性系统

C.非因果、线性系统　　　　　　D.非因果、非线性系统

7.一个理想采样系统,采样频率 $\Omega_s=8\pi$,采样后经低通 $G(j\Omega)$ 还原为:

$$G(j\Omega)=\begin{cases}1/4 & |\Omega|<4\pi\\ 0 & |\Omega|\geqslant4\pi\end{cases};$$

现有两输入信号:$x_1(t)=\cos(2\pi t)$,$x_2(t)=\cos(7\pi t)$,则它们相应的输出信号 $y_1(t)$ 和 $y_2(t)$:(　　)

A.$y_1(t)$ 和 $y_2(t)$ 都有失真　　　B.$y_1(t)$ 有失真,$y_2(t)$ 无失真

C.$y_1(t)$ 和 $y_2(t)$ 都无失真　　　D.$y_1(t)$ 无失真,$y_2(t)$ 有失真

8.要从抽样信号不失真恢复原连续信号,应满足下列条件的哪几条(　　)

(Ⅰ)原信号为带限

(Ⅱ)抽样频率大于两倍信号谱的最高频率

(Ⅲ)抽样信号通过理想低通滤波器

A.Ⅰ、Ⅱ　　　B.Ⅱ、Ⅲ　　　C.Ⅰ、Ⅲ　　　D.Ⅰ、Ⅱ、Ⅲ

9.经典数字信号处理理论的研究对象是(　　)

A.非线性移变离散时间系统　　B.线性移变离散时间系统

C.线性移不变离散时间系统　　D. 非线性移变离散时间系统

10.关于离散卷积的运算规律,下列叙述错误的是(　　　)

A. 离散卷积运算满足结合律　　B. 离散卷积运算满足分配律

C. 离散卷积运算是可逆的　　　D. 离散卷积运算满足交换律

11.已知某线性移不变系统,当输入信号为 $x(n)=\delta(n)$ 时输出信号为 $y(n)=R_3(n)$,则当输入信号为 $u(n)-u(n-2)$ 时输出信号应为(　　　)

A.$R_3(n)$ 　　　　　　　　　B.$R_2(n)$

C.$R_3(n)+R_3(n-1)$ 　　　　D.$R_2(n)-R_2(n-1)$

12.对信号 $s(t)=\sin(\Omega t)$ 进行采样得序列 $s(n)=\sin(\omega n)$,则下列说法正确的是(　　　)

A. 因为 $s(t)$ 是周期信号,则 $s(n)$ 一定也是周期信号

B. 因为 $s(t)$ 的周期与角频率 Ω 成反比例关系,则 $s(n)$ 的角频率 ω 越大周期就越小

C. 因为 $s(t)$ 的周期与角频率 Ω 成反比例关系,则 $s(n)$ 的角频率 ω 越大周期也越大

D. 由于采样过程,$s(n)$ 的角频率 ω 的大小与其周期没有确定的关系

习题与上机

一、基础题

1.序列 $x(n)$ 的波形如图 1-24 所示,用序列 $\delta(n)$ 和它的移位序列表示下列序列。

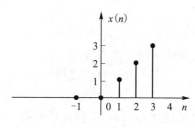

图 1-24　题 1 图

(1)$x(n+1)$　　　　(2)$x(-n)$　　　　(3)$x(2n)$　　　　(4)$x(n+2)-x(n-2)$

2.判断下列序列是否是周期的,若是周期的,确定其周期。

(1)$x(n)=A\cos(\frac{2\pi}{7}n-\frac{\pi}{4}n)$　　　　　(2)$x(n)=e^{j(\frac{1}{4}n-\pi)}$

(3)$x(n)=\sin(3\pi n)+\cos(9\pi n)$　　　(4)$x(n)=\cos\frac{\pi}{4}\cdot\sin(\frac{\pi}{4}n)$

3.试判断下列系统是否是线性系统,是否是移不变系统?

(1)$y(n)=\delta(n)+2\delta(n-1)+3\delta(n-2)$　(2)$y(n)=x(n-n_0)$

(3)$y(n)=x(-n)$　　　　　　　　(4)$y(n)=x^2(n)$

(5)$y(n)=x(n^2)$　　　　　　　　(6)$y(n)=\sum_{m=0}^{n}x(m)$

$(7)\,y(n)=x(n)\sin\left(\dfrac{2\pi}{9}n+\dfrac{\pi}{7}\right)$　　　$(8)\,y(n)=x(2n)$

4.给定系统的差分方程如下,试判断系统是否是因果稳定系统。

$(1)\,y(n)=x(2n)$　　　　　　$(2)\,y(n)=x(n)\cdot g(n)$

$(3)\,y(n)=nx(n)$　　　　　　$(4)\,y(n)=e^{x(n)}$

$(5)\,y(n)=x(n)+x(n+1)$　　　$(6)\,y(n)=x(n-n_0)$

$(7)\,y(n)=\displaystyle\sum_{k=0}^{n-1}x(k)$　　　　　$(8)\,y(n)=x(n^2)$

5.以下是系统的单位脉冲响应 $h(n)$,试判断系统的因果性与稳定性。

$(1)\,y(n)=0.2^n\cdot u(n)$　　　　$(2)\,y(n)=e^{u(n)}$

$(3)\,y(n)=2^n\left[u(n)-u(n-1)\right]$　　$(4)\,y(n)=\dfrac{1}{n}u(n)$

6.求下列两序列的卷积。

$(1)\,x_1(n)=u(n)-u(n-N),x_2(n)=nu(n)$

$(2)\,x_1(n)=\left(\dfrac{1}{2}\right)^n u(n),x_2(n)=u(n)-u(n-10)$

7.设有如下差分方程确定的系统:$y(n)+2y(n-1)+y(n-2)=x(n)$,$n\geq0$。当 $n<0$ 时,$y(n)=0$。

(1)计算 $x(n)=\delta(n)$ 时的 $y(n)$ 在 $n=1,2,3,4,5$ 点的值;

(2)计算 $x(n)=u(n)$ 时的输出 $y(n)$;

(3)计算这一系统的单位取样响应 $h(n)$;

(4)这一系统稳定吗？为什么？

8.一离散时间系统的单位取样响应 $h(n)$ 为

$$h(n)=\dfrac{1}{2}\delta(n)+\delta(n-1)+\dfrac{1}{2}\delta(n-2)$$

(1)求解该系统的频率响应并画出幅频特性和相频特性;

(2)求激励为 $x(n)=5\cos\left(\dfrac{n\pi}{4}\right)$ 的稳态响应;

(3)假设当 $n<0$ 时,$y(n)=0$,求该系统对输入 $x(n)=u(n)$ 的总响应。

9. 某一因果线性时不变系统由差分方程描述:$y(n)-ay(n-1)=x(n)-bx(n-1)$
试确定使该系统成为全通系统的 b 值。

二、提高题

1.如图 1-25 所示的系统,$h_1(n)=\delta(n)+\delta(n-1)$, $h_2(n)=\delta(n)-\delta(n-1)$,$h_3(n)=a^n u(n)$,求 LTI 系统的单位脉冲响应 $h(n)$。

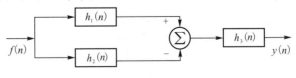

图 1-25　题 1 图

2.如图 1-26 所示离散系统:

(1)写出系统的差分方程;

(2)若 $f(n)=R_4(n)$,求系统的输出 $y(n)$。

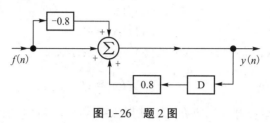

图 1-26 题 2 图

3.设有一个连续信号: $x_a(t)=\cos(200\pi t)-2\cos(500\pi t)+3\sin(1\,000\pi t+0.25\pi)$,以 $f_s=2\,000$ Hz对信号进行采样,求:

(1)采样信号的表达式;

(2)原信号中各个频率成分的角频率、频率和数字频率。

4.连续信号 $x_a(t)=\sin\left(2\pi f_0+\dfrac{\pi}{8}\right)$,其中 $f_0=50$ Hz。

(1)求 $x_a(t)$ 的周期;

(2)为了保证不发生频谱混叠失真,最低采样频率 f_s 是多少?

(3)写出采样信号 $\hat{x}_a(t)$ 的离散时间信号 $x(n)$ 的表达式,并求 $x(n)$ 的周期。

5.如图 1-27 所示:

(1)根据串并联系统的原理直接写出总的系统单位脉冲响应 $h(n)$;

(2)设 $h_1(n)=4\times0.5^n[u(n)+u(n-3)]$, $h_2(n)=h_3(n)=u(n)$, $h_4(n)=\delta(n-1)$, $h_5(n)=\delta(n)-4\delta(n-3)$,试求总的系统单位脉冲响应 $h(n)$。

(3)如果 $x(n)$ 如图 1-27(b)所示,试定性画出图 1-27(a)所给出的系统的输出响应 $y(n)$。

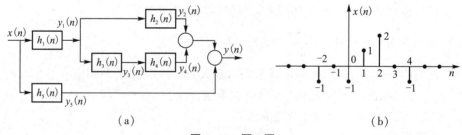

(a)   (b)

图 1-27 题 5 图

6.试将以下各连续信号抽样转换为离散时间信号。可自己选择抽样频率 f_s 使抽样不发生混叠失真,如果是周期信号,则选择合适的 f_s 使采样后的信号仍然是周期序列。

(1)工频信号 $x(t)=A\sin(2\pi f_0 t)$,其中 $A=220$, $f_0=50$ Hz;

(2) $x(t)=\cos(2\pi f_1 t)+\cos(2\pi f_2 t)+\cos(2\pi f_3 t)$,其中 $f_1=10$ Hz, $f_1=60$ Hz, $f_1=120$ Hz;

(3)单频调制信号: $x(t)=\cos(2\pi f_c t)\cdot\cos(2\pi f_0 t)$, $f_c=100$ Hz, $f_0=10$ Hz;

(4)衰减信号: $x(t)=Ae^{-\alpha t}\cos(2\pi f_0 t)$, $A=2$, $f_0=50$ Hz, $\alpha=0.6$。

第2章 离散时间信号与离散时间系统的频域分析

【学习导读】

学习数字信号处理要建立时频观,要明确数字信号处理既可以在时域也可以在频域进行观测、分析、处理、设计与应用。对于连续的时间信号和系统,时域内采用微分方程描述,频域内采用拉普拉斯变换和傅里叶变换进行分析。因此,序列的 Z 变换和序列的傅里叶变换在数字信号处理中起着重要的作用。

本章重点学习序列的傅里叶变换和 Z 变换,以及利用傅里叶变换和 Z 变换分析离散时间信号与系统的频域特性。本章内容是本书也是数字信号处理的理论基础。

【学习目标】

- 知识目标:①掌握序列的傅里叶变换的定义、性质与物理意义;②掌握 Z 变换的定义、性质与应用;③理解拉普拉斯变换、Z 变换、傅里叶变换的关系。
- 能力目标:熟练掌握应用序列的傅里叶变换和 Z 变换对离散时间信号与系统进行频域分析的方法;强化并提高应用 MATLAB 分析解决复杂数字信号处理问题的能力。
- 素质目标:通过本章中两种变换的学习,体会科学精神的理性精神、原理精神、探索精神、实证精神与求实精神。通过判断、推理、分析、综合、归纳、演绎等逻辑性的思维分析问题、解决问题,反对盲从和迷信。通过编写 MATLAB 程序的学习养成自身的规范意识与规矩意识。

2.1 序列傅里叶变换的定义与性质

2.1.1 序列傅里叶变换的定义

序列 $x(n)$ 的傅里叶变换(Discrete Time Fourier Transform,DTFT)定义为

$$X(e^{j\omega}) = \text{DTFT}[x(n)] = \sum_{n=-\infty}^{\infty} x(n) e^{-j\omega n} \tag{2-1}$$

$\text{DTFT}[x(n)]$ 存在的充分条件是序列 $x(n)$ 绝对可和,即满足下式:

$$\sum_{n=-\infty}^{\infty} |x(n)| < \infty \tag{2-2}$$

$X(e^{j\omega})$ 的逆傅里叶变换(Inverse Discrete Time Fourier Transform,IDTFT)为

$$x(n) = \mathrm{IDTFT}\big[\,X(\mathrm{e}^{\mathrm{j}\omega})\,\big] = \frac{1}{2\pi}\int_{-\pi}^{\pi} X(\mathrm{e}^{\mathrm{j}\omega})\,\mathrm{e}^{\mathrm{j}\omega n}\mathrm{d}\omega \qquad (2-3)$$

式(2-1)和式(2-3)组成一对傅里叶变换公式。式(2-2)是傅里叶变换存在的充分条件。

【例2-1】 设 $x(n)=a^n u(n)$，求 $x(n)$ 的傅里叶变换。

解： $X(\mathrm{e}^{\mathrm{j}\omega}) = \displaystyle\sum_{n=0}^{\infty} a^n \mathrm{e}^{-\mathrm{j}\omega n} = \sum_{n=0}^{\infty}(a\mathrm{e}^{-\mathrm{j}\omega})^n = \dfrac{1}{1-a\mathrm{e}^{-\mathrm{j}\omega}}$

【例2-2】 设 $x(n)=R_N(n)$，求 $x(n)$ 的傅里叶变换。

解： $X(\mathrm{e}^{\mathrm{j}\omega}) = \displaystyle\sum_{n=-\infty}^{\infty} R_N(n)\mathrm{e}^{-\mathrm{j}\omega n} = \sum_{n=0}^{N-1}\mathrm{e}^{-\mathrm{j}\omega n}$

$$= \frac{1-\mathrm{e}^{-\mathrm{j}\omega N}}{1-\mathrm{e}^{-\mathrm{j}\omega}} = \frac{\mathrm{e}^{-\mathrm{j}\omega N/2}(\mathrm{e}^{\mathrm{j}\omega N/2}-\mathrm{e}^{-\mathrm{j}\omega N/2})}{\mathrm{e}^{-\mathrm{j}\omega/2}(\mathrm{e}^{\mathrm{j}\omega/2}-\mathrm{e}^{-\mathrm{j}\omega/2})} = \mathrm{e}^{-\mathrm{j}(N-1)\omega/2}\frac{\sin(\omega N/2)}{\sin(\omega/2)}$$

当 $N=4$ 时，其幅度与相位随频率 ω 的变化曲线如图2-1所示。

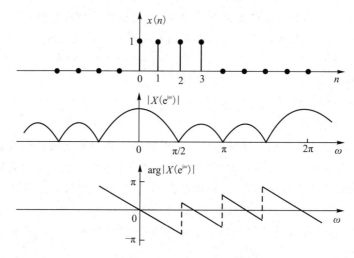

图2-1 $R_4(n)$ 的幅度与相位特性曲线

2.1.2 序列傅里叶变换的性质

1.周期性

在定义式(2-1)中，n 取整数，因此下式成立：

$$X(\mathrm{e}^{\mathrm{j}\omega}) = \sum_{n=-\infty}^{\infty} x(n)\mathrm{e}^{-\mathrm{j}\omega n} = \sum_{n=-\infty}^{\infty} x(n)\mathrm{e}^{-\mathrm{j}(\omega+2\pi M)n} = X(\mathrm{e}^{\mathrm{j}(\omega+2\pi M)}) \;(M\text{ 为整数}) \quad (2-4)$$

观察上式，序列傅里叶变换是频率 ω 的周期函数，周期是 2π。

2.线性

设 $\mathrm{DTFT}\big[x_1(n)\big]=X_1(\mathrm{e}^{\mathrm{j}\omega})$，$\mathrm{DTFT}\big[x_2(n)\big]=X_2(\mathrm{e}^{\mathrm{j}\omega})$，那么

$$\mathrm{DTFT}\big[ax_1(n)+bx_2(n)\big] = aX_1(\mathrm{e}^{\mathrm{j}\omega})+bX_2(\mathrm{e}^{\mathrm{j}\omega}) \qquad (2-5)$$

式中，a、b 是常数。

3.时移和频移性质

设 $X(e^{j\omega}) = FT[x(n)]$，那么

$$DTFT[x(n-n_0)] = e^{-j\omega n_0} X(e^{j\omega}) \tag{2-6}$$

$$DTFT[e^{j\omega_0 n} x(n)] = X(e^{j(\omega-\omega_0)}) \tag{2-7}$$

4.对称性

对称性是傅里叶变换的重要性质之一,在实际应用中很有用。

设序列 $x_e(n)$ 满足:

$$x_e(n) = x_e^*(-n) \tag{2-8}$$

则称 $x_e(n)$ 为共轭对称序列。

设序列 $x_o(n)$ 满足:

$$x_o(n) = -x_o^*(-n) \tag{2-9}$$

则称 $x_o(n)$ 为共轭反对称序列。

任一序列可表示为共轭对称分量 $x_e(n)$ 与共轭反对称序列 $x_o(n)$ 之和,即

$$x(n) = x_e(n) + x_o(n) \tag{2-10}$$

其中, $x_e(n)$ 和 $x_o(n)$ 满足:

$$x_e(n) = \frac{1}{2}[x(n) + x^*(-n)] \tag{2-11}$$

$$x_o(n) = \frac{1}{2}[x(n) - x^*(-n)] \tag{2-12}$$

利用上面两式,可以分别求出 $x(n)$ 的共轭对称分量 $x_e(n)$ 和共轭反对称分量 $x_o(n)$。

将 $x_e(n)$ 用其实部与虚部表示:

$$x_e(n) = x_{er}(n) + jx_{ei}(n)$$

将上式两边 n 用 $-n$ 代替,并取共轭,得到:

$$x_e^*(-n) = x_{er}(-n) - jx_{ei}(-n)$$

对比上面两公式,因左边相等,因此得到:

$$x_{er}(n) = x_{er}(-n) \tag{2-13}$$

$$x_{ei}(n) = -x_{ei}(-n) \tag{2-14}$$

上面两式表明共轭对称序列的实部是偶函数,而虚部是奇函数。

类似地,可定义满足下式的共轭反对称序列:

将 $x_o(n)$ 表示成实部与虚部: $x_o(n) = x_{or}(n) + jx_{oi}(n)$

可以得到:

$$x_{or}(n) = -x_{or}(-n) \tag{2-15}$$

$$x_{oi}(n) = x_{oi}(-n) \tag{2-16}$$

即共轭反对称序列的实部是奇函数,而虚部是偶函数。

下面研究 DTFT 的对称性。

(1)序列的傅里叶变换 $X(e^{j\omega})$ 可以分解为共轭对称和共轭反对称两部分之和,即

$$X(e^{j\omega}) = X_e(e^{j\omega}) + X_o(e^{j\omega}) \tag{2-17}$$

式中，$X_e(e^{j\omega})$ 与 $X_o(e^{j\omega})$ 分别称为共轭对称部分与共轭反对称部分，它们满足：

$$X_e(e^{j\omega}) = X_e^*(e^{-j\omega}) \tag{2-18}$$

$$X_o(e^{j\omega}) = -X_o^*(e^{-j\omega}) \tag{2-19}$$

同样有下面公式成立：

$$X_e(e^{j\omega}) = \frac{1}{2}[X(e^{j\omega}) + X^*(e^{-j\omega})] \tag{2-20}$$

$$X_o(e^{j\omega}) = \frac{1}{2}[X(e^{j\omega}) - X^*(e^{-j\omega})] \tag{2-21}$$

将序列 $x(n)$ 表示为共轭对称和共轭反对称序列值和的形式：

$$x(n) = x_e(n) + x_o(n)$$

$$x_e(n) = \frac{1}{2}[x(n) + x^*(-n)]$$

$$x_o(n) = \frac{1}{2}[x(n) - x^*(-n)]$$

将上式进行 DTFT 变换可得

$$\text{DTFT}[x_e(n)] = X_e(e^{j\omega}) = \frac{1}{2}[X(e^{j\omega}) + X^*(e^{j\omega})] = \text{Re}\, X(e^{j\omega}) = X_R(e^{j\omega}) \tag{2-22}$$

$$\text{DTFT}[x_o(n)] = X_o(e^{j\omega}) = \frac{1}{2}[X(e^{j\omega}) - X^*(e^{j\omega})] = j\text{Im}\, X(e^{j\omega}) = jX_I(e^{j\omega}) \tag{2-23}$$

即序列共轭对称分量的傅里叶变换等于序列傅里叶变换的实部，序列共轭反对称分量的傅里叶变换等于 j 乘以序列傅里叶变换的虚部。

（2）将序列 $x(n)$ 分成实部 $x_r(n)$ 与虚部 $x_i(n)$，即

$$x(n) = x_r(n) + jx_i(n)$$

$$x_r(n) = \frac{1}{2}[x(n) + x^*(n)]$$

$$jx_i(n) = \frac{1}{2}[x(n) - x^*(n)]$$

将上式两边进行 DTFT 变换得

$$\begin{cases} \text{DTFT}[x_r(n)] = \text{DTFT}\left\{\frac{1}{2}[x(n) + x^*(n)]\right\} = \frac{1}{2}[X(e^{j\omega}) + X^*(e^{-j\omega})] = X_e(e^{j\omega}) \\ \text{DTFT}[jx_i(n)] = \text{DTFT}\left\{\frac{1}{2}[x(n) - x^*(n)]\right\} = \frac{1}{2}[X(e^{j\omega}) - X^*(e^{-j\omega})] = X_o(e^{j\omega}) \end{cases} \tag{2-24}$$

即序列实部的傅里叶变换等于序列傅里叶变换的共轭对称分量，序列虚部乘以 j 后的傅里叶变换等于序列傅里叶变换的共轭反对称分量。

（3）实序列的 DTFT 的对称性。因为 $x(n)$ 是实序列，其 DTFT 只有共轭对称部分 $X_e(e^{j\omega})$，共轭反对称为零。

$$X(e^{j\omega}) = X_e(e^{j\omega})$$

$$X(e^{j\omega}) = X^*(e^{-j\omega})$$

$$\begin{cases} \operatorname{Re} X(\mathrm{e}^{\mathrm{j}\omega}) = \operatorname{Re} X(\mathrm{e}^{-\mathrm{j}\omega}) \\ \operatorname{Im} X(\mathrm{e}^{\mathrm{j}\omega}) = -\operatorname{Im} X(\mathrm{e}^{-\mathrm{j}\omega}) \end{cases} \tag{2-25}$$

实序列的 DTFT 的实部是偶函数,虚部是奇函数。

5.时域卷积定理

设 $\mathrm{DTFT}[x(n)] = X(\mathrm{e}^{\mathrm{j}\omega})$, $\mathrm{DTFT}[y(n)] = Y(\mathrm{e}^{\mathrm{j}\omega})$, $y(n) = h(n) * x(n)$

$$Y(\mathrm{e}^{\mathrm{j}\omega}) = H(\mathrm{e}^{\mathrm{j}\omega}) \cdot X(\mathrm{e}^{\mathrm{j}\omega}) \tag{2-26}$$

证明 $Y(\mathrm{e}^{\mathrm{j}\omega}) = \mathrm{DTFT}[y(n)] = \displaystyle\sum_{n=-\infty}^{\infty} \left[\sum_{m=-\infty}^{\infty} x(m) h(n-m) \right] \mathrm{e}^{-\mathrm{j}\omega n}$

令 $k = n - m$,则

$$Y(\mathrm{e}^{\mathrm{j}\omega}) = \sum_{k=-\infty}^{\infty} \sum_{m=-\infty}^{\infty} h(k) x(m) \mathrm{e}^{-\mathrm{j}\omega k} \mathrm{e}^{-\mathrm{j}\omega m}$$

$$= \sum_{n=-\infty}^{\infty} h(k) \mathrm{e}^{-\mathrm{j}\omega k} \sum_{m=-\infty}^{\infty} x(m) \mathrm{e}^{-\mathrm{j}\omega m} = H(\mathrm{e}^{\mathrm{j}\omega}) \cdot X(\mathrm{e}^{\mathrm{j}\omega})$$

6.频域卷积定理

设 $y(n) = h(n) x(n)$

则
$$Y(\mathrm{e}^{\mathrm{j}\omega}) = \frac{1}{2\pi} H(\mathrm{e}^{\mathrm{j}\omega}) * X(\mathrm{e}^{\mathrm{j}\omega}) = \frac{1}{2\pi} \int_{-\pi}^{\pi} H(\mathrm{e}^{\mathrm{j}\omega}) X(\mathrm{e}^{\mathrm{j}(\omega-\theta)}) \mathrm{d}\theta \tag{2-27}$$

证明 $Y(\mathrm{e}^{\mathrm{j}\omega}) = \displaystyle\sum_{n=-\infty}^{\infty} x(n) h(n) \mathrm{e}^{-\mathrm{j}\omega n} = \sum_{n=-\infty}^{\infty} x(n) \left[\frac{1}{2\pi} \int_{-\pi}^{\pi} H(\mathrm{e}^{\mathrm{j}\theta}) \mathrm{e}^{\mathrm{j}\theta n} \mathrm{d}\theta \right] \mathrm{e}^{-\mathrm{j}\omega n}$

交换积分与求和的次序,得到:

$$Y(\mathrm{e}^{\mathrm{j}\omega}) = \frac{1}{2\pi} \int_{-\pi}^{\pi} H(\mathrm{e}^{\mathrm{j}\theta}) \left[\sum_{n=-\infty}^{\infty} x(n) \mathrm{e}^{-\mathrm{j}(\omega-\theta)n} \right] \mathrm{d}\theta$$

$$= \frac{1}{2\pi} \int_{-\pi}^{\pi} H(\mathrm{e}^{\mathrm{j}\theta}) X(\mathrm{e}^{-\mathrm{j}(\omega-\theta)}) \mathrm{d}\theta = \frac{1}{2\pi} H(\mathrm{e}^{\mathrm{j}\omega}) * X(\mathrm{e}^{\mathrm{j}\omega})$$

$$Y(\mathrm{e}^{\mathrm{j}\omega}) = \frac{1}{2\pi} H(\mathrm{e}^{\mathrm{j}\omega}) * X(\mathrm{e}^{\mathrm{j}\omega}) = \frac{1}{2\pi} \int_{-\pi}^{\pi} H(\mathrm{e}^{\mathrm{j}\omega}) X(\mathrm{e}^{\mathrm{j}(\omega-\theta)}) \mathrm{d}\theta \tag{2-28}$$

该定理表明,在时域两序列相乘,频域服从卷积关系。

7.帕斯维尔定理

$$\sum_{n=-\infty}^{\infty} |x(n)|^2 = \frac{1}{2\pi} \int_{-\pi}^{\pi} |X(\mathrm{e}^{\mathrm{j}\omega})|^2 \mathrm{d}\omega \tag{2-29}$$

帕斯维尔定理表明了信号时域的能量与频域的能量关系。

表 2-1 综合了 FT 的性质,这些性质在分析问题和实际应用中是很重要的。最后一项中分别给出了离散时间信号在时域和频域的能量。

表 2-1　序列傅里叶变换的性质和定理

序列	傅里叶变换(DTFT)
$x(n)$	$X(e^{j\omega})$
$y(n)$	$Y(e^{j\omega})$
$ax(n)+by(n)$	$aX(e^{j\omega})+bY(e^{j\omega})$
$x(n-n_0)$	$e^{-j\omega n_0}X(e^{j\omega})$
$x^*(n)$	$X^*(e^{-j\omega})$
$x(-n)$	$X(e^{-j\omega})$
$x(n)*y(n)$	$X(e^{j\omega})\cdot Y(e^{j\omega})$
$x(n)\cdot y(n)$	$\dfrac{1}{2\pi}\displaystyle\int_{-\pi}^{\pi}X(e^{j\omega})Y(e^{j(\omega-\theta)})\,\mathrm{d}\theta$
$nx(n)$	$j[\mathrm{d}X(e^{j\omega})/\mathrm{d}\omega]$
$\mathrm{Re}\,x(n)$	$X_e(e^{j\omega})$
$j\mathrm{Im}\,x(n)$	$X_o(e^{j\omega})$
$x_e(n)$	$\mathrm{Re}\,X(e^{j\omega})$
$x_o(n)$	$j\mathrm{Im}\,X(e^{j\omega})$
$\displaystyle\sum_{n=-\infty}^{\infty}\lvert x(n)\rvert^2$	$\dfrac{1}{2\pi}\displaystyle\int_{-\pi}^{\pi}X(e^{j\omega})\,\mathrm{d}\omega$

2.2　序列的 Z 变换

2.2.1　Z 变换的定义

序列 $x(n)$ 的 Z 变换的定义为

$$X(z)=\sum_{n=-\infty}^{\infty}x(n)z^{-n} \tag{2-30}$$

根据级数理论,级数收敛的充分必要条件是满足绝对收敛。

$$\sum_{n=-\infty}^{\infty}\lvert x(n)z^{-n}\rvert<\infty \tag{2-31}$$

Z 变换不是对所有的 z 值级数都是收敛的。对于任意给定的序列,使级数收敛的所有 z 的集合称为 Z 变换的收敛域。

在复平面上,一般 Z 变换收敛域为环状域,即

$$R_{x-}<\lvert z\rvert<R_{x+} \tag{2-32}$$

收敛域是分别以 R_{x+} 和 R_{x-} 为收敛半径的两个圆形成的环状域。R_{x-} 可以小到零,R_{x+} 可以大到无穷大。

常用的 Z 变换是一个有理函数,可用两个多项式之比表示:

$$X(z) = \frac{P(z)}{Q(z)}$$

分子多项式 $P(z)$ 的根是 $X(z)$ 的零点,分母多项式 $Q(z)$ 的根是 $X(z)$ 的极点。在极点处 Z 变换不存在,因此收敛域中没有极点,收敛域总是用极点限定其边界。

2.2.2　序列特性对收敛域的影响

序列的特性决定其 Z 变换收敛域,了解序列特性与收敛域的一般关系,对使用 Z 变换式很有帮助。

1.有限长序列

如序列 $x(n)$ 满足下式:

$$x(n) = \begin{cases} x(n) & n_1 < n < n_2 \\ 0 & \text{其他} \end{cases} \tag{2-33}$$

即序列 $x(n)$ 从 n_1 到 n_2 的序列值不完全为零,此范围之外序列值为零,这样的序列称为有限长序列。其 Z 变换为

$$X(z) = \sum_{n=n_1}^{n_2} x(n) z^{-n}$$

设 $x(n)$ 为有界序列,由于是有限项求和,除 0 与 ∞ 两点是否收敛与 n_1、n_2 取值情况有关外,整个 Z 平面均收敛。如果 $n_1 < 0$,则收敛域不包括 ∞ 点;如果 $n_2 > 0$,则收敛域不包括 $z = 0$ 点;如果是因果序列,收敛域包括 $z = \infty$ 点。具体有限长序列的收敛域表示如下:

$$n_1 < 0, n_2 \leqslant 0 \text{ 时}, 0 \leqslant |z| < \infty$$
$$n_1 < 0, n_2 > 0 \text{ 时}, 0 < |z| < \infty$$
$$n_1 \geqslant 0, n_2 > 0 \text{ 时}, 0 < |z| \leqslant \infty$$

【例 2-3】　求 $x(n) = R_N(n)$ 的 Z 变换及其收敛域。

解:$X(z) = \sum_{n=-\infty}^{\infty} R_N(n) z^{-n} = \sum_{n=0}^{N-1} z^{-n} = \frac{1 - z^{-N}}{1 - z^{-1}}$

$R_N(n)$ 是因果的有限长序列,$n_1 \geqslant 0, n_2 > 0$,因此,收敛域为 $0 < |z| \leqslant \infty$。

2.右序列

右序列是指在 $n \geqslant n_1$ 时,序列值不全为零,而在 $n < n_1$ 时,序列值全为零的序列。右序列的 Z 变换表示为

$$X(z) = \sum_{n=n_1}^{\infty} x(n) z^{-n} = \sum_{n=n_1}^{-1} x(n) z^{-n} + \sum_{n=0}^{\infty} x(n) z^{-n} \tag{2-34}$$

第一项为有限长序列,$n \leqslant -1$ 时,其收敛域为 $0 \leqslant |z| < \infty$。第二项为因果序列,其收敛域为 $R_{x-} < |z| \leqslant \infty$,$R_{x-}$ 是第二项最小的收敛半径。将两收敛域相与,其收敛域为 $R_{x-} < |z| < \infty$。如果是因果序列,收敛域为 $R_{x-} < |z| \leqslant \infty$。

【例 2-4】　求 $x(n) = a^n u(n)$ 的 Z 变换及其收敛域。

解:$x(z) = \sum_{n=-\infty}^{\infty} a^n u(n) z^{-n} = \sum_{n=0}^{\infty} a^n z^{-n} = \sum_{n=0}^{\infty} (az^{-1})^n = \frac{1}{1 - az^{-1}}$

在收敛域中必须满足 $|az^{-1}|<1$，因此收敛域为 $|z|>|a|$。

3.左序列

左序列是指在 $n \leq n_2$ 时，序列值不全为零，而在 $n>n_2$ 时，序列值全为零的序列。左序列的 Z 变换表示为

$$X(z) = \sum_{n=-\infty}^{n_2} x(n) z^{-n}$$

如果 $n_2 \leq 0, z=0$ 点收敛，$z=\infty$ 不收敛，其收敛域是在某一圆（半径为 R_{x+}）的圆内，收敛域为 $0 \leq |z| < R_{x+}$。如果 $n_2>0$，则收敛域为 $0<|z|<R_{x+}$。

【例 2-5】 求 $x(n)=-a^n u(-n-1)$ 的 Z 变换及其收敛域。

解：这里 $x(n)$ 是一个左序列，当 $n \geq 0$ 时，$x(n)=0$，

$$X(z) = \sum_{n=-\infty}^{n_2} -a^n u(-n-1) z^{-n} = \sum_{n=-\infty}^{-1} -a^n z^{-n} = \sum_{n=1}^{\infty} -a^{-n} z^n$$

$X(z)$ 存在要求 $|a^{-1}z|<1$，即收敛域为 $|z|<|a|$，因此

$$X(z) = \frac{-a^{-1}z}{1-a^{-1}z} = \frac{1}{1-az^{-1}} \qquad |z|<|a|$$

4.双边序列

一个双边序列可以看作是一个左序列和一个右序列之和，其 Z 变换表示为

$$X(z) = \sum_{n=-\infty}^{\infty} x(n) z^{-n} = X_1(z) + X_2(z)$$

$$X_1(z) = \sum_{n=-\infty}^{-1} x(n) z^{-n} \qquad 0 \leq |z| < R_{x+}$$

$$X_2(z) = \sum_{n=0}^{\infty} x(n) z^{-n} \qquad R_{x-} < |z| \leq \infty$$

$X(z)$ 的收敛域是 $X_1(z)$ 和 $X_2(z)$ 收敛域的交集。如果 $R_{x+}>R_{x-}$，则其收敛域为 $R_{x-}<|z|<R_{x+}$，是一个环状域；如果 $R_{x+}<R_{x-}$，两个收敛域没有交集，因此 $X(z)$ 不存在。

【例 2-6】 已知 $x(n)=a^{|n|}$，a 为实数，求 $x(n)$ 的 Z 变换及其收敛域。

解：$X(z) = \sum_{n=-\infty}^{\infty} a^{|n|} z^{-n} = \sum_{n=-\infty}^{-1} a^{-n} z^{-n} + \sum_{n=0}^{\infty} a^n z^{-n} = \sum_{n=1}^{\infty} a^n z^n + \sum_{n=0}^{\infty} a^n z^{-n}$

第一部分的收敛条件为 $|az|<1$，得到的收敛域为 $|z|<|a|^{-1}$；第二部分的收敛条件为 $|az^{-1}|<1$，得到的收敛域为 $|z|>|a|$。

如果 $|a|<1$，两部分的公共收敛域为 $|a|<|z|<|a|^{-1}$，其 Z 变换如下式：

$$X(z) = \frac{az}{1-az} + \frac{1}{1-az^{-1}} = \frac{1-a^2}{(1-az)(1-az^{-1})} \qquad |a|<|z|<|a|^{-1}$$

如果 $|a| \geq 1$，则无公共收敛域，因此 $X(z)$ 不存在。当 $0<a<1$ 时，$x(n)=a^{|n|}$ 的波形及收敛域如图 2-2 所示。

同一个 Z 变换函数表达式，收敛域不同，对应的序列是不相同的。所以，$X(z)$ 的函数表达式及其收敛域是一个不同分离的整体，但求 Z 变换就包括求其收敛域。

此外，收敛域中无极点，收敛域总是以极点为界的。如果求出序列的 Z 变换，找出其

极点,则可以根据序列的特性,较简单地确定其收敛域。

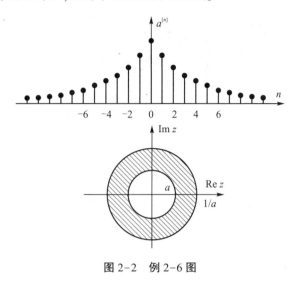

图 2-2　例 2-6 图

2.2.3　逆 Z 变换

1.逆 Z 变换的定义

已知序列的 Z 变换 $X(z)$ 及其收敛域,反过来求原序列 $x(n)$ 的过程称为求解逆 Z 变换。常用 $x(n) = Z^{-1}[X(z)]$ 表示逆 Z 变换,且

$$x(n) = Z^{-1}[X(z)] = \frac{1}{2\pi\mathrm{j}}\oint_c X(z)z^{n-1}\mathrm{d}z \quad R_{x-} < |z| < R_{x+} \tag{2-35}$$

其中,$F(z) = X(z)z^{n-1}$ 是被积函数,c 是收敛域内的一条按逆时针方向绕原点的闭合曲线。

2.逆 Z 变换的求解

计算逆 Z 变换的方法有围线积分法(留数法)、部分分式展开法和幂级数法(长除法)。下面介绍围线积分法和部分分式展开法,重点介绍围线积分法。

1)用留数定理求逆 Z 变换

序列 $x(n)$ 的逆 Z 变换:

$$x(n) = Z^{-1}[X(z)] = \frac{1}{2\pi\mathrm{j}}\oint_c X(z)z^{n-1}\mathrm{d}z \tag{2-36}$$

如果被积函数 $F(z) = X(z)z^{n-1}$ 在围线 c 内的极点用 z_k 表示,则根据留数定理有

$$\frac{1}{2\pi\mathrm{j}}\oint_c X(z)z^{n-1}\mathrm{d}z = \sum_k \mathrm{Res}[F(z),z_k] \tag{2-37}$$

式中,$\mathrm{Res}[F(z),z_k]$ 表示被积函数 $F(z)$ 在极点 $z = z_k$ 的留数,逆 Z 变换是围线 c 内所有极点的留数之和。

(1)如果 z_k 是单阶极点,则根据留数定理有

$$\mathrm{Res}[F(z),z_k] = (z-z_k) \cdot F(z)\big|_{z=z_k} \tag{2-38}$$

（2）如果 z_k 是 m 阶极点，则根据留数定理有

$$\text{Res}[F(z),z_k]=\frac{1}{(m-1)!}\frac{\text{d}^{m-1}}{\text{d}z^{m-1}}[(z-z_k)^m F(z)]\bigg|_{z=z_k} \qquad (2-39)$$

对于 m 极点，需要求 $m-1$ 阶导数，这是比较麻烦的。

2）用留数定理的辅助定理求逆 Z 变换

如果被积函数 $F(z)$ 在 z 平面上有 N 个极点，在收敛域内的闭合围线 c 内有 N_1 个极点，用 z_{1k} 表示；在收敛域内的闭合围线 c 外有 N_2 个极点，用 z_{2k} 表示。根据留数定理的辅助定理，下式成立：

$$\sum_{k=1}^{N_1}\text{Res}[F(z),z_{1k}]=-\sum_{k=1}^{N_2}\text{Res}[F(z),z_{2k}] \qquad (2-40)$$

式（2-40）成立的条件是：$F(z)$ 的分母阶次应比分子阶次高二阶以上。

设 $X(Z)=P(z)/Q(z)$，$P(z)$ 和 $Q(z)$ 分别是 z 的 M 与 N 阶多项式。式（2-40）成立的条件是

$$N-M-n-1\geqslant 2$$

要求

$$n<N-M$$

因此：当被积函数 $F(z)$ 在围线 c 内有高阶极点时，计算逆 Z 变换可以考察围线外的极点，若围线外只有单阶极点，则利用留数定理的辅助定理计算较方便。

$$x(n)=a^n u(n)$$

【例 2-7】 已知 $X(z)=\dfrac{1-a^2}{(1-az)(1-az^{-1})}$，$|a|<1$，求其逆变换 $x(n)$。

解：该例题没有给定收敛域，为求出唯一的原序列 $x(n)$，必须先确定收敛域。分析 $X(z)$，得到其极点分布如图 2-3 所示。图中有两个极点：$z_1=a$ 和 $z_2=a^{-1}$，这样收敛域有三种选法：

（1）$|z|>|a^{-1}|$，对应的 $x(n)$ 是因果序列；

（2）$|z|<|a|$，对应的 $x(n)$ 是左序列；

（3）$|a|<|z|<|a^{-1}|$，对应的 $x(n)$ 是双边序列。

下边分边按照不同的收敛域求其 $x(n)$。

（1）收敛域为 $|z|>|a^{-1}|$：$F(z)=$ $\dfrac{1-a^2}{(1-az)(1-az^{-1})}z^{n-1}=\dfrac{1-a^2}{-a(z-a)(z-a^{-1})}z^n$

这种情况的原序列是因果的右序列，无需求 $n<0$ 时的 $x(n)$。当 $n\geqslant 0$ 时，$F(z)$ 在 c 内有两个极点：$z_1=a$ 和 $z_2=a^{-1}$，因此

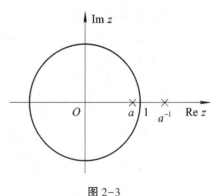

图 2-3

$$x(n)=\text{Res}[F(z),a]+\text{Res}[F(z),a^{-1}]$$

$$=\frac{(1-a^2)z^n}{(z-a)(1-az)}(z-a)\bigg|_{z=a}+\frac{(1-a^2)z^n}{-a(z-a)(z-a^{-1})}(z-a^{-1})\bigg|_{z=a^{-1}}$$

$$=a^n-a^{-n}$$

最后表示成：$x(n) = (a^n - a^{-n})u(n)$。

（2）收敛域为 $|z| < |a|$：这种情况的原序列是左序列，无须计算 $n \geq 0$ 情况。实际上，当 $n \geq 0$ 时，围线 c 内没有极点，因此 $x(n) = 0$。$n < 0$ 时，c 内只有一个极点 $z = 0$，且为 n 阶极点，改求 c 外极点留数之和。

$n < 0$ 时，$F(z)$ 满足 $n < N - M$，所以按式（2-40）计算 $x(n)$：

$$x(n) = -\text{Res}[F(z), a] - \text{Res}[F(z), a^{-1}]$$
$$= \frac{(1-a^2)z^n}{-a(z-a)(z-a^{-1})}(z-a) \bigg|_{z=a} - \frac{(1-a^2)z^n}{-a(z-a)(z-a^{-1})}(z-a^{-1}) \bigg|_{z=a^{-1}}$$
$$= -a^n - (-a^{-n}) = a^{-n} - a^n$$

最后将 $x(n)$ 表示成封闭式：

$$x(n) = (a^{-n} - a^n)u(-n-1)$$

（3）收敛域为 $|a| < |z| < |a^{-1}|$：这种情况对应的 $x(n)$ 是双边序列。被积函数

$$F(z) = \frac{1-a^2}{(1-az)(1-az^{-1})}z^{n-1} = \frac{1-a^2}{-a(z-a)(z-a^{-1})}z^n$$

$z = 0$ 是否是 $F(z)$ 的极点与 n 的取值有关。当 $n \geq 0$ 时，$z = 0$ 不是极点；当 $n < 0$ 时，$z = 0$ 是一个 n 阶极点。因此，分成 $n \geq 0$ 和 $n < 0$ 两种情况求解 $x(n)$。

$n \geq 0$ 时，c 内只有 1 个极点：$z = a$，

$$x(n) = \text{Res}[F(z), a] = a^n$$

$n < 0$ 时，c 内有 2 个极点，其中 $z = 0$ 是 n 阶极点，改求 c 外极点留数，c 外极点只有 $z = a^{-1}$，因此

$$x(n) = -\text{Res}[F(z), a^{-1}] = a^{-n}$$

最后将 $x(n)$ 表示为

$$x(n) = \begin{cases} a^n & n \geq 0 \\ a^{-n} & n < 0 \end{cases}$$

即

$$x(n) = a^{|n|}$$

3）部分分式展开式

对于多数单阶极点的序列，常用部分分式展开法求逆 Z 变换。

设 $x(n)$ 的 Z 变换 $X(z)$ 是有理函数，分母多项式是 N 阶，分子多项式是 M 阶，将 $X(z)$ 展开成一些简单的常用的部分分式之和，通过查表（参考表 2-2）求得各部分的逆变换，再相加便得到原序列 $x(n)$。设 $X(z)$ 只有一阶极点，可展成下式：

$$\frac{X(z)}{z} = \frac{A_0}{z} + \sum_{m=1}^{N} \frac{A_m}{z - z_m} \tag{2-41}$$

观察式（2-41），$X(z)/z$ 在 $z = 0$ 的极点留数就是系数 A_0，在极点 $z = z_m$ 的留数就是系数 A_m。

$$A_0 = \text{Res}\left[\frac{X(z)}{z}, 0\right] \tag{2-42}$$

$$A_m = \text{Res}\left[\frac{X(z)}{z}, z_m\right] \qquad (2\text{-}43)$$

求出系数 $A_m(m=0,1,2,\cdots,N)$ 后,查表 2-2 可求得 $x(n)$ 序列。

【例 2-8】 已知 $X(z) = \dfrac{2z^{-1}}{1-4z^{-1}+3z^{-2}}$,$1<|z|<3$,求逆 Z 变换。

解:$\dfrac{X(z)}{z} = \dfrac{2z^{-2}}{1-4z^{-1}+3z^{-2}} = \dfrac{2}{z^2-4z+3} = \dfrac{2}{(z-1)(z-3)} = \dfrac{A_1}{z-1} + \dfrac{A_2}{z-3}$

$$A_1 = \text{Res}\left[\frac{X(z)}{z}, 1\right] = \frac{X(z)}{z}(z-1)\bigg|_{z=1} = -1$$

$$A_2 = \text{Res}\left[\frac{X(z)}{z}, 3\right] = \frac{X(z)}{z}(z-3)\bigg|_{z=3} = 1$$

$$\frac{X(z)}{z} = -\frac{1}{z-1} + \frac{1}{z-3}$$

$$X(z) = \frac{1}{1-z^{-1}} - \frac{1}{1-3z^{-1}}$$

因为收敛域为 $1<|z|<3$,第一部分极点是 $z=1$,因此收敛域为 $1<|z|$。第二部分极点是 $z=3$,收敛域应取 $|z|<3$。查表 2-2,得到:

$$x(n) = u(n) + (-3)^n u(-n-1)$$

注意:在进行部分分式展开时,也用到求留数问题;求各部分分式对应的原序列时,还要确定它的收敛域在哪里,因此一般情况下不如直接用留数法求方便。

表 2-2　常见序列的 Z 变换

序列	Z 变换	收敛域
$R_N(n)$	$\dfrac{1-z^{-N}}{1-z^{-1}}$	$|z|>0$
$u(n)$	$\dfrac{1}{1-z^{-1}}$	$|z|>1$
$a^n u(n)$	$\dfrac{1}{1-az^{-1}}$	$|z|>|a|$
$-a^n u(-n-1)$	$\dfrac{1}{1-az^{-1}}$	$|z|<|a|$
$nu(n)$	$\dfrac{z^{-1}}{(1-z^{-1})^2}$	$|z|>1$
$na^n u(n)$	$\dfrac{az^{-1}}{(1-az^{-1})^2}$	$|z|>|a|$
$e^{j\omega_0 n} u(n)$	$\dfrac{1}{1-e^{j\omega_0}z^{-1}}$	$|z|>1$
$\sin(\omega_0 n) u(n)$	$\dfrac{1-z^{-1}\sin\omega_0}{1-2z^{-1}\cos\omega_0+z^{-2}}$	$|z|>1$
$\cos(\omega_0 n) u(n)$	$\dfrac{1-z^{-1}\cos\omega_0}{1-2z^{-1}\cos\omega_0+z^{-2}}$	$|z|>1$

2.2.4　Z 变换的性质和定理

下面介绍 Z 变换重要的性质和定理。

1.线性性质

设 $m(n)=ax(n)+by(n)$　　a,b 为常数

$$X(z)=\mathrm{ZT}[x(n)]\quad R_{x-}<|z|<R_{x+}$$

$$Y(z)=\mathrm{ZT}[y(n)]\quad R_{y-}<|z|<R_{y+}$$

则

$$M(z)=\mathrm{ZT}[m(n)]=aX(z)+bY(z)\quad R_{m-}<|z|<R_{m+}\tag{2-44}$$

$$R_{m+}=\min[R_{x+},R_{y+}],R_{m-}=\max[R_{x-},R_{y-}]$$

这里,$M(z)$ 的收敛域(R_{m-},R_{m+}) 是 $X(z)$ 和 $Y(z)$ 的公共收敛域,如果没有公共收敛域,例如,当 $R_{x+}>R_{x-}>R_{y+}>R_{y-}$ 时,则 $M(z)$ 不存在.

2.序列的移位性质

设 $X(z)=\mathrm{ZT}[x(n)],R_{x-}<|z|<R_{x+}$,则
$$\mathrm{ZT}[x(n-n_0)]=z^{-n_0}X(z),R_{x-}<|z|<R_{x+}\tag{2-45}$$

3.序列乘以指数序列的性质

设 $X(z)=\mathrm{ZT}[x(n)],R_{x-}<|z|<R_{x+}$

$y(n)=a^x x(n)$　　a 为常数

则　　　　$Y(z)=\mathrm{ZT}[a^n x(n)]=X(a^{-1}z)\quad |a|R_{x-}<|z|<|a|R_{x+}\tag{2-46}$

证明　$Y(z)=\sum_{n=-\infty}^{\infty}a^n x(n)z^{-n}=\sum_{n=-\infty}^{\infty}x(n)(a^{-1}z)^{-n}=X(a^{-1}z)$

因为 $R_{x-}<|a^{-1}z|<R_{x+}$,得到 $|a|R_{x-}<|z|<|a|R_{x+}$。

4.序列乘以 n 的 ZT

设 $X(z)=\mathrm{ZT}[x(n)],R_{x-}<|z|<R_{x+}$,则

$$\mathrm{ZT}[nx(n)]=-z\frac{\mathrm{d}X(z)}{\mathrm{d}z}\quad R_{x-}<|z|<R_{x+}\tag{2-47}$$

证明　$\dfrac{\mathrm{d}X(z)}{\mathrm{d}z}=\dfrac{\mathrm{d}}{\mathrm{d}z}\Big[\sum_{n=-\infty}^{\infty}x(n)z^{-n}\Big]=\sum_{n=-\infty}^{\infty}x(n)\dfrac{\mathrm{d}}{\mathrm{d}z}z^{-n}$

$$=-\sum_{n=-\infty}^{\infty}nx(n)z^{-n-1}=-z^{-1}\sum_{n=-\infty}^{\infty}nx(n)z^{-n}=-z^{-1}\mathrm{ZT}[nx(n)]$$

因此　$\mathrm{ZT}[nx(n)]=-z\dfrac{\mathrm{d}X(z)}{\mathrm{d}z}$

5.复共轭序列的 ZT

设 $X(z)=\mathrm{ZT}[x(n)]\quad R_{x-}<|z|<R_{x+}$,则
$$\mathrm{ZT}[x^*(n)]=X^*(z^*),\quad R_{x-}<|z|<R_{x+}\tag{2-48}$$

证明　$\mathrm{ZT}[x^*(n)] = \sum_{n=-\infty}^{\infty} x^*(n)z^{-n} = \sum \left[x(n)(z^*)^{-n}\right]^*$

$$= \left[\sum_{n=-\infty}^{\infty} x(n)(z^*)^{-n}\right]^* = X^*(z^*)$$

6.初值定理

设 $x(n)$ 是因果序列,$X(z) = \mathrm{ZT}[x(n)]$,则

$$x(0) = \lim_{z\to\infty} X(z) \qquad\qquad (2\text{-}49)$$

7.终值定理

若 $x(n)$ 是因果序列,其 Z 变换的极点,除可以有一个一阶极点在 $z=1$ 上,其极点均在单位圆内,则

$$\lim_{n\to\infty} x(n) = \lim_{z\to 1}(z-1)X(z) \qquad\qquad (2\text{-}50)$$

因此 $x(\infty) = \mathrm{Res}[X(z),1]$,如果在单位圆上 $X(z)$ 无极点,则 $x(\infty)=0$。

8.时域卷积定理

设 $w(n) = x(n)*y(n)$,$Y(z) = \mathrm{ZT}[y(n)]$,$R_{y-} < |z| < R_{y+}$;$X(z) = \mathrm{ZT}[x(n)]$,$R_{x-} < |z| < R_{x+}$,则

$$W(z) = \mathrm{ZT}[w(n)] = X(z)Y(z) \qquad R_{w-} < |z| < R_{w+} \qquad (2\text{-}51)$$
$$R_{w+} = \min[R_{x+}, R_{y+}], R_{w-} = \max[R_{x-}, R_{y-}]$$

证明　$W(z) = \mathrm{ZT}[x(n)*y(n)] = \sum_{n=-\infty}^{\infty}\left[\sum_{n=-\infty}^{\infty} x(m)y(n-m)\right]z^{-n}$

$$= \sum_{m=-\infty}^{\infty} x(m)\left[\sum_{n=-\infty}^{\infty} y(n-m)z^{-n}\right] = \sum_{m=-\infty}^{\infty} x(m)z^{-m}\sum_{n=-\infty}^{\infty} y(n-m)z^{-(n-m)}$$
$$= X(z)Y(z)$$

$W(z)$ 的收敛域就是 $X(z)$ 和 $Y(z)$ 的公共收敛域。

【例 2-9】 用 Z 变换求解线性卷积。已知系统的单位脉冲响应 $h(n) = a^n u(n)$,$|a|<1$,系统的输入序列 $x(n) = u(n)$,求系统的输出序列 $y(n)$。

解:
$$y(n) = h(n)*x(n)$$

$$H(z) = \mathrm{ZT}[a^n u(n)] = \frac{1}{1-az^{-1}} \qquad |z|>|a|$$

$$X(z) = \mathrm{ZT}[u(n)] = \frac{1}{1-z^{-1}} \qquad |z|>1$$

$$Y(z) = H(z)\cdot X(z) = \frac{1}{(1-z^{-1})(1-az^{-1})} \qquad |z|>1$$

$$y(n) = \frac{1}{2\pi\mathrm{j}}\oint \frac{z^{n+1}}{(z-1)(z-a)}\mathrm{d}z$$

被积函数 $F(z) = \dfrac{z^{n+1}}{(z-1)(z-a)}$,$F(z)$ 的极点分布与 n 取值有关。

当 $n<-1$ 时,$z=0$ 是一个高阶极点,用留数定理求解较繁。由于被积函数 $F(z)$ 的分子的阶次 $N\leqslant-1$,分母的阶次为 $M=2$,所以不满足 $N-M-n-1\geqslant2$,即 $n<N-M$,留数定理

辅助的条件定理不成立,不可用留数定理的辅助定理。实际上由 $Y(z)$ 收敛域 $|z|>1$ 判定序列 $y(n)$ 是一个右边序列,

$$y(0)=0,\quad n<-1$$

当 $n\geqslant -1$ 时,$z=0$ 不是极点,围线内 $z=1$ 和 $z=a$ 都是单阶极点,用留数定理计算。

$$y(n)=\mathrm{Res}\left[Y(z)z^{n-1},1\right]+\mathrm{Res}\left[Y(z)z^{n-1},a\right]=\frac{1}{1-a}+\frac{a^{n+1}}{a-1}=\frac{1-a^{n+1}}{1-a}$$

将 $y(n)$ 表示为:$y(n)=\dfrac{1-a^{n+1}}{1-a}u(n)$

9.复卷积定理

如果

$$\mathrm{ZT}\left[x(n)\right]=X(z)\quad R_{x-}<|z|<R_{x+}$$

$$\mathrm{ZT}\left[y(n)\right]=Y(z)\quad R_{y-}<|z|<R_{y+}$$

$$w(n)=x(n)y(n)$$

则

$$W(z)=\frac{1}{2\pi\mathrm{j}}\oint X(v)Y\left(\frac{z}{v}\right)\frac{\mathrm{d}v}{v} \tag{2-52}$$

$W(z)$ 的收敛域为

$$R_{x-}R_{y-}<|z|<R_{x+}R_{y+} \tag{2-53}$$

式(2-52)中 v 平面上,被积函数的收敛域为

$$\max\left(R_{x-},\frac{|z|}{R_{y+}}\right)<|v|<\min\left(R_{x+},\frac{|z|}{R_{y-}}\right) \tag{2-54}$$

【例 2-10】 已知 $x(n)=u(n)$,$y(n)=a^{|n|}$,$0<|a|<1$,若 $w(n)=x(n)y(n)$,求 $W(z)=\mathrm{ZT}\left[w(n)\right]$。

解:

$$X(z)=\frac{1}{1-z^{-1}}\quad 1<|z|\leqslant\infty$$

$$Y(z)=\frac{1-a^2}{(1-az^{-1})(1-az)}\quad |a|<|z|<|a|^{-1}$$

$$W(z)=\frac{1}{2\pi\mathrm{j}}\oint Y(v)X\left(\frac{z}{v}\right)\frac{\mathrm{d}v}{v}=\frac{1}{2\pi\mathrm{j}}\oint\frac{1-a^2}{(1-av^{-1})(1-av)}\cdot\frac{1}{1-\dfrac{v}{z}}\frac{\mathrm{d}v}{v}$$

$$\max\left(R_{y-},\frac{|z|}{R_{x+}}\right)<|v|<\min\left(R_{y+},\frac{|z|}{R_{x-}}\right)$$

$W(z)$ 的收敛域为 $|a|<|z|\leqslant\infty$;这里,$R_{x+}=\infty$,$R_{x-}=1$,$R_{y+}=|a|^{-1}$,$R_{y-}=|a|$。因此,被积函数 v 平面上的收敛域为 $\max(|a|,0)<|v|<\min(|a^{-1}|,z)$,$v$ 平面上极点有 a、a^{-1} 和 z;c 内极点有 $z=a$。令 $F(v)=Y(v)X\left(\dfrac{z}{v}\right)v^{-1}$,则

$$W(z)=\mathrm{Res}\left[F(v),a\right]=\frac{1}{1-az^{-1}}\quad a<|z|\leqslant\infty$$

$$w(n)=a^n u(n)$$

10.帕斯维尔定理

设 $X(z)=\mathrm{ZT}[x(n)]$, $R_{x-}<|z|<R_{x+}$, $Y(z)=\mathrm{ZT}[y(n)]$, $R_{y-}<|z|<R_{y+}$, $R_{x-}R_{y-}<1$, $R_{x+}R_{y+}>1$ 。那么

$$\sum_{n=-\infty}^{\infty} x(n)y^*(n) = \frac{1}{2\pi\mathrm{j}}\oint_c X(v)Y^*\left(\frac{1}{v^*}\right)v^{-1}\mathrm{d}v \qquad (2-55)$$

v 平面上, c 所在的收敛域为

$$\max\left(R_{x-},\frac{1}{R_{y+}}\right)<|v|<\min\left(R_{x+},\frac{1}{R_{y-}}\right)$$

利用复卷积定理可以证明帕斯维尔定理,读者自行完成。

如果 $x(n)$ 和 $y(n)$ 都满足绝对可和,即单位圆上收敛,在上式中令 $v=\mathrm{e}^{\mathrm{j}\omega}$,得到:

$$\sum_{n=-\infty}^{\infty} x(n)y^*(n) = \frac{1}{2\pi}\int_{-\pi}^{\pi} X(\mathrm{e}^{\mathrm{j}\omega})Y^*(\mathrm{e}^{\mathrm{j}\omega})\mathrm{d}\omega$$

令 $x(n)=y(n)$,得到

$$\sum_{n=-\infty}^{\infty} |x(n)|^2 = \frac{1}{2\pi}\int_{-\pi}^{\pi} |X(\mathrm{e}^{\mathrm{j}\omega})|^2\mathrm{d}\omega \qquad (2-56)$$

上面得到的公式和在傅里叶变换中所讲的帕斯维尔定理式是相同的。式(2-56)还可以表示成下式:

$$\sum_{n=-\infty}^{\infty} |x(n)|^2 = \frac{1}{2\pi\mathrm{j}}\oint_c X(z)X(z^{-1})\frac{\mathrm{d}z}{z} \qquad (2-57)$$

注意:式(2-57)中 $X(z)$ 收敛域包含单位圆,当 $x(n)$ 为实序列时, $X(\mathrm{e}^{-\mathrm{j}\omega})=X^*(\mathrm{e}^{\mathrm{j}\omega})$ 。

2.3 离散时间与系统的频域分析

2.3.1 线性移不变系统的描述

1.时域中的描述

时域中可以用两种方法描述线性移不变(Linear Shift Invariant, LSI)系统:系统的单位抽样响应和差分方程。

1)单位抽样响应 $h(n)$

若系统的输入是单位脉冲序列 $\delta(n)$ 时,系统的输出为单位抽样响应 $h(n)$:

$$h(n)=T[\delta(n)] \qquad (2-58)$$

当系统的输入序列为 $x(n)$,输出为 $y(n)$,两者之间的关系用线性卷积描述:

$$y(n)=x(n)*h(n)=\sum_{k=0}^{M}x(m)h(n-m)=\sum_{k=0}^{M}h(m)x(n-m) \qquad (2-59)$$

2)用常系数线性差分方程描述线性移不变系统的输入与输出关系

$$y(n)=\sum_{m=0}^{M}b_m(m)x(n-m)-\sum_{k=0}^{N}a_k(k)y(n-k) \qquad (2-60)$$

a_k 和 b_m 是描述系统的常数。系统的特性由这些常数确定,同时受初始状态的约束。

2.频域中的描述

1)用系统函数 $H(z)$ 描述 LSI 系统

定义:线性移不变系统的单位取样响应 $h(n)$ 的 Z 变换称为系统函数

$$H(z) = \text{ZT}[h(n)] = \sum_{k=0}^{M} h(n)z^{-n} \tag{2-61}$$

此时,系统的输入与输出的关系为

$$Y(z) = X(z) \cdot H(z) \tag{2-62}$$

当初始状态值为零时,对差分方程两边做 Z 变换得到:

$$H(z) = \frac{\displaystyle\sum_{r=1}^{M} b_r z^{-r}}{\displaystyle\sum_{k=1}^{N} a_k z^{-k}} \tag{2-63}$$

应注意,除了 a_k 和 b_r 这些常数外,必须特别指明收敛域才能唯一地确定一个 LSI 系统。

系统函数 $H(z)$ 的分子、分母都是关于 z^{-1} 的多项式,故 $H(z)$ 为有理分式。对其分子和分母分解因式得到

$$H(z) = \frac{\displaystyle\sum_{r=1}^{M} (1 - c_r z^{-1})}{\displaystyle\sum_{k=1}^{N} (1 - d_k z^{-1})} \tag{2-64}$$

k 为系统的增益,上式称为系统函数的零极点增益模型。因此,系统又可以用增益、零点和极点描述,尤其极点的位置将对 $H(z)$ 的性质起着重要作用。

2)用频率响应 $H(e^{j\omega})$ 描述 LSI 系统

如果系统在 z 平面上的收敛域包含单位圆时,令 $z = e^{j\omega}$,$H(z)\big|_{z=e^{j\omega}} = H(e^{j\omega})$ 存在且连续,称 $H(e^{j\omega})$ 为系统的频率响应。

$$H(e^{j\omega}) = \frac{Y(e^{j\omega})}{X(e^{j\omega})} = \sum_{n=-\infty}^{M} h(n)e^{-j\omega n} = |H(e^{j\omega})|e^{j\varphi(\omega)} \tag{2-65}$$

$H(e^{j\omega})$ 的幅度 $|H(e^{j\omega})|$ 随频率 ω 的变化关系称为系统的幅频响应。$H(e^{j\omega})$ 的相位 $\varphi(\omega)$ 随频率 ω 变化的关系称为系统的相频响应,当 $\varphi(\omega)$ 随 ω 线性规律变化时,这样的系统称为线性相位系统,否则为非线性相位系统。

【例 2-11】　若系统的输入序列为 $x(n) = e^{j\omega n}$,求系统的频率响应。

解:若系统输入信号 $x(n) = e^{j\omega n}$

$$y(n) = h(n) * x(n) = \sum_{m=-\infty}^{\infty} h(m)x(n-m) = \sum_{m=-\infty}^{\infty} h(m)e^{j\omega(n-m)}$$

$$= e^{j\omega n} \sum_{m=-\infty}^{\infty} h(m)e^{-j\omega n} = H(e^{j\omega})e^{j\omega}$$

即

$$y(n) = H(e^{j\omega})e^{j\omega n} = |H(e^{j\omega})|e^{j[\omega n + \varphi(\omega)]}$$

上式说明,单频复指数信号 $e^{j\omega n}$ 通过频率响应函数为 $H(e^{j\omega})$ 的系统后,输出仍为单频复指数序列,其幅度放大 $|H(e^{j\omega})|$ 倍,相移为 $\varphi(\omega)$。

【例 2-12】 线性移不变系统的输入信号 $x(n) = \cos(\omega n)$,求系统的输出信号 $y(n)$。

解:因为 $x(n) = \cos(\omega n) = \dfrac{1}{2}[e^{j\omega n} + e^{-j\omega n}]$

由例 2-12 的结论,当 LSI 系统的输入为 $e^{j\omega n}$ 时,输出为 $H(e^{j\omega})e^{j\omega n}$。所以利用上面的结论可得到:

$$y(n) = \frac{1}{2}[H(e^{j\omega})e^{j\omega n} + H(e^{j(-\omega)})e^{-j\omega n}]$$

设 $h(n)$ 为实序列,则 $H^*(e^{j\omega}) = H(e^{-j\omega})$,$|H(e^{j\omega})| = |H(e^{-j\omega})|$,$\varphi(\omega) = -\varphi(-\omega)$,故

$$y(n) = \frac{1}{2}[|H(e^{j\omega})|e^{j\varphi(\omega)}e^{j\omega n} + |H(e^{-j\omega})|e^{j\varphi(-\omega)}e^{-j\omega n}]$$

$$= \frac{1}{2}|H(e^{j\omega})|\{e^{j[\omega n + \varphi(\omega)]} + e^{-j[\omega n + \varphi(\omega)]}\}$$

$$= |H(e^{j\omega})|\cos[\omega n + \varphi(\omega)]$$

由此可见,线性时不变系统对单频余弦信号 $\cos(\omega n)$ 的响应为同频正弦信号,其幅值放大 $|H(e^{j\omega})|$ 倍,相移增加 $\varphi(\omega)$。

如果系统输入为任意的序列 $x(n)$,则 $H(e^{j\omega})$ 对 $x(n)$ 的不同的频率成分进行加权处理。对需要保留的频段,取 $H(e^{j\omega}) = 1$;其他频段 $H(e^{j\omega}) = 0$,则 $Y(e^{j\omega}) = X(e^{j\omega}) \cdot H(e^{j\omega})$,就实现了对输入信号的理想滤波处理,这是经典滤波的基本含义。

2.3.2 系统函数的收敛域与系统的因果稳定性

1.系统函数的收敛域与系统的因果稳定性

对于 LSI 系统。其系统函数为

$$H(z) = ZT[h(n)] = \sum_{n=0}^{M} h(n)z^{-n}$$

由 Z 变换收敛域的定义

$$\sum_{n=0}^{M} |h(n)z^{-n}| < \infty$$

当 $z = 1$ 时,上式变为

$$\sum_{n=0}^{M} |h(n)| < \infty$$

这恰好就是系统稳定的充分必要条件。因此,若系统函数在单位圆上收敛,则系统是稳定系统。意味着,如果系统函数的收敛域包含单位圆,则系统为稳定系统。反之,系统稳定则系统函数的收敛域包含单位圆。

系统的因果性要求系统的单位脉冲响应为因果序列,即 $h(n) = 0$ 当 $n < 0$ 时。因果序列的 Z 变换的收敛域是 $R_{x-} < |z| \leq \infty$。因此,因果系统的收敛域在半径为 R_{x-} 的圆外,且包含 $|z| = \infty$。

总结上述,一个因果稳定系统的系统函数的收敛域是

$$\begin{cases} R_{x-} < |z| \leq \infty \\ 0 < R_{x-} < 1 \end{cases}$$

即,一个因果稳定的系统,收敛域必须包含单位圆和圆外的整个 z 平面,也就是系统的全部极点都在单位圆内。

2. 应用 MATLAB 判断系统的稳定性

对于给定的系统,检验系统的稳定性,其方法是在输入端加入单位阶跃序列,观察输出波形,如果波形稳定在一个常数值上,系统稳定,否则不稳定。

【例 2-13】　LSI 系统的差分方程为

$$y(n) = 0.9y(n-1) + 0.05x(n) + 0.5x(n-1)$$

系统的输入序列 $x(n) = u(n)$,

(1)应用 MATLAB 求系统的单位脉冲响应和单位阶跃响应,并根据波形说明系统的稳定性;

(2)利用上述判断系统稳定性含糊判断系统的稳定性。

解:(1)单位脉冲响应和单位阶跃响应:

```
close all;
clear all
A=[1,-0.9];B=[0.05,0.05];          % 系统差分方程系数向量B和A
xn=ones(1,30);                      % 产生信号 x(n)=u(n)
hn=impz(B,A,25);                    % 求系统单位脉冲响应 h(n)
subplot(3,1,1);stem(hn); title('(a)系统单位脉冲响应 h(n)');
yn=filter(B,A,xn);                  % 求系统对 x(n)的响应 y(n)
subplot(3,1,2);stem(yn);title('(c)系统对 u(n)的响应 y (n)');
```

运行结果如图 2-4 所示。

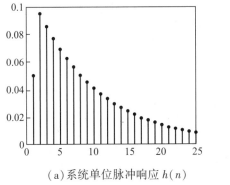

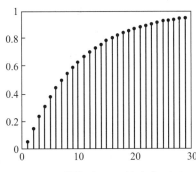

(a)系统单位脉冲响应 $h(n)$　　　　(c)系统对 $u(n)$ 的响应 $y(n)$

图 2-4　例 2-14 图 系统的单位脉冲响应和单位阶跃响应

(2)分析系统的单位阶跃响应的波形可以看出,当 $n \to \infty$ 时,系统的响应趋于 1,可以判定系统是一个稳定系统。

2.3.3　系统频率响应的几何确定法

前面讨论过,一个 N 阶的系统函数 $H(z)$,可以用零极点增益表达式表示为

$$H(z) = A\frac{\prod\limits_{r=1}^{M}(1-c_r z^{-1})}{\prod\limits_{r=1}^{N}(1-d_r z^{-1})} \tag{2-66}$$

将上式中分子、分母同时乘以 z^{N+M},得到:

$$H(z) = Az^{N-M}\frac{\prod\limits_{r=1}^{M}(z-c_r)}{\prod\limits_{r=1}^{M}(z-d_r)} \tag{2-67}$$

设系统稳定,收敛域包含单位圆,将 $z=\mathrm{e}^{\mathrm{j}\omega}$ 代入上式,得到频率响应函数

$$H(\mathrm{e}^{\mathrm{j}\omega}) = A\mathrm{e}^{\mathrm{j}\omega(N-M)}\frac{\prod\limits_{r=1}^{M}(\mathrm{e}^{\mathrm{j}\omega}-c_r)}{\prod\limits_{r=1}^{M}(\mathrm{e}^{\mathrm{j}\omega}-d_r)} \tag{2-68}$$

在 z 平面上,$\mathrm{e}^{\mathrm{j}\omega}-c_r$ 用一根由零点 c_r 指向单位圆 $\mathrm{e}^{\mathrm{j}\omega}$ 上的点 B 的向量 $\boldsymbol{c_r B}$ 表示,同样,$\mathrm{e}^{\mathrm{j}\omega}-d_r$ 用由极点指向 $\mathrm{e}^{\mathrm{j}\omega}$ 上的点 B 的向量 $\boldsymbol{d_r B}$ 表示,如图 2-5 所示,即 $\boldsymbol{c_r B}$ 和 $\boldsymbol{d_r B}$ 分别称为零点向量和极点向量,将它们用极坐标表示:

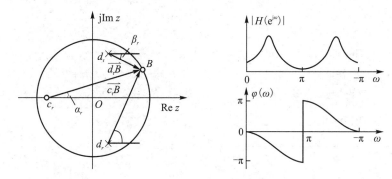

图 2-5　频率响应的几何表示

$$\boldsymbol{c_r B} = c_r B\mathrm{e}^{\mathrm{j}\alpha_r}$$
$$\boldsymbol{d_r B} = d_r B\mathrm{e}^{\mathrm{j}\beta_r}$$

将 $\boldsymbol{c_r B}=c_r B\mathrm{e}^{\mathrm{j}\alpha_r}$,$\boldsymbol{d_r B}=d_r B\mathrm{e}^{\mathrm{j}\beta_r}$ 代入式(2-67),得到:

$$H(\mathrm{e}^{\mathrm{j}\omega}) = A\mathrm{e}^{\mathrm{j}\omega(N-M)}\frac{\prod\limits_{r=1}^{M}\overrightarrow{c_r B}}{\prod\limits_{r=1}^{N}\overrightarrow{d_r B}} = H(\mathrm{e}^{\mathrm{j}\omega})\mathrm{e}^{\mathrm{j}\varphi(\omega)} \tag{2-69}$$

$$|H(\mathrm{e}^{\mathrm{j}\omega})| = A\frac{\prod\limits_{r=1}^{M}\boldsymbol{c_r B}}{\prod\limits_{r=1}^{N}\boldsymbol{d_r B}} \tag{2-70}$$

$$\varphi(\omega) = \omega(N-M) + \sum_{r=1}^{M}\alpha_r - \sum_{r=1}^{N}\beta_r \tag{2-71}$$

（1）对于极点，当频率 ω 从 0 变化到 2π 时，这些向量的终点 B 沿单位圆逆时针旋转一周，当 B 点转到极点附近时，极点向量长度最短，因而幅度特性可能出现峰值，且极点越靠近单位圆，极点向量长度越短，峰值越来越高越尖锐。如果极点在单位圆上时，则幅度特性为 ∞，系统不稳定。

（2）对于零点，情况相反，当 B 点转到零点附件时，零点向量长度变短，幅度特性将出现谷值，零点越靠近单位圆，谷值越接近零。当零点处在单位圆上时，谷值为零。

总结上述：极点位置主要影响频响峰值位置及尖锐程度，零点位置主要影响频响的谷点位置及形状。在原点处的极点和零点不影响系统的幅度特性，但会在相位中引入线性分量。

2.3.4　应用 MATLAB 分析系统的频率响应

下面介绍用 MATLAB 计算零、极点及频率影响曲线。首先介绍 MATLAB 工具中两个函数 zplane 和 freqz 的功能和调用格式。

1.zplane 绘制 $H(z)$ 的零、极点图

zplane（B，A）绘制出系统函数 $H(z)$ 的零、极点图。其中 B 和 A 为系统函数 $H(z)=B(z)/A(z)$ 的分子和分母多项式系数向量。假设系统函数 $H(z)$ 用下式表示：

$$H(z)=\frac{B(z)}{A(z)}=\frac{B(1)+B(2)z^{-1}+\cdots+B(M)z^{-(M-1)}+B(M+1)z^{-M}}{A(1)+A(2)z^{-1}+\cdots+A(N)z^{-(N-1)}+A(N+1)z^{-N}} \tag{2-72}$$

则

$$B=\left[\,B(1)\,B(2)\cdots B(M+1)\,\right],A=\left[\,A(1)\,A(2)\cdots A(N+1)\,\right]$$

2.freqz 计算数字滤波器 $H(z)$ 的频率响应

（1）H＝frqez（B，A，W）：计算由向量 w 指定的数字频率点上数字滤波器 $H(z)$ 的频率响应 $H(e^{j\omega})$，结果存在于向量 H 中。B 和 A 仍为 $H(z)$ 的分子和分母多项式系数向量（同上）。

（2）［H，W］＝frqez（B，A，M）：计算得出 M 个频率点的频率响应，存放在向量 H 中，M 个频率存放在向量 W 中。freqz 函数自动将这 M 个频率点均匀设置在范围 $[0,\pi]$ 上。

（3）［H，W］＝frqez（B，A，M，′whole′）：自动将 M 个频率点均匀设置在频率范围 $[0,2\pi]$ 上。

当然，还可以由频率响应向量 H 得到各样频点上的幅频响应函数和相频响应函数；再调用 plot 绘制其曲线图。

$$H(e^{j\omega})=\text{abs}(H),\varphi(\omega)=\text{angle}(H)$$

式中，abs 函数的功能是对复数求模，对实数求绝对值；angle 函数的功能是求负数的相角。

freqz（B，A）自动选取 512 个频率点计算。不带输出向量的 freqz 函数将自动绘出固定格式的幅频响应的相频响应曲线。所谓固定格式，是指频率范围 $[0,\pi]$，频率和相位是线性坐标，幅频响应为对数坐标。其他几种调用格式可用命令 help 查阅。

【例2-14】　一个谐振器的差分方程为

$$y(n)=1.8237y(n-1)-0.9800x(n-2)+b_0x(n)+b_0x(n-2)$$

令 $b_0=1/100.49$，谐振器的谐振频率为 0.4 rad。

（1）求解系统的单位阶跃响应，画出输出波形，判断系统的稳定性；

(2)给定输入信号 $x(n) = \sin(0.0140n) + \sin(0.4000n)$,求解系统的响应,并画出波形。

解:MATLAB 程序如下:

```
close;
clear all
n=0:255;un=ones(1,256);                    % 产生信号 u(n)
xsin=sin(0.014* n)+sin(0.4* n);            % 产生正弦信号
A=[1,-1.8237,0.9801];B=[1/100.49,0,-1/100.49];
                                           % 系统差分方程系数向量 B 和 A
hn=impz(B,A,25);                           % 求系统单位脉冲响应 h(n)
y1n=filter(B,A,un);                        % 谐振器对 u(n) 的响应 y1n(n)
y2n=filter(B,A,xsin);                      % 谐振器对 xsin 的响应 y2n(n)
subplot(2,1,1);stem(y1n);
title('(h)谐振器对 u(n)的响应 y1n(n)');
subplot(2,1,2);stem(y2n);title('(i)谐振器对正弦信号的响应 y2n(n)');
```

运行结果如图 2-6 所示。

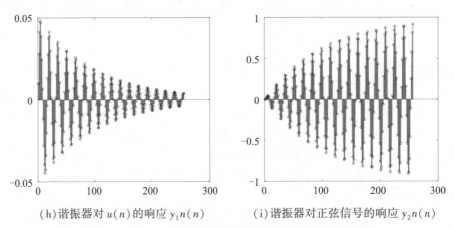

(h)谐振器对 $u(n)$ 的响应 $y_1n(n)$ (i)谐振器对正弦信号的响应 $y_2n(n)$

图 2-6　例 2-14 图系统的单位阶跃响应和正弦信号响应

分析:

(1)在系统的输入端加入单位阶跃序列 $u(n)$,如果系统的输出趋近一个常数(包括零),就可以断定系统是稳定的。输出显然趋近于零,所以系统是稳定的。

(2)谐振器具有对某个频率进行谐振的性质,本例中的谐振器的谐振频率是 0.4 rad,因此稳定波形为 $\sin(0.4n)$。

【例 2-15】　已知 $H(z) = 1 - z^{-N}$,试画出系统的幅频特性。

解:

$$H(z) = \frac{B(z)}{A(z)} = 1 - z^{-N} = \frac{z^N - 1}{z^N}$$

$H(z)$ 的极点为 $z = 0$,这是一个 N 阶极点,它不影响系统幅频响应。零点有 N 个,由分子多项式的根决定 $z^N - 1 = 0$ 的根,即

$$z^N = e^{j2\pi k}$$

$$z = e^{j\frac{2\pi}{N}k}, k = 0, 1, 2, \cdots, N-1$$

N 个零点等间隔分布在单位圆上,设 $N=8$,零、极点分布如图 2-7 所示。当 ω 从 0 变化到 2π 时,每遇到一个零点,幅度为零,在两个零点的中间幅度最大,形成峰值。幅度谷值点频率为 $\omega_k = \left(\dfrac{2\pi}{N}\right)k, k = 0, 1, 2, \cdots, N-1$。一般将具有如图 2-7 所示的幅度特性的滤波器称为梳状滤波器。

MATLAB 程序如下:

```
B=[1 0 0 0 0 0 0 0 0 -1];A=1          % 设置系统函数系统向量 B 和 A
subplop(1,3,1);
zplane(B,A);                         % 绘制零极点图
[H,w]=freqz(B,A);                    % 计算频率响应
subplot(1,3,2);
plot(w/pi,abs(H)):                   % 绘制幅频响应曲线
xlabel('w/pi');ylabel(' |H(e^j^\omega) |');axis([0,1,0,2.5])
subplot(1,3,3);
plot(w/pi,angle(H));                 % 绘制相频响应曲线
```

运行上面程序,绘制出 16 阶梳状滤波器的零极点图和幅频特性、相频特性如图 2-7 所示。

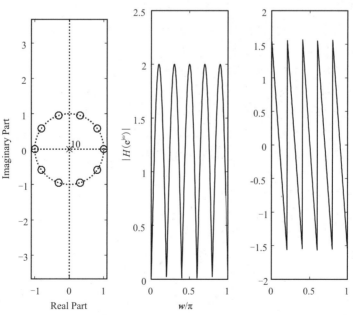

图 2-7　例 2-15 图梳状滤波器的零极点及幅频、相频特性曲线

运行程序得到系统的零极点图和频率响应曲线,可以看出此时 $a=0.9<1$ 时的结果与上述用几何法分析得到的结果一致。当设置 $a=1.5$ 时,给系统加单位阶跃序列,系统不稳定。

本章小结

1.信号与系统的分析方法有两种,时域分析和频域分析。对于连续的时间信号和系统时域内采用微分方程描述,频域内采用拉普拉斯变换和傅里叶变换进行分析。在离散时间信号和离散时间系统中,时域分析采用差分方程描述,频域则采用 Z 变换和傅里叶变换进行分析,因此,序列的 Z 变换和离散时间信号的傅里叶变换在数字信号处理中起着重要的作用。

本章重点讨论序列的 Z 变换和离散时间傅里叶变换,以及利用 Z 变换和离散时间傅里叶变换分析离散时间信号和系统的频域特性。本章内容是本书也是数字信号处理的理论基础。

2.序列的傅里叶变换也称为离散时间傅里叶变换(DTFT),学习要点有四个方面:

(1)序列 $x(n)$ 的傅里叶变换(DTFT)定义为: $X(e^{j\omega}) = \sum\limits_{n=-\infty}^{\infty} x(n)e^{-j\omega n}$ 。

$X(e^{j\omega})$ 的反变换定义为: $x(n) = \text{IDTFT}[X(e^{j\omega})] = \dfrac{1}{2\pi}\int_{-\pi}^{\pi} X(e^{j\omega})e^{j\omega n}d\omega$ 。

(2)序列傅里叶变换存在的条件是序列 $x(n)$ 满足绝对可和,即 $\sum\limits_{n=-\infty}^{\infty} |x(n)| < \infty$ 。

(3)DTFT 是幅值函数以 2π 为周期的 ω 的连续函数;当 $x(n)$ 为实序列时,在 $0 \leqslant \omega \leqslant 2\pi$ 区间内幅值是偶对称函数,相位是奇对称函数。

(4)序列的傅里叶变换主要性质和定理有线性、时移与频移、周期性、对称性质、时域卷积定理、频域卷积定理以及帕斯维尔定理。

3.关于序列 $x(n)$ 的 Z 变换,需要重点把握的问题有:

(1)Z 变换和逆 Z 变换的定义、Z 变换的收敛域、Z 变换存在的条件。

(2)求 Z 反变换的方法:围线积分法(留数法)、部分分式展开法和长除法。

(3)对于任意给定的序列,使 Z 变换存在的集合称作收敛域。Z 变换收敛域的概念很重要,相同的 Z 变换表达式,若收敛域不同,则对应于不同的序列,或者说序列 $x(n)$ 的形式决定了 $X(z)$ 的收敛区域。

4.利用 Z 变换可以分析系统的频率特性。

(1)系统函数:定义线性时不变系统的输出序列的 Z 变换与输入序列的 Z 变换之比,即

$$H(z) = \frac{Y(z)}{X(z)} = \sum\limits_{n=-\infty}^{\infty} h(n)z^{-n}$$

它也是单位脉冲响应 $h(n)$ 的 Z 变换。在单位圆上(即 $|z|=1$)的系统函数就是系统的频率响应,其关系为

$$H(e^{j\omega}) = [H(z)]_{z=e^{j\omega}} = \sum\limits_{n=-\infty}^{\infty} h(n)e^{-j\omega n}$$

(2)系统函数的收敛域与系统的因果稳定性。

系统稳定的频域充要条件：系统函数在单位圆上收敛，即 $H(z)$ 的收敛域包含单位圆。系统因果的频域充要条件：系统的单位脉冲响应是因果序列，即收敛域为 $R_{x-}<|z|\leqslant \infty$。所以对于一个因果稳定系统，收敛域必须包括单位圆和单位圆外的整个 z 平面，也就是说，系统函数的全部极点必须在单位圆内。

表 2-3　与本章有关的 MATLAB 函数

函数名	函数功能描述
impz	$[h,n]=impz(b,a,N)$，计算滤波器的单位脉冲响应，其中 b、a 分别为滤波器的系统函数分子和分母系数向量（或差分方程系数向量），N 为单位脉冲序列的长度
filter	$y=filter(b,a,x)$，计算滤波器的输出序列，其中 b、a 分别为滤波器的系统函数分子和分母系数向量（或差分方程系数向量）
residuez residue	$[r,p,k]=residue(b,a)$，将多项式 z 降幂表达式转换为部分分式展开式 $[r,p,k]=residuez(b,a)$，将多项式 z^{-1} 升幂表达式转换为部分分式展开式 $[b,a]=residue(r,p,k)$将部分分式展开式转换回两个多项式之比
freqz	$[h,w]=freqz(b,a,N)$，计算系统在 $[0,pi]$ 上的 N 点频率响应，其中 b、a 分别为数字系统的系统函数分子和分母系数向量（或差分方程系数向量）。$[h,w]=freqs(b,a)$ 直接计算在 $[0,pi]$ 上的 512 点频率响应。freqz 还有多种调用格式，此处不再列举，读者可以使用 help 去参考使用
freqs	$[h,w]=freqs(b,a,N)$，计算模拟系统的频率响应，其中 b、a 分别为模拟系统的传输函数分子和分母系数向量（或差分方程系数向量）
zplane	$zplane(b,a)$，绘制出系统函数的零极点图同时绘制参考单位圆。其中 b、a 分别为模拟系统的传输函数分子和分母系数向量（或差分方程系数向量）。在图中零点用"o"，极点用"x"表示
zp2tf	将零极点表示的多项式装换为系统函数表示；$[z,p,k]=tf2zp(num,den)$，num 和 den 分别是多项式的分子系数向量和分母系数向量。$[num,den]=zp2tf(z,p,k)$
poly	将根值表示转换为多项式表示；$y=poly(x)$，x 为多项式的根
root	求多项式的根，$root(a)$ 返回多项式的根

自测题

一、填空题

1. 序列 $x(n)$ 的傅里叶变换为 $X(e^{j\omega})$，可以表示为 $X(e^{j\omega})=|X(e^{j\omega})|e^{j\varphi(\omega)}$，其中 $|X(e^{j\omega})|$ 称为序列的＿＿＿＿＿，而 $\varphi(\omega)$ 称为序列的＿＿＿＿，它们都是以＿＿＿＿为周期的周期性连续函数。

2. 序列 $x(n)$ 的傅里叶变换为 $X(e^{j\omega})$，则 $x(n-1)$ 的傅里叶变换 $X(e^{j\omega})=$＿＿＿＿。序列 $x(n)$ 的 Z 变换为 $X(z)$，则 $x(n-1)$ 的 Z 变换 $X(z)=$＿＿＿＿。

3. 序列 $x(n)=\delta(n)+2\delta(n-1)$，其傅里叶变换为＿＿＿＿。

4. 任一序列 $x(n)$ 都可以表示为其共轭对称序列 $x_e(n)$ 和共轭反对称序列 $x_o(n)$ 之和,其中 $x_e(n)=$ _____ ,$x_o(n)$ _____ ;设 $x(n)$ 的傅里叶变换为 $X(e^{j\omega})$,$X(e^{j\omega})=X_R(e^{j\omega})+jX_1(e^{j\omega})$,则 DTFT$|x_e(n)|=$ _____ ,DTFT$|x_o(n)|=$ _____ 。

5. 周期序列之所以不能进行 Z 变换,是因为 _____ 。

6. 离散信号 $x(n)=u(n)+u(n-1)u(n-1)$,其 Z 变换 $X(z)=$ _____ ,其收敛域为 _____ 。

7. 某系统的表达式为 $x(n)=\delta(n)+\delta(n-2)$,则该系统的系统函数为 _____ 。

8. 已知系统的单位脉冲响应为 $h(n)=a^n u(n)$,$|a|<1$,输入序列为 $x(n)=u(n)$,则系统的输出序列 $y(n)$ 的 Z 变换 $Y(z)=$ _____ 。

9. 设系统的初始状态为零,系统对输入为 $\delta(n)$ 的响应称为系统的单位脉冲响应 $h(n)$。对 $h(n)$ 进行傅里叶变换得到 $H(e^{j\omega})=|H(e^{j\omega})|e^{j\varphi(\omega)}$,系统的幅频特性函数为 _____ ,系统的相频特性函数为 _____ 。$h(n)$ 的 Z 变换称为系统的 _____ 。

10. 线性移不变系统对单频率的余弦波 $\cos(\omega n)$ 的响应为 _____ ,其幅度放大 _____ ,相移增加 _____ 。

二、选择题

1. 线性移不变系统的系统函数的收敛域为 $|z|<2$,则可以判断系统为(　　)

A.因果稳定系统　　　　　　　　B.因果非稳定系统

C.非因果稳定系统　　　　　　　D.非因果非稳定系统

2. 序列的傅里叶变换是 _____ 的周期函数,周期为 _____ 。

A. 时间 T　　　B.频率 π　　　C. 时间 $2T$　　　D. 角频率 2π

3. 下列序列中,共轭对称序列为(　　)

A.$x(n)=x^*(-n)$　　　　　　　B. $x(n)=x^*(n)$

C.$x(n)=-x^*(-n)$　　　　　　D. $x(n)=-x^*(n)$

4. 实序列的傅里叶变换必是(　　)

A.共轭对称函数　　　　　　　　B.共轭反对称函数

C.线性函数　　　　　　　　　　D.双线性函数

5. 序列共轭对称分量的傅里叶变换等于序列傅里叶变换的(　　)

A.共轭对称分量　　　　　　　　B.共轭反对称分量

C.实部　　　　　　　　　　　　D.虚部

6. 下列说法中正确的是(　　)

A.连续非周期信号的频谱为非周期连续函数

B.连续周期信号的频谱为非周期连续函数

C.离散非周期信号的频谱为非周期连续函数

D.离散周期信号的频谱为非周期连续函数

7. 以下说法中(　　)是不正确的。

A.时域采样,频谱周期延拓　　　　B.频域采样,时域周期延拓

C.序列有限长,则频谱有限宽　　　D.序列的频谱有限宽,则序列无限长

8.系统的单位抽样响应为 $h(n)=\delta(n-1)+\delta(n+1)$,其频率响应为(　　)

A.$H(e^{j\omega})=2\cos\omega$　　　　　　　　B.$H(e^{j\omega})=2\sin\omega$

C.$H(e^{j\omega})=\cos\omega$　　　　　　　　D.$H(e^{j\omega})=\sin\omega$

9.若 $x(n)$ 为实序列, $X(e^{j\omega})$ 是其傅里叶变换,则(　　)

A.$X(e^{j\omega})$ 的幅度和幅角都是 ω 的偶函数

B.$X(e^{j\omega})$ 的幅度是 ω 的奇函数,幅角是 ω 的偶函数

C.$X(e^{j\omega})$ 的幅度是 ω 的偶函数,幅角是 ω 的奇函数

D.$X(e^{j\omega})$ 的幅度和幅角都是 ω 的奇函数

10.对于复序列 $x(n)$,若其傅里叶变换为 $X(e^{j\omega})$,则(　　)

A.$X(e^{j\omega})=X(e^{-j\omega})$　　　　　　B.$X(e^{j\omega})=-X(e^{-j\omega})$

C. $X(e^{j\omega})=-X^{*}(e^{-j\omega})$　　　　D.$X(e^{j\omega})=-X^{*}(e^{j\omega})$

习题与上机

一、基础题

1.序列 $x(n)$ 和 $y(n)$ 的傅里叶变换分别为 $X(e^{j\omega})$ 和 $Y(e^{j\omega})$,求下列序列的傅里叶变换。

(1)$x(n+1)$　　　　　(2)$x(-n)$　　　　　(3)$x(2n)$

(4)$x(\frac{n}{2})$　　　　　(5)$x(n+2)-x(n-2)$　　　(6)$x(n)y(n)$

(7)$x(n)*y(n)$　　　(8)$nx(n)$　　　　　(9)$x^{2}(n)$

(10)$x*(n)$

2.试求如下序列的傅里叶变换:

(1)$x(n)=\delta(n-2)$　　　　(2)$x(n)=\frac{1}{2}\delta(n+1)+\delta(n)+\frac{1}{2}\delta(n-1)$

(3)$x(n)=u(n+1)+\delta(n-2)$　　(4)$x(n)=a^{n}u(n)$,$0<a<1$

3.设序列 $x(n)=R_{4}(n)$,求 $x(n)$ 的共轭对称序列 $x_{e}(n)$ 和共轭反对称序列 $x_{o}(n)$ 以及它们的傅里叶变换 $DTFT|x_{e}(n)|$ 和 $DTFT|x_{o}(n)|$ 。

4.求如下 DTFT 对应的原序列 $x(n)$ 。

(1)$X(e^{j\omega})=\sin\omega$　　　　(2)$X(e^{j\omega})=3e^{-j\omega}+1+e^{j\omega}+2e^{2j\omega}$

5.若序列 $h(n)$ 是实因果序列,其傅里叶变换的实部为: $H_{R}(e^{j\omega})=1+\cos\omega$ 。求序列 $h(n)$ 及其傅里叶变换。

6.求下列序列的 Z 变换及其收敛域。

(1)$x(n)=2^{-n}u(n)-2(\frac{1}{2})^{n}u(n)$;　(2)$x(n)=(-\frac{1}{5})^{n}u(n)+5(\frac{1}{2})^{-n}u(-n-1)$

(3)$x(n)=2\delta(n-3)-2\delta(n+3)$　　(4)$x(n)=R_{4}(n)$

$$(5)\, x(n)=\begin{cases} n & 0\leqslant n\leqslant N \\ 2N-n & N+1\leqslant n\leqslant 2N,N=4 \\ 0 & 其他 \end{cases}$$

7.求下列 Z 变换的反变换。

$$X(z)=\frac{z(z^2-4z+5)}{(z-3)(z-1)(z-2)}$$

(1) $2<|z|<3$ (2) $|z|>3$ (3) $|z|<1$

8.用留数法求 Z 变换的反变换。

$$X(z)=\frac{z^2}{\left(z-\frac{1}{2}\right)\left(z-\frac{1}{4}\right)},\ |z|>\frac{1}{2}$$

9. 一个因果系统用下列差分方程描述

$$y(n)+\frac{1}{4}y(n-1)=x(n)+\frac{1}{2}x(n-1)$$

(1)求系统函数 $H(z)$ 及其收敛域;

(2)求系统的单位脉冲响应;

(3)求系统的频率响应。

10.用 Z 变换求解下列差分方程:

$$y(n)=\frac{1}{2}y(n-1)+x(n),n\geqslant0,其中,x(n)=\left(\frac{1}{4}\right)^n u(n),y(-1)=1$$

二、提高题

1.求解差分方程 $y(n)-1.5y(n-1)+0.5y(n-2)=x(n),n\geqslant0$。其中: $x(n)=(0.2)^n\mu(n)$, $n\geqslant0$。初始条件为 $y(-1)=4$ 和 $y(-2)=10$。

2.计算 $X(z)=\dfrac{1}{(1-0.5z^{-1})^2(1+0.6z^{-1})}$ 的 Z 反变换。

3.用 Z 变换法解下列差分方程:

(1) $y(n)-0.9y(n-1)=0.05u(n)$ $y(n)=0,n\leqslant-1$

(2) $y(n)-0.9y(n-1)=0.05u(n)$ $y(-1)=1,y(n)=0,n<-1$

4.设线性时不变系统的系数函数 $H(z)$ 为

$$H(z)=\frac{1-a^{-1}z^{-1}}{1-az^{-1}}\quad a\ 为实数$$

(1)在 z 平面上用几何法证明该系统是全通网络,即 $|H(e^{j\omega})|=$ 常数。

(2)参数 a 如何取值,才能使系统因果稳定? 画出其零、极点分布及收敛域。

5.设系统由下列差分方程描述:

$$y(n)=y(n-1)+y(n-2)+x(n)+2x(n-1)$$

(1)求系统的系统函数 $H(z)$,并画出零、极点分布图;

(2)限定系统是因果的,写出 $H(z)$ 的收敛域,并求出其单位脉冲响应 $h(n)$;

(3)限定系统是稳定性的,写出 $H(z)$ 的收敛域,并求出其单位脉冲响应 $h(n)$。

6.已知线性因果网络用下面差分方程描述：
$$y(n) = 0.9y(n-1) + x(n) + 0.5x(n-1)$$

(1)求网络的系统函数 $H(z)$ 及单位脉冲响应 $h(n)$；

(2)写出网络频率响应函数 $H(e^{j\omega})$ 的表达式，并定性画出其幅频特性曲线；

(3)设输入 $x(n) = e^{j\omega_0 n}$，求输出 $y(n)$。

7.已知网络的输入和单位脉冲响应分别为
$$x(n) = a^n u(n), h(n) = b^n u(n) \quad 0 < a < 1, 0 < b < 1$$

(1)试用卷积法求网络输出 $y(n)$；

(2)试用 ZT 法求网络输出 $y(n)$。

8.已知 $x_a(t) = \cos(2\pi f_0 t)$，式中 $f_0 = 200$ Hz，以采样频率 $f_s = 800$ Hz 对 $x_a(t)$ 进行采样，得到采样信号 $\hat{X}_a(t)$ 和离散时间信号 $x(n)$，试完成下列各题：

(1)写出 $x_a(t)$ 的傅里叶变换表达式 $X_a(j\Omega)$；

(2)写出 $\hat{X}_a(t)$ 和 $x(n)$ 的表达式；

(3)分别求出 $\hat{X}_a(t)$ 的傅里叶变换和 $x(n)$ 的傅里叶变换。

9.已知
$$X(z) = \frac{3}{1 - 0.5z^{-1}} + \frac{2}{1 - 2z^{-1}}$$

求出对应 $X(z)$ 的各种可能的序列表达式。

10. 设有如下差分方程确定的系统：
$$y(n) + 2y(n-1) + y(n-2) = x(n) \quad n \geq 0$$

当 $n < 0$ 时，$y(n) = 0$：

(1)计算 $x(n) = \delta(n)$ 时的 $y(n)$ 在 $n = 1, 2, 3, 4, 5$ 点的值。

(2)计算 $x(n) = u(n)$ 时的输出 $y(n)$。

(3)求这一系统的单位取样响应 $h(n)$，这一系统稳定吗？为什么？

第3章 离散傅里叶变换

【学习导读】

    1822 年,法国工程师傅里叶(Fourier)指出,一个"任意"的周期函数都可以分解为无穷多个不同频率的正弦波的和,这即是傅里叶级数。求解傅里叶级数的过程就是傅里叶变换。傅里叶级数和傅里叶变换又统称为傅里叶分析或者谐波分析。傅里叶分析包含了连续信号和离散信号的傅里叶变换和傅里叶级数,内容相当丰富。

    在计算机上实现信号的数字化处理,对信号的要求是时域和频域都是离散的,且都应该是有限长的。在上一章讨论了离散时间信号的傅里叶变换(DTFT)和 Z 变换,应用它们能够对离散时间信号和系统进行频域分析。但是,有限长序列的频率响应是随频率连续变化的,无法利用计算机进行数值计算。为了解决这个问题,对于有限长序列,在本章引入离散傅里叶变换(Discrete Fourier Transform,DFT)。离散傅里叶变换相当于在$[0, 2\pi]$上对有限长序列的傅里叶变换(DTFT)进行等间隔采样,从而实现了频域离散化,使数字信号处理可以在频域内应用计算机进行数值运算。更为重要的是,离散傅里叶变换有多种快速算法,统称为快速傅里叶变换(Fast Fourier Fransform,FFT),从而使信号的实时处理的速度提高了几个数量级且设备得以简化实现。离散傅里叶变换不仅在理论分析上有重要意义,而且在各种信号的处理中亦起着重要作用。

    本章主要讨论有限长序列的离散傅里叶变换的定义、物理意义、基本性质及应用。另外,周期序列是很常见的信号,但周期序列的离散傅里叶变换不存在,为了使周期序列在频域内也能实现离散化处理,本章讨论周期序列的离散傅里叶级数(Discrete Fourier Series,DFS)。

【学习目标】

    ● 知识目标:①掌握周期序列的离散傅里叶级数的定义、性质;②掌握离散傅里叶变换的定义、物理意义、性质与应用;③理解并掌握循环卷积、离散傅里叶变换的对称性、周期性;④理解频域采样、频域恢复。

    ● 能力目标:①掌握线性卷积的离散傅里叶变换算法,线性相关的离散傅里叶变换算法;②能够熟练地利用离散傅里叶变换对信号进行谱分析。

    ● 素质目标:①从本章的学习深刻理解数字信号处理的时频观、数字观、实践观;通过离散傅里叶变换算法及应用的学习,对自身进行系统化的专业理论与工程项目训练,培养学生工程意识、工程素养、工程研究与工程创新能力。②理解马克思主义的实践的观点、实事求是的观点,树立正确的人生观、世界观与价值观。力争实现知识与能力、创新与创业、理论与实践、科学性与价值性的辩证统一,树立科学精神、工匠精神与爱国主义情怀。

3.1 傅里叶变换的四种形式

由时间和频率两个自变量的连续与离散的组合可以得到傅里叶变换的四种形式。在深入讨论 DFT 和 DFS 之前,先概述四种不同形式的傅里叶变换。

1.连续时间非周期信号的傅里叶变换

对于非周期的连续时间信号 $x(t)$,其频谱是一个连续的非周期函数 $X(jk\Omega)$。傅里叶变换对为

$$X(j\Omega) = \int_{-\infty}^{\infty} x(t) e^{-j\Omega t} dt \tag{3-1}$$

$$x(t) = \frac{1}{2\pi} \int_{-\infty}^{\infty} X(j\Omega) e^{j\Omega t} dt \tag{3-2}$$

变换对的示意图如图 3-1(a)所示,时域内连续、非周期,频域内是非周期、连续的频谱。

2.连续时间周期信号的傅里叶级数

对于周期为 $T = 2\pi/\Omega_0$ 的连续时间信号 $x(t)$,若 $x(t)$ 在一个周期内的能量是有限的,其频谱是一个非周期离散的函数 $X(jk\Omega_0)$。傅里叶变换对为

$$X(jk\Omega_0) = \int_{-T/2}^{T/2} x(t) e^{-j\Omega_0 t} dt \tag{3-3}$$

$$x(t) = \sum_{k=-\infty}^{\infty} X(jk\Omega_0) e^{jk\Omega_0 t} \tag{3-4}$$

变换对的示意图如图 3-1(b)所示,时域内连续、周期,频域内是非周期、离散的频谱。$X(jk\Omega_0)$ 表示 $x(t)$ 的展开为傅里叶级数中的第 k 次谐波的幅度。

3.离散时间非周期序列的傅里叶变换(DTFT)

对于非周期的离散时间信号 $x(n)$,经傅里叶变换得到的是周期连续频率函数。其傅里叶变换对为

$$X(e^{j\omega}) = \sum_{n=-\infty}^{\infty} x(n) e^{j\omega n} \tag{3-5}$$

$$x(n) = \frac{1}{2\pi} \int_{-\pi}^{\pi} X(e^{j\omega}) e^{j\omega n} d\omega \tag{3-6}$$

变换对的示意图如图 3-1(c)所示,时域内离散、非周期,频域内是周期、连续的频谱。

4.离散时间周期序列的离散傅里叶级数

以上三种傅里叶变换要么时域连续,要么频域连续,都不适合于计算机计算。周期序列可以展开成离散傅里叶级数,周期序列满足时域和频域均为离散的。设 $\tilde{x}(n)$ 是以 N 为周期的周期序列,其离散傅里级数对为

$$\tilde{x}(k) = \text{DFS}[x(n)] = \sum_{n=0}^{N-1} \tilde{x}(n) e^{-j\frac{2\pi}{N}kn}, 0 \le k \le N-1 \tag{3-7}$$

$$\tilde{x}(n) = \frac{1}{N} \sum_{n=0}^{N-1} \tilde{x}(k) e^{j\frac{2\pi}{N}kn}, 0 \le k \le N-1 \tag{3-8}$$

变换对的示意图如图 3-1(d)所示,时域内离散、周期,频域内是周期、离散的频谱。

归纳上述的四种傅里叶变换对可以看出,信号在一个域的离散造成另一个域的周期延拓,一个域的连续对应于另一个域的非周期。

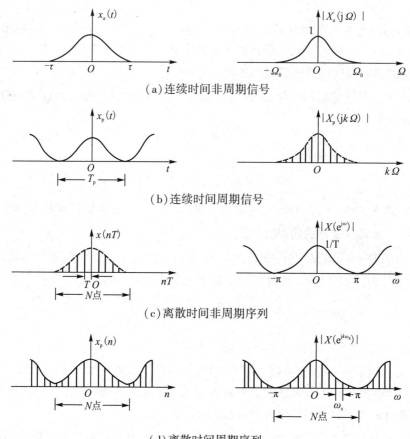

(a)连续时间非周期信号

(b)连续时间周期信号

(c)离散时间非周期序列

(d)离散时间周期序列

图 3-1　傅里叶变换的四种形式

表 3-1　四种傅里叶变换形式归纳

时间函数	频率函数
连续和非周期	非周期和连续
连续和周期	非周期和离散
离散和非周期	周期和连续
离散和周期	周期和离散

连续时间非周期信号的傅里叶变换、连续时间周期信号的傅里叶变换在"信号与系统"课程中已经做了重点讨论。离散时间非周期序列的傅里叶变换(DTFT)在本书上一章做了重点讨论,本章以下重点讨论周期序列的离散傅里叶级数和有限长序列的离散傅里叶变换。

3.2　周期序列离散傅里叶级数及傅里叶变换表示式

3.2.1　周期序列的离散傅里叶级数的定义

设 $\tilde{x}(n)$ 是一个以 N 为周期的周期序列,即

$$\tilde{x}(n) = \tilde{x}(n+rN) \text{ , } r \text{ 为任意的整数}$$

由于周期序列在区间 $(-\infty, \infty)$ 上连续取值。因此,不满足绝对可和条件,即

$$\sum_{n=-\infty}^{\infty} |\tilde{x}(n)z^{-n}| = \infty$$

周期序列的 Z 变换不存在。同样,周期序列 $\tilde{x}(n)$ 也不满足绝对可和的条件,即

$$\sum_{n=-\infty}^{\infty} |\tilde{x}(n)| = \infty$$

周期序列的 DTFT 变换也不存在。但与连续周期信号可以用傅里叶级数表示一样,离散周期序列也可以用离散傅里叶级数表示

$$\tilde{x}(n) = \sum_{k=0}^{N-1} a_k e^{j\frac{2\pi}{N}kn} \tag{3-9}$$

下面推导求解系数 a_k。在式 (3-9) 两端乘以 $e^{-j\frac{2\pi}{N}kn}$,并在一个周期 N 内求和,即

$$\sum_{n=0}^{N-1} \tilde{x}(n) e^{-j\frac{2\pi}{N}kn} = \sum_{n=0}^{N-1} \left[\sum_{k=0}^{N-1} a_k e^{j\frac{2\pi}{N}kn} \right] \tilde{x}(n) e^{-j\frac{2\pi}{N}kmn} = \sum_{k=0}^{N-1} a_k \sum_{n=0}^{N-1} e^{-j\frac{2\pi}{N}(k-m)n}$$

$$\sum_{n=0}^{N-1} e^{-j\frac{2\pi}{N}(k-m)n} = \begin{cases} N & k=m \\ 0 & k \neq m \end{cases} \tag{3-10}$$

因此

$$a_k = \frac{1}{N} \sum_{k=0}^{N-1} \tilde{x}(n) e^{-j\frac{2\pi}{N}kn}, 0 \leqslant k \leqslant N-1 \tag{3-11}$$

k 和 n 均为整数,由于 $e^{-j\frac{2\pi}{N}(k+lN)n} = e^{-j\frac{2\pi}{N}kn}$,$l$ 取整数,因此 $e^{-j\frac{2\pi}{N}kn}$ 是以 N 为周期的周期函数,所以 a_k 也是以 N 为周期的周期序列,满足 $a_k = a_{k+lN}$,令 $\tilde{X}(k) = Na_k$,则

$$\tilde{X}(k) = \sum_{k=0}^{N-1} \tilde{x}(n) e^{-j\frac{2\pi}{N}kn}, \quad -\infty < k < +\infty \tag{3-12}$$

式中 $\tilde{X}(k)$ 也是以 N 为周期的周期序列,称为 $\tilde{X}(n)$ 的离散傅里叶级数系数,用 DFS 表示。

周期为 N 的周期序列 $\tilde{x}(n)$ 的离散傅里叶级数 $\tilde{X}(k)$

$$\tilde{X}(k) = \text{DFS}[\tilde{x}(n)] = \sum_{k=0}^{N-1} \tilde{x}(n) e^{-j\frac{2\pi}{N}kn}, 0 \leqslant k \leqslant N-1 \tag{3-13}$$

$$\tilde{x}(n) = \text{IDFS}\big[\tilde{X}(k)\big] = \frac{1}{N}\sum_{k=0}^{N-1}\tilde{X}(k)\mathrm{e}^{\mathrm{j}\frac{2\pi}{N}kn}, 0 \leq k \leq N-1 \tag{3-14}$$

将周期序列分解成 N 次谐波，第 k 个谐波频率为 $\omega_k = (2\pi/N)k, k = 0,1,2,\cdots,N-1$，幅度为 $(1/N)\tilde{X}(k)$。基波分量的频率是 $2\pi/N$，幅度是 $(1/N)\tilde{X}(1)$。一个周期序列可以用其 DFS 系数 $\tilde{X}(k)$ 表示它的频谱分布规律。

【例 3-1】 有限长序列 $x(n) = R_4(n)$

（1）以 $N=4$ 为周期进行周期延拓，得到周期序列 $\tilde{x}(n) = \sum_{r=0}^{N-1}x(n+4r)$（$r$ 为任意整数），计算周期序列 $\tilde{x}(n)$ 离散傅里叶级数 $\text{DFS}\big[\hat{x}(n)\big]$。

（2）将 $x(n)$ 以 $N=8$ 为周期进行周期延拓得到周期序列 $\tilde{x}(n) = \sum_{r=0}^{N-1}x(n+8r)$（$r$ 为任意整数），求 $\tilde{X}(k) = \text{DFS}\big[\tilde{x}(n)\big]$ 并与（1）的计算结果进行比较。

解：（1）将 $x(n)$ 以 $N=4$ 为周期进行周期延拓时，$\tilde{x}(n)$ 的 DFS

$$\tilde{X}(k) = \text{DFS}\big[\tilde{x}(n)\big] = \sum_{n=0}^{3}\tilde{x}(n)\mathrm{e}^{-\mathrm{j}\frac{2\pi}{N}kn} = \sum_{n=0}^{3}\mathrm{e}^{-\mathrm{j}\frac{2\pi}{4}kn} = \frac{1-\mathrm{e}^{-\mathrm{j}\frac{2\pi}{4}k\cdot4}}{1-\mathrm{e}^{-\mathrm{j}\frac{2\pi}{4}k}}$$

$$= \frac{\mathrm{e}^{-\mathrm{j}\pi}(\mathrm{e}^{\mathrm{j}\pi k}-\mathrm{e}^{-\mathrm{j}\pi k})}{\mathrm{e}^{-\mathrm{j}\frac{\pi}{4}}(\mathrm{e}^{\mathrm{j}\frac{\pi}{4}k}-\mathrm{e}^{-\mathrm{j}\frac{\pi}{4}k})} = \mathrm{e}^{-\mathrm{j}\frac{3\pi}{4}}\frac{\sin\pi k}{\sin\frac{\pi}{4}k}$$

幅度特性 $|\tilde{X}(k)|$ 如图 3-2(a) 所示。

（2）将 $x(n)$ 以 $N=8$ 为周期进行周期延拓，则 $\tilde{x}(n)$ 在一个周期内的表达式为

$$x(n) = \begin{cases} 1 & 0 \leq n \leq 3 \\ 0 & 4 \leq n \leq 7 \end{cases}$$

$$\tilde{X}(k) = \text{DFS}\big[\tilde{x}(n)\big] = \sum_{n=0}^{7}\tilde{x}(n)\mathrm{e}^{-\mathrm{j}\frac{2\pi}{N}kn} = \sum_{n=0}^{3}\mathrm{e}^{-\mathrm{j}\frac{2\pi}{8}kn} = \frac{1-\mathrm{e}^{-\mathrm{j}\frac{2\pi}{8}k\cdot4}}{1-\mathrm{e}^{-\mathrm{j}\frac{2\pi}{8}k}}$$

$$= \frac{\mathrm{e}^{-\mathrm{j}\frac{\pi}{2}}(\mathrm{e}^{\mathrm{j}\pi k}-\mathrm{e}^{-\mathrm{j}\pi k})}{\mathrm{e}^{-\mathrm{j}\frac{\pi}{4}}(\mathrm{e}^{\mathrm{j}\frac{\pi}{8}k}-\mathrm{e}^{-\mathrm{j}\frac{\pi}{8}k})} = \mathrm{e}^{-\mathrm{j}\frac{3\pi}{8}}\frac{\sin\frac{\pi k}{2}}{\sin\frac{\pi}{8}k}$$

如图 3-2(b) 与（1）中 $N=4$ 的结果相比较，$N=8$ 时在一个周期内的采样点增加一倍，采样间隔减小，在频域内的抽样更密（频谱分辨率提高了一倍，这一点将在下一节进行详细讨论）。

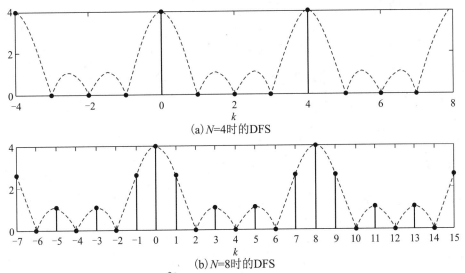

(a) $N=4$时的DFS

(b) $N=8$时的DFS

图 3-2　例 3-1 中 $\tilde{x}(n)$ 与 $\tilde{X}(k)$ [分别是 $N=4$ 和 $N=8$，虚线是 $X(\mathrm{e}^{\mathrm{j}\omega})$ 的包络线]

【例 3-2】　已知 $\tilde{x}(n)=\dfrac{1}{3}\sin(\dfrac{\pi}{3}n)$，求解 $\tilde{x}(n)$ 的离散傅里叶级数 $\tilde{X}(k)$。

解： 由于 $\tilde{x}(n)=\dfrac{1}{3}\sin(\dfrac{\pi}{3}n)$，$\omega_0=\dfrac{\pi}{3}$，$2\pi/\omega_0=6$。

因此，$\tilde{x}(n)=\dfrac{1}{3}\sin(\dfrac{\pi}{3}n)$ 是周期 $N=6$ 的周期序列。

根据欧拉公式 $\tilde{x}(n)=\dfrac{1}{3}\sin(\dfrac{\pi}{3}n)=\dfrac{1}{6\mathrm{j}}(\mathrm{e}^{\mathrm{j}\frac{2\pi}{6}n}-\mathrm{e}^{-\mathrm{j}\frac{2\pi}{6}n})=-\mathrm{j}\dfrac{1}{6}(\mathrm{e}^{\mathrm{j}\frac{2\pi}{6}n}-\mathrm{e}^{-\mathrm{j}\frac{2\pi}{6}n})$

$$\tilde{x}(n)=\frac{1}{N}\sum_{k=0}^{N-1}\tilde{X}(k)\mathrm{e}^{\mathrm{j}\frac{2\pi}{N}kn}=\frac{1}{6}\sum_{k=0}^{5}\tilde{X}(k)\mathrm{e}^{\mathrm{j}\frac{2\pi}{6}kn}$$

$$\tilde{x}(n)=\frac{1}{6}[\tilde{X}(0)+\tilde{X}(1)\mathrm{e}^{\mathrm{j}\frac{2\pi}{6}n}+\tilde{X}(2)\mathrm{e}^{\mathrm{j}\frac{2\pi}{6}2n}+\tilde{X}(3)\mathrm{e}^{\mathrm{j}\frac{2\pi}{6}3n}+\tilde{X}(4)\mathrm{e}^{\mathrm{j}\frac{2\pi}{6}4n}+\tilde{x}(5)\mathrm{e}^{\mathrm{j}\frac{2\pi}{6}5n}]$$

比较两式 $\tilde{x}(n)$ 的系数得到

$$\tilde{X}(k)=0,\tilde{X}(1)=-\mathrm{j},\tilde{X}(2)=0,\tilde{X}(3)=0,\tilde{X}(4)=0,\tilde{X}(5)=-\mathrm{j}。$$

3.2.2　周期序列离散傅里叶变换的性质

设 $\tilde{x}_1(n)$ 的 DFS 为 $\tilde{X}_1(k)$；$\tilde{x}_2(n)$ 的 DFS 为 $\tilde{X}_2(k)$；

1.线性特性

$$\mathrm{DFS}[a\tilde{x}_1(n)+b\tilde{x}_2(n)]=a\mathrm{DFS}[\tilde{x}_1(n)]+b\mathrm{DFS}[\tilde{x}_2(n)] \tag{3-15}$$

2.时域移位特性

$$\text{DFS}\big[\tilde{x}(n+m)\big]=W_N^{-km}\,\widetilde{X}(k) \tag{3-16}$$

其中 $W_N^{-km}=\mathrm{e}^{-\mathrm{j}\frac{2\pi}{N}km}$ 称为旋转因子,将在下一节重点讨论。

3.调制特性

$$\text{DFS}\big[W_N^{-lm}\tilde{x}(n)\big]=\widetilde{X}(k+l) \tag{3-17}$$

4.周期卷积

设 $\tilde{x}(n)$ 与 $\tilde{y}(n)$ 都是以 N 为周期的周期序列,它们的离散傅里叶级数分别为 $\widetilde{X}(k)$ 和 $\widetilde{Y}(k)$,若

$$\widetilde{W}(k)=\widetilde{X}(k)\cdot\widetilde{Y}(k)$$

则

$$\tilde{w}(n)=\text{IDFS}\big[\widetilde{W}(k)\big]=\tilde{x}(n)*\tilde{y}(n)=\sum_{m=0}^{N-1}\tilde{x}(m)\tilde{y}(n-m) \tag{3-18}$$

证明

$$\tilde{w}(n)=\text{IDFS}\big[\widetilde{W}(k)\big]=\text{IDFS}\big[\tilde{x}(k)\cdot\widetilde{W}(k)\big]=\frac{1}{N}\sum_{m=0}^{N-1}\widetilde{X}(k)\,\widetilde{Y}(k)\,\mathrm{e}^{-\mathrm{j}\frac{2\pi}{N}kn}$$

$$=\frac{1}{N}\sum_{k=0}^{N-1}\sum_{m=0}^{N-1}\widetilde{X}(k)\,\widetilde{Y}(k)\,\mathrm{e}^{-\mathrm{j}\frac{2\pi}{N}kn}$$

$$=\sum_{m=0}^{N-1}\tilde{x}(m)\left[\frac{1}{N}\sum_{k=0}^{N-1}\widetilde{Y}(k)\,\mathrm{e}^{-\mathrm{j}\frac{2\pi}{N}(n-m)k}\right]$$

$$=\sum_{n=0}^{N-1}\tilde{x}(m)\tilde{y}(n-m)$$

这是周期序列的卷积公式,与前面讲到的线性卷积不同之处在于 $\tilde{x}(m)$ 和 $\tilde{y}(n-m)$ 都是变量 m 的函数,周期均为 N,两者乘积也是周期为 N 的周期序列,卷积过程只在一个周期内完成。线性卷积是对整个序列的取值进行卷积运算的。

3.2.3　应用 MATLAB 计算离散傅里叶级数(DFS)

【例 3-3】　有限长序列 $x(n)=R_5(n)$

(1)以 $N=20$ 为周期进行周期延拓,得到周期序列 $\tilde{x}(n)=\sum_{r=0}^{N-1}x(n+20r)$($r$ 为任意整数),计算周期序列 $\tilde{x}(n)$ 离散傅里叶级数 $\widetilde{X}(k)=\text{DFS}\big[\tilde{x}(n)\big]$。

(2)将 $x(n)$ 以 $N=10$ 为周期进行周期延拓得到周期序列 $\tilde{x}(n)=\sum_{r=0}^{N-1}x(n+40r)$($r$ 为

任意整数),求 $\tilde{X}(k)=\mathrm{DFS}[\tilde{x}(n)]$ 并与(1)的计算结果进行比较。

解:在 MTALAB 中,DFS 通过建立周期延拓函数语句实现:

(1)建立 MATLAB 函数:Xk=dfs(n,x,N)

```
function [Xk]=dfs(xn,N)      % 计算离散傅里叶级数(DFS)系数
                             % [Xk]=dfs(xn,N)
                             % Xk=在 0<=n<=N-1 之间的一个单周期信号
                             % N=xn 的基本周期
n=[0:1:N-1];                 % n 的行向量
k=[0:1:N-1];                 % k 的行向量
WN=exp(-j* 2* pi/N);         % Wn 因子
nk=n'* k;                    % 产生一个含 nk 值的 N 乘 N 维矩阵
Xk=xn*  WN.^nk;              % DFS 系数行向量
function [xn]=idfs(Xk,N)     % 计算逆离散傅里叶级数(DFS)系数
                             % [xn]=dfs(Xk,N)
                             % xn=周期信号在 0<=n<=N-1 之间的一个单周期信号
                             % Xk=在 0<=k<=N-1 间的 DFS 系数数组
                             % N=Xk 的基本周期
n=[0:1:N-1];                 % n 的行向量
k=[0:1:N-1];                 % k 的行向量
WN=exp(-j* 2* pi/N);         % Wn 因子
nk=n'* k;                    % 产生一个含 nk 值的 N 乘 N 维矩阵
xn=Xk*  (WN.^(-nk))/N;       % DFS 系数行向量
```

(2)对有限长序列 $x(n)=R_5(n)$ 进行周期延拓,应用 MATLAB 分别计算 $N=20$、$N=40$ 时周期序列的 DFS。

通过周期延拓后所得的周期序列利用 DFS 计算实现代码如下:

```
clf;
N=20;n=0:N-1;x1=[ones(1,5) zeros(1,15)];
Xk1=dfs(x1,N);
subplot(2,1,1);stem(n,abs(Xk1),'fill');grid;
xlabel('k');ylabel('(b)');title('N=20 的 DFS');
N=40;n=0:N-1
x2=[ones(1,5) zeros(1,35)];
Xk2=dfs(x2,N);
subplot(2,1,2);stem(n,abs(Xk2),'fill');grid;
xlabel('k');ylabel('(b)');title('N=40 的 DFS');
```

如图 3-3 所示,运行后得到的是分别以 20 和 40 为周期延拓后的 $R_5(n)$ 频谱。显然

在序列后补零增加,则频谱分辨率增大,这点将在下一节讲述。

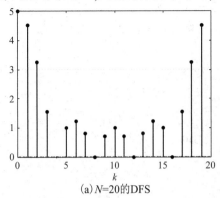

(a) $N=20$的DFS

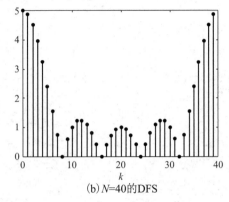

(b) $N=40$的DFS

图 3-3　例 3-3 周期延拓序列的频谱

3.3　离散傅里叶变换

3.3.1　有限长序列与周期序列的关系

设 $x(n)$ 是一个长度为 N 的有限序列,把有限长序列看作周期为 N 的周期序列的一个周期内的取值,有限长序列与周期序列的关系为

$$x(n) = \begin{cases} \tilde{x}(n) & 0 \leqslant n \leqslant N-1 \\ 0 & 其他 \end{cases} \tag{3-19}$$

或

$$x(n) = \tilde{x}(n) R_N(n) \tag{3-20}$$

$$\tilde{x}(n) = \sum_{r=-\infty}^{\infty} x(n + rN) \tag{3-21}$$

将周期序列 $x(n)$ 的第一个周期($n=0$ 到 $N-1$)定义为"主值区间","主值区间"上的序列称为主值序列,因此,$x(n)$ 是周期序列 $\tilde{x}(n)$ 的主值序列,而把周期序列 $\tilde{x}(n)$ 当作以 N 为周期对 $x(n)$ 进行周期延拓得到的周期序列。

当 N 大于等于序列 $x(n)$ 的长度时,将式(3-21)用如下形式表示:

$$\tilde{x}(n) = x(n \bmod N) = x((n))_N \tag{3-22}$$

$x((n))_N$ 表示 $\tilde{x}(n)$ 是以 N 为周期的周期延拓列,$((n))_N$ 表示模"n 对 N 取余数"。令

$$n = n_1 + mN, 0 \leqslant n_1 \leqslant N-1, m 为整数$$

则 n_1 为 n 对 N 的余数。例如,$\tilde{x}(n)$ 是周期为 $N=8$ 的周期序列,求解当 $n=23$ 和 $n=-5$时,$\tilde{x}(n) = x((n))_N$ 的取值。

因为 $n = 23 = 7 + 2 \times 8, n = -5 = 3 + (-1) \times 8$

所以 $\tilde{x}(23) = x((23))_8 = x(7)$，$\tilde{x}(-5) = x((-5))_8 = x(3)$。

3.3.2　离散傅里叶变换的定义

根据上面对有限长序列和周期序列的关系的讨论，可以看出，周期序列 $\tilde{x}(n)$ 的离散傅里叶级数是周期序列的频谱，计算周期序列的离散傅里叶级数 DFS 时总是选取其主值区间上的主值序列进行计算，主值序列 $x(n)$ 是有限长序列，这就为计算有限长序列的频谱提供了一种方法。实际中常常遇到的是非周期序列，它可能是有限长序列，也可能是无限长序列，对这样的序列理论上应该做 DTFT 变换计算得到周期连续的频谱 $X(e^{j\omega})$，而 $X(e^{j\omega})$ 是频域内的连续函数，不能利用计算机进行数值计算的。具体做法是：对于无限长序列常用长度为 N 的矩形窗 $R_N(n)$ 将其截断，然后将截得的 N 点序列看作有限长序列处理，使得无限的问题也可以利用计算机进行处理，当然会带来误差。对于有限长序列，为了计算其频谱，可以将有限长序列周期延拓为一个周期序列，然后计算周期序列的离散傅里叶级数 DFS，周期序列的 DFS 也是周期的，只取其主值作为有限长序列的频谱。这样就产生一种针对有限长序列定义的变换——离散傅里叶变换（DFT），它是 DFS 的主周期，用 DFT 可以完成有限长序列和无限长序列在频域内的数值计算。这就是引入 DFT 变换的重要性和实际工程意义。

设 $x(n)$ 是一个长度为 M 的有限长序列，则定义 $x(n)$ 的 N 点离散傅里叶变换为

$$X(k) = \text{DFT}[x(n)] = \sum_{n=0}^{N-1} x(n) e^{-j\frac{2\pi}{N}kn}, \quad 0 \leqslant k \leqslant N-1 \tag{3-23}$$

$$x(n) = \text{IDFT}[X(k)] = \frac{1}{N} \sum_{k=0}^{N-1} X(k) e^{-j\frac{2\pi}{N}kn}, \quad 0 \leqslant k \leqslant N-1 \tag{3-24}$$

式（3-24）与式（3-25）中：

（1）DFT 是对有限长序列定义的，对无限长序列不存在 DFT 变换，但前面已经讨论过，经过截断处理可以将无限长序列的问题转换为有限长序列进行近似计算。

（2）$W_N^{-kn} = e^{-j\frac{2\pi}{N}kn}$ 称为 DFT 的变换因子，N 称为变换区间的长度。注意 $2\pi/N$ 是周期序列的频谱的基频，而 $W_N^{-k} = e^{-j\frac{2\pi}{N}k}$ 中的 $(2\pi/N)k$ 则是周期序列的离散傅里叶级数第 k 次谐波的频率。

（3）凡是谈到离散傅里叶变换对时，有限长序列总是认为是周期序列的一个"主值序列"，都有隐含周期性。

（4）显然，DFT 实际上来自于 DFS，只不过仅在时域和频域各取了一个周期而已。

【例 3-4】　$x(n) = R_4(n)$，求 $x(n)$ 的 8 点和 16 点 DFT。

解：设变换区间 $N = 8$，则

$$X(k) = \text{DFT}[x(n)] = \sum_{n=0}^{7} x(n) e^{-j\frac{2\pi}{N}kn} = \sum_{n=0}^{3} e^{-j\frac{2\pi}{8}kn} = \frac{1 - e^{-j\frac{2\pi}{8}k \cdot 4}}{1 - e^{-j\frac{2\pi}{8}k}}$$

$$= \frac{e^{-j\frac{\pi}{2}}(e^{j\frac{\pi}{2}k} - e^{-j\frac{\pi}{2}k})}{e^{-j\frac{\pi}{8}}(e^{j\frac{\pi}{8}k} - e^{-j\frac{\pi}{8}k})} = e^{-j\frac{3\pi}{8}} \frac{\sin\frac{\pi}{2}k}{\sin\frac{\pi}{8}k}, \quad k = 0, 1, \cdots, 7$$

$$X(k) = \text{DFT}[x(n)] = \sum_{n=0}^{15} x(n) e^{-j\frac{2\pi}{N}kn} = \sum_{n=0}^{3} e^{-j\frac{2\pi}{16}kn} = \frac{1 - e^{-j\frac{2\pi}{16}k \cdot 4}}{1 - e^{-j\frac{2\pi}{16}k}}$$

$$= \frac{e^{-j\frac{\pi}{4}}(e^{j\frac{k\pi}{4}} - e^{-j\frac{k\pi}{4}})}{e^{-j\frac{\pi}{16}}(e^{j\frac{\pi}{16}k} - e^{-j\frac{\pi}{16}k})} = e^{-j\frac{3\pi}{16}} \frac{\sin\frac{\pi k}{4}}{\sin\frac{\pi}{16}k}, \quad k = 0, 1, \cdots, 15$$

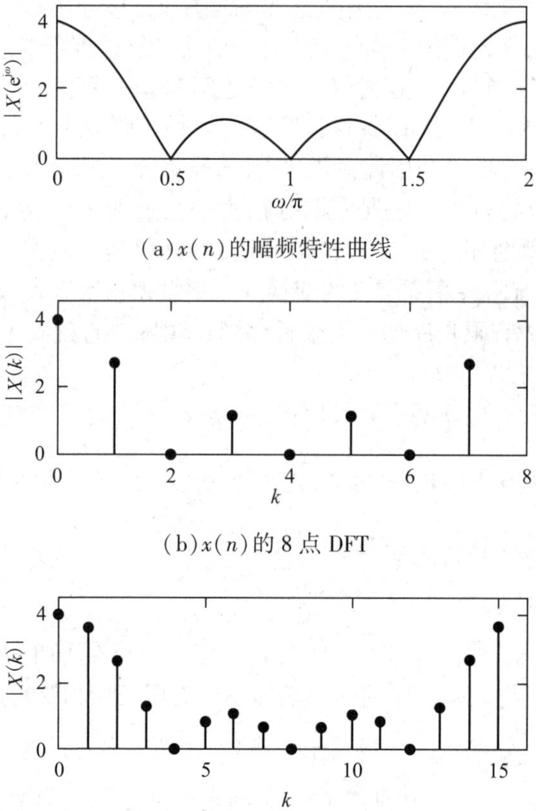

(a)$x(n)$的幅频特性曲线

(b)$x(n)$的 8 点 DFT

(c)$x(n)$的 16 点 DFT

图 3-4 $x(n) = R_4(n)$的 8 点和 16 点 DFT

$x(n) = R_4(n)$,DFT 变换区间长度 N 分别取 8、16 时,$X(k)$ 的幅频特性曲线如图 3-4 所示。

可见,$x(n)$ 的离散傅里叶变换结果与变换区间长度 N 的取值有关。对 DFT 与 Z 变换和傅里叶变换的关系及 DFT 的物理意义进行讨论后,上述问题就会得到解释。

3.3.3　DFT 与 Z 变换、DTFT 变换之间的关系

设序列 $x(n)$ 的长度为 M,其 Z 变换和 $N(M \geqslant N)$ 点 DFT 分别为

$$X(z) = \text{ZT}[x(n)] = \sum_{n=0}^{M-1} x(n) z^{-n} \tag{3-25}$$

$$X(k) = \text{DFT}[x(n)] = \sum_{n=0}^{N-1} x(n) e^{-j\frac{2\pi}{N}kn}, 0 \leqslant k \leqslant N-1 \tag{3-26}$$

比较上面二式可得关系式

$$X(k) = X(z)\Big|_{z=e^{j\frac{2\pi}{N}k}} \quad k=0,1,2,\cdots,N-1 \tag{3-27}$$

$$X(k) = X(z)\Big|_{\omega=\frac{2\pi}{N}k} \quad k=0,1,2,\cdots,N-1 \tag{3-28}$$

式(3-27)表明,序列 $x(n)$ 的 N 点 DFT 是 $x(n)$ 的 Z 变换在单位圆上的 N 点等间隔采样。式(3-28)表明,$X(k)$ 为 $x(n)$ 的傅里叶变换 $X(e^{j\omega})$ 在区间 $[0,2\pi]$ 上的 N 点间距采样。

这就是 DFT 的物理意义。由此可见,DFT 的变换区间长度 N 不同,表示对 $X(e^{j\omega})$ 在区间 $[0,2\pi]$ 上采样间隔和采样点数不同,所以 DFT 的变换结果不同。

3.3.4　MATLAB 实现

MATLAB 提供了用快速傅里叶变换算法 FFT(算法见第 4 章介绍)计算 DFT 的函数 fft,其调用格式如下:

$$\text{XK} = \text{fft}(x) \quad \text{XK} = \text{fft}(x,N) \quad \text{xn} = \text{ifft}(Xk) \quad \text{xn} = \text{ifft}(Xk,N)$$

(1)fft(x):计算 M 点的 DFT,M 是序列 x 的长度。

(2)fft(x,N):计算 N 点的 DFT。

$M>N$,将原序列裁为 N 点,计算 N 点的 DFT;$M<N$,将原序列补零至 N 点,然后计算 N 点 DFT。

(3)ifft(Xk):计算 M 点离散傅里叶变换的逆变换(Inverse Discrete Fourier Transform,IDFT),M 是序列 x 的长度。

(4)ifft(Xk,N):计算 N 点离散傅里叶变换的逆变换 IDFT。

【例 3-5】　设 $x[n] = \{1,1,1,1\}$,分别计算 N=16、32 时的 DFT。

解:

```
x=[1 1 1 1];
N1=16;N2=32;                          % DFT 变换区间长度
k1=0:N1-1; k2=0:N2-1;
Xk1=fft(x,N1);                        % 利用 FFT 计算 DFT
subplot(2,2,1);stem(k1,abs(Xk1),'fill');    % 作 X(k)的幅频特性曲线
xlabel('k');ylabel('|X(k)|');title('16 点 DFT') ;axis([0 16 0 4]);
subplot(2,2,2);stem(k1,angle(Xk1),'fill');  % 16 点 DFT 相频特性
xlabel('k');ylabel('|X(k)|');
title('16 点 DFT 相频特性') axis([0 16 -2 2]);
Xk2=fft(x,N2);
subplot(2,2,3); stem(k2,abs(Xk2),'fill');
xlabel('k');ylabel('|X(k)|');
title('32 点 DFT 幅频特性') axis([0 32 0 4]);
subplot(2,2,4);   stem(k2,angle(Xk2),'fill');
xlabel('k');ylabel('|X(k)|');
title('32 点 DFT 相频特性');axis([0 32 -2 2]);
```

程序运行结果如图 3-5 所示。

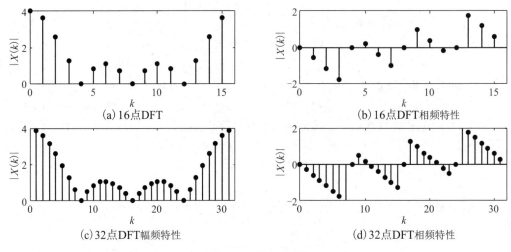

$$(a)\,16点DFT \qquad (b)\,16点DFT相频特性$$

$$(c)\,32点DFT幅频特性 \qquad (d)\,32点DFT相频特性$$

图 3-5　例 3-5 图

3.4　离散傅里叶变换的性质

1.线性

如果 $x_1(n)$ 和 $x_2(n)$ 是两个有限长序列，长度分别为 N_1 和 N_2，且序列

$$y(n) = ax_1(n) + bx_2(n)，a、b 为常数，取 N \geq \max[N_1, N_2]$$

则 $y(n)$ 的 N 点 DFT 为

$$Y(k) = DFT[y(n)]_N = aX_1(k) + bX_2(k)，\quad k = 0,1,2,\cdots,N-1 \tag{3-29}$$

2.DFT 的隐含周期性

前面定义的 DFT 变换对中，$x(n)$ 与 $X(k)$ 均为有限长序列，但由于 W_N^{kn} 的周期性，使 $x(n)$ 与 $X(k)$ 隐含周期性，且周期均为 N。对于任意整数 m，总有

$$W_N^{k+mN} = W_N^k$$

式中 $k、m$ 为整数，N 为自然数，$X(k)$ 满足：

$$X(k+mN) = \sum_{n=0}^{N-1} x(n) W_N^{(k+mN)n} = X(k) \tag{3-30}$$

实际上，任何周期为 N 的周期序列 $\tilde{x}(n)$ 中，从 $n=0$ 到 $N-1$ 的第一个周期为 $x(n)$ 的主值区间，而主值区间上的序列称为 $\tilde{x}(n)$ 的主值序列。因此 $x(n)$ 与 $\tilde{x}(n)$ 的上述关系可叙述如下：

（1）$\tilde{x}(n)$ 是 $x(n)$ 的周期延拓序列，$x(n)$ 是 $\tilde{x}(n)$ 的主值序列；

（2）$\widetilde{X}(k)$ 是 $X(k)$ 的周期延拓序列，$X(k)$ 是 $\widetilde{X}(k)$ 的主值序列。

3.循环移位

设 $x(n)$ 为有限长序列,长度为 M, $M \leqslant N$, $x(n)$ 的循环移位序列(也称圆周移位序列)是指以 N 为周期,将其延拓为周期序列 $\tilde{x}(n) = x((n))_N$,将 $\tilde{x}(n)$ 移位得到 $\tilde{x}((n+m))_N$,然后取 $\tilde{x}((n+m))_N$ 主值区间上的序列值。即有限长序列 $x(n)$ 的循环移位序列为

$$y(n) = x((n+m))_N R_N(n) \tag{3-31}$$

一个有限长序列的循环移位序列仍然是有限长序列。如图 3-6 是 $N=6$, $M=6$, $m=2$ 时, $x(n)$ 的循环移位序列得到的过程的波形。

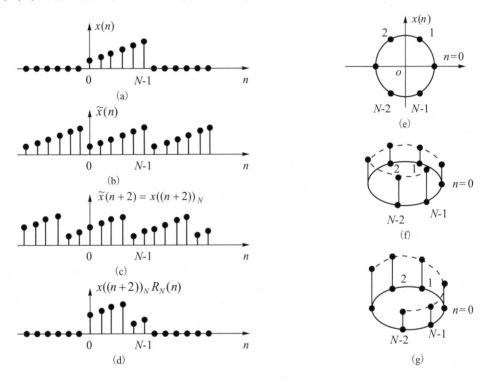

图 3-6　循环移位过程示意图($N=6$)

观察图 3-6 可见,循环移位序列 $y(n)$ 是长度为 N 的有限长序列。当只观察 $n=0,1$, $\cdots$, $N-1$ 这一主值区间时,某一个采样值从该主值区间的一端移出时,其相同的值的采样又从该主值区间的另一端循环移进,"循环位移"就是由此得名。可以想象 $x(n)$ 是排列在一个 N 等分的圆周上, $x(n)$ 的循环移位就相当于 $x(n)$ 在圆周上旋转,将 $x(n)$ 右移位时,相当于在圆周上逆时针旋转;向左移位时,相当于在圆周上顺时针旋转。圆周位移的实质是将 $x(n)$ 移位 m,而移出主值区 $0 \leqslant n \leqslant N-1$ 的序列值又依次从进入主值区间。

由循环位移的定义可知,对同一序列 $x(n)$ 做相同的位移 m,当延拓周期 N 不同时, $y(n) = x((n+m))_N R_N(n)$ 则不同。

4.时域循环移位定理

设 $x(n)$ 是长度为 $M(M \leqslant N)$ 的有限长序列, $y(n)$ 为 $x(n)$ 的循环位移,即

$$y(n) = x((n+m))_N R_N(n)$$

则

$$Y(k) = \text{DFT}[y(n)]_N = W_N^{-km} X(k), k = 0,1,2,\cdots,N-1 \qquad (3-32)$$

其中 $X(k) = \text{DFT}[x(n)]_N \quad 0 \le k \le N-1$

证明

$$Y(k) = \text{DFT}[y(n)]_N = \sum_{n=0}^{N-1} x((n+m))_N R_N(n) W_N^{kn} = \sum_{n=0}^{N-1} x((n+m))_N W_N^{kn}$$

令 $n+m=n'$,则有

$$Y(k) = \sum_{n'=m}^{N-1+m} x((n'))_N W_N^{k(n'-m)} = W_N^{-km} \sum_{n'=m}^{N-1+m} x((n'))_N W_N^{kn'}$$

由于上式中求和项 $x((n'))_N W_N^{kn'}$ 以 N 为周期,因此对其在任一周期上的求和结果相同。将上式的求和区间改在主值区,则

$$Y(k) = W_N^{-km} \sum_{n'=0}^{N-1} x((n'))_N W_N^{kn'} = W_N^{-km} \sum_{n'=0}^{N-1} x(n') W_N^{kn'} = W_N^{-km} X(k)$$

5.频域循环移位定理

设 $X(k) = \text{DFT}[x(n)]_N, 0 \le k \le N-1$

$$Y(k) = X((k+l))_N R_N(k)$$

则

$$y(n) = \text{IDFT}[Y(k)]_N = W_N^{nl} x(n), l = 0,1,2,\cdots,N-1 \qquad (3-33)$$

6.序列的循环卷积

设序列 $x(n)$ 和 $h(n)$ 的长度分别为 M 和 N。$x(n)$ 和 $h(n)$ 的 L 点循环卷积定义为

$$y_c(n) = x(n) \circledast h(n) = \left[\sum_{m=0}^{L-1} h(m) x((n-m))_L\right] R_L(n) \qquad (3-34)$$

式中,L 称为循环卷积区间长度,$L \ge \max[N,M]$。上式显然与第 1 章介绍的线性卷积不同,为了区别线性卷积,用 $\circledast$ 或用 Ⓛ 表示 L 点循环卷积,即 $y_c(n) = h(n) Ⓛ x(n)$。

可以用矩阵计算循环卷积,公式如下:

$$y_c = [y_c(0), y_c(1), \cdots, y_c(L-2), y_c(L-1)]^{\text{T}} \qquad (3-35)$$

$$\begin{pmatrix} y_c(0) \\ y_c(1) \\ y_c(2) \\ \vdots \\ y_c(L-1) \end{pmatrix} = \begin{pmatrix} x(0) & x(L-1) & x(L-2) & \cdots & x(1) \\ x(1) & x(0) & x(L-1) & \cdots & x(2) \\ x & x(2) & x(1) & x(0) & \cdots & x(3) \\ \vdots & \vdots & \vdots & \vdots & \vdots \\ x(L-1) & x(L-2) & x(L-3) & \cdots & x(0) \end{pmatrix} \begin{pmatrix} h(0) \\ h(1) \\ h(2) \\ \vdots \\ h(L-1) \end{pmatrix} \qquad (3-36)$$

【例 3-6】 计算下面给出的两个长度为 4 的序列 $h(n)$ 与 $x(n)$ 的 4 点和 8 点循环卷积。

其中 $x(n) = \{x(0), x(1), x(2), x(3)\} = \{1,2,3,4\}, h(n) = \{h(0), h(1), h(2), h(3)\} = \{2,1,1,2\}$。

解:$x(n)$ 和 $h(n)$ 的 4 点循环卷积矩阵形式为:

$$\begin{pmatrix} y_c(0) \\ y_c(1) \\ y_c(2) \\ y_c(3) \end{pmatrix} = \begin{pmatrix} 1 & 4 & 3 & 2 \\ 2 & 1 & 4 & 3 \\ 3 & 2 & 1 & 4 \\ 4 & 3 & 2 & 1 \end{pmatrix} \begin{pmatrix} 2 \\ 1 \\ 1 \\ 2 \end{pmatrix} = \begin{pmatrix} 13 \\ 16 \\ 18 \\ 15 \end{pmatrix}$$

$x(n)$ 和 $h(n)$ 的 8 点循环卷积矩阵形式为

$$\begin{pmatrix} y_c(0) \\ y_c(1) \\ y_c(2) \\ y_c(3) \\ y_c(4) \\ y_c(5) \\ y_c(6) \\ y_c(7) \end{pmatrix} = \begin{pmatrix} 1 & 0 & 0 & 0 & 0 & 4 & 3 & 2 \\ 2 & 1 & 0 & 0 & 0 & 0 & 4 & 3 \\ 3 & 2 & 1 & 0 & 0 & 0 & 0 & 4 \\ 4 & 3 & 2 & 1 & 0 & 0 & 0 & 0 \\ 0 & 4 & 3 & 2 & 1 & 0 & 0 & 0 \\ 0 & 0 & 4 & 3 & 2 & 1 & 0 & 0 \\ 0 & 0 & 0 & 4 & 3 & 2 & 1 & 0 \\ 0 & 0 & 0 & 0 & 4 & 3 & 2 & 1 \end{pmatrix} \begin{pmatrix} 2 \\ 1 \\ 1 \\ 2 \\ 0 \\ 0 \\ 0 \\ 0 \end{pmatrix} = \begin{pmatrix} 2 \\ 5 \\ 8 \\ 20 \\ 20 \\ 2 \\ 8 \\ 0 \end{pmatrix}$$

7. 时域循环卷积定理

有限长序列 $x_1(n)$ 和 $x_2(n)$ 的长度分别为 N_1 和 N_2，$N \geq \max[N_1, N_2]$，$x_1(n)$ 和 $x_2(n)$ 的 N 点循环卷积为

$$x(n) = x_1(n) \circledN x_2(n) = \left[\sum_{m=0}^{N-1} x_2(m) x_1((n-m))_N \right] R_N(n) \tag{3-37}$$

则 $x(n)$ 的 N 点 DFT 为

$$X(k) = \mathrm{DFT}[x(n)]_N = X_1(k) \cdot X_2(k)$$

8. 频域循环卷积定理

如果 $x(n) = x_1(n) x_2(n)$，$X_1(k) = \mathrm{DFT}[x_1(n)]_N$，$X_2(k) = \mathrm{DFT}[x_2(n)]_N$，$k = 0, 1, 2, \cdots, N-1$，则

$$X(k) = \frac{1}{N} X_1(k) \circledN X_2(k) = \frac{1}{N} \sum_{l=0}^{N-1} X_2(l) X_1((k-l))_N R_N(k) \tag{3-38}$$

称(3-38)式为时域循环卷积定理。

9. 复共轭序列的 DFT

设 $x^*(n)$ 是 $x(n)$ 的复共轭序列，长度为 N，$X(k) = \mathrm{DFT}[x(n)]_N$，则

$$\mathrm{DFT}[x^*(n)]_N = X^*(N-k) \quad 0 \leq k \leq N-1 \tag{3-39}$$

且 $X(N) = X(0)$。

10. DFT 的共轭对称性

序列的傅里叶变换满足共轭对称性，其对称性是指关于原点纵坐标的对称性。DFT 也有类似的对称性，但在 DFT 中涉及的序列 $x(n)$ 及其在变换区间上的离散傅里叶变换 $X(k)$ 均为有限长序列，且定义区间为 0 到 $N-1$，所以这里的对称性是指关于中心点 $N/2$ 的对称性。

1)有限长共轭对称序列和共轭反对称序列

设有限长序列 $x(n)$ 的长度为 N,用 $x_{ep}(n)$ 和 $x_{op}(n)$ 分别表示它的共轭对称序列和共轭反对称序列,即

$$x_{ep}(n) = x_{ep}^*(N-n) \tag{3-40a}$$

$$x_{op}(n) = -x_{op}^*(N-n) \tag{3-40b}$$

$x_{ep}(n)$ 和 $x_{op}(n)$ 分别为

$$x_{ep}(n) = \frac{1}{2}[x(n) + x^*(N-n)] \tag{3-41a}$$

$$x_{op}(n) = \frac{1}{2}[x(n) - x^*(N-n)] \tag{3-41b}$$

当序列 $x(n)$ 的长度为 N,由于 $x(n)$ 是其周期延拓序列 $x((n))_N$ 的主值序列,具有隐含的周期性,且周期为 N,所以两者满足如下关系式

$$x_{ep}\left(\frac{N}{2} - n\right) = x_{ep}^*\left(\frac{N}{2} + n\right) \quad 0 \leqslant n \leqslant \frac{N}{2} - 1 \tag{3-42a}$$

$$x_{op}\left(\frac{N}{2} - n\right) = -x_{op}^*\left(\frac{N}{2} + n\right) \quad 0 \leqslant n \leqslant \frac{N}{2} - 1 \tag{3-42b}$$

2)DFT 的共轭对称性

设 $x(n)$ 的 N 点 DFT 为 $X(k)$,$X(k)$ 是一个频域内的有限长序列,长度为变换区间的长度 N。

$$X(k) = \text{DFT}[x(n)] \quad 0 \leqslant n \leqslant N-1$$

(1)$X(k)$ 可以表示为 $X_{ep}(k)$ 和 $X_{op}(k)$ 的和,$X_{ep}(k)$ 和 $X_{op}(k)$ 分别表示它的共轭对称序列和共轭反对称序列,即

$$X(k) = X_{ep}(k) + X_{op}(k) \tag{3-43}$$

(2)$X_{ep}(k)$ 和 $X_{op}(k)$ 分别为

$$X_{ep}(k) = \frac{1}{2}[X(k) + X^*(N-k)] \quad 0 \leqslant k \leqslant N-1 \tag{3-44a}$$

$$X_{op}(k) = \frac{1}{2}[X(k) - X^*(N-k)] \quad 0 \leqslant k \leqslant N-1 \tag{3-44b}$$

(3)$X_{ep}(k)$ 和 $X_{op}(k)$ 满足

$$X_{ep}(k) = X_{ep}^*(N-k) \quad 0 \leqslant k \leqslant N-1 \tag{3-45a}$$

$$X_{op}(k) = -X_{op}^*(N-k) \quad 0 \leqslant k \leqslant N-1 \tag{3-45b}$$

(4)有限长序列 $x(n)$ 和 $X(k)$ 分别可以用它们的实部和虚部表示:

$$x(n) = x_r(n) + jx_i(n)$$

$$X(k) = X_r(k) + jX_i(k)$$

$$x_r(n) = \text{Re}\,x(n) = \frac{1}{2}[x(n) + x^*(n)]$$

$$jx_i(n) = j\text{Im}\,x(n) = \frac{1}{2}[x(n) - x^*(n)]$$

那么,

$$\mathrm{DFT}[x_\mathrm{r}(n)] = \frac{1}{2}\mathrm{DFT}[x(n)+x^*(n)] = \frac{1}{2}[X(k)+X^*(N-k)] = X_\mathrm{ep}(k) \qquad (3-46)$$

$$\mathrm{DFT}[jx_\mathrm{i}(n)] = \frac{1}{2}\mathrm{DFT}[x(n)-x^*(n)] = \frac{1}{2}[X(k)-X^*(N-k)] = X_\mathrm{op}(k) \qquad (3-47)$$

有限长序列 $x(n)$ 的实部的 DFT 变换等于其 DFT 变换的共轭对称序列,其虚部与 j 的乘积的 DFT 变换等于其 DFT 变换的共轭反对称序列。

如果将 $x(n)$ 表示为

$$x(n) = x_\mathrm{ep}(n) + x_\mathrm{op}(n) \qquad 0 \leq n \leq N-1 \qquad (3-48)$$

$x(n)$ 的 N 点 DFT $X(k)$ 用其实部和虚部表示,即

$$X(k) = X_\mathrm{r}(k) + jX_\mathrm{i}(k)$$

则

$$\mathrm{DFT}[x_\mathrm{ep}(n)] = \frac{1}{2}\mathrm{DFT}[x(n)+x^*(N-n)] = \frac{1}{2}[X(k)+X^*(k)] = \mathrm{Re}\,X(k)$$

$$\mathrm{DFT}[x_\mathrm{op}(n)] = \frac{1}{2}\mathrm{DFT}[x(n)-x^*(N-n)] = \frac{1}{2}[X(k)-X^*(k)] = j\mathrm{Im}\,X(k)$$

有限长序列的共轭对称分量和共轭反对称分量的 DFT 分别为 $X(k)$ 的实部和虚部乘以 j。

3.5　频率采样

时域采样定理告诉我们,在时域采样定理的条件下,可以由时域离散采样信号恢复原连续信号。那么能不能也由频域离散采样恢复原来的信号(或原连续频率函数)? 或者说,频域采样后从 $X(k)$ 的反变换中所获得的有限长序列 $x_N(n) = \mathrm{IDFT}[X(k)]$ 能不能代表原信号呢? 其条件是什么? 内插公式又是什么形式? 本节就上述问题进行讨论。

3.5.1　频域采样

设任意序列 $x(n)$ 的 Z 变换为

$$X(z) = \sum_{n=-\infty}^{\infty} x(n)z^{-n}$$

且 $X(z)$ 的收敛域包含单位圆,即 $x(n)$ 存在傅里叶变换。在单位圆上对 $X(z)$ 等间隔采样 N 点,得

$$X(k) = X(z)\big|_{z=\mathrm{e}^{-\mathrm{j}\frac{2\pi}{N}k}} = \sum_{n=-\infty}^{\infty} x(n)\mathrm{e}^{-\mathrm{j}\frac{2\pi}{N}kn} = \sum_{n=-\infty}^{\infty} x(n)W_N^{-kn}, 0 \leq k \leq N-1 \qquad (3-49)$$

显然,(3-49)式表示在区间 $[0, 2\pi]$ 上对 $x(n)$ 的傅里叶变换 $X(\mathrm{e}^{\mathrm{j}\omega})$ 的 N 点等间隔采样。将 $X(k)$ 看作长度为 N 的有限长序列 $x_N(n)$ 的 DFT,即

$$x_N(n) = \mathrm{IDFT}[X(k)] \qquad 0 \leq n \leq N-1$$

下面推导序列 $x_N(n)$ 与原序列 $x(n)$ 之间的关系,并导出频域采样定理。

由 DFT 与 DFS 的关系可知,$X(k)$是$x_N(n)$以N为周期的周期延拓序列$\tilde{x}(n)$的离散傅里叶级数系数$\tilde{x}(k)$的主值序列,即

$$\tilde{X}(k) = X((k))_N = \mathrm{DFS}[\tilde{x}(n)]$$

$$X(k) = \tilde{X}(k)R_N(k)$$

$$\tilde{x}_N(n) = x((n))_N = \mathrm{IDFS}[\tilde{X}(k)] = \frac{1}{N}\sum_{k=0}^{N-1}\tilde{X}(k)W_N^{-kn} = \frac{1}{N}\sum_{k=0}^{N-1}X(k)W_N^{-kn}$$

将(3-49)式代入上式得

$$\tilde{x}_N(n) = \frac{1}{N}\sum_{k=0}^{N-1}\left[\sum_{m=-\infty}^{\infty}x(m)W_N^{km}\right]W_N^{-kn} = \sum_{m=-\infty}^{\infty}x(m)\frac{1}{N}\sum_{k=0}^{N-1}W_N^{-k(m-n)}$$

式中

$$\frac{1}{N}\sum_{k=0}^{N-1}W_N^{k(m-n)} = \begin{cases}1 & m = n + iN, i \text{ 为整数}\\ 0 & \text{其他}\end{cases}$$

因此

$$\tilde{x}_N(n) = \sum_{i=-\infty}^{\infty}x(n+iN) \tag{3-50}$$

$$x_N(n) = \tilde{x}(n)R_N(n) = \sum_{i=-\infty}^{\infty}x(n+iN)R_N(n)$$

根据$x(n)$的长度M的不同,分下列几种情况讨论:

(1)$x(n)$是长度为M的有限长序列,当采样点数$N<M$时,如果以N为周期做延拓得到$\tilde{x}(n)$,必然造成混叠。这时从$\tilde{x}_N(n)$截断N点显然不等于原信号$x(n)$,截取的只是原信号的一部分。即当$N<M$时不能够不失真地恢复原信号。

(2)$x(n)$是长度为M的有限长序列,当采样点数$N=M$时,如果以N为周期做延拓得到$\tilde{x}_N(n)$,不会造成混叠。这时从$\tilde{x}_N(n)$截断N点显然等于原信号$x(n)$。因此,当$N=M$时能够不失真地恢复原信号。

(3)$x(n)$是长度为M的有限长序列,当采样点数$N>M$时,对$x(n)$后补充$N-M$个零进行周期延拓得到$\tilde{x}_N(n)$,同样不会产生混叠。因此,当$N>M$时能够不失真地恢复原信号。综上所述,可以总结出频域采样定理:

如果序列$x(n)$的长度为M,则只有当频域采样点数$N \geq M$时,才有

$$x_N(n) = \mathrm{IDFT}[X(k)] = x(n)$$

即可由频域采样$X(k)$恢复原序列$x(n)$,否则产生时域混叠现象。

3.5.2 频域恢复

满足频域采样定理时,频域采样序列$X(k)$的N点 IDFT 是原序列$x(n)$,所以必然可以由$X(k)$恢复$X(z)$和$X(e^{j\omega})$。下面推导用频域采样$X(k)$表示$X(z)$和$X(e^{j\omega})$的内插公式和内插函数。设序列$x(n)$长度为M,在频域$[0,2\pi]$上等间隔采样N点,$N \geq M$,则有

$$X(z) = \sum_{n=0}^{N-1} x(n) z^{-n}$$

$$X(k) = X(z) \big|_{z=e^{-j\frac{2\pi}{N}k}}, 0 \leqslant k \leqslant N-1$$

因为满足频域采样定理,所以式中

$$x(n) = \mathrm{IDFT}[X(k)] = \frac{1}{N}\sum_{k=0}^{N-1} X(k) W_N^{-kn}$$

将上式代入 $X(z)$ 的表达式中,得到:

$$X(z) = \sum_{k=0}^{N-1}\left[\frac{1}{N}\sum_{k=0}^{N-1} X(k) W_N^{-kn}\right] z^{-n} = \frac{1}{N}\sum_{k=0}^{N-1} X(k) \sum_{k=0}^{N-1} W_N^{-kn} z^{-n}$$

$$= \frac{1}{N}\sum_{k=0}^{N-1} X(k) \frac{1 - z^{-N} W_N^{-kN}}{1 - z^{-1} W_N^{-k}} \qquad (3-51\mathrm{a})$$

式中 $W_N^{-kN}=1$,因此

$$X(z) = \frac{1}{N}\sum_{k=0}^{N-1} X(k) \frac{1 - z^{-N}}{1 - z^{-1} W_N^{-k}} \qquad (3-51\mathrm{b})$$

令

$$\varphi_k = \frac{1}{N}\frac{1 - z^{-N}}{1 - z^{-1} W_N^{-k}} \qquad (3-52)$$

则

$$X(z) = \sum_{k=0}^{N-1} X(k) \varphi_k(z) \qquad (3-53)$$

式(3-53)称为用 $X(k)$ 表示 $X(z)$ 的内插公式,$\varphi_k(z)$ 称为内插函数。

将 $z=\mathrm{e}^{j\omega}$ 代入(3-51a)式,并进行整理化简,可得

$$X(\mathrm{e}^{j\omega}) = \sum_{k=0}^{N-1} X(k) \varphi\left(\omega - \frac{2\pi}{N}k\right) \qquad (3-54)$$

$$\varphi(\omega) = \frac{1}{N}\frac{\sin(\omega N/2)}{\sin(\omega/2)} \mathrm{e}^{-j\omega\left(\frac{N-1}{2}\right)} \qquad (3-55)$$

式(3-54)称为频域内插公式,$\varphi(\omega)$ 称为频域内插函数。在数字滤波器的结构与设计中,我们将会看到,频域采样理论及有关公式可提供一种有用的滤波器结构和滤波器设计途径,式(3-54)有助于分析 FIR 滤波器频率采样设计法的逼近性能。

【例 3-7】 长度为 26 的三角形序列 $x(n)$ 如图 3-7(b)所示。编写 MATLAB 程序验证频域采样理论。

解: 先计算 $x(n)$ 的 32 点 DFT,得到其频谱函数 $X(\mathrm{e}^{j\omega})$,在频率区间 $[0, 2\pi]$ 上等间隔 32 点采样 $X_{32}(k)$ 再对 $X_{32}(k)$ 隔点抽取,得到 $X(\mathrm{e}^{j\omega})$ 在频率区间 $[0, 2\pi]$ 上等间隔 16 点采样 $X_{16}(k)$,最后分别对 $X_{16}(k)$ 和 $X_{32}(k)$ 求 IDFT,得到:

$$x_{16}(n) = \mathrm{IDFT}[X_{16}(k)]_{16}$$

$$x_{32}(n) = \mathrm{IDFT}[X_{32}(k)]_{32}$$

绘制 $X_{16}(n)$ 和 $X_{32}(n)$ 波形图验证频域采样理论。

```
clf
M=27;N=32;n=0:M;                % 产生 M 长三角波序列 x(n)
xa=0:floor(M/2);   xb= ceil(M/2)-1:-1:0; xn=[xa,xb];
Xk=fft(xn,1024);                % 1024 点 FFT[x(n)],用于近似序列 x(n)的 FT
X32k=fft(xn,32);                % 32 点 FFT[x(n)]
x32n=ifft(X32k);                % 32 点 IFFT[X32(k)]得到 x32(n)
X16k=X32k(1:2:N);               % 隔点抽取 X32k 得到 X16(k)
x16n=ifft(X16k,N/2);            % 16 点 IFFT[X16(k)]得到 x16(n)
subplot(3,2,2);stem(n,xn);box on
xlabel('n');ylabel('x(n)');
title('(b)三角波序列 x(n)');axis([0,32,0,20]);
k=0:1023;wk=2* k/1024;
subplot(3,2,1);plot(wk,abs(Xk)); xlabel('\omega/\pi');ylabel('|X(e^j^\
omega)|');
title('(a)FT[x(n)]');a
xis([0,1,0,200])
k=0:N/2-1;
subplot(3,2,3);stem(k,abs(X16k));box on;
xlabel('k');ylabel('|X_1_6(k)|');
title('(c) 16 点频域采样');
axis([0,8,0,200])
n1=0:N/2-1;
subplot(3,2,4);stem(n1,x16n);box on;
xlabel('n');ylabel('x_1_6(n)');
title('(d)16 点 IDFT[X_1_6(k)]');
axis([0,32,0,20])
k=0:N-1;
subplot(3,2,5);stem(k,abs(X32k));box on
xlabel('k');ylabel('|X_3_2(k)|');
title('(e) 32 点频域采样');
axis([0,16,0,200])
n1=0:N-1;
subplot(3,2,6);stem(n1,x32n);box on;
xlabel('n');ylabel('x_3_2(n)');
title('(f)32 点 IDFT[X_3_2(k)]');
axis([0,32,0,20])
```

程序运行结果如图 3-7 所示。图 3-7(a)和(b)分别为 $X(e^{j\omega})$ 和 $x(n)$ 的波形;图 3-

7(c)和(d)分别为 $X(e^{j\omega})$ 的 16 点采样 $X_{16}(k)$ 和 $x_{16}(n)=$ IDFT $\left[X_{16}(k)\right]_{16}$ 波形图;图 3-7 (e)和(f)分别为 $X(e^{j\omega})$ 的 32 点采样 $X_{32}(k)$ 和 $x_{32}(n)=$ IDFT $\left[X_{32}(k)\right]_{32}$ 波形图。由于实序列的 DFT 满足共轭对称性,因此频域图仅画出 $[0,\pi]$ 上的幅频特性。本例中 $x(n)$ 的长度 $M=26$。从图中可以看出,当采样点数 $N=16<M$ 时,由于存在时域混叠失真,因而 $x_{16}(n)=$ IDFT $\left[X_{16}(k)\right]_{16}\neq x(n)$;当采样点数 $N=32>M$ 时,无时域混叠失真,$x_{32}(n)=$ IDFT $\left[X_{32}(k)\right]_{32}=x(n)$。

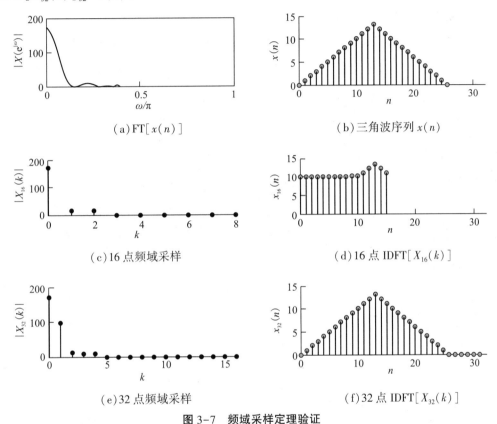

(a) FT $\left[x(n)\right]$　　　　　　　　(b)三角波序列 $x(n)$

(c)16 点频域采样　　　　　　　(d)16 点 IDFT $\left[X_{16}(k)\right]$

(e)32 点频域采样　　　　　　　(f)32 点 IDFT $\left[X_{32}(k)\right]$

图 3-7　频域采样定理验证

3.6　DFT 的应用

3.6.1　用 DFT 计算线性卷积

1.线性卷积与圆周卷积的不同

(1)定义上线性卷积是一个序列与另一个序列的线性移位序列做卷积和,循环卷积是一个序列与另外一个序列的循环移位序列做卷积和。

(2)参与循环卷积的两个序列必须是等长度的,长度不同时要进行补零操作使两个序列的长度相等,而线性卷积参与卷积的两个序列的长度无此要求。

（3）卷积的结果序列的长度不同。设序列 $x_1(n)$ 的长度为 N，$x_2(n)$ 的长度为 M，线性卷积结果序列的长度为 $N+M-1$。两个序列做 L 点的循环卷积时，结果序列的长度为 L。

（4）线性卷积和循环卷积的移位方式不同。线性卷积是在整个时间轴上左右的移位运算，而循环卷积是在一个区间上的移位运算。

（5）线性卷积不能应用 DFT 进行快速运算，而循环卷积可以用 DFT 进行快速运算，这是本节下面重点要讨论的问题。

2.循环卷积与线性卷积的关系

设 $h(n)$ 和 $x(n)$ 的长度分别为 N 和 M，两个序列的线性卷积和 L 点循环卷积为

$$y_1(n) = h(n) * x(n) = \sum_{m=0}^{N-1} h(m)x(n-m) \tag{3-56}$$

$$y_c(n) = h(n) \otimes x(n) = \left[\sum_{m=0}^{L-1} h(m)x((n-m))_L\right]R_L(n) \tag{3-57}$$

其中，

$$L \geqslant \max[N,M], \quad x((n))_L = \sum_{i=-\infty}^{\infty} x(n+iL)$$

所以，

$$y_c(n) = \left[\sum_{m=0}^{N-1} h(m)\sum_{i=-\infty}^{\infty} x((n-m+iL))_L\right]R_L(N) = \sum_{i=-\infty}^{\infty}\sum_{m=0}^{N-1} h(m)x((n-m+iL))_L R_L(n)$$

$$\sum_{m=0}^{N-1} h(m)x((n-m+iL))_L = y_1(n+iL) \tag{3-58}$$

由式（3-56）得到

$$y_c(n) = \left[\sum_{i=-\infty}^{\infty} y_l(n+iL)\right]R_L(n) \tag{3-59}$$

由式（3-59）知，$y_c(n)$ 等于将 $y_l(n)$ 以 L 为周期进行周期延拓得到的序列的主值序列。由于线性卷积 $y_l(n)$ 的长度为 $N+M-1$，因此，只有当循环卷积的长度满足 $L \geqslant N+M-1$ 时，$y_l(n)$ 以 L 为周期的周期延拓过程才不会发生混叠。说明要使循环卷积与线性卷积相等，必须满足

$$L \geqslant N+M-1 \tag{3-60}$$

满足条件后就有

$$y_c(n) = h(n) \otimes x(n) = h(n) * x(n) = y_l(n) \tag{3-61}$$

先对两个序列做补零操作，之后计算两个序列的 DFT，根据圆周卷积的性质，循环卷积序列的 DFT 等于两个序列 DFT 的乘积，即 $Y_c(k) = DFT[y_c(n)]_L = H(k)X(k), 0 \leqslant k \leqslant L-1$。

3.用循环卷积计算线性卷积

如何快速完成线性卷积的求解是数字信号处理的核心问题之一，许多重要的应用都是建立在这一理论基础之上，如求解线性移不变系统的响应、滤波运算、信号的相关

性等。

设两个有限长序列 $h(n)$ 和 $x(n)$ 的长度分别为 N 和 M，

$$y_c(n) = h(n) \otimes x(n) = h(n) * x(n) = y_l(n)$$

利用循环卷积计算线性卷积的实现框图如图 3-8 所示。

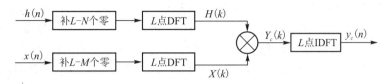

图 3-8 利用循环卷积计算线性卷积原理图

用循环卷积计算线性卷积的方法可以归纳如下：将长度为 N 的序列 $h(n)$ 后补 $L-N$ 个零其长度延长到 L，将长度为 M 的序列后补 $L-M$ 个零，如果 $L \geq N+M-1$，则循环卷积与线性卷积相等。此时，可以用快速傅里叶变换计算线性卷积。

在上述流程中用到了 2 次 DFT 运算和一次的 IDFT 运算，实际 DSP 系统实现时 DFT 和 IDFT 运算的子程序可以共用，而且都采用快速傅里叶去实现，因此将圆周卷积又称为快速卷积。一般取 $L \geq N+M-1$ 且 $L = 2^r$（r 为正整数），以便利用快速傅里叶变换算法计算循环卷积。

4.计算线性卷积的两种方法

上述结论适合于参与卷积的两个序列的长度相等或者比较接近的情况。如果两个序列的长度相差很多，例如，$h(n)$ 是一个线性移不变系统的单位取样响应，长度有限，用来处理一个很长的信号或者信号是连续不断的（如周期信号）会产生三个弊端：①对 $h(n)$ 要补很多个零，由于卷积是乘法累加运算，这会极大地增加运算量，严重降低了系统的运行速度，或者根本不能实现；②系统必须分配更多的存储单元来存储这些数据，系统的存储量要求极大，而且往往一组数据占用不同的存储单元也会极大的降低系统的运行速度；③系统延时大，必须等长序列的数据全部输入完才能进行卷积运算，不能实现信号的实时处理。

实际上，只有当两个序列的长度接近时，利用快速卷积计算线性卷积的速度和效率才会高。对于长序列和短序列的快速卷积运算，实际中总是将长序列分为若干段，使每一段子序列的长度与短序列的长度相近或相等，然后每个子序列和短序列进行循环卷积。最后将得到的各个子序列与短序列的卷积结果组合，得到长序列与短序列的线性卷积的结果，本书介绍常用的重叠相加法和重叠保留法。

1）重叠相加法

设序列 $h(n)$ 长度为 N，$x(n)$ 是长度为 L 的长序列。将 $x(n)$ 等长分段，每段长度取 M，则

$$x(n) = \sum_{i=0}^{L} x_i(n), x_i(n) = x(n)R_M(n-iM) \tag{3-62}$$

于是，$h(n)$ 与 $x(n)$ 的线性卷积可表示为

$$y_l(n) = h(n) * x(n) = h(n) * \sum_{i=0}^{L} x_i(n) = \sum_{i=0}^{L} h(n) * x_i(n) = \sum_{i=0}^{L} y_i(n) \tag{3-63}$$

式中
$$y_i(n) = h(n) * x_i(n) \tag{3-64}$$

上式说明，$h(n)$ 与 $x(n)$ 的线性卷积等于 $x_i(n)$ 与 $h(n)$ 的卷积之和。每一分段卷积 $y_i(n)$ 的长度为 $N+M-1$，因此，相邻分段卷积 $y_i(n)$ 与 $y_{i+1}(n)$ 有 $N-1$ 个点重叠，必须把 $y_i(n)$ 与 $y_{i+1}(n)$ 的重叠部分相加，才能得到正确的卷积序列 $y(n)$。显然，可用图 3-9 所示的快速卷积计算分段卷积 $y_i(n)$。由图 3-9 可以看出，当第二个分段卷积 $y_1(n)$ 计算完后，叠加重叠点便可得到输出序列 $y(n)$ 的前 $2M$ 个值；同样道理，分段卷积 $y_i(n)$ 与 $y_{i+1}(n)$ 计算完后，就可得到 $y(n)$ 第 i 段的 M 个序列值。因此，这种方法不要求大的存储容量，且计算量和延时也大大减少，这样，就实现了边输入边计算边输出，可以实现实时处理。

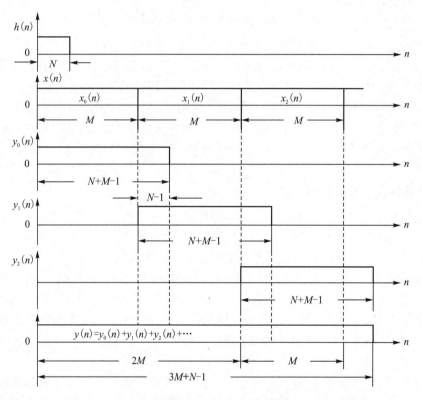

图 3-9 用重叠相加法计算线性卷积的时域关系示意图

【例 3-8】 设序列 $x(n) = n, 0 \leqslant n \leqslant 12$，序列 $h(n) = \{1,1,1; n = 0,1,2\}$ 使用重叠相加法计算线性卷积 $y(n) = h(n) * x(n)$，对 $x(n)$ 所分的子序列长度为 $M = 5$。

解：按 $L = 5$ 对序列 $x(n)$ 分段，利用重叠相加法进行卷积运算，做卷积时利用循环卷积计算。所分的子序列的长度 $M = 5$，$h(n)$ 的长度 $N = 3$，因此，各个子线性卷积的长度为 7，选择循环卷积的长度 $L = 7$ 作为循环卷积的长度，满足 $L = 7 = N + M - 1$，循环卷积等于线性卷积。每个子卷积重叠的部分为 $N - 1 = 2$

$$x_0(n) = \{0,1,2,3,4,0,0\}$$
$$x_1(n) = \{5,6,7,8,9,0,0\}$$
$$x_2(n) = \{10,11,12,0,0,0,0\}$$
$$h(n) = \{1,1,1,0,0,0,0\}$$

$$
\begin{pmatrix} y_0(0) \\ y_0(1) \\ y_0(2) \\ y_0(3) \\ y_0(4) \\ y_0(5) \\ y_0(6) \end{pmatrix} = \begin{pmatrix} 0 & 0 & 0 & 4 & 3 & 2 & 1 \\ 1 & 0 & 0 & 0 & 4 & 3 & 2 \\ 2 & 1 & 0 & 0 & 0 & 4 & 3 \\ 3 & 2 & 1 & 0 & 0 & 0 & 4 \\ 4 & 3 & 2 & 1 & 0 & 0 & 0 \\ 0 & 4 & 3 & 2 & 1 & 0 & 0 \\ 0 & 0 & 4 & 3 & 2 & 1 & 0 \end{pmatrix} \begin{pmatrix} 1 \\ 1 \\ 1 \\ 0 \\ 0 \\ 0 \\ 0 \end{pmatrix} = \begin{pmatrix} 0 \\ 1 \\ 3 \\ 6 \\ 9 \\ 7 \\ 4 \end{pmatrix}
$$

得到 $[y_0(0), y_0(1), y_0(2), y_0(3), y_0(4), y_0(5), y_0(6)]^{\mathrm{T}} = [0,1,3,6,9,\underline{7},\underline{4}]^{\mathrm{T}}$

同理可得

$$[y_1(0), y_1(1), y_1(2), y_1(3), y_1(4), y_1(5), y_1(6)]^{\mathrm{T}} = [\underline{5},\underline{11},18,21,24,\underline{17},\underline{9}]^{\mathrm{T}}$$

$$[y_2(0), y_2(1), y_2(2), y_2(3), y_2(4), y_2(5), y_2(6)]^{\mathrm{T}} = [\underline{10},\underline{21},33,23,12,0,0]^{\mathrm{T}}$$

加下划线的部分为重叠部分,依次将相邻两个子卷积的重叠部分相加,并且去掉 $y_2(n)$ 最后两项重叠部分,就得到原序列的线性卷积为

$$y(n) = \{0,1,3,6,9,12,15,18,21,24,27,30,33,23,12\}$$

MATLAB 信号处理工具箱中提供了一个函数 fftfilt,该函数用重叠相加法实现线性卷积的计算。调用格式为: $y = \mathrm{fftfilt}(h, x, M)$。调用参数中, h 是系统单位脉冲响应向量; x 是输入序列向量; y 是系统输出序列向量(h 与 x 的卷积结果); M 是由用户选择的输入序列 x 的分段长度,缺省 M 时,默认输出序列 x 的分段长度 $M = 512$。

2)重叠保留法

设序列 $h(n)$ 的长度为 M,序列 $x(n)$ 为长度 T 的长序列, $T \gg M$,下面应用重叠保留法求解线性卷积。

首先,实际计算中若 M 为 2 的整数次幂则直接计算;若 M 不是 2 的整数次幂,则将 M 补零操作使之成为长度为 2 的整数次幂(利于后续利用 FFT 计算循环卷积)。将 $x(n)$ 分段,每一段 $x_i(n)$ 长度均为 N。 $x_i(n)$ 与 $h(n)$ 的线性卷积序列的长度为 $L = N + M - 1$。因此计算 $x_i(n)$ 与 $h(n)$ 的循环卷积时,循环卷积的长度应取 L。在子序列 $x_0(n)$ (注意每个子序列长度为 N)前加 $M-1$ 个零,长度恰好为 $N + M - 1$,满足循环卷积的条件,此时的子序列记作 $x_0'(n)$。之后把 $x_0(n)$ 后 $M-1$ 个值作为第二个子序列的前 $M-1$ 的值,第二个序列长度也满足长度为 $N + M - 1$,第二个子序列记作 $x_1'(n)$。依次处理后续子序列,使得每个子序列长度均为 $N + M - 1$。

用 DFT 计算 $h(n)$ 与 $x_0'(n), x_1'(n), \cdots, x_{i-1}'(n), x_i'(n), \cdots$ 的循环卷积得

$$y_{c0}'(n), y_{c1}'(n), \cdots, y_{ci-1}'(n), y_{ci}'(n), \cdots$$

去掉以上 $y_{c0}'(n), y_{c1}'(n), \cdots, y_{ci-1}'(n), y_{ci}'(n), \cdots$ 每个序列的前 $M-1$ 个值,保留其余的值构成一个新序列即为序列的循环卷积 $y_c(n)$。这就是重叠保留法的基本计算思想,算法省去了重叠相加法时的叠加环节。

3.6.2　用 DFT 对信号进行谱分析

对信号进行谱分析,就是分析信号包含哪些频率成分,以及这些频率成分的幅度、相

数字信号处理

位等参数。理论分析和工程实际中，遇到的信号有四种可能形式：连续时间、连续频率，连续时间、离散频率，离散时间、连续频率和离散时间、离散频率的信号。下面讨论重点讨论用 DFT 对连续时间信号进行谱分析，关于用 DFT 对连续周期信号、离散信号的谱分析将通过具体实例说明。

1.用 DFT 对连续非周期信号进行谱分析

连续信号 $x_a(t)$，其频谱函数 $X(j\Omega)$ 也是连续函数。其傅里叶变换对为

$$X(j\Omega) = \int_{-\infty}^{\infty} x(t) e^{-j\Omega t} dt \qquad (3-65)$$

$$x(t) = \frac{1}{2\pi} \int_{-\infty}^{\infty} X(j\Omega) e^{j\Omega t} d\Omega \qquad (3-66)$$

利用 DFT 对连续时间信号 $x_a(t)$ 进行谱分析的基本流程：①对 $x_a(t)$ 进行时域采样，得到 $x(n)=x_a(nt)$，实现信号的时域离散化；②加窗截断 $x(n)$ 得到有限长序列 $x_N(n)$，计算 $x_N(n)$ 的 DFT，实现信号的频域离散化；③分析频谱函数 $X(j\Omega)$ 与 $X(k)$ 关系，从而得到 $x_a(t)$ 的频谱。

由傅里叶变换理论可知：若信号持续时间有限长，则其频谱无限宽；若信号的频谱有限宽，则其持续时间必然为无限长。所以严格地讲，持续时间有限的带限信号是不存在的。因此，按照采样定理采样时，实际上对频谱很宽的信号，为防止时域采样后产生频谱混叠失真，可用预滤波器滤除幅度较小的高频成分，是连续信号的带宽小于折叠频率。对于持续时间很长的信号，采样点数太多，以致无法存储和计算，只好截取有限点进行 DFT。

由上述可见，用 DFT 对连续信号进行频谱分析必然是近似的，其近似程度与信号带宽、采样频率和截取长度有关。因此，在下面的分析中，假设 $x_a(t)$ 是经过滤波和截取处理的有限长带限信号。

1）对信号 $x_a(t)$ 进行时域采样

设连续信号 $x_a(t)$ 持续时间 T_p，最高频率为 f_c，采样间隔为 T，采样频率为 f_s，为了克服频谱混叠，必须满足 $f_s \geq 2f_c$，其中

$$N = \frac{T_p}{T} = T_p f_s$$

$$x(n) = x_a(nT) = x_a(t)|_{t=nT} \qquad (3-67)$$

令 $\Omega = 2\pi f$，代入 $X(j\Omega) = \int_{-\infty}^{\infty} x(t) e^{-j\Omega t} dt$ 得

$$X(jf) = \int_{-\infty}^{\infty} x_a(t) e^{-j2\pi t} dt \qquad (3-68)$$

对 $X(j\Omega)$ 进行零阶近似，即 $t \to nT, dt \to T, \int_{-\infty}^{\infty} dt \to \sum_{-\infty}^{\infty} T$，得

$$X(jf) = \int_{-\infty}^{\infty} x_a(t) e^{-j2\pi t} dt \approx T \sum_{-\infty}^{\infty} x_a(nT) e^{-j2\pi fnT} \qquad (3-69)$$

在 $t=0$ 到 $t=T_p$ 的时间内，取离散信号 $x(n)=x_a(nT)$ 的 N 个采样值得有限长序列 $x_N(n)$，由于 $x(n)=x_a(nT)$ 长度较长，因此 $x_N(n)$ 可以认为是一个周期为 N 的周期序列的

主值序列,在一个周期内,求和范围转化为 0 到 $N-1$,其中

$$X(\mathrm{j}f) = \int_{-\infty}^{\infty} x_a(t)\,\mathrm{e}^{-\mathrm{j}2\pi t}\mathrm{d}t \approx T\sum_{n=0}^{N-1} x_a(nT)\,\mathrm{e}^{-\mathrm{j}2\pi fnT} \qquad (3-70)$$

2)$X(\mathrm{j}f)$ 在频域离散化

对 $X(\mathrm{j}f)$ 在区间 $[0,f_s]$ 等间隔采样 N 点,采样间隔 F(又称为频谱分辨率)为

$$F = \frac{f_s}{N} = \frac{1}{NT} = \frac{1}{T_p} \qquad (3-71)$$

频域采样实际上相当于在 $[0,f]$ 进行了等间隔的离散化。如图 3-10 所示。因此

$$X(\mathrm{j}kF) \approx X(\mathrm{j}f)\big|_{f=kF} \approx T\sum_{0}^{N-1} x_a(nT)\,\mathrm{e}^{-\mathrm{j}2\pi kFnT} = T\sum_{0}^{N-1} x_N(n)\,\mathrm{e}^{-\mathrm{j}\frac{2\pi}{N}kn} T \cdot \mathrm{DFT}[x_N(n)]$$

$$(3-72)$$

令 $X_a(k) = X(\mathrm{j}kF)$,则

$$X_a(k) \approx X(\mathrm{j}kF) = T \cdot DFT[x_N(n)] \qquad (3-73)$$

式(3-73)表明,连续信号的频谱函数近似等于采样信号 DFT 与采样周期的乘积。

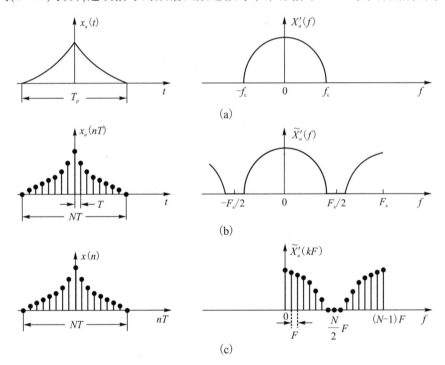

图 3-10　用 DFT 分析连续信号谱的原理示意图

同理,$t \to nT$,$\mathrm{d}t \to T$,$\int_{-\infty}^{\infty}\mathrm{d}t \to \sum_{-\infty}^{\infty} T$,且周期 $NT = \dfrac{2\pi}{\Omega_0}$。

$$x(t) = \frac{1}{T}\sum_{-\infty}^{\infty} X(\mathrm{j}k\Omega_0)\,\mathrm{e}^{\mathrm{j}k\Omega_0 t}$$

$$x(n) = x(nT) \approx \frac{1}{T}\sum_{k=0}^{N-1} X_a(k)\,\mathrm{e}^{\mathrm{j}k\frac{2\pi}{NT}nT} = FN \cdot \frac{1}{N}\sum_{k=0}^{N-1} X_a(k)\,\mathrm{e}^{\mathrm{j}\frac{2\pi}{N}nk}$$

$$x(n) = x(nT) \approx FN \cdot \frac{1}{N} \sum_{k=0}^{N-1} X_a(k) \mathrm{e}^{\mathrm{j}\frac{2\pi}{N}nk} = T \cdot \mathrm{IDFS}[X_a(k)]$$

2.用 DFT 对连续非周期信号进行谱分析的误差问题

上述分析中由于用到了采样和截断,必然会差生误差。直接由分析结果 $X(\mathrm{j}kF)$ 看不到 $X(\mathrm{j}\Omega)$ 的全部频谱特性,而只能看到 N 个离散采样点的谱线,这就是所谓的栅栏效应。

如果 $x_a(t)$ 持续时间无限长,上述分析中要进行截断处理,所以会产生所谓的截断效应,从而使谱分析产生误差。下面讨论上述误差问题产生的原因及改进措施。

1)截断效应

下面举例说明截断效应。理想低通滤波器的单位冲击响应 $h_a(t)$,频谱函数 $H_a(f)$。

$$h_a(t) = \frac{\sin[\pi(t-\alpha)]}{\pi(t-\alpha)} \qquad \alpha = \frac{T_p}{2} \tag{3-74}$$

截取 $h_a(t)$ 的一段 T_p,如图 3-11(a)、(b)。假设 $T_p = 8$ s,采样时间 $T = 0.25$ s(即采样频率 $F_s = 4$ Hz),采样点数 $N = T_p/T = 32$;频率采样间隔(频谱分辨率)$F = 1/T_p = 0.125$ Hz;由于 $h_a(t)$ 为实信号,因此仅取正频率 $[0, F_s/2]$ 频谱采样:

$$H_a(kF) = T \cdot \mathrm{DFT}[h(n)] \qquad 0 \leqslant k \leqslant 16 \tag{3-75}$$

$$h(n) = h_a(nT) R_{32}(n) \tag{3-76}$$

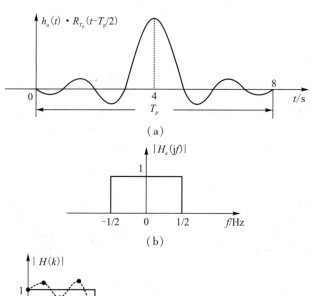

图 3-11　用 DFT 计算理想低通滤波器的频响曲线

时域的截断在数学意义上表现为原来的一个定义在全轴上的函数 $h_a(nT)$ 乘上了一个窗函数 $R_{32}(n)$,使原函数变为保留中间,去掉两边,如图 3-11(a)。信号体现上是时域

两个函数乘积,频域内频谱是卷积运算。由于窗函数长度的有限性,时域有限性必然带来频域频谱无限宽,卷积的结果使得原低通滤波器的频带被展宽,出现拖尾,造成频谱泄露,并且通带和阻带内均产生了波动。这就是截断带来的误差,通常称之为截断效应。$|H_a(kF)|$ 如图 3-11 所示。

比较图 3-12(a)和(b)。由于截断使得卷积后的频谱与原信号的频谱之间主要产生了如下三个方面的不同:

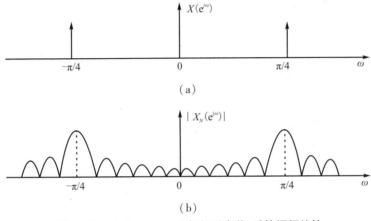

(a)

(b)

图 3-12 $x(n) = \cos(\omega_0 n)$ 加矩形窗前、后的幅频特性

(1)谱展宽,发生频谱"泄露":由于截断使得原来谱线向附近展宽,即截断后信号的频谱"泄漏"到了其他频率点上了。频率采样范围 $[-F_s/2, F_s/2]$ 向两侧延伸,区间宽度变大,在采样点数不变时,F 变大,频谱的分辨率降低。

(2)频谱产生"拖尾":在主瓣两侧产生很多旁瓣,引起不同频率分量之间的干扰(谱间干扰)。例如,所分析的信号含有两个频率成分,由于这种拖尾,那么频谱之间互相重叠,会使谱分析产生很大偏差。

(3)谱线波动:对信号进行频谱分析,一方面要分析信号的频率分布,同时还要对各频率成分的幅度进行有效度量,由于截断带来了频谱的波动,会产生较大的幅度误差,严重时会产生错误的结果。例如,一个系统接收到了若干信号,通过对各个信号频谱进行分析,从幅度、相位、相差等区分、识别信号,但由于波动带来的结果使幅度测量误差加大,分析的结果有可能是错误的。

频谱分析时,取无限多个数据是不可能的,因此信号的时域截断是必然的,截断效应是不可避免的。为了尽量减少截断效应带来的影响,一般采取的措施有:

(1)加宽窗函数宽度,也就是增加采样点,但采样点增加过多会增加系统的存储容量和运算量。因此,仅仅依靠增加采样点数是有限度的或者不可取的。

(2)工程实际中为了减少泄漏和波动的影响,总是根据要求选取确定的采样点后,选择合适的窗函数,使得频谱旁瓣能量尽可能小,减少频谱波动带来的影响。有关窗函数的内容将在第 6 章中详细叙述。

2)栅栏效应

我们知道,N 点 DFT 是在频率区间 $[0, 2\pi]$ 上对离散时间信号的频谱进行 N 点等间隔采样,而采样点之间的频谱是看不到的。这就好像从 N 个栅栏缝隙中观看信号的频谱,必然有一些地方被栅栏所遮挡,这些被遮挡的部分就是未被采样到的频率成分。这种现象为栅栏效应。由于栅栏效应,有可能漏掉(挡住)大的频谱分量。为了把原来被"栅栏"挡住的频谱分量检测出来,采用的措施主要有:

(1)对有限长序列,可以在原序列尾部补零。此处有一个误区,认为补零后会提高频谱分辨率。产生错误的根源是因为 $F=f_s/N$,采样频率不变,N 增大,F 减少,频谱分辨率提高。但此处忽略了另一个事实,即 $F=1/T_p$,实际的观测时间没有变,所以分辨率没有变化。观测时间是给实际物理系统预先设定的,而采样点 N 只是在计算时算法上的改变,通过 $F=f_s/N$ 计算得到的分辨率也就是所谓的"计算分辨率",

实际上,时域内补零,使序列长度变长,但没有改变原序列的有效数据记录的信息,这一点也恰好印证了时域补零的实际可行性,如果序列补零后改变了信号的信息,那么就不可行了。序列长度加长采样点增多,计算 DFT 时相当于调整了栅栏的间隙,只是把频谱画得密了些,显示的谱线更密集,使得更多没有观测到的频率分量落在采样点上。因此,采样数据补零仅仅改善栅栏效应,栅栏效应是观测计算结果,没有提高频谱分辨率,频谱分辨率是系统固有的。当然,此处讨论的是系统的采样率不变条件下的频谱分析问题,后面会讨论到多采样率数字信号处理,采用多采样率时的频谱分辨率的调整,会在第 8 章讨论。

(2)对无限长序列,可以增大截取长度及 DFT 变换区间长度,从而使频域采样间隔变小,增加频域采样点数和采样点的位置,使原来漏掉的某些频谱分量被检测出来。

(3)对连续信号的谱分析,只要采样速率 F_s 足够高,且采样点数满足频率分辨率要求,就可以认为 DFT 后所得离散谱的包络近似代表原信号的频谱。

3)混叠效应

混叠效应是指在进行频谱分析时,在一些频段内频率产生重叠,使得分析结果产生误差。引起频谱混叠的原因主要有以下三个因素。

(1)在对连续信号进行谱分析时,主要关心两项技术指标,这就是频谱分析范围和频率分辨率。频率分辨率用频率采样间隔 F 描述,F 表示谱分析中能够分辨的两个分量的最小间隔。显然,F 越小,谱分析就越接近 $X(jf)$,所以 F 较小时,我们称频率分辨率较高。频谱谱分析范围为 $[0,f_s/2]$,采样频率 f_s 必须满足采样定理的要求,否则会在 $\omega=2\pi$ 处发生频率混叠。这时用 DFT 分析的结果必然在 $f=f_s/2$ 附近产生较大误差。为了不产生频率混叠失真,通常要求信号的最高频率 $f_s \geq 2f_c$,实际应用时一般取 $f_s=(3\sim6)f_c$。

(2)由于信号的时域突然由无限长截断为有限长,会引起频谱泄露,产生"拖尾",拖尾也会引起频谱混叠这也就是截断效应引起的混叠。

(3)信号处理中不可避免地会受到高频噪声的干扰,也可能造成混叠。

频谱分析范围和频谱分辨率之间存在矛盾。分辨率、采样频率和采样点前面已经知道满足如下关系:

$$F=\frac{f_s}{N}=\frac{1}{NT}=\frac{1}{T_p} \tag{3-77}$$

如果固定采样点数 N,频谱分析范围增大,也就是采样频率 f_s 增大时,F 值增大频谱分辨率降低。如果保持采样点数 N 不变,要提高频谱分辨率(减小 F),就必须降低采样频率 f_s,采样频率的降低会引起谱分析范围变窄和频谱混叠失真。

在采样频率不变的前提下,要提高频谱分辨率,只有增加对信号的观测时间 T_p,增加采样点数 N。T_p 和 N 可以按照下面两式进行选择:

$$N > \frac{2f_c}{f} \tag{3-78}$$

$$T_p \geqslant \frac{1}{F} \tag{3-79}$$

【例 3-9】　周期序列 $x(n) = \cos\left(\frac{\pi}{4}n\right)$,用 DFT 对其进行谱分析,分析可能带来的误差。

解:$x(n) = \cos\left(\frac{\pi}{4}n\right)$ 的频谱 $X(e^{j\omega})$

$$X(e^{j\omega}) = \pi \sum_{l=-\infty}^{\infty} \left[\delta\left(\omega - \frac{\pi}{4} - 2\pi l\right) + \delta\left(\omega + \frac{\pi}{4} - 2\pi l\right) \right]$$

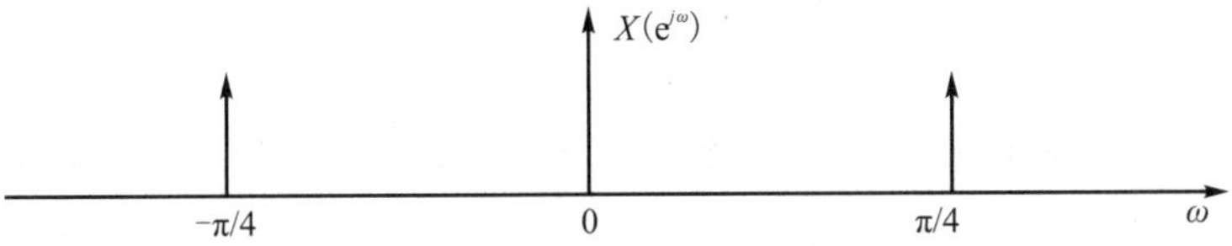

(a)

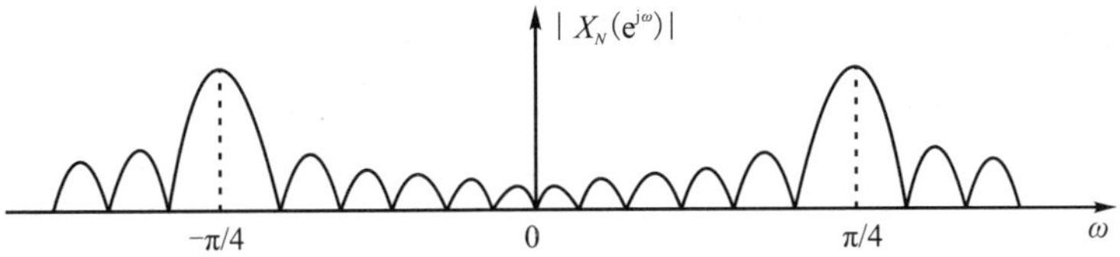

(b)

图 3-13　$x(n) = \cos(\omega_0 n)$ 加矩形窗前、后的幅频特性

如图 3-13(a)所示。将 $x(n)$ 截断后,$y(n) = x(n)R_N(n)$ 的幅频曲线如图 3-13(b)所示。

由上述可见,截断后序列的频谱 $Y(e^{j\omega})$ 与原序列频谱 $X(e^{j\omega})$ 必然有差别,这种差别对谱分析的影响主要表现在如下两方面:

(1)频谱泄露:由图 3-13(b)所示,原来序列 $x(n)$ 的频谱是离散谱线,经截断后,使原来的离散谱线向附近展宽,通常称这种展宽为泄露。显然,泄露使频谱变模糊,使谱分辨率降低。从图可以看出,频谱泄漏程度与窗函数幅度谱的主瓣宽度直接相关,在第 7 章将证明,在所有的窗函数中,矩形窗的主瓣是最窄的,但其旁瓣的幅度也最大。

(2)谱间干扰:在主谱线两边形成很多旁瓣,引起不同频率分量间的干扰(简称谱间干扰),特别是强信号谱的旁瓣可能淹没弱信号的主谱线,或者把强信号谱的旁瓣误认为是另一频率的信号的谱线,从而造成假信号,这样就会使谱分析产生较大偏差。

由于上述两种情况是由对信号截断引起的,因此称之为截断效应。由图 3-13 可以看出,增加 N 可使 $W_g(\omega)$ 的主瓣变窄,减小泄露,提高频率分辨率,但旁瓣的相对幅度并不减小。为了减小谱间干扰,应用其他形状的窗函数 $\omega(n)$ 代替矩形窗(窗函数将在第 6 章中介绍)。但在 N 一定时,旁瓣幅度越小的窗函数,其主瓣就越宽。所以,在 DFT 变换区间(即截取长度)N 一定时,只能以降低谱分析分辨率为代价,换取谱间干扰的减小。通过进一步学习数字信号处理的功率谱估计等现代谱估计内容可知,减小截断效应的最好方法是用近代谱估计的方法。但谱估计只适用于不需要相位信息的分析场合。

最后要说明的是,栅栏效应与频率分辨率是不同的两个概念。如果截取长度为 N 的一段数据序列,则可以在其后面补 N 个零,再进行 $2N$ 点 DFT,使栅栏宽度减半,从而减轻了栅栏效应。但是这种截短后补零的方法不能提高频率分辨率。因为截短已经使频谱变模糊,补零后仅使采样间隔变小,但得到的频谱采样的包络仍是已经变模糊的频谱,所以频率分辨率没有提高。因此,要提高频率分辨率,就必须对原始信号截取的长度加长(对模拟信号,就是增加采样时间 T_p 的长度)。

3.用 DFT 对序列进行谱分析

单位圆上的 Z 变换就是序列的傅里叶变换,即

$$X(\mathrm{e}^{\mathrm{j}\omega}) = X(z)C\Big|_{z=\mathrm{e}^{\mathrm{j}\omega}}$$

$X(\mathrm{e}^{\mathrm{j}\omega})$ 是 ω 的连续周期函数。如果对序列 $x(n)$ 进行 N 点 DFT 得到 $X(k)$,则 $X(k)$ 是在区间 $[0,2\pi]$ 上对 $X(\mathrm{e}^{\mathrm{j}\omega})$ 的 N 点等间隔采样,频谱分辨率就是采样间隔 $2\pi/N$。因此序列的傅里叶变换可利用 DFT(即 FFT)来计算。

对周期为 N 的周期序列 $\tilde{x}(n)$,其频谱函数为

$$X(\mathrm{e}^{\mathrm{j}\omega}) = \mathrm{FT}[\tilde{x}(n)] = \frac{2\pi}{N}\sum_{k=-\infty}^{\infty}\widetilde{X}(k)\delta\left(\omega - \frac{2\pi}{N}k\right)$$

其中

$$\widetilde{X}(k) = \mathrm{DFS}[\tilde{x}(n)] = \sum_{n=0}^{N-1}\tilde{x}(n)\mathrm{e}^{-\mathrm{j}\frac{2\pi}{N}kn}$$

由于 $\widetilde{X}(k)$ 以 N 为周期,因而 $X(\mathrm{e}^{\mathrm{j}\omega})$ 也是以 2π 为周期的离散谱,每个周期有 N 条谱线,第 k 条谱线位于 $\omega=(2\pi/N)k$ 处,代表 $\tilde{x}(n)$ 的 k 次谐波分量。而且,谱线的相对大小与 $\widetilde{X}(k)$ 成正比。由此可见,周期序列的频谱结构可用其离散傅里叶级数系数 $\widetilde{X}(k)$ 表示。由 DFT 的隐含周期性知道,截取 $\tilde{x}(n)$ 的主值序列 $x(n)=\tilde{x}(n)R_N(n)$,并进行 N 点 DFT,得到

$$X(k) = \mathrm{DFT}[x(n)]_N = \mathrm{DFT}[\tilde{x}(n)R_N(n)] = \widetilde{X}(k)R_N(k) \tag{3-80}$$

所以可用 $\widetilde{X}(k)$ 表示 $\tilde{x}(n)$ 的频谱结构。

如果截取长度 M 等于 $\tilde{x}(n)$ 的整数个周期,即 $M=mN,m$ 为正整数,即

$$x_M(n) = \tilde{x}(n) R_M(n) \tag{3-81}$$

$$X_M(k) = \text{DFT}[x_M(n)] = \sum_{n=0}^{M-1} \tilde{x}(n) e^{-j\frac{2\pi}{M}kn} = \sum_{n=0}^{mN-1} \tilde{x}(n) e^{-j\frac{2\pi}{mN}kn} \quad k = 0, 1, \cdots, mN-1$$

令 $n = n' + iN; i = 0, 1, \cdots, m-1; n' = 0, 1, \cdots, N-1,$ 则

$$X_M(k) = \sum_{i=0}^{m-1} \sum_{n'=0}^{N-1} \tilde{x}(n'+iN) e^{-j\frac{2\pi(n'+iN)k}{mN}} = \sum_{i=0}^{m-1} \left[\sum_{n=0}^{N-1} x(n) e^{-j\frac{2\pi n}{mN}k} \right] e^{-j\frac{2\pi}{m}ik}$$

$$= \sum_{i=0}^{m-1} X\left(\frac{k}{m}\right) e^{-j\frac{2\pi}{m}ik} = X\left(\frac{k}{m}\right) \sum_{i=0}^{m-1} e^{-j\frac{2\pi}{m}ik}$$

因为

$$\sum_{i=0}^{M-1} e^{-j\frac{2\pi}{m}ki} = \begin{cases} m & k/m = \text{整数} \\ 0 & k/m \neq \text{整数} \end{cases}$$

所以

$$X_M(k) = \begin{cases} mX\left(\dfrac{k}{m}\right) & k/m = \text{整数} \\ 0 & k/m \neq \text{整数} \end{cases} \tag{3-82}$$

由此可见,$X_M(k)$ 也能表示 $\tilde{x}(n)$ 的频谱结构,只是在 $k = im$ 时,$X_M(im) = m\tilde{X}(i)$,表示 $\tilde{x}(n)$ 的 i 次谐波谱线,其幅度扩大 m 倍;而 k 为其他值时,$X_M(k) = 0$。当然,$X(i)$ 与 $X_M(im)$ 对应点频率是相等的 $\left(\dfrac{2\pi}{N}i = \dfrac{2\pi}{mN} \cdot mi\right)$。所以,只要截取 $\tilde{x}(n)$ 的整数个周期进行 DFT,就可得到它的频谱结构,达到谱分析的目的。

如果 $\tilde{x}(n)$ 的周期预先不知道,可先通过计算 $x(n)$ 的自相关函数估算 $\tilde{x}(n)$ 的周期,然后按上述方法对周期信号进行谱分析。

4. 用 DFT 进行谱分析的参数考虑

用 DFT 对连续信号进行谱分析时,一般要考虑两方面的问题:第一,频谱分析范围;第二,频率分辨率。利用 DFT 对信号作谱分析的一般过程如图 3-14 所示。

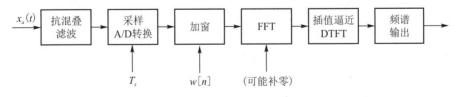

图 3-14　应用 DFT 对信号进行谱分析流程

(1)首先通过抗混叠滤波器使待分析的信号接近带限信号,信号最高频率 f_c。确定信号的最高频率 f_c 后,为防止混叠,采样频率 $F_s \geqslant (3 \sim 6) f_c$。频谱分析范围由采样频率 F_s 决定,但采样频率 F_s 越高,频谱分析范围越宽,在单位时间内采样点增多,要储存的数据量加大,计算量也越大。所以应结合实际的具体情况,确定频谱分析范围。

(2)信号经过抗混叠滤波处理后传输到 A/D 转换器将连续信号转换为数字信号。

（3）根据实际需要，即根据频谱的"计算分辨率"需要确定频率采样两点之间的间隔 F，F 越小频谱越密，计算量也越大；谱分辨率确定后确定所需截取的长度 $N = F_s/F$。为了使用后面一章将要介绍的基 2FFT 算法，一般取 $N = 2^M$，若点数 N 已给定且不能再增加，可采用补零的方法使 N 为 2 的整数次幂。

（4）加窗截取输入信号的一部分数据进行 DFT 变换，此时窗函数的长度由 N 决定，而观测时间 $T_p = N/F_s = NT$。频率分辨率反映了将两个相邻谱峰分开的能力，将频域采样间隔 $F = F_s/N$ 定义为频率分辨率。但要注意，由于对连续信号进行谱分析时要进行截断处理，所以频率分辨率实际上还与截断窗函数及时宽相关。因此有文献将 $F = F_s/N$ 称为"计算分辨率"，即该分辨率是靠计算得出的，但它并不能反映真实的频率分辨能力。而另一方面将 $F = 1/T_p$ 称为"物理分辨率"，数据的有效长度越小，频率分辨能力越差。前面提到，补零是改善栅栏效应的一个方法，但不能提高频率分辨率，即得不到高分辨率谱。这说明，补零仅仅是提高了计算分辨率，得到的是高密度频谱，而要得到高分辨率谱，则要通过增加数据的记录长度 T_p 来提高物理分辨率。在实际工作中，当数据的实际长度 T_p 或 N 不能再增加时，通过发展新的信号处理算法也可能提高频率分辨率。

频率分辨率的大小反比于数据的实际长度。在数据长度相同的情况下，使用不同的窗函数将在频谱的分辨率和频谱的泄露之间有着不同的取舍。窗函数的主瓣宽度主要影响分辨率，而旁瓣的大小影响了频谱的泄露，关于窗函数将在第 6 章详细介绍。

（5）DFT 是 DTFT 在 $[0, 2\pi]$ 上的等间隔采样，在通过 FFT 计算得到 DFT 后，通过插值获得样本的 $X(e^{j\omega})$，用加窗严格不得 DTFT 作为待分析信号的 DTFT 估计。

3.6.3　MATLAB 实现

1.连续周期信号和周期序列的频谱分析

【例 3-10】　对实信号进行谱分析，要求谱分辨率 $F \leqslant 10$ Hz，信号的最高频率 $f_c = 2.5$ kHz，试确定最小记录时间 T_{pmin}，最大的采样间隔 T_{max}，最少的采样点数 N_{min}。如果 f_c 不变，要求频谱分辨率提高 1 倍，最少的采样点数和最小记录时间是多少？

解：

$$T_p = \frac{1}{F} = \frac{1}{10} = 0.1 \text{ s}$$

因此 $T_{pmin} = 1/F_0 = 0.1$ s。因为要求 $F_s \geqslant 2f_c$，所以

$$T_{max} = \frac{1}{2f_c} = \frac{1}{2 \times 2500} = 0.2 \times 10^{-3} \text{ s}$$

$$N_{min} = \frac{2f_c}{F} = \frac{2 \times 2500}{10} = 500$$

为使用 DFT 的快速算法 FFT，希望 N 符合 2 的整数幂，为此选用 $N = 512$ 点。为使频率分辨率提高 1 倍，即 $F = 5$ Hz，要求

$$N_{min} = \frac{2f_c}{F} = \frac{2 \times 2500}{5} = 1000$$

$$T_{pmin} = \frac{1}{5} = 0.2 \text{ s}$$

用快速算法 FFT 计算时,选用 $N=1024$ 点。

上面分析了为提高频谱分辨率,又保持谱分析范围不变,必须加长记录时间 T_p,增大采样点数 N。应当注意,这种提高频谱分辨率的条件是必须满足时域采样定理,即绝对不能保持 N 不变,通过增大 T 来增加记录时间 T_p。

【例 3-11】 对单一频率的周期信号 $x_a(t)=\cos(2\pi ft)$,利用 DFT 对信号进行谱分析。

解:选择采样频率 $f_s=6f$ 进行时域采样,得到序列:

$$x(n)=\cos(2\pi ft)=\cos(2\pi f/f_s n)=\cos(2\pi n/6)$$

序列为周期序列,周期 $M=6$,DFT 变换区间长度 N 分别取 $N=21$ 和 $N=18$。当采样点数为 $N=21$ 时,相当于截取了 3 个半周期的信号。当采样点数为 18 时相当于截取了 3 个整周期的信号。

MATLAB 计算并作图,源程序如下:

```
M=6;n1=0:20;k1=0:20;
xn1=cos(2* pi* k1/M);
subplot(2,2,1);
plot(n1,xn1);xlabel('n1');ylabel('x(n)');
Xk1=fft(xn1);
subplot(2,2,2);stem(k1,abs(Xk1));xlabel('k1');ylabel('Xk1');
n2=0:17; k2=0:17;
xn2=cos(2* pi* k2/M);
subplot(2,2,3);plot(n2,xn2);xlabel('n2');ylabel('x(n)');
Xk2=fft(xn2);
subplot(2,2,4);stem(k2,abs(Xk2));xlabel('k2');ylabel('Xk2');
```

运行结果如图 3-15 所示。

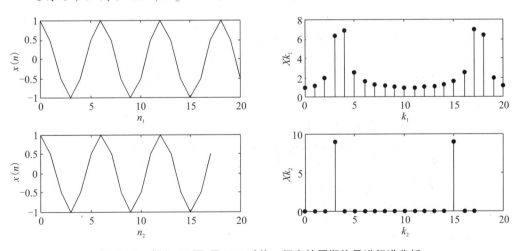

图 3-15 例 3-11 图 用 DFT 对单一频率的周期信号进行谱分析

数字信号处理

结果分析:由频谱图可以看出,当采样点数为 $N=21$ 时,相当于截取了 3 个半周期的信号,此时截取的不是信号周期 $M=6$ 的整数倍,产生了频谱泄露。

当采样点数为 18 时,相当于截取了 3 个周期的信号,此时截取了信号周期的整数倍。得到的是单一谱线,即谱分析原信号只含有一个频率成分。

总结:对于单一频率的连续周期信号进行谱分析时,时域截取的长度应该等于周期的整数倍才不发生频谱泄漏。

【例 3-12】 一个单边调幅信号 $x(t)=(1+\cos2\pi f_2 t)\cos2\pi f_1 t$,其中,载波频率 $f_1=2\,000$ Hz,调制信号频率 $f_2=500$ Hz,频谱分辨率为 $F=10$ Hz,采用 DFT 对调幅信号进行谱分析。

解:根据已学过的知识,调幅信号内含有三个频率成分:$f_1-f_2=1\,500$ Hz,$f_1=2\,000$ Hz,$f_1+f_2=2\,500$ Hz。虽然原信号含有的三个频率成分已知,但原信号的周期和频率是未知的或计算很繁杂,这个时候如何进行谱分析呢?

最高频率分量为 $f_h=f_1+f_2=2\,500$ Hz,因此,最小的采样频率为 $f_{smin}=2(f_1+f_2)=5\,000$ Hz;实际取 $F_s=10\,000$ Hz。

最小的观测时间:$T_p=1/10=0.1$ s;最小的采样点数:$N=F_s/F=1\,000$,为了应用 FFT 计算 DFT,选取 $N_{min}=2^{10}=1\,024$。

应用 MATLAB 进行频谱分析源程序:

```
clf;
clear al;
close all;
N=1000;                          % N 为所取信号的长度
Fs=10000;T=1/Fs;F=10;Tp=1/F;     % Fs 为采样频率,Tp 为观测时间
t=0:T:(N-1)* T;k=0:N-1;f=k/T;
f1=2000;f2=500;
xt1=cos(2* pi* f1* t);
xt2=cos(2* pi* f1* t).* cos(2* pi* f2* t);
st=xt1+xt2;                      % 生成信号 s(t)
fxt=fft(st,N);                   % 用快速傅里叶变换算法计算 DFT
subplot(2,1,1)
plot(t,st);grid;xlabel('t/s');ylabel('s(t)');
title('(a) s(t)的时域波形');axis([0,Tp/8,min(st),max(st)]);
subplot(2,1,2)
stem(f/1000,abs(fxt)/max(abs(fxt)),'.');grid;title('(b) s(t)的频谱')
xlabel('f/Hz');ylabel('幅度');axis([0,Fs,0,1]);
```

运行结果如图 3-16 所示。

本问题中的信号是一个时域内连续的信号,在要求的频谱分辨率条件下进行频谱分析,要依据信号的特征确定采样频率、采样点、采样时间等。实际仿真时选择合适参数,

减少频谱混叠的影响才能得出正确结论,从频谱图上可以分辨出单边调幅信号的频谱信息。

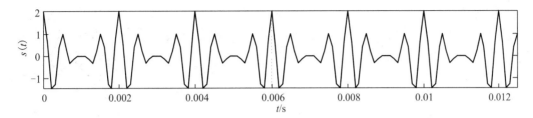

（a）$s(t)$ 的时域波形

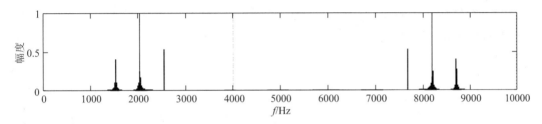

（b）$s(t)$ 的频谱

图 3-16 单边调幅信号的时域波形及频谱

2.连续非周期信号和非周期序列的频谱分析

【例3-13】 信号 $x_a(t) = e^{-0.01t} \cdot \sin(2t) + 3e^{-0.02t} \cdot \cos(5t)$，$t \geq 0$，用 DFT 分析其频谱。

分析： 由于这是一个无限长连续时间信号,谱分析时一定会发生频谱混叠和频谱泄露。这时按照如下流程进行谱分析。

（1）预估计信号的频率,选择一个截止频率为 f_c 的低通滤波器使信号成为带限信号,并且选取采样频率为 $f_s \geq (3 \sim 6) f_c$。

（2）采样频率 f_s 不变时,选择采样周期 T 和采样点 N 进行谱分析,此时的观测区间长度为 $T_p = TN$,以奈奎斯特采样频率处对应的谱线幅度 $\max[\text{abs}(|X(k)|)]$ 为标准,对相对较大的谱线的幅度进行评价,设 $X_m = \max[\text{abs}(|X(k)|)]$,其中相对较大的谱线幅度记作 $X_1, X_2, X_3, \cdots$,计算 $c_1 = X_1/X_m, c_2 = X_2/X_m, c_3 = X_3/X_m, \cdots$,之后减少采样周期 T 减半采样点 N 加倍。继续计算上述各值,多次分析后,当其中一些比值足够小时,说明频谱混叠引起的误差可以忽略。

（3）固定 T,继续增大 N,分析频谱,计算 $c_1, c_2, c_3, \cdots$,当计算到 $c_1, c_2, c_3, \cdots$ 的值足够小时,此时观测区间 T_p 的长度也已经足够大,认为覆盖了信号的主要部分,截断效应引起的误差的影响也可以忽略,此时的频谱认为就是原信号的频谱。

（4）谱分析过程：

选择 $T = 0.4$ s，$N_1 = 256$,得到序列

$$x(n) = e^{-0.01nt} \cdot \cos 2(nt) + 3e^{-0.02nt} \cdot \cos(5nt)，0 \leq n \leq 256$$

解：（1）用 FFT 计算分析其频谱：$X(jkf) = T \cdot \text{DFT}[x(n)]$

```
clf
N=input('输入 N 的取值');T=input('输入 T 的取值');
n=0:T:(N-1)* T;k=0:N-1;D=2* pi/N* T;
xn=(exp(-0.01* n* T)).* sin(2* n* T)-3* (exp(-0.02* n* T)).* cos(5* n
* T);; fxn=T* fftshift(fft(xn,N));      % 计算 xn 的 DFT,移到对称位置
subplot(2,1,1);
plot(n,xn);grid;xlabel('t/s');ylabel('x(t)');title('(a) x(t)的波形')
subplot(2,1,2);
k=floor(-(N-1)/2:(N-1)/2);
plot(k* D,abs(fxn));grid;
xlabel('k');ylabel('幅度');title('(b)x(t)的频谱')
```

运行结果如图 3-17 所示。

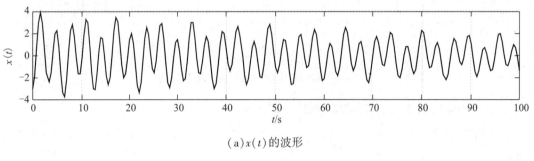

（a）$x(t)$的波形

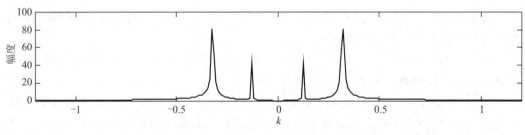

（b）$x(t)$的频谱

图 3-17   连续非周期信号 $T=0.4$ s、$N=256$ 时的时域波形及频谱

观察频谱图看出,由于信号为无限长的信号,频谱分析时由于截断,产生了频谱泄露,发生频谱混叠。此时计算 $c_1,c_2,c_3,\cdots$ 的值。分析比对是否混叠引起的误差是否可以忽略。

（2）采样周期 T 减半采样点 N 加倍,继续计算上述各值,进一步观察混叠相对误差。

运行程序输入 $T=0.2$ s,增大采样点 $N=2\ 048$。观察频谱图(图 3-18)看出,采样时间减半,采样点加倍时,频谱混叠减小。此时计算 $c_1,c_2,c_3,\cdots$ 的值。分析比对是否混叠引起的误差是否可以忽略。

（3）固定 T,继续增大 N,分析频谱,计算 $c_1,c_2,c_3,\cdots$,当计算到 $c_1,c_2,c_3,\cdots$ 的值足够小时,得到信号的频谱。读者可以自行运行程序去分析连续非周期信号的频谱。

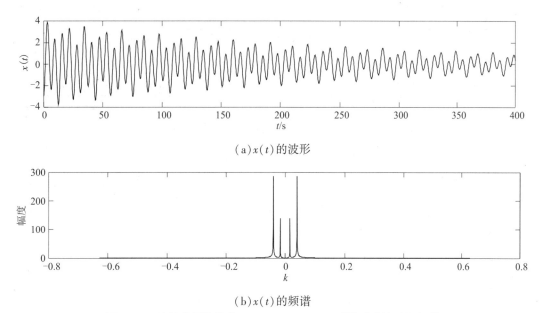

（a）$x(t)$ 的波形

（b）$x(t)$ 的频谱

图 3-18　连续非周期信号 $T=0.2$ s、$N=2\,048$ 时的时域波形及频谱

3.高密度频谱和高分辨率频谱分析

【例 3-14】　高密度频谱与高分辨率频谱。

对周期信号 $x(n)=\sin(\dfrac{\pi}{4}n)+\sin(\dfrac{\pi}{8}n)$：

（1）选取 $x(n)$ 的前 8 点的数据,求 $N=8$ 时的 DFT 并作图;

（2）将 $x(n)$ 补零至 64 点,求 $N=64$ 点的 $X(k)$ 并作图;

（3）取 $x(n)$ 的前 64 点数据,求 $N=64$ 点的 $X(k)$ 并作图与（2）的结果进行比较。

解:$x(n)=\sin(\dfrac{\pi}{4}n)+\sin(\dfrac{\pi}{8}n)$ 是由频率 $\omega_1=\pi/4$ 和 $\omega_2=\pi/8$ 的两个正弦周期序列叠加而成的周期序列,该序列的周期为 $N=16$。

（1）选取 $x(n)$ 的前 8 点的数据,求 $N=8$ 时的 $X(k)$ 并作图。

```
N=64;M=8;n=0:N-1;
x=sin(pi* n* 0.25)+sin(pi* n* 0.125);          % 生成信号 x(n)
n1=0:M-1;
x1=x(1:M);                                      % 生成长度为 8 的样点信号
subplot(2,1,1);stem(n1,x1,'fill'); title('(a)没有足够样点的信号 x(n)');
xlabel('n');ylabel('x(n)');
Xk=fft(x1,M);                                   % 计算序列 x1 的 8 点 DFT
k=0:M-1;w=2* pi/M* k;
subplot(2,1,2);stem(w/pi,abs(Xk),'fill');
title('(b)8 点 X(k)');xlabel('n');ylabel('x(n)');
```

运行结果如图 3-19 所示。

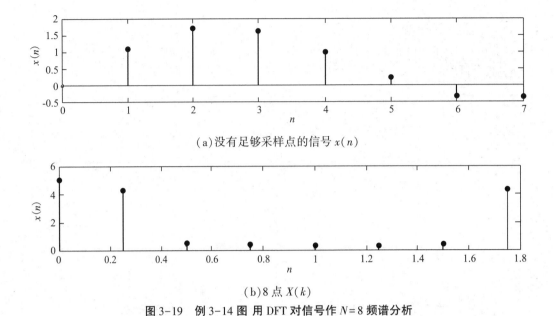

(a)没有足够采样点的信号 $x(n)$

(b)8 点 $X(k)$

图 3-19 例 3-14 图 用 DFT 对信号作 $N=8$ 频谱分析

结果分析:由于 $x(n)=\sin(\dfrac{\pi}{4}n)+\sin(\dfrac{\pi}{8}n)$ 的周期为 16,只取前 8 点的数据,由于样点信号不足,$N=8$ 不是其周期的整数倍,发生频谱泄漏,不能从频谱上分辨 $x(n)$ 的频谱信息。

(2)将 $x(n)$ 补零至 64 点,求 $N=64$ 点的 $X(k)$ 并作图。

```
N=64;M=16;n=0:N-1;
x=sin(pi* n* 0.25)+sin(pi* n* 0.125);        % 生成序列 x(n)
x1=x(1:M);% 产生长度为 16 点的序列 x1(n)
x2=[x(1:M),zeros(1,N-M)];
subplot(2,1,1);stem(n,x2,'fill'); title('(a)补零信号 x2(n)');
xlabel('n');ylabel('x(n)');axis=([0,64,-2,2]);
Xk=fft(x2,N);                                % 计算序列 x2(n)的 N=64 点 DFT
k=0:N-1;w=2* pi/N* k;
subplot(2,1,2);stem(w/pi,abs(Xk),'fill');
title('(b)高密度谱');xlabel('w/pi');ylabel('Xk');
```

运行结果如图 3-20 所示。

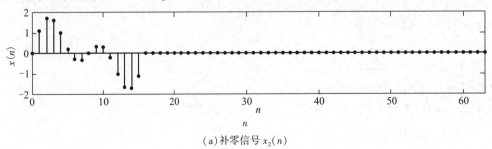

(a)补零信号 $x_2(n)$

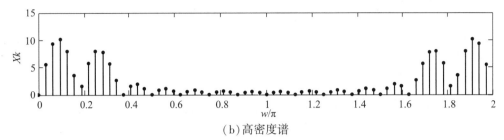

（b）高密度谱

图 3-20　例 3-14 图信号采样值补零后用 DFT 对信号作频谱分析

结果分析：虽然将 $x(n)$ 补零至 64 点，并且是序列周期的整数倍，但 $x(n)$ 的有效数据位没有改变，频谱分析的结果看出只是改变了 $X(k)$ 的频谱密度，频谱泄漏没有改变，产生了频谱混叠，不能从频谱图分辨出频率成分。根本原因是补零操作只是算法上的改变，而系统的频谱分析参数如采样频率 f_s、分辨率 F、信号的观测时间 T_p、采样周期 T 和采样点 M 都没有改变。因此，仅仅对序列补零，只能改变频谱密度，而不能改变频谱分辨率，消除已经产生的混叠或者频谱泄露。

（3）取 $x(n)$ 的前 64 点数据，求 $N=64$ 点的 $X(k)$ 并作图与（2）的结果进行比较：

```
N=64;M=16;n=0:N-1;
x=sin(pi* n* 0.25)+sin(pi* n* 0.125);          % 生成 64 点取样值信号 x(n)
subplot(2,1,1);stem(n,x,'fill'); title('(a)64 点样值信号 x(n)');
xlabel('n');ylabel('x(n)');axis=([0,64,-2,2]);
Xk=fft(x,N);                                    % 计算 N=64 点 DFT
k=0:N-1;w=2* pi/N* k;
subplot(2,1,2);stem(w/pi,abs(Xk),'fill');
title('(b)高分辨率谱');xlabel('w/pi');ylabel('Xk');
```

运行结果如图 3-21 所示。

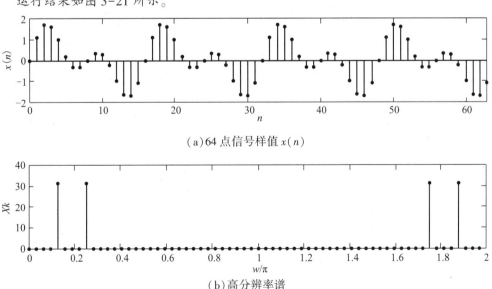

（a）64 点信号样值 $x(n)$

（b）高分辨率谱

图 3-21　例 3-14 图 信号采样值增加到 64 点后用 DFT 对信号作频谱分析

结果分析:由频谱图可见,截短序列的加宽且为周期序列周期的整数倍时,消除了频谱泄漏和混叠,能够正确地从频谱图上分辨出 $x(n)$ 的两个频率成分 $\omega_1 = \pi/4$ 和 $\omega_2 = \pi/8$。说明在系统采样频率不变的条件下,按照信号周期的整数倍增大采样点 N 的长度,可以消除频谱泄露和频谱混叠,提高频谱分辨率。

4.改变窗函数对频谱分析结果的影响

实际工程中处理信号都要把信号的观察时间现在在一定的时间内,取信号的有限多个数据对信号进行分析,即将信号截断,截断一个信号相当于乘以窗函数。在时域截断候的信号后信号的频谱是所研究的信号的频谱与窗函数频谱的周期卷积,周期卷积的结果造成频谱从其正常的频谱扩展开来,称为发生"频谱泄漏"。泄漏是频谱分析固有的,要减少泄漏带来的影响需要改变窗函数类型。设已知信号 $x(n)$,窗函数为 $w(n)$,加窗后的信号为 $x_w(n)$,三者时域满足 $x_w(n) = x(n) \cdot w(n)$。

下面通过实例说明加窗函数对信号频谱的影响。

【例 3-15】 无限长序列 $x(n) = e^{-0.01n}$,分别加矩形窗,哈明窗对信号进行谱分析,并比较结果,说明加窗函数不同对信号的频谱的影响。

```
clf
L=20;N=200;n=0:L-1;
xn=exp(-0.01*n);xn1=[xn,zeros(1,N-L)]
Xk=fft(xn1,N);magXk=abs(Xk);
k=(0:length(magXk)'-1)*N/length(magXk);
subplot(211);stem(k,xn1);title('矩形窗 x(n)');
subplot(212);stem(k,magXk);title('矩形窗 Xk');
w=(hamming(L)');xn1=xn.*w;
xn2=[xn1,zeros(1,N-L)]
Xk1=fft(xn2,N);magXk1=abs(Xk1);
k=(0:length(magXk1)'-1)*N/length(magXk1);
subplot(211);stem(k,xn2);title('哈明窗 x(n)');
subplot(212);stem(k,magXk1);title('哈明窗 Xk');
```

运行结果如图 3-22 所示。

结果分析:加矩形窗与加哈明窗的窗函数长度 $N=200$ 相同,即截取的信号长度是相同的,计算的 DFT 变换区间的长度 $L=200$ 也是相同的。加矩形窗函数截断无限长信号进行谱分析时,频谱发生了严重的泄漏和混叠;改用哈明窗截断信号后进行谱分析,此时也有频谱泄漏发生,但与加矩形窗相比要小得多。因此,在对无限长信号进行谱分析时,除了选择合适的采样点和 DFT 变换区间长度等,还要注意选择合适的窗函数,使谱分析时频谱泄露和混叠引起的误差最小化。

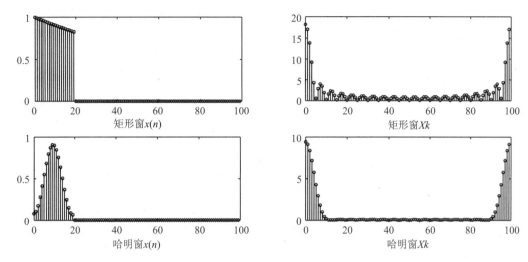

图 3-22 例 3-15 图 加矩形窗和加哈明窗对信号作频谱影响

本章小结

1.本章在讨论了周期序列的离散傅里叶级数的基础上引出了有限长序列的 DFT 变换,一般要先从周期性序列的离散傅里叶级数开始讨论,然后讨论可作为周期函数一个周期的有限长序列的离散傅里叶变换。离散傅里叶变换实现了离散时间信号的频域离散化,特别是 DFT 变换存在着快速算法(下一章讨论),使得利用计算机在频域内高速处理信号得以实现。本章为数字信号处理的核心内容和难点知识。本章要充分把握有限长序列 $x(n)$ 和周期序列之间的关系,以及周期序列的离散傅里叶级数与主值序列的离散傅里叶变换之间的关系。

2.离散傅里叶变换(DFT)与 Z 变换以及序列傅里叶变换(DTFT)的关系。离散傅里叶变换(DFT)是有限长序列的傅里叶变换,其时域及频域都是离散的信号。DFT 与 $X(k)$ 是 Z 变换在单位圆上的 N 点间隔采样。离散傅里叶变换 $X(k)$ 可以看作对序列 $x(n)$ 的傅里叶变换 $X(e^{j\omega})$ 在区间 $[0,2\pi]$ 上的 N 点等间隔采样,其采样间隔为 $\omega=2\pi/k$,这就是 DFT 的物理意义。

3.本章在详细介绍了序列的 DFT 变换、离散傅里叶级数的基础上重点讨论了 DFT 的两个重点应用问题:利用 DFT 计算线性卷积利用 DFT 对信号进行谱分析。针对这两个问题本书给出了较多的典型例题,并且对每个问题都给出了利用 MATLAB 分析的方法、程序和结果分析,所有的程序的关键语句都给出了注释,便于读者自学。

4.频域采样:对于 M 点的有限长序列 $x(n)$,当频域采样点数 $N \geqslant M$ 时,即可由频域采样值 $X(k)$ 恢复出原序列 $x(n)$,否则产生时域混叠现象,这就是所谓的频域采样定理。

5.用 DFT 进行频谱分析的几个重要参数之间的关系。连续非周期信号的频谱可以通过对连续信号采样后进行 DFT 并乘以系数 T 的方法来近似得到,而对该 DFT 值做反

变换并除以系数 T 得到时域采样信号。利用 DFT 对连续非周期信号进行谱分析时,时域与频域都要做采样和截断,所用到的相关公式为

$$T=\frac{1}{F_s}=\frac{1}{NF}=\frac{T_p}{N}, \quad F=\frac{1}{T_p}=\frac{1}{NT}=\frac{F_s}{N}$$

要注意的是,用 DFT 逼近连续非周期信号的傅里叶变换过程中除了对幅度的线性加权外,由于用到了采样与截断的方法,因此也会带来一些可能产生的问题,使谱分析产生误差。例如,混叠效应、截断效应、栅栏效应等。

表 3-2　与本章有关的 MATLAB 函数

函数名	函数功能描述
dfs	[Xk]=dfs(xn,N),计算周期序列的离散傅里叶级数的系数,xn 为离散时间序列,N 为一个周期内序列的点数
idfs	[xn]=idfs(Xk,N),计算周期序列的离散傅里叶级数逆变换,Xk 为周期序列的离散傅里叶级数
fft	[X]=fft(x,N),计算序列 x 的 N 点离散傅里叶变换,变换区间长度为 N。当序列 x 的长度小于 N 时系统自动对 x 补零至长度为 N;当 x 的长度大于 N 时截取 N 点计算
ifft	[X]=ifft(X,N),计算序列 X 的 N 点离散傅里叶逆变换
ceil	N=ceil(d),表示取比 d 大的整数。 如:N=ceil(1.8)=2, N=ceil(-1.3)=-1, N=ceil(-1.8)=-1
fix	N=fix(d),表示对 d 的向 0 方向取整。如:N=fix(-1.3)=-1, N=fix(1.3)=1
floor	N=floor(d),向下取整,即取不大于 d 的最大整数。 如:N=floor(1.8)=1,N=floor(-1.8)=-2
round	N=round(d),四舍五入取整。 如:N=round(-1.3)=-1,N=round(-1.52)=-2,N=round(1.52)=2

自测题

一、填空题

1.某序列 DFT 的表达式是 $X(k)=\sum_{k=0}^{N-1}x(n)W_N^{kn}$,由此可看出,该序列的时域长度是_____,变换后数字频域上相邻两个频率样点之间隔是_____。

2.用 8 kHz 的抽样率对模拟语音信号抽样,为进行频谱分析,计算了 512 点的 DFT。则频域抽样点之间的频率间隔 Δf 为_____,数字角频率间隔 $\Delta\omega$ 为_____和模拟角频率间隔 $\Delta\Omega$_____。

3.已知 $x[n]=\{1,2,3,2,1;k=0,1,2,3,4\}$,$h[n]=\{1,0,1,-1,0;k=0,1,2,3,4\}$,则

$x[n]$ 和 $h[n]$ 的 5 点循环卷积为_____;10 点循环卷积为_____。

4.由频域采样 $X(k)$ 恢复 $X(e^{j\omega})$ 时可利用内插公式,它是用_____值对_____函数加权后求和。频域 N 点采样造成时域的周期延拓,其周期是_____。

5.设两个有限长序列 $x_1(n)$ 和 $x_2(n)$ 的长度分别为 N 和 M,则它们线性卷积的结果序列长度为_____;$x_1(n)$ 和 $x_2(n)$ 的循环卷积与线性卷积相等的条件为循环卷积的长度 L 为_____。

6.对实信号作谱分析,要求频谱分辨率 $F \leq 50$ Hz,信号的最高频率 1 kHz,最大采样间隔 $T_{pmin} = $ _____,最少采样点数 $N_{min} = $ _____。

7.实序列 $x(n)$ 的 10 点 $DFT[x(n)] = X(k)$,$0 \leq k \leq 9$,已知 $X(1) = 1+i$,则 $X(9) = $ _____。

8.某线性移不变系统当输入 $x(n) = \delta(n)$ 时的输出 $y(n) = \delta(n-1) + \delta(n-2)$,该系统的单位脉冲响应 $h(n) = $ _____;$DFT[(x(n)]_8 = $ _____。

9.用 DFT 分析连续信号的频谱时,_____效应是指 DFT 只能计算一些离散点上的频谱。

10.圆周卷积可被看作是周期卷积的_____;圆周卷积的计算是在_____区间中进行的,而线性卷积不受这个限制。

二、选择题

1.下列对离散傅里叶变换(DFT)的性质论述中,错误的是(　　)

A.DFT 是一种线性变换

B.DFT 具有隐含周期性

C.DFT 可以看作是序列 Z 变换在单位圆上的抽样

D.利用 DFT 可以对连续信号频谱进行精确分析

2.序列 $x(n) = R_5(n)$,其 8 点 DFT 记为 $X(k)$,$k = 0,1,\cdots,7$,则 $X(0)$ 为(　　)

A.2　　　　　　　B.3　　　　　　　C.4　　　　　　　D.5

3.已知 $x(n) = \delta(n)$,其 N 点的 DFT $X(k)$,则 $X(N-1) = $ (　　)

A.$N-1$　　　　　B.1　　　　　　　C.0　　　　　　　D.$-N+1$

4.离散序列 $x(n)$ 满足 $x(n) = x(n-N)$,则其频域序列 $X(k)$ 有(　　)

A.$X(k) = -X(k)$　　　　　　　　B. $X(k) = X^*(k)$

C.$X(k) = X^*(-k)$　　　　　　　D. $X(k) = X(N-k)$

5.已知 N 点有限长序列 $X(k) = DFT[x(n)]$,$0 \leq n,k < N$,则 N 点 $DFT[W_N^{-nl} x(n)] = $ (　　)

A.$X((k+l))_N R_N(k)$　　　　　　B.$X((k-l))_N R_N(k)$

C.W_N^{-km}　　　　　　　　　　D.W_N^{km}

6.有限长序列 $x(n) = x_{ep}(n) + x_{op}(n)$,$0 \leq n \leq N-1$,则 $x^*(N-n) = $ (　　)

A.$x_{ep}(n) + x_{op}(n)$　　　　　　B.$x_{ep}(n) + x_{op}(N-n)$

C.$x_{ep}(n) - x_{op}(n)$　　　　　　D.$x_{ep}(n) - x_{op}(N-n)$

7.已知 $x(n)$ 是实序列,$x(n)$ 的 4 点 DFT 为 $X(k) = [1,-j,-1,j]$,则 $X(4-k)$ 为(　　)

A.$[1,-j,-1,j]$　　　　　　　　B.$[1,j,-1,-j]$

C.$[\,j,-1,-j,1\,]$　　　　　　　　　D.$[\,-1,j,1,-j\,]$

8.$X(k)=X_{\mathrm{R}}(k)+jX_{\mathrm{I}}(k),0\leqslant k\leqslant N-1$,则 $\mathrm{IDFT}[\,X_{\mathrm{R}}(k)\,]$ 是 $x(n)$ 的（　　　）

A.共轭对称分量　　　　　　　　　B. 共轭反对称分量

C.偶对称分量　　　　　　　　　　D. 奇对称分量

9.用 DFT 对一个 32 点的离散信号进行谱分析,其谱分辨率决定于谱采样的点数 N,即（　　　）,分辨率越高。

A. N 越大　　　　B. N 越小　　　　C. $N=32$　　　　D. $N=64$

10.对 5 点有限长序列 $[\,1\ 3\ 0\ 5\ 2\,]$ 进行向左 2 点圆周移位后得到序列（　　　）

A.$[\,1\ 3\ 0\ 5\ 2\,]$　　B.$[\,5\ 2\ 1\ 3\ 0\,]$　　C.$[\,0\ 5\ 2\ 1\ 3\,]$　　D.$[\,0\ 0\ 1\ 3\ 0\,]$

习题与上机

一、基础题

1.试求以下有限长序列的 N 点 DFT(闭合形式表达式)。

(1)$x(n)=\{1,2,-3,-1\}$　　　　　　(2)$x(n)=\delta(n)+\delta(n-1)$

(3)$x(n)=e^{j\omega_0 n},0\leqslant n\leqslant N-1$　　　(4)$x(n)=a^n R_N(n)$

(5)$x(n)=\sin\left(\dfrac{2\pi}{N}n\right),0\leqslant n\leqslant N-1$

2.如果 $\tilde{x}(n)$ 是一个周期为 N 的周期序列,那么它也是周期为 $2N$ 的周期序列。把 $\tilde{x}(n)$ 看作周期为 N 的周期序列有 $\tilde{x}(n)\leftrightarrow\tilde{X}_1(k)$（周期为 N）;把 $\tilde{x}(n)$ 看作周期为 $2N$ 的周期序列有 $\tilde{x}(n)\leftrightarrow\tilde{X}_2(k)$（周期为 $2N$）;试用 $\tilde{X}_1(k)$ 表示 $\tilde{X}_2(k)$。

3.令 $X(k)$ 表示 N 点的序列 $x(n)$ 的 N 点离散傅里叶变换,$X(k)$ 本身也是一个 N 点的序列。如果计算 $X(k)$ 的离散傅里叶变换得到一序列 $x_1(n)$,试用 $x(n)$ 求 $x_1(n)$。

4.设 $X(k)$ 表示长度为 N 的有限长序列 $x(n)$ 的 DFT。

(1)证明如果 $x(n)$ 满足关系式 $x(n)=-x(N-1-n)$,则 $X(0)=0$;

(2)证明当 N 为偶数时,如果 $x(n)=x(N-1-n)$,则 $X\left(\dfrac{N}{2}\right)=0$。

5.(1)模拟数据以 10.24 kHz 速率取样,且计算了 1 024 个取样的离散傅里叶变换。求频谱取样之间的频率间隔;

(2)以上数字数据经处理以后又进行了离散傅里叶反变换,求离散傅里叶反变换后抽样点的间隔为多少? 整个 1 024 点的时宽为多少?

6.频谱分析的模拟信号以 8 kHz 被抽样,计算了 512 个抽样的 DFT,试确定频谱抽样之间的频率间隔,并证明你的回答。

7.有一谱分析用的信号处理器,抽样点数必须为 2 的整数幂,假定没有采用任何特殊数据处理措施,要求频谱分辨率 $F_0\leqslant 10$ Hz。如果采用的抽样时间间隔为 0.1 ms。试确定:(1)最小记录长度;(2)所允许处理的信号的最高频率;(3)在一个记录中的最少点数。

8.序列 $x(n) = \{1, 1, 0, 0\}$，其 4 点 DFT $|x(k)|$ 如图 3-23 所示。现将 $x(n)$ 按下列 (1)、(2)、(3) 的方法扩展成 8 点，求它们 8 点的 DFT。（尽量利用 DFT 的特性）

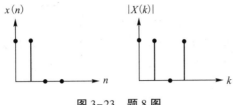

图 3-23　题 8 图

(1) $y_1(n) = \begin{cases} x(n) & n = 0 \sim 3 \\ x(n-4) & n = 4 \sim 7 \end{cases}$

(2) $y_2(n) = \begin{cases} x(n) & n = 0 \sim 3 \\ 0 & n = 4 \sim 7 \end{cases}$

(3) $y_3(n) = \begin{cases} x\left(\dfrac{n}{2}\right) & n \text{ 为偶数} \\ 0 & n \text{ 为奇数} \end{cases}$

9.设 $x(n)$ 是一个 $2N$ 点的序列，具有如下性质：
$$x(n+N) = x(n)$$

另设 $x_1(n) = x(n)R_N(n)$，它的 N 点 DFT 为 $X_1(k)$，求 $x(n)$ 的 $2N$ 点 DFT $X(k)$ 和 $X_1(k)$ 的关系。

10.长度为 8 的有限长序列 $x(n)$ 的 8 点 DFT 为 $X(k)$，长度为 16 的一个新序列定义为
$$y(n) = \begin{cases} x\left(\dfrac{n}{2}\right) & n = 0, 2, \cdots, 14 \\ 0 & n = 1, 3, \cdots, 15 \end{cases}$$

试用 $X(k)$ 来表示 $Y(k) = \mathrm{DFT}[y(n)]$。

二、提高题

1.试证 N 点序列 $x(n)$ 的离散傅里叶变换 $X(k)$ 满足帕斯维尔恒等式：
$$\sum_{k=0}^{N-1} |x[n]|^2 = \frac{1}{N} \sum_{k=0}^{N-1} |X[k]|^2$$

2.$x(n)$ 是长为 N 的有限长序列，$x_e(n)$，$x_o(n)$ 分别为 $x(n)$ 的圆周共轭偶部及奇部，也即
$$x_e(n) = x_e^*(N-n) = \frac{1}{2}[x(n) + x^*(N-n)]$$
$$x_o(n) = -x_o^*(N-n) = \frac{1}{2}[x(n) - x^*(N-n)]$$

3.若 $x(n) = \mathrm{IDFT}[X(k)]$，求证 $\mathrm{IDFT}[X(k)] = \frac{1}{N}X((-n)_N)R_N(n)$。

4.令 $X(k)$ 表示 N 点序列 $x(n)$ 的 N 点 DFT，试证明：

（1）如果 $x(n)$ 满足关系式 $x(n) = -x(N-1-n)$，则 $X(0) = 0$；

（2）当 N 为偶数时，如果 $x(n) = x(N-1-n)$，则 $X(\frac{N}{2}) = 0$。

5. 设 $\text{DFT}[x(n)] = X(k)$，求证 $\text{DFT}[X(k) = Nx(N-n)]$。

6. 证明：若 $x(n)$ 为实偶对称，即 $x(n) = x(N-n)$，则 $X(k)$ 也为实偶对称。

7. 已知 $x(n) = n+1 (0 \leqslant n \leqslant 3)$，$y(n) = (-1)^n (0 \leqslant n \leqslant 3)$，用圆周卷积法求 $x(n)$ 和 $y(n)$ 的线性卷积 $z(n)$。

8. 已知 $x(n)$ 是 N 点有限长序列，$X(k) = \text{DFT}[x(n)]$。现将长度变成 rN 点的有限长序列 $y(n)$

$$y(n) = \begin{cases} x(n) & 0 \leqslant n \leqslant N-1 \\ 0 & N \leqslant n \leqslant rN-1 \end{cases}$$

试求 rN 点 $\text{DFT}[y(n)]$ 与 $X(k)$ 的关系。

9. 已知序列 $x(n) = \delta(n) + \delta(n-1) + 2\delta(n-2) + 3\delta(n-3)$ 和它的 8 点离散傅里叶变换 $X(k)$。

（1）若有限长序列 $y(n)$ 的 6 点离散傅里叶变换为 $Y(k) = W_6^{4k} X(k)$，求 $y(n)$。

（2）若有限长序列 $u(n)$ 的 6 点离散傅里叶变换为 $X(k)$ 的实部，即 $U(k) = \text{Re} X(k)$，求 $u(n)$。

（3）若有限长序列 $v(n)$ 的 3 点离散傅里叶变换 $V(k) = X(2k) (k=0,1,2)$，求 $v(n)$。

10. 已知某信号序列 $f(k) = \{4,2,1,2\}$，$h(k) = \{2,3,1,2\}$。

（1）试计算 $f(k)$ 和 $h(k)$ 的循环卷积和 $f(k) \otimes h(k)$；

（2）试计算 $f(k)$ 和 $h(k)$ 的线性卷积和 $f(k) * h(k)$；

（3）写出利用循环卷积计算线性卷积的步骤。

第4章 快速傅里叶变换

【学习导读】

数字信号处理是一门既经典又年轻的学科,可以追溯到十八世纪的傅里叶、拉普拉斯、高斯等科学家,但其真正得以广泛应用迄今不过半个多世纪。

离散傅里叶变换是数字信号处理中最基本也是最常用的运算,实现了信号在频域的离散化。但在相当长的时间内,由于要做大量的乘法累加运算,使得DFT的运算量太大,无法实现实时处理,所以一直没有得到应用。直到1965年库利和图基在《计算数学》上提出快速傅里叶变换算法,以此为里程碑,伴随着计算机和大规模集成电路技术的迅猛发展,数字信号处理在实际应用上才开始了突飞猛进的发展,从根本上改变了信息产业的面貌,使人类由电子化、数字化发展到了信息化与智能化。

多年来,人们一直在寻求更快、更灵活的算法。1984年,法国的杜哈梅尔和霍尔曼提出的分裂基快速算法,使运算效率进一步提高。

本章主要讨论快速傅里叶变换的时间抽取(Decimation in Time,DIT)基-2FFT算法的原理、运算规律和编程思想,频率抽取(Decimation in Frequency,DIF)基-2FFT算法的原理与思想。介绍快速傅里叶变换的其他一些算法以及线性调频Z变换(Chirp-Z变换,Chirp Z-Transform,CZT)。

【学习目标】

● 知识目标:①理解直接计算DFT存在的问题及改进途径;②掌握基-2FFT算法,包括:时间抽选法(DIT-FFT)和频率抽选法(DIF-FFT)的基本思路和算法特点;③掌握进一步减少运算量的措施,了解分裂基FFT算法、基-4FFT、混合基等FFT算法的基本思想。

● 能力目标:①掌握离散傅里叶递变换(Inverse Discrtet Fourier Transform,IDFT)高效算法及算法编程思想;②理解实序列的FFT算法及算法变成思想;③掌握CZT的原理及应用;④能够利用MATLAB实现快速傅里叶变换算法,完成线性卷积、信号谱分析、信号滤波的等工程应用问题。

● 素质目标:①理解科学精神的原理精神:科学是发现规律,揭示事物最本质、最普遍的原理。科学不仅要回答是什么,还要回答为什么。通过科学研究,弄清事物的原理,以科学理论指导自己的行为,探索更高的境界。②理解科学精神中的创新精神:创新精神充分体现了人类特有的主观能动性。科学精神倡导创新思维和开拓精神,鼓励人们在尊重事实和规律的前提下,敢于标新立异。科学精神的本质要求是开拓创新。科学领域之所以不断有新发明、新发现、新创意、新开拓,之所以充满着生机和活力,就在于不断更新观念,大胆改革创新。因此,科学的生命在于发展、创新和革命,在于不断深化对自然界和人类社会规律的理解。实践证明,思维的转变、思想的解放、观念的更新,往往会打开一条新的通道,进入一个全新的境界。一部科学史,就是一部在实践和认识上不断开拓创新的历史。

4.1 直接计算 DFT 的特点及减少运算量的基本途径

4.1.1 直接计算 DFT 的运算量

设 $x(n)$ 是 N 的有限长序列,其 N 点的 DFT 和 N 点的 IDFT 分别为

$$X(k) = \sum_{n=0}^{N-1} x(n) W_N^{kn}, \ k = 0,1,2,\cdots,N-1 \tag{4-1}$$

$$x(n) = \frac{1}{N}\sum_{k=0}^{N-1} X(k) W_N^{-kn}, \ k = 0,1,2,\cdots,N-1 \tag{4-2}$$

式(4-1)和式(4-2)中,$W_N = e^{-j\frac{2\pi}{N}}$。考虑 $x(n)$ 为复数序列的一般情况,计算每一个 $X(k)$ 的值,直接计算需要 N 次复数乘法和 $(N-1)$ 次复数相加。因此,计算 $X(k)$ 的所有 N 个值,共需 N^2 次复数乘法和 $N(N-1)$ 次复数加法运算。当 $N\gg1$ 时,$N(N-1) \approx N^2$。可见,直接计算 N 点 DFT 的乘法和加法运算次数均为 N^2。当 N 较大时,运算量相当大。例如对一幅 $N\times N$ 点的二维图像进行 DFT 变换,$N=1\,024$ 时,直接计算需要的复数乘法为 $(N^2)^2 = 10^{12}$。用一台每秒可以完成 10 万次复数乘法运算的计算机计算需要近 3000 小时,不可能实现实时处理。所以必须减少运算量,才能使 DFT 在各种理论和工程计算中得到应用。

4.1.2 改善的途径

N 点 DFT 的复乘次数等于 N^2。显然,把大点数的 DFT 分解为较短点数的 DFT,可使乘法次数减少。另外,利用旋转因子 W_N^{kn} 的周期性、对称性、可约性也可以减少运算量。

1.周期性

$$W_N^{m+rN} = e^{-j\frac{2\pi}{N}(m+rN)} = e^{-j\frac{2\pi}{N}m} = W_N^m, m、r \text{ 为整数}$$

2.对称性

$$W_N^m = W_N^{N-m}、\left[W_N^{N-m}\right]^* = W_N^m \text{ 或者 } W_N^{m+\frac{N}{2}} = -W_N^m, m \text{ 为整数}$$

3.可约性

$$W_N^{nk} = W_{Nm}^{mnk}、W_N^{nk} = W_{N/m}^{nk/m} \text{ 或者 } W_N^{m+\frac{N}{2}} = -W_N^m, m/n \text{ 为整数}$$

FFT 算法的基本算法思想是不断地把较长的 DFT 分解成短的 DFT,并利用 W_N^{kn} 的周期性和对称性来减少 DFT 的运算次数。FFT 算法基本上分两类,即按时间抽取算法(DIT-FFT)和按频率抽取算法(DIF-FFT)。

4.2　时间抽取基-2FFT 算法

4.2.1　时间抽取基-2FFT(DIT-FFT)算法原理

设序列 $x(n)$ 的长度为 N,且满足 $N=2^M$,M 为正整数。实际序列可能不满足这一条件,可以采取补零操作达到这一要求。这种 N 为 2 的正整数次幂的 FFT 称为基-2FFT。

按 n 的奇偶把 $x(n)(n=0,1,2,\cdots,N)$ 分解为两个 $N/2$ 点的子序列:

$$x_1(r)=x(2r) \qquad r=0,1,\cdots,\frac{N}{2}-1 \tag{4-3}$$

$$x_2(r)=x(2r+1) \qquad r=0,1,\cdots,\frac{N}{2}-1 \tag{4-4}$$

则 $x(n)$ 的 DFT 为

$$\begin{aligned}
X(k) &= \sum_{n=偶数} x(n) W_N^{kn} + \sum_{n=奇数} x(n) W_N^{kn} \\
&= \sum_{r=0}^{\frac{N}{2}-1} x(2r) W_N^{2kr} + \sum_{r=0}^{\frac{N}{2}-1} x(2r+1) W_N^{k(2r+1)} \\
&= \sum_{r=0}^{\frac{N}{2}-1} x_1(r) W_N^{2kr} + W_N^k \sum_{r=0}^{\frac{N}{2}-1} x_2(r) W_N^{2kr}
\end{aligned}$$

$$X(k) = \sum_{r=0}^{\frac{N}{2}-1} x_1(r) W_{\frac{N}{2}}^{kr} + W_N^k \sum_{r=0}^{\frac{N}{2}-1} x_2(r) W_{\frac{N}{2}}^{kr} = X_1(k) + W_N^k X_2(k) \tag{4-5}$$

式中 $X_1(k)$、$X_2(k)$ 分别是 $x_1(n)$ 和 $x_2(n)$ 的 $N/2$ 点的 DFT:

$$X_1(k) = \sum_{r=0}^{\frac{N}{2}-1} x_1(r) W_{\frac{N}{2}}^{kr} = \mathrm{DFT}[x_1(n)]_{\frac{N}{2}} \tag{4-6}$$

$$X_2(k) = \sum_{r=0}^{\frac{N}{2}-1} x_2(r) W_{\frac{N}{2}}^{kr} = \mathrm{DFT}[x_2(n)]_{\frac{N}{2}} \tag{4-7}$$

由式(4-5)可看出,一个 N 点的 DFT 被分解为两个 $N/2$ 的 DFT,它们按照式(4-5)又合成一个 N 点的 DFT,但应该注意,$X_1(k)$ 和 $X_2(k)$ 只有 $N/2$ 点,即 $k=0,1,2,\cdots,N/2-1$。即利用式(4-5)计算的只有 $X(k)$ 的前 $N/2$ 的结果。而 $X(k)$ 有 N 个点的值,要用 $X_1(k)$ 和 $X_2(k)$ 来表达 $X(k)$ 的另一半的值,还必须应用旋转因子的周期性,即

$$W_{\frac{N}{2}}^{r(k+\frac{N}{2})} = W_{\frac{N}{2}}^{kr}$$

$$X_1\left(k+\frac{N}{2}\right) = \sum_{r=0}^{\frac{N}{2}-1} x_1(r) W_{\frac{N}{2}}^{r(\frac{N}{2}+k)} = \sum_{r=0}^{\frac{N}{2}-1} x_1(r) W_{\frac{N}{2}}^{rk} = X_1(k) \tag{4-8}$$

$$X_2\left(k+\frac{N}{2}\right) = \sum_{r=0}^{\frac{N}{2}-1} x_2(r) W_{\frac{N}{2}}^{r(\frac{N}{2}+k)} = \sum_{r=0}^{\frac{N}{2}-1} x_2(r) W_{\frac{N}{2}}^{rk} = X_2(k) \tag{4-9}$$

所以,$X(k)$后一半的值为

$$X\left(k+\frac{N}{2}\right) = X_1(k) + W_N^{k+\frac{N}{2}}X_2(k) \quad k=0,1,2,\cdots,\frac{N}{2}-1$$

由于

$$W_N^{r(k+\frac{N}{2})} = W_N^{\frac{N}{2}}W_N^k = -W_N^k$$

代入上式得

$$X\left(k+\frac{N}{2}\right) = X_1(k) - W_N^k X_2(k) \quad k=0,1,2,\cdots,\frac{N}{2}-1 \tag{4-10}$$

综合式(4-5)和式(4-10)$X(k)$前后两部分的值为

$$X(k) = X_1(k) + W_N^k X_2(k) \quad k=0,1,2,\cdots,\frac{N}{2}-1 \tag{4-11}$$

$$X\left(k+\frac{N}{2}\right) = X_1(k) - W_N^k X_2(k) \quad k=0,1,2,\cdots,\frac{N}{2}-1 \tag{4-12}$$

式(4-11)和式(4-12)的运算可以用蝶形运算表示。蝶形运算信号流图如图4-1所示,完成一个蝶形运算,需要一次复数乘法和两次复数加法运算,流图中的算法因子为W_N^k。

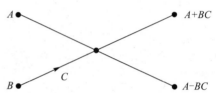

图4-1 蝶形运算信号流图

经过一次分解,计算一个N点DFT共需计算两个$N/2$点DFT和$N/2$个蝶形运算。计算一个$N/2$点DFT需要$(N/2)^2$复数乘法和$N/2(N/2-1)$复数加法。将两个$N/2$的DFT合成为N点DFT时,有$N/2$次复数乘法和$2\times(N/2) = N$次复加。

总的复数乘法次数为$2(N/2)^2+N/2 = N(N+1)/2 \approx N^2/2$和$N(N/2-1)+N = N^2/2$次复数加法。由此可见,仅仅经过一次分解,就使总的运算量减少近一半。如图4-2所示。

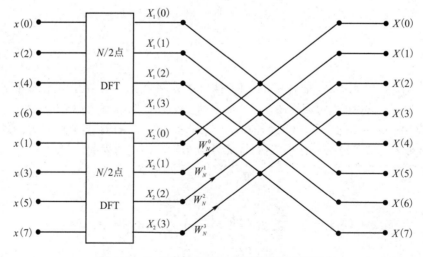

图4-2 $N=8$点的DFT一次时域抽取分解图

既然这样分解对减少 DFT 的运算量有效,且 $N=2^M$, $N/2$ 仍是偶数,故可对 $N/2$ 点的 DFT 再进一步分解。与第一次分解相同,将 $x_1(n)$ 按奇偶分解成两个 $N/4$ 点的序列 $x_3(l)$ 和 $x_4(l)$,即

$$x_3(l) = x(2l) \qquad l=0,1,\cdots,\frac{N}{4}-1 \tag{4-13}$$

$$x_4(l) = x_1(2l+1) \qquad l=0,1,\cdots,\frac{N}{4}-1 \tag{4-14}$$

$X_1(k)$ 可表示为

$$\begin{aligned}
X_1(k) &= \sum_{l=0}^{\frac{N}{4}-1} x_1(2l) W_{\frac{N}{2}}^{2lk} + \sum_{l=0}^{\frac{N}{4}-1} x_1(2l+1) W_{\frac{N}{2}}^{k(2l+1)} \\
&= \sum_{l=0}^{\frac{N}{4}-1} x_3(l) W_{\frac{N}{4}}^{kl} + W_{\frac{N}{2}}^{k} \sum_{l=0}^{\frac{N}{4}-1} x_4(l) W_{\frac{N}{4}}^{kl} \\
&= X_3(k) + W_{\frac{N}{2}}^{k} X_4(k) \qquad k=0,1,2,\cdots,\frac{N}{2}-1
\end{aligned}$$

$$X_3(k) = \sum_{l=0}^{\frac{N}{4}-1} x_3(l) W_{\frac{N}{4}}^{kl} = \mathrm{DFT}\left[x_3(l)\right]_{\frac{N}{4}} \tag{4-15}$$

$$X_4(k) = \sum_{l=0}^{\frac{N}{4}-1} x_4(l) W_{\frac{N}{4}}^{kl} = \mathrm{DFT}\left[x_4(l)\right]_{\frac{N}{4}} \tag{4-16}$$

利用 $X_3(k)$ 和 $X_4(k)$ 的周期性和 $W_{\frac{N}{2}}^{k}$ 的对称性 $W_{\frac{N}{2}}^{k+\frac{N}{4}} = -W_{\frac{N}{2}}^{k}$,最后得到

$$X_1(k) = X_3(k) + W_{\frac{N}{2}}^{k} X_4(k) \qquad k=0,1,2,\cdots,\frac{N}{4}-1 \tag{4-17}$$

$$X_1\left(k+\frac{N}{4}\right) = X_3(k) - W_{\frac{N}{2}}^{k} X_4(k) \qquad k=0,1,2,\cdots,\frac{N}{4}-1 \tag{4-18}$$

同理可以得

$$X_2(k) = X_5(k) + W_{\frac{N}{2}}^{k} X_6(k) \qquad k=0,1,2,\cdots,\frac{N}{4}-1 \tag{4-19}$$

$$X_2\left(k+\frac{N}{4}\right) = X_5(k) - W_{\frac{N}{2}}^{k} X_6(k) \qquad k=0,1,2,\cdots,\frac{N}{4}-1 \tag{4-20}$$

其中

$$X_5(k) = \sum_{l=0}^{\frac{N}{4}-1} x_5(l) W_{\frac{N}{4}}^{kl} = \mathrm{DFT}\left[x_5(l)\right]_{\frac{N}{4}} \tag{4-21}$$

$$X_6(k) = \sum_{l=0}^{\frac{N}{4}-1} x_6(l) W_{\frac{N}{4}}^{kl} = \mathrm{DFT}\left[x_6(l)\right]_{\frac{N}{4}} \tag{4-22}$$

$$x_5(l) = x_2(2l) \qquad l=0,1,\cdots,\frac{N}{4}-1 \tag{4-23}$$

$$x_6(l) = x_2(2l+1) \qquad l = 0,1,\cdots,\frac{N}{4}-1 \qquad\qquad (4\text{-}24)$$

这样,经过第二次分解,又将 $N/2$ 点 DFT 分解 $N/4$ 为点的 DFT 运算,依次类推,经过 M 次分解,最后将 N 点 DFT 分解成 N 个 2 点 DFT 和 M 级蝶形运算。一个完整的 8 点 DFT-FFT 运算流图如图 4-3 所示。

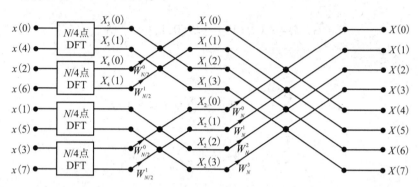

图 4-3   8 点 DFT 二次时域抽取分解运算流图

一个完整的 8 点 DIT-FFT 运算流图如图 4-4 所示,图中输入序列不是自然顺序排列,而是按照"倒序"排列。图 4-4 中 A 是在存储器里划分的连续的存储单元用于存储输入序列的值,当输入序列经 FFT 运算后的数值将刷新存储单元的数据。计算完毕后经"倒位序"仍然按照自然顺序输出数据。此外,中间每级的旋转因子的变化也是按照一定的规律变化的,这些旋转因子在应用 DSP 系统实现时,将它们分解为正弦和余弦部分,在存储器中建立正弦表和余弦表,采用"循环寻址"来对正弦和余弦表进行寻址。

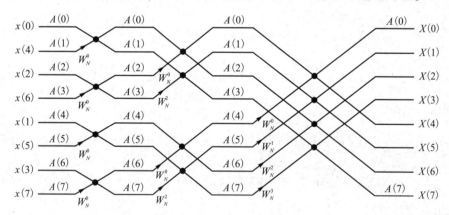

图 4-4   8 点 DIT-FFT 运算流图

4.2.2   DIT-FFT 算法与直接计算 DFT 运算量的比较

由 DFT-FFT 算法的分解过程及图 4-3 可见,$N = 2^M$ 时,其运算流程图应有 M 级蝶形,每一级都由 $N/2$ 个蝶形运算构成。每一个蝶形运算都需要一次复乘和二次复加,因此,每一级运算需要 $N/2$ 次复乘和 N 次复加。所以,M 级运算总的复数乘法次数和 M 级运算复数加法次数为

$$C_M = \frac{N}{2} \cdot M = \frac{N}{2}\log_2 N$$

$$C_A = N \cdot M = N \log_2 N$$

直接计算 DFT 的复数乘法次数为 N^2 次, 用 FFT 计算的乘法次数 $(N/2)\log_2 N$, 所以, DIF-FFT 算法比直接计算 DFT 的运算次数大大减少。例如, $N = 2^{10} = 1024$ 时,

$$\frac{N^2}{(\frac{N}{2})\log_2 N} = \frac{1\ 048\ 576}{5\ 120} = 204.8$$

这样, 就使运算效率提高 200 多倍。图 4-5 为 FFT 算法和直接计算 DFT 所需复数乘法次数 C_M 与变换点数 N 的关系曲线。由此图更加直观地看出 FFT 算法的优越性, 显然, N 越大时, 优越性越明显。表 4-1 给出了直接计算 DFT 和用 DIT-FFT 计算运算量和两者的比值。

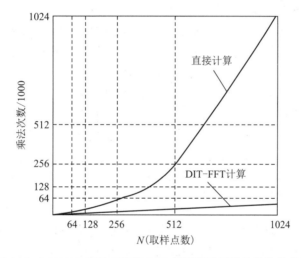

图 4-5 DIT-FFT 算法与直接 DFT 所需复数乘法次数比较曲线

表 4-1 直接计算 DFT 与用 DIT-FFT 计算的运算量比较

N	N^2	$(\frac{N}{2})\log_2 N$	$\dfrac{N^2}{(N/2)\log_2 N}$
32	1 024	80	12.8
64	4 096	192	21.4
128	16 384	448	36.6
256	65 536	1 024	64.0
512	262 144	2 304	113.8
1 024	1 048 576	5 120	204.8
2 048	4 194 304	11 264	372.4

4.2.3 DIT-EFT 的运算规律及编程思想

下面介绍 DIT-FFT 的运算规律及编程思想。

1.原位计算

对于 $N=2^M$ 点的 FFT 运算,共进行 M 级的蝶形运算,每级由 $N/2$ 个蝶形组成。同一级中,每一个蝶形的两个输入数据只对计算本蝶形有用,而且每个蝶形的输入和输出节点在一个水平线上,计算完一个蝶形后,所得的输出数据立即存入输入数据所占用的存储单元。经过 M 级的蝶形运算后,原来存放输入序列数据的 N 个存储单元中依次存放输出结果 $X(k)$ 的值。这种利用同一存储单元存储蝶形运算输入和输出数据,中间无需划分新的存储单元的方法称为原位运算。原位运算可节省大量的内存,使设备成本降低。这是 FFT 算法的优点之一。

2.旋转因子的变化规律

在 $N=2^M$ 的 DIT-FFT 运算中,共有 M 级蝶形运算,每级需要 $N/2$ 个蝶形。每个蝶形都要乘以因子 W_N^p,称其为旋转因子,p 为旋转因子的指数。用 L 表示从左至右的运算级数,$L=1,2,\cdots,M$,第 M 级共有 2^{L-1} 个旋转因子,第 J 个旋转因子为

$$p=J\cdot 2^{M-L}, L=1,2,\cdots,M, J=0,1,\cdots,2^{L-1}-1 \qquad (4-25)$$

以 $N=2^3=8$ 为例

$$L=1 \text{ 级}, W_N^p, J=0(2^{L-1}=1 \text{ 个旋转因子})$$
$$L=2 \text{ 级}, W_N^p, J=0,1(2^{L-1}=2 \text{ 个旋转因子})$$
$$L=3 \text{ 级}, W_N^p, J=0,1,2,3(2^{L-1}=4 \text{ 个旋转因子})$$

3.蝶形运算

设序列长度 $N=2^M$ 的输入序列 $x(n)$ 经过时域抽选(倒序)后,某一个蝶形的两个输入数据相距 $B=2^{L-1}$(也是两个输入数据所占存储单元的存储地址的距离)。应用原位运算,则蝶形运算输入与输出满足:

$$X_L(J)=X_{L-1}(J)+X_{L-1}(J+B)W_N^p \qquad (4-26)$$
$$X_L(J+B)=X_{L-1}(J)-X_{L-1}(J+B)W_N^p \qquad (4-27)$$

式中,$p=J\cdot 2^{M-L}, J=0,1,\cdots,2^{L-1}-1, B=2^{L-1}, L=1,2,\cdots,M$。

下标 L 表示第 L 级运算,$X(J)$ 表示第 L 级蝶形运算的输出数据。而 $X_{L-1}(J)$ 表示第 L 级蝶形运算的输入数据,即前一级蝶形运算的输出数据。

4.倒位序

1)奇偶分组过程

$N=2^M$ 时,DIT-FFT 的顺序数可用 M 位的二进制数 $(n_{M-1}n_{M-2}\cdots,n_1n_0)$ 表示。M 次奇偶时域抽选分组过程:第一次分解按最低位 n_0 的取值是 0 还是 1 将 $x(n)$ 分解为偶奇两组;第二次又按次低位 n_1 的取值是 0 还是 1 分别对偶奇组分组;以此类推,第 M 次按 n_{M-1} 位分解,最后得二进制倒序数。如图 4-6 所示,列出了 $N=8$ 时以二进制数表示的顺序数和倒序数,只要将顺序数 $(n_2n_1n_0)$ 的二进制位倒置,则得对应的二进制倒序值 $(n_0n_1n_2)$。

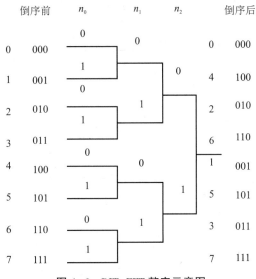

倒序前　n_0　n_1　n_2　倒序后

0	000			0	000
1	001			4	100
2	010			2	010
3	011			6	110
4	100			1	001
5	101			5	101
6	110			3	011
7	111			7	111

图 4-6　DIT-FFT 整序示意图

2）序列的倒位序

DIT-FFT 在作运算时输入为自然顺序，而输出为倒位序。在汇编语言程序中产生倒位序采用"码位倒置"或称"比特反转"寻址实现。例如，$x(3)$ 的位置，$3_{10}=011_2$，比特反转后得 $110_2=6_{10}$，即 $x(3)$ 的实际位置在第 6 个位置，第三个位置由 $x(6)$ 占用，因此输入端只需将 $x(3)$ 和 $x(6)$ 交换位置即可实现倒位序，其余类推。

在 DSP 系统中用 C 语言实现倒位序直接倒置二进制数位是不可行的，必须找出产生倒位序的十进制运算规律。分别用 I 和 J 表示自然顺序和倒位序排列的序列的序号（十进制数）。$N=2M$ 时，M 位二进制最高位的十进制权值为 $N/2$，从左向右二进制位的权值依次为 $N/2,N/4,N/8,\cdots,2,1$。

（1）倒位序排列的序列序号 J 的生成：输入当前的倒位数的 J，如果 $J<N/2$，则直接 $J=J+N/2$；

如果 $J\geqslant N/2$，则 $J=J-N/2$；然后判断，如果 $J<N/4$，则 $J=J+N/4$，否则 $J=J-N/4$，依次类推，得到下一个倒位序序号。图 4-7 所示是完成计算倒序序号 J 的运算流程图。

（2）序列 $x(n)$ 取值的存放：如图 4-8 所示，形成倒序序号 J 后，将原数组 A 中存放的输入序列重新按倒序排列。设原输入序列 $x(I)$ 先按自然顺序存入数组 A 中。例如，对 $N=8,A(0),A(1),\cdots,A(7)$ 中依次存放着 $x(0),x(1),x(2),\cdots,x(7)$。对 $x(n)$ 的重新排序（倒序）规律如图 4-7 所示。顺序数 I 初始值为 1，终值为 $N-2$，倒序数 J 的初值为 $N/2$。每计算出一个倒序值 J，便与循环语句自动生成的顺序 I 比较，当 $J=I$ 时，不需交换；当 $J\neq I$ 且 $J>I$ 时，$A(I)$ 与 $A(J)$ 交换数据。为了避免再次调换前面已调换过的一对数据，当 $J<I$ 时，不调换 $A(I)$ 与 $A(J)$ 的内容。图 4-9 是变址运算程序框图。虚线框之内是计算倒位序序号 J 的流程。

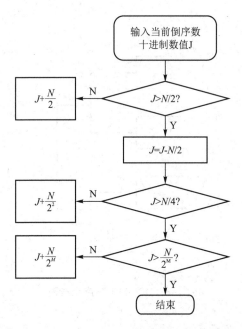

图 4-7　DIT-FFT 倒位序序号 J 生成程序框图

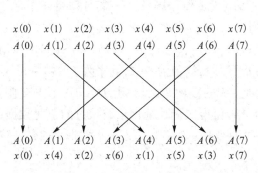

图 4-8　倒位序变址处理($N=8$)

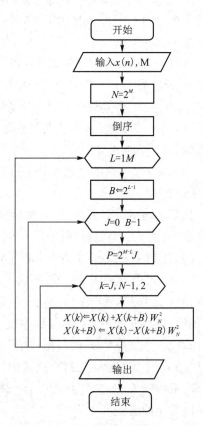

图 4-9　倒位序序号计算程序框图

5. DIT-FFT 程序框图

如图 4-10 所示,根据 DIT-FFT 原理和过程,DIT-FFT 的完整程序框图包括以下几部分:

(1)倒位序:输入自然顺序序列 $x(n)$,根据倒序规律,进行倒位序处理。

(2)循环层 1:确定运算的级数 $L=1\sim M$;确定一蝶形两输入数据距离 $B=2^{L-1}$。

(3)循环层 2:确定 L 级 2^{L-1} 个不同的旋转因子;旋转因子指数

$$p=J\cdot 2^{M-L},J=0,1,\cdots,B-1$$

式中,$B=2^{L-1}$,$L=1,2,\cdots,M$。

(4)循环层 3:对于同一旋转因子,用于同一级 2^{M-L} 个蝶形运算中:k 的取值从 J 到 $N-1$,步长为 2^L(使用同一旋转因子的蝶形相距的距离)。

(5)完成一个蝶形运算。

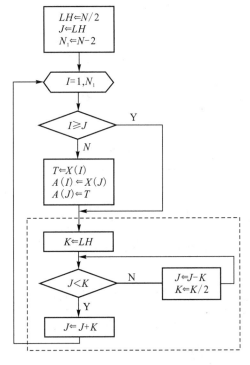

图 4-10　计算 DIT-FFT 程序流程图

【例 4-1】　设有限长序列 $x(n)$ 长为 60 点,用时间抽取基-2FFT 算法计算 $x(n)$ 的 DFT,试问:

(1)多少级蝶形运算,每级多少个蝶形?

(2)求第 5 级的蝶形运算中,两个输入、输出间距 B。

(3)第 4 级的有多少个旋转因子?旋转因子的指数为多少?写出来第 5 级的所有旋转因子。

解:采用基-2算法时,需要在 $x(n)$ 后补 4 个零,使得点数满足 $N=2^6=64$ 点。

(1)有 6 级蝶形运算,每级有 $64/2=32$ 个蝶形。

(2)第 5 级蝶形运算的两个输入(输出)数据点的间距 $B^6=2^{5-1}=16$。

(3)根据题意,$M=6,L=4$,第 4 级旋转因子个数 $J=2^{L-1}-1=8-1=7$。旋转因子的指数:

$$p=J \cdot 2^{M-L}=4J, J=0,1,\cdots,2^{L-1}-1$$

所以旋转因子的指数为 $0,4,8,12,16,20,24$。第 4 级的 7 个旋转因子 W_N^p 为

$$W_{64}^0 \text{、} W_{64}^4 \text{、} W_{64}^8 \text{、} W_{64}^{12} \text{、} W_{64}^{16} \text{、} W_{64}^{20} \text{、} W_{64}^{24}$$

4.3 频率抽取基-2FFT 算法

4.3.1 频率抽取基-2FFT(DIF-FFT)的算法原理

设序列 $x(n)$ 的长度为 N,且满足 $N=2^M$,M 为正整数。首先按自然顺序将 $x(n)$ 前后对半分开,得到两个子序列,其 DFT 可表示为如下形式:

$$X(k)=\text{DFT}[x(n)]=\sum_{n=0}^{N-1}x(n)W_N^{kn}=\sum_{n=0}^{\frac{N}{2}-1}x(n)W_N^{kn}+\sum_{n=\frac{N}{2}}^{N-1}x(n)W_N^{kn}$$

$$=\sum_{n=0}^{\frac{N}{2}-1}x(n)W_N^{kn}+\sum_{n=0}^{\frac{N}{2}-1}x\left(n+\frac{N}{2}\right)W_N^{k\left(n+\frac{N}{2}\right)}$$

$$=\sum_{n=0}^{\frac{N}{2}-1}\left[x(n)+W_N^{\frac{N}{2}k}x\left(n+\frac{N}{2}\right)\right]W_N^{nk}$$

由于

$$W_N^{\frac{N}{2}k}=e^{-j\frac{2\pi}{N}\cdot\frac{N}{2}k}=e^{-j\pi k}=(-1)^k$$

$$X(k)=\sum_{n=0}^{\frac{N}{2}-1}\left[x(n)+(-1)^k x\left(n+\frac{N}{2}\right)\right]W_N^{nk}, \ k=0,1,2,\cdots,N-1 \qquad (4-28)$$

按照 k 的奇偶取值将 $X(k)$ 分解为偶数组和奇数组

$$X(2r)=\sum_{n=0}^{\frac{N}{2}-1}\left[x(n)+x\left(n+\frac{N}{2}\right)\right]W_N^{2nr}=\sum_{n=0}^{\frac{N}{2}-1}\left[x(n)+x\left(n+\frac{N}{2}\right)\right]W_{\frac{N}{2}}^{nr} \qquad (4-29)$$

$$X(2r+1)=\sum_{n=0}^{\frac{N}{2}-1}\left[x(n)-x\left(n+\frac{N}{2}\right)\right]W_N^n W_N^{2nr}=\sum_{n=0}^{\frac{N}{2}-1}\left[x(n)-x\left(n+\frac{N}{2}\right)\right]W_N^n W_{\frac{N}{2}}^{nr}$$

$$(4-30)$$

令

$$x_1(n)=x(n)+x\left(n+\frac{N}{2}\right) \qquad n=0,1,2,\cdots,\frac{N}{2}-1 \qquad (4-31)$$

$$x_2(n)=\left[x(n)-x\left(n+\frac{N}{2}\right)\right]W_N^n \qquad n=0,1,2,\cdots,\frac{N}{2}-1 \qquad (4-32)$$

式(4-29)和(4-30)的运算关系可以用图 4-11 的蝶形运算流图表示。

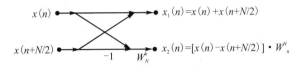

图 4-11　DIF-FFT 蝶形运算流图符号

将 $X(k)$ 按照奇偶分解为偶数组 $X(2r)$ 和奇数组 $X(2r+1)$ 后,偶数组是序列 $x_1(n)$ 的 $N/2$ 点的 DFT,奇数组是序列 $x_2(n)$ 的 $N/2$ 点的 DFT。$x_1(n)$ 和 $x_2(n)$ 是将 $x(n)$ 按照自然顺序分组为两个 $N/2$ 的短序列后经蝶形运算生成。

以 $N=2^3=8$ 为例,将 $X(k)$ 按照奇偶分解为偶数组 $X(0)$、$X(2)$、$X(4)$、$X(6)$ 和奇数组 $X(1)$、$X(5)$、$X(3)$、$X(7)$;偶数组是序列 $x_1(0)$、$x_1(1)$、$x_1(2)$、$x_1(3)$ 的 4 点 DFT,奇数组是序列 $x_2(0)$、$x_2(1)$、$x_2(2)$、$x_2(3)$ 的 4 点 DFT。这样一次分解后 8 点的 DFT 转换为计算两个 4 点的 DFT,如图 4-12 所示。

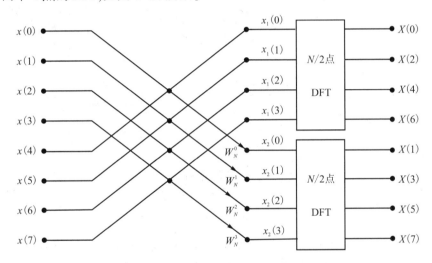

图 4-12　DIF-FFT 经第一次分解的运算流图($N=8$)

由于 $N=2^M$,$N/2$ 仍然为偶数,再一次将每个 $N/2$ 点的 DFT 分解为偶数组和奇数组,这样每个 $N/2$ 的 DFT 分解为两个 $N/4$ 点的 DFT,其输入序列分别是将 $x_1(n)$ 和 $x_2(n)$ 按上下对半分解为四个子序列。继续分解下去,经过 $M-1$ 次分解后,最后分解为 2^{M-1} 个两点的 DFT,计算这些两点的 DFT 得到原序列的 DFT。图 4-13 是 $N=2^3=8$ 时第二次分解的运算流图。经过第二次分解为 4 个 2 点的 DFT,计算这四个两点的 DFT 最后可以得到 8 点的 DFT。$N=8$ 的完整的信号运算流图如图 4-14 所示。但应该注意的是,DIF-FFT 与 DIT-FFT 的蝶形运算不同,DIF=FFT 的蝶形运算时先求和再乘积,而 DIT-FFT 的蝶形运算时先乘积再求和。

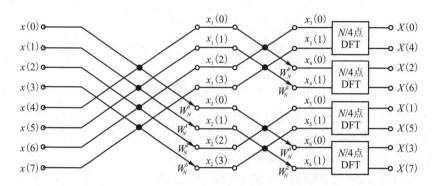

图 4-13　DIF-FFT 第二次分解的运算流图($N=8$)

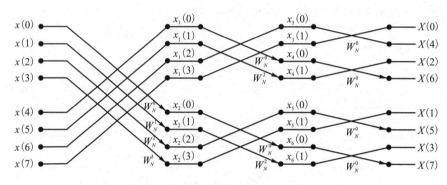

图 4-14　DIF-FFT 运算流图($N=8$)

4.3.2　DIF-FFT 算法与 DIT-FFT 算法比较

DIF-FFT 算法是对 $X(k)$ 进行奇偶抽取分解的结果,所以称之为频域抽取法 FFT。DIF-FFT 与 DIT-FFT 算法类似。

1.时域数据 $x(n)$ 的分组方式

DIF-FFT 时域内分组时每次对输入序列进行对半分组得到子序列,蝶形运算后对得到的序列继续按照对半分组,经过 $M-1$ 次分组后得到 $N/2$ 个两点的序列,最后计算这些两点序列的 DFT 输出。DIT-FFT 则是时域内将输入序列按照奇偶分组,将输入序列分为越来越小的子序列直到都是两点,最后计算两点的 DFT 再合成 N 点的 DFT。

2.运算量

DIF-FFT 与 DIT-FFT 算法的运算量一样,都有 M 级蝶形运算,每级有 $N/2$ 个蝶形,都是完成 $M\cdot(N/2)$ 个蝶形运算实现的,所做的复乘次数和复加次数以及蝶形运算次数相同。

3.原位运算

DIF-FFT 与 DIT-FFT 都可以进行原位运算。DIF 的 FFT 算法的输入是自然顺序,输出倒位序,M 级运算完毕后,通过变址运算将倒位序转换为自然顺序输出。DIT 自然顺序输入、倒位序排列、运算,最后的输出按自然顺序输出。转换的方法两者是相同的。

4.蝶形运算

虽然两者算法上有相似的地方但基本的蝶形运算是不同的,这也是两种算法的根本区别。主要体现在:①复加和复乘的顺序不同,DIT 是先做复乘再做复加,而 DIF 的蝶形运算是先复加再复乘。②蝶形运算的每个蝶形的两个输入数据之间的"距离"不同,DIT 的距离在时域流图上为 B^{L-1},L 为蝶形运算的级数;DIF 运算每个蝶形运算两个输入序列距离为 B^{M-L},L 为蝶形运算的级数。③旋转因子不同,DIT 是 $p = J \cdot B = J \cdot B^{L-1}$,DIF 的旋转因子 $p = J \cdot B = J \cdot B^{M-L}$。

5.最后两种算法流图关系

将 DIT 运算流图的所有支路方向反向,并且交换输入与输出节点变量的值不变,就可以得到一种 DIF 的运算流图。即对于每一种 DIT 流图都存在一个 DIF 流图对应。

4.4　离散傅里叶逆变换的快速算法

4.4.1　利用 FFT 流图计算 IDFT

DFT 与 IDFT 定义式可以看出,两者的算法的基本原理相同——都是乘法累加运算,因此,FFT 快速算法流图适用于 IDFT 的快速计算。

$$X(k) = \sum_{n=0}^{N-1} x(n) W_N^{kn}, \ k = 0, 1, 2, \cdots, N-1$$

$$x(n) = \frac{1}{N} \sum_{k=0}^{N-1} X(k) W_N^{-kn}, \ k = 0, 1, 2, \cdots, N-1$$

只要把 FFT 运算流图中的旋转因子的 W_N^p 换为 W_N^{-p},并且在最后输出时乘以 $\frac{1}{N}$,则时间抽取法和频率抽取法的 FFT 流图可以实现 IDFT 运算。但应注意如下几点:

(1)当把时间抽取的 FFT 流图转换为 IDFT 流图时,由于输入转换为频域序列 $X(k)$,原来按照 $x(n)$ 的奇偶分组的时间抽选法 FFT,现在就转换为按频率抽取的 IFT 流图抽取。

(2)同样,按照频率抽取的 FFT 运算用于 IDFT 时,也应该改成按时间序列抽取的 IDFT。如图 4-15 所示。

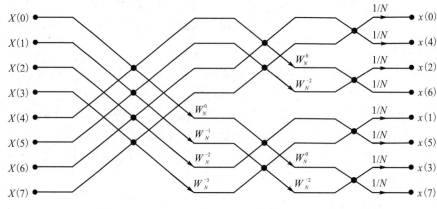

图 4-15　DIT-IDFT 计算流图

（3）实际运算中为了防止溢出，通常将每一级运算都分别乘以 $\frac{1}{2}$。

4.4.2　直接调用 FFT 子程序进行计算

实际的 DSP 系统中，为了节省系统资源，简化编程，对 FFT 流程作一些修改后，调用 FFT 程序实现 IFFT 的快速计算。IDFT 公式：

$$x(n) = \text{IDFT}[X(k)] = \frac{1}{N}\sum_{k=0}^{N-1} X(k) \cdot W_N^{-kn} \tag{4-33}$$

再取复共轭：

$$x(n) = [x^*(n)]^* = \frac{1}{N}[\sum_{k=0}^{N-1} X^*(k) \cdot W_N^{kn}]^* = \frac{1}{N}\text{DFT}[X^*(k)]^* \tag{4-34}$$

取复共轭：

$$x^*(n) = \frac{1}{N}\sum_{k=0}^{N-1} X^*(k) \cdot W_N^{kn} = \frac{1}{N}\text{DFT}[X^*(k)] \tag{4-35}$$

具体实现方法：

（1）先将 $X(k)$ 取共轭，得到 $X^*(k)$；

（2）直接调用 FFT 子程序计算出 $\text{DFT}[X^*(k)]$ 的值；

（3）对输出序列取共轭，并乘以常数 $\frac{1}{N}$，即为所要计算的序列 $x(n)$。

虽然 2 次用了取共轭运算，但可以和 FFT 共用一个子程序，实现方便。

4.5　实序列的 FFT 算法

实际中信号处理中，数据 $x(n)$ 都是实数序列，前面讨论的 FFT 算法中都是复序列，如果直接将实序列看作是虚部为零的复序列取计算，就需要更多的存储空间并且运算速度会降低。解决的方法有三个：第一，用一个 N 点的 FFT 计算两个 N 点的实序列的 FFT。

对于两个长度相等的实数序列 $x(n)$ 和 $y(n)$，构造一个复数序列 $z(n)=x(n)+jy(n)$，用 FFT 算法计算 $z(n)$ 的 DFT，之后根据复数序列的 DFT 的共轭对称性得到 $x(n)$ 的 DFT。第二种方法是将长度为 N 的实序列按照奇偶分解为两个长度为 $N/2$ 的实序列，之后构造新的复序列，计算复序列的 DFT，输出时根据实序列的共轭对称性得到原序列的 DFT。第三种方法是利用其他的变换计算 DFT，如实序列的离散哈特莱变换（DHT）。本书下面讨论前两种方法。

4.5.1　用一个 N 点的 FFT 计算两个 N 点的实序列的 DFT

设对于两个长度为 N 的实数序列 $x(n)$ 和 $y(n)$，构造一个 N 点的复数序列：

$$z(n)=x(n)+jy(n) \tag{4-36}$$

其中，$x(n)$ 和 $y(n)$ 的 DFT 分别为 $X(k)=\text{DFT}[x(n)]$ 和 $Y(k)=\text{DFT}[y(n)]$。

对于一个复序列 $z(n)$，其 DFT 可以表示为共轭对称分量 $Z_{ep}(k)$ 和共轭反对称分量 $Z_{op}(k)$ 的和。即

$$Z(k)=Z_{ep}(k)+Z_{op}(k) \tag{4-37}$$

根据 DFT 的对称

$$Z_{ep}(k)=\text{DFT}[x(n)]=X(k)=\frac{1}{2}\left[Z(k)+Z^{*}(N-k)\right] \tag{4-38}$$

$$Z_{op}(k)=\text{DFT}[jy(n)]=jY(k)=\frac{1}{2}\left[Z(k)-Z^{*}(N-k)\right] \tag{4-39}$$

所以有

$$X(k)=\frac{1}{2}\left[Z(k)+Z^{*}(N-k)\right] \tag{4-40}$$

$$Y(k)=\frac{1}{2j}\left[Z(k)-Z^{*}(N-k)\right] \tag{4-41}$$

利用一次 FFT 算法计算得到了两个序列的 DFT。

4.5.2　利用一个 $N/2$ 点的 DFT 计算一个 N 点的 DFT

设实序列 $x(n)$ 的长度为 N，取 $x(n)$ 的偶数点和奇数点分别作为新构造的复数序列 $y(n)$ 的实部和虚部，即

$$x_{1}(n)=x(2n),x_{2}(n)=x(2n+1)\quad n=0,1,\cdots,\frac{N}{2}-1 \tag{4-42}$$

$$y(n)=x_{1}(n)+jx_{2}(n)\quad n=0,1,\cdots,\frac{N}{2}-1 \tag{4-43}$$

对 $y(n)$ 求解 $N/2$ 点的 DFT，输出 $Y(k)$，则

$$X_{1}(k)=\text{DFT}[x_{1}(n)]=Y_{ep}(k)\quad k=0,1,\cdots,\frac{N}{2}-1 \tag{4-44}$$

$$X_{2}(k)=\text{DFT}[jx_{2}(n)]=-jY_{op}(k)\quad k=0,1,\cdots,\frac{N}{2}-1 \tag{4-45}$$

应用这种方法可以提高运算速度一倍，读者可以自己去计算验证。

4.6 线性调频 Z 变换

4.6.1 问题的提出

DFT 变换本质上是 Z 变换在单位圆上的等间隔采样,通过 DFT 变换实现了离散时间信号频域内的离散化,但对于一些问题 DFT 变换有局限性。

例如窄带信号的分析。假定信号频带在 $[45\ \text{Hz}, 55\ \text{Hz}]$ 之间,按照奈奎斯特采样定理,系统的采样频率 $f_s \geq 110\ \text{Hz}$,要求的频谱分辨率 $F = 0.1\ \text{Hz}$,利用 DFT 变换在 $(0, f_s)$ 内等间隔进行采样,采样点 $N = f_s / F = 1100$ 点。在信号频带 $[45\ \text{Hz}, 55\ \text{Hz}]$ 内只采样了 110 个点。基 2FFT 算法计算时需要做 2 048 点的 DFT 运算,有效的运算量只占总的运算量 $110/2048 = 5.37\%$,效率很低。

又如语音信号的分析,需要知道极点处的频率,如果极点距离单位圆较远,按照 DFT 进行采样,频谱曲线很光滑,很难分辨出极点所在的频率。如果不在单位圆上采样,而是沿一条与极点位置很接近的弧线上进行采样,则在极点所在的频率点上频谱曲线将出现明显的尖峰,可以准确地测定极点频率。

沿一条螺旋线上采样、做变换适合这些需要,且可以采用 FFT 快速算法计算,这种变换称为 Chirp-Z 变换。

4.6.2 线性调频 Z 变换(CZT)

已知有限长序列 $x(n)$ $(0 \leq n \leq N-1)$,取 z 平面上的一段螺旋线按照等分角做等间隔采样,如图 4-16 所示。采样点 z_k 可以表示为

$$z_k = AW^{-k}, k = 0, 1, 2, \cdots, M-1 \tag{4-46}$$

式中,M 为采样点数,$A = A_0 \mathrm{e}^{j\theta_0}$,$W = W_0 \mathrm{e}^{-j\varphi_0}$,代入上式得

$$z_k = A_0 \mathrm{e}^{j\theta_0} W_0^{-k} \mathrm{e}^{jk\varphi_0} = A_0 W_0^{-k} \mathrm{e}^{j(\theta_0 + k\varphi_0)}, k = 0, 1, 2, \cdots, M-1 \tag{4-47}$$

(1)A_0 表示起始抽样点 z_0 的矢量半径的长度,通常 $A_0 \leq 1$,抽样点在单元内或者沿着单位圆。

(2)θ_0 表示起始采样点 z_0 的相角。$\theta_0 = 0$,则起始采样点在 z 平面的实轴上;$\theta_0 > 0$,则起始采样点在 z 平面的上半平面;$\theta_0 < 0$,则起始采样点在 z 平面的下半平面。

(3)φ_0 表示两个相邻的采样点之间的角度差。$\varphi_0 > 0$ 表示 z_k 是沿采样曲线是逆时针旋转;$\varphi_0 < 0$ 表示 z_k 是沿采样曲线是顺时针旋转。

(4)W_0 的大小表示螺旋线的伸展率。当 $W_0 > 1$,则随着 k 的增加,螺旋线内缩;当 $W_0 < 1$,则随着 k 的增加,螺旋线外伸;当 $W_0 = 1$,则随着 k 的增加,螺

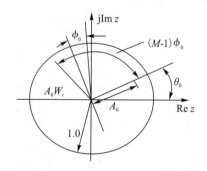

图 4-16 CZT 在 z 平面的螺旋线采样

旋线外伸;当 $W_0=1$,则表示的是半径为 A_0 的一段弧。若有 $A_0=1$,则这段圆弧是单位圆的一部分。

当满足 $M=N,A=A_0\mathrm{e}^{\mathrm{j}\theta_0}=1,W=W_0\mathrm{e}^{-\mathrm{j}\theta_0}=\mathrm{e}^{-\mathrm{j}\frac{2\pi}{N}}$ 时,z_k 就是在单位圆上的等间隔采样,就是序列 $x(n)$ 的 DFT。

CZT 变换可以表述为

$$X(z_k)=\sum_{n=0}^{N-1}x(n)z_k^{-n}=\sum_{n=0}^{N-1}x(n)A^{-n}W^{-nk},0\leqslant k\leqslant M-1 \tag{4-48}$$

由于

$$nk=\frac{1}{2}\big[n^2+k^2-(k-n)^2\big] \tag{4-49}$$

$$X(z_k)=\sum_{n=0}^{N-1}x(n)A^{-n}W^{nk}=\sum_{n=0}^{N-1}x(n)A^{-n}W^{\frac{n^2}{2}}W^{\frac{-(k-n)^2}{2}}W^{\frac{k^2}{2}}$$

$$=W^{\frac{k^2}{2}}\sum_{n=0}^{N-1}\big[x(n)A^{-n}W^{\frac{n^2}{2}}\big]W^{\frac{-(k-n)^2}{2}} \tag{4-50}$$

令

$$g(n)=x(n)A^{-n}W^{\frac{n^2}{2}}\quad n=0,1,\cdots,N-1 \tag{4-51}$$

$$h(n)=W^{-\frac{n^2}{2}}\quad n=0,1,\cdots,M-1 \tag{4-52}$$

则

$$X(z_k)=W^{\frac{k^2}{2}}\sum_{n=0}^{N-1}g(n)h(k-n)\quad k=0,1,\cdots,M-1$$

$$=W^{\frac{k^2}{2}}\big[g(k)*h(k)\big]\quad k=0,1,\cdots,M-1 \tag{4-53}$$

由式(4-46)可以看出,通过求解 $g(n)$ 和 $h(n)$ 的线性卷积可以得到 $X(z_k)$。$h(n)$ 是一个具有二次相位的复指数序列,这种信号在雷达系统内称为线性调频信号,因此,式(4-46)表示的变换又称为线性调频 Z(Chirp-Z)变换。

4.6.3　Chirp-Z 变换的实现步骤

Chirp-Z 变换的运算过程可以用用图 4-17 表示,对输入信号进行一次加权处理,加权系数为 $A^{-n}W^{\frac{n^2}{2}}$;然后,经过单位脉冲响应为 $h(n)$ 的线性移不变系统处理后再做一次加权,权数为 $W^{\frac{k^2}{2}}$,最后得到 $X(z_k)(k=0,1,2,\cdots,M-1)$。

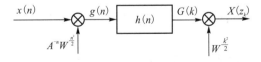

图 4-17　Chirp-Z 变换的运算流程

$g(n)$ 和 $h(n)$ 的线性卷积可以用圆周卷积的 FFT 算法计算,Chirp-Z 变换的实现步骤如下:

(1)FFT 的长度 L:由(4-46)式,k 的取值范围为 $k=0,1,2,\cdots,M-1$,$h(k-n)$ 中由于

序列 $x(n)$ 长度为 $0 \leq n \leq N-1, -N+1 \leq -n \leq 0$, 所以

$$-N+1 \leq k-n \leq M-1$$

可见, $h(n)$ 的长度为 $M+N-1$, 卷积只在 $(-N+1) \sim (M-1)$ 内进行。选择 FFT 的长度 $L \geq M+N-1$, 且满足 $L=2^m$, m 为正整数。

(2) 将 $g(n)$ 加长补零为长度为 L 的序列: $g(n) = \begin{cases} A^{-n} \omega^{\frac{n^2}{2}} x(n) & 0 \leq n \leq N-1 \\ 0 & N \leq n \leq L-1 \end{cases}$

(3) 利用 FFT 计算 $g(n)$ 的 L 点离散傅里叶变换 $G(r)$:

$$G(r) = \sum_{n=0}^{N-1} g(n) e^{-j\frac{2\pi}{L}rn} \qquad 0 \leq r \leq L-1$$

(4) 构造长度为 L 点的序列 $h(n)$:

$$h_L(n) = \begin{cases} W^{-\frac{n^2}{2}} & 0 \leq n \leq M-1 \\ 0 & M \leq n \leq L-N \\ W^{-\frac{(L-n)^2}{2}} & L-N+1 \leq n \leq L-1 \end{cases}$$

(5) 利用 FFT 计算 $h(n)$ 的 L 点离散傅里叶变换 $H(r)$:

$$H(r) = \sum_{n=0}^{L-1} h(n) e^{-j\frac{2\pi}{L}rn} \qquad 0 \leq r \leq L-1$$

(6) 计算 $Y(r) = G(r) H(r)$。

(7) 用 FFT 求解 $Y(r)$ 的 L 点离散傅里叶反变换, 得到 $g(n)$ 和 $h(n)$ 的圆周卷积 $q(r)$:

$$q(r) = g(r) * h(r) = g(r) \otimes h(r) \qquad 0 \leq r \leq M-1$$

(8) 将 $q(k)$ 与 $W^{\frac{k^2}{2}} (0 \leq k \leq M-1)$ 相乘即得所要求的 M 个 $X(z_k)$ 值。

$$X(z_k) = W^{\frac{k^2}{2}} \cdot q(k) \qquad 0 \leq k \leq M-1$$

4.6.4 Chirp-Z 变换的特点

与标准的 FFT 算法相比较, CZT 算法具有如下特点:

(1) 输入 $x(n)$ 的长度 N 与输出序列 $y(n)$ 的长度 M 不一定相等, 而且不一定是 2 的正整数次幂, 具有很大的灵活性;

(2) z_k 的角度间隔 φ_0 可以任意选取, 因此利用 CTZ 做频谱分析时分辨率可以任意调整;

(3) 起始点 z_0 可以任意选定, 当输入数据为窄带信号时, 可以从任意的频率点上开始对信号进行高分辨率的分析;

(4) 计算的周线可以是圆, 也可以是别的曲线, 如语音分析里用螺旋曲线;

(5) 当满足 $A_0=1, W_0=1, M=N$ 时, 可以用 CTZ 计算 DFT。

4.6.5　Chirp-Z 变换的应用

1.利用 CZT 变换计算 DFT

参数设置：$A_0 = 1, W_0 = 1, \theta_0 = \dfrac{2\pi}{N}, \varphi_0 = 0, M = N$。

2.对信号的频谱进行细化分析

例如,对窄带信号的频谱进行细化分析。

参数设置：$A_0 = 1, W_0 = 1$,而 W 和 A 由选择的频率起点和采样频率决定。M 和 φ_0 由频率采样范围和频谱分辨率决定,θ_0 由起始频率决定。

这样 CZT 只对感兴趣的频率区段进行采样。计算量小很多,有利于实时处理。或在保证实时处理的情况下,可大大提高频率分辨率。

3.求解 z 变换 $X(z)$ 的零点、极点

用于语音信号处理过程中。

具体方法:利用不同半径同心圆,进行等间隔的采样。一般令 $w_0 = 1, \theta_0 = 0, \varphi_0 = \dfrac{2\pi}{N}$,改变 A_0,计算 $20\lg|X(z_k)| = 20\lg|X(re^{j\omega})|_{\omega=\frac{2\pi}{N}k}$ 的值。由 $20\lg|X(re^{j\omega})|$(dB)的峰值决定 $X(z)$ 的极点;由 $20\lg|X(re^{j\omega})|$(dB)的谷值决定 $X(z)$ 的零点。

4.6.6　其他快速算法介绍

快速傅里叶算法时信号处理中的重要算法,自从 1965 年提出基-2FFT 算法后,不断探索出许多新的快速算法。例如,分裂基 FFT 算法、离散哈特莱变换(discrete Hartley transform,DHT)、基-4FFT、基-8FFT、基-rFFT、混合基 FFT 算法等。此处只对分裂基和离散哈特莱变换做简要介绍。

1.混合基算法

如果一个序列的长度 N 确定,但 N 不满足 $N = 2^M$,通常计算其 DFT 有下列几种方法:

(1)将 $x(n)$ 补零使序列长度满足 $N = 2^M$,补零后依据 DFT 的性质不影响其频谱,但运算量增加。例如 $N = 300$,必须在序列后补 212 个零使其满足 $N = 2^8 = 512$,造成运算量增加太多。

(2)如果需要准确计算 DFT,而 N 为素数,只能采取直接计算 DFT,或者采用前面讨论过的 Chirp-Z 变换计算。

(3)如果 N 为一个复合数,即它可以分解为一些因子的乘积,则可以采用混合基算法。混合基算法的基本思路和前面一样,将长 DFT 尽可能化为短的 DFT 减少运算量。

(4)算法基本原理:如果 N 可以分为两个整数因子 p 和 q 的乘积,即 $N = p \times q$。则将一个 N 点的 DFT 分解为 p 个 q 点的 DFT 或者分为 q 个 p 点的 DFT 进行计算。将 $x(n)$ 分为 p 组:

$$x(pr) = \begin{cases} x(pr) \\ x(pr+1) \\ \cdots \\ x(pr+p-1) \end{cases}, r = 0, 1, 2, \cdots, q-1 \qquad (4\text{-}54)$$

相应的 N 点的 DFT 运算也分为

$$X(k) = \sum_{n=0}^{N-1} x(n) W_N^{kn}$$

$$= \sum_{n=0}^{q-1} x(pr) W_N^{prk} + \sum_{n=0}^{q-1} x(pr+1) W_N^{prk} + \cdots + \sum_{n=0}^{q-1} x(pr+p-1) W_N^{prk}$$

$$= \sum_{l=0}^{p-1} W_N^{lk} \sum_{n=0}^{q-1} x(pr+1) W_N^{prk}$$

由于 $W_N^{prk} = W_{\frac{N}{p}}^k = W_q^k$ 得到

$$\sum_{n=0}^{q-1} x(pr+l) W_N^{prk} = \sum_{n=0}^{q-1} x(pr+l) W_q^{rk} = \text{DFT}[x(pr+l)] = Q(k) \quad k = 0,1,q-1$$

$$(4-55)$$

这样一个 N 点的 DFT 转化为 p 组的 q 点的 DFT 计算

$$X(k) = \text{DFT}[x(k)] = \sum_{n=0}^{q-1} W_q^{lk} Q(k) \quad k = 0,1,q-1 \tag{4-56}$$

以上就是混合基 FFT 算法的算法原理,当然在分解 N 时分解的方法不是唯一的,可根据实际情况灵活分解时运算量最小。

2.分裂基 FFT 算法

观察基-2FFT 算法的蝶形运算中,每一级对应偶序号的输出没有乘以旋转因子,而在对应于奇序号的输出中出现了旋转因子,这样对应的运算中的复数乘法次数比偶序号的要高。基-4FFT 算法是所有基-r 算法中复数乘法次数最少、实现程序相对比较简单的算法。针对上述特点 1984 年法国的杜梅尔和霍尔曼将基-2 分解和基-4 分解相结合,提出了对于偶序号的信号支路用基-2 算法,对奇序号的信号支路使用基 4 算法,即分裂基 FFT 算法。分裂基算法在目前已知的所有针对 $N=2^M$ 的算法中具有最少的乘法次数和加法次数,理论研究表明,分裂基算法的乘法次数只有基 2 的 33%、基 4 的 11%,分裂基算法接近于理论上所需乘法次数的最小值。

3.离散哈特莱变换(DHT)

1942 年,美国学者哈特莱(R.V. L. Hartley)为了简化信号分析过程的数学计算,提高运算速度和效率,提出了一对与傅里叶变换相似,同属于正弦型的正交变换——离散哈特莱变换(DHT)。主要特点如下:

(1)离散哈特莱变换对。

$$X_H(k) = \text{DHT}[X(N)] = \sum_{n=0}^{N-1} x(n) \text{cas}\left(\frac{2\pi}{N}kn\right), k = 0,1,2,\cdots,N-1 \tag{4-57}$$

$$x(n) = \text{IDHT}[X_H(k)] = \sum_{n=0}^{N-1} X_H(k) \text{cas}\left(\frac{2\pi}{N}kn\right), n = 0,1,2,\cdots,N-1 \tag{4-58}$$

式中 cas α = cos α + sin α。

(2)DHT 是实数变换,在对实信号进行处理时避免了复数运算,运算效率高,硬件实现简单。

(3)DHT 满足循环卷积定理,可以直接利用 FFT 实现快速卷积。

（4）DHT 与 DFT 的关系：

$$X(k) = \frac{1}{2}\big[X_H(k) + X_H(N-k)\big] - \mathrm{j}\frac{1}{2}\big[X_H(k) - X_H(N-k)\big] \quad (4\text{-}59)$$

关于离散哈特莱变换的性质等本书中不做详细介绍,读者可以参考相关文献。

4.6.7　应用 FFT 和 CZT 变换对信号进行谱分析

在 MATLAB 的信号工具箱函数里,提供了产生线性调频 chirp 信号和 CZT 变换的函数,调用格式如下：

（1）y = chirp(t,f0,t1,f1)

其中,f0 为 t 时刻的频率;f1 为 t_1 时刻的频率;

（2）y = czt(x,M,W,A);

其中,x 为输入序列 $x(n)$,其长度为 N,M 为 CZT 变换的长度;W 为变换的步长,即相邻两个频率点的频率比,A 为变换的起始频点。

【例 4-2】　设连续信号：$x(t) = \cos(2\pi f_1 t) + \cos(2\pi f_2 t) + \cos(2\pi f_3 t)$,$f_1 = 49.5$ Hz,$f_2 = 51.5$ Hz,$f_3 = 52.5$ Hz,采样频率 $f_S = 512$ Hz,分辨率 $F = 2.5$ Hz。

（1）用 FFT 对信号做谱分析；

（2）用 CZT 计算信号的 DFT；

（3）用 CZT 对信号做谱分析。

解：利用 MATLAB 分析计算,MATLAB 源程序如下：

```
% 直接利用 FFT 分析信号的频谱
clf
fs=512;F=2.5;N=512;f1=49.5;f2=51.5;f3=52.5;
n=0:N-1;nfft=512
t=n/fs;n1=fs* (0:nfft/2-1)/nfft;
x=cos(2* pi* f1* n/fs)+cos(2* pi* f2* n/fs)+cos(2* pi* f3* n/fs);
XK=fft(x,nfft);
subplot(221);plot(n,x);grid on;
xlabel('n'); ylabel('幅度');
subplot(222);plot(n,abs(XK));grid on;
xlabel('f/Hz'); ylabel('幅度');
title('直接利用 FFT 分析 x(n)的频谱');
axis([40,110,0,500]);              % 利用 CZT 变换分析信号的频谱,A=1
M=512;                             % 采样点数
W=exp(-j* 2* pi/M);                % 频率细化步长
A=1;                               % 细化段起始点 A=1
Y1=czt(x,M,W,A);                   % CTA 变换计算信号频谱
n1=0:N-1;
```

```
subplot(223);plot(n1,abs(Y1));grid on;
xlabel('f/Hz'); ylabel('幅度');
title('利用 CZT 变换分析信号的频谱,A=1');axis([40,55,0,500]);
                              % 频率细化后利用 CTZ 变换计算信号的频谱
F1 = 45;F2 = 55;fs = 512;     % 起始频率 F1,终止频率 F2,采样频率 fs
M2 = 256;                     % 采样点
W2 = exp(-j* 2* pi* (F2-F1)/(fs* M2));
                              % 细化步长
A2 = exp(j* 2* pi* F1/fs);    % 细化起始点
Y2 = czt(x,M2,W2,A2);         % 利用 CTZ 变化计算细化后的频谱
h = 0:1:M2-1;
f0 = (F2-F1)/M2* h+45;        % 细化的频率点序列
subplot(224);plot(f0,abs(Y2));grid on;
xlabel('f/Hz'); ylabel('幅度');
title('细化后利用 CZT 变换计算信号频谱');axis([45,55,0,500]);
```

运行结果如图 4-18 所示。

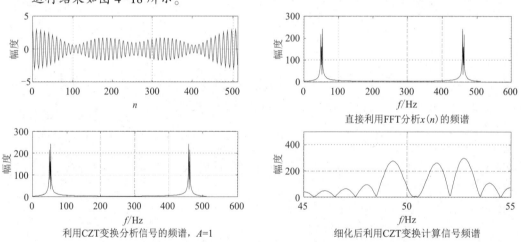

图 4-18　信号时域波形、利用 FFT、Chirp-Z 变换的分析信号的频谱

结果分析:由第一幅图看到,由于 f1、f2、f3 很接近,利用 FFT 直接计算的频谱分辨不出 f1、f2、f3;第二幅图是用 CZT 计算的 DFT 和第一幅图结果一样,当 $A=1$ 时,CZT 变换就是 FFT 变换。第三幅图由于分辨率提高,三个信号都可以有效分辨出来。

表 4-2　与本章有关的 MATLAB 函数

函数名	函数功能描述
fft	[X]=fft(x,N),计算序列 x 的 N 点离散傅里叶变换,变换区间长度为 N。当序列 x 的长度小于 N 时,系统自动对 x 补零至长度为 N;当 x 的长度大于 N 时,截取 N 点计算
ifft	[X]=ifft(X,N),计算序列 X 的 N 点离散傅里叶逆变换

续表 4-2

函数名	函数功能描述
fftshift	[Y]=fftshift(X)(x,nx),将向量 X 的正半轴部分和负半轴部分分别关于各自的对称中心对称
ctz	用于计算 CZT 变换的函数。y=czt(x,m,w,a),次函数计算由 z=a*w.^(-(0:m-1))定义的平面螺旋线上点的 Z 变换,a 规定了起始频率点,w 规定了相邻点的频率比列,m 规定了变换的长度,序列 x 的长度为 N

本章小结

1.介绍了 FFT 算法的基本算法思想:把长的 DFT 分解成短序列的 DFT,并利用 W_N^{kn} 的周期性和对称性来减少 DFT 的运算次数。FFT 算法基本上分两类,即按时间抽取(DIT)算法和按频率抽取(DIF)算法。FFT 不是新变换,是 DFT 的快速算法。

2.DIT-FFT 算法与 DIF-FFT 算法,两者有相似之处也有根本的不同点。①时域数据 $x(n)$ 的分组方式不同。②运算量相同,DIF-FFT 与 DIT-FFT 算法的运算量一样,都有 M 级蝶形运算,每级有 N/2 个蝶形,都是完成 $M\cdot(N/2)$ 个蝶形运算实现的,所做的复乘次数和复加次数以及蝶形运算次数相同。③DIF-FFT 与 DIT-FFT 都可以进行原位运算。④蝶形运算不同,这也是两种算法的根本区别,主要体现在:复加和复乘的顺序不同,蝶形运算的每个蝶形的两个输入数据之间的"距离"不同,旋转因子不同。

3.根据运算流图分析基-2FFT 算法的倒位序、蝶形运算和 FFT 计算编程方法。

4.实序列 DFT 的快速算法,基本的算法思路是利用实序列 DFT 的对称性,将实序列 FFT 计算问题转化为复序列 FFT 计算。

5.对于窄带信号和语音信号处理中经常用到 CZT 变换。CZT 的采样不再是沿单位圆上的等价格采样,而是沿着单位圆内、外的曲线做等分角采样。DFT 可以认为是 CZT 的一个特例。

6.用 CZT 和 FFT 对信号做谱分析的方法。

自测题

一、填空题

1.如果一台通用计算机的速度为:平均每次复乘需 100 μs,每次复加需 20 μs,今用来计算 $N=1024$ 点的 DFT$[x(n)]$。直接运算需_____时间,用 FFT 运算需要_____时间。

2.N 点 FFT 的运算量大约是_____。

3.快速傅里叶变换是基于对离散傅里叶变换_____和利用旋转因子 $e^{-j\frac{2\pi}{N}k}$ 的_____来减少计算量,其特点是_____、_____和_____。

4.对于 N 点 DFT$(N=2^5)$,按时间抽取的基 2FFT 算法,需要_____级蝶形运算;总的复数乘法次数 = _____,复数加法次数 = _____。

5.FFT 的基本运算单元称为_____运算。

6.一个长 100 点,另一个长 25 点复序列进行线形卷积。如果借助于基-2FFT 进行快速卷积,则得到与线形卷积同样结果所需做的 FFT 的次数是_____(IFFT 可以通过 FFT 计算),总的乘法计算量是_____。

二、选择题

1.在按时间抽取基-2FFT 运算中通过不断地将长序列的 DFT 分解成短序列的 DFT,最后达到 2 点 DFT 来降低运算量。若有一个 64 点的序列进行按时间抽取基-2FFT 运算,需要分解_____次,方能完成运算。

A.32   B.6   C.16   D.8

2.用按时间抽取 FFT 计算 N 点 DFT 所需的复数乘法次数与(   )成正比。

A.N B.N^2 C.N^3 D.$N\log_2 N$

3.下列关于 FFT 的说法中错误的是(   )。

A.FFT 是一种新的变换

B.FFT 是 DFT 的快速算法

C.FFT 基本上可以分成时间抽取法和频率抽取法两类

D.基-2FFT 要求序列的点数为 $2L$(其中 L 为整数)

4.不考虑某些旋转因子的特殊性,一般一个基-2FFT 算法的蝶形运算所需的复数乘法及复数加法次数分别为(   )。

A.1 和 2   B.1 和 1   C.2 和 1   D.2 和 2

5.计算 $N=2^L$(L 为整数)点的按时间抽取基-2FFT 需要(   )级蝶形运算。

A.L B.$L/2$ C.N D.$N/2$

6.基-2 FFT 算法的基本运算单元为(   )。

A.蝶形运算   B.卷积运算   C.相关运算   D.延时运算

7.求序列 $x(n)$ 的 1024 点基-2FFT,需要_____次复数乘法。

A.1024   B.1024×1024   C.512×10   D.1024×10

8.对于 $N=8$ 点的基-2FFT 运算,在进行位倒序后,地址单元 A(6) 中存放的是输入序列 $x(n)$ 中的(   )。

A.$x(1)$ B.$x(2)$ C.$x(4)$ D.$x(3)$

9.对于 $N=8$ 点的基 IFFT 运算,在进行位倒序后,地址单元 A(4) 中存放的是输入序列 $x(n)$ 中的(   )。

A.$x(1)$ B.$x(2)$ C.$x(4)$ D.$x(0)$

10.下列各式中不正确的是(   )。

A.$W_N^{m+\ln}=e^{-j\frac{2\pi}{N}m}$ B.$W_N^{-m}=W_N^m$ C.$W_N^{m+\frac{N}{2}}=-W_N^m$ D.$W_N^{kn}=e^{-j\frac{2\pi}{N}k}$

习题与上机

一、基础题

1.对于长度为 8 点的实序列 $x(n)$,试问如何利用长度为 4 点的 FFT 计算 $x(n)$ 的 8 点 DFT? 写出其表达式,并画出简略流程图。

2.简略推导按频率抽取基-2FFT 算法的蝶形公式,并画出 $N=8$ 时算法的流图,说明该算法的同址运算特点。

3.某通用计算机的速度为平均每次复乘需要 4 μs,每次复加需要 1 μs,用来计算 $N=1024$ 点的 DFT,问直接计算需要多少时间? 用 FFT 计算需要多少时间? 照这样计算,用 FFT 计算快速卷积对信号进行处理时,估计可以实现实时处理的信号的最高频率。

4.TMS320C54× 系列的 DSP 芯片在主频为 100 MHz 时的指令周期 10 ns,一个指令周期内可以完成一次复加和一次复乘,请重复做上题。

5.$X(k)$ 和 $Y(k)$ 分别是两个 N 点的实序列 $x(n)$ 和 $y(n)$ 的 N 点 DFT,为了提高运算效率,试设计用一次 N 点 IFFT 来求解 $x(n)$ 和 $y(n)$。

6.已知序列 $x(n)$ 的 4 点 DFT 为 $X(k)=\{1,2+3j,2j,2+2j;k=0,1,2,3\}$,用信号流图计算 $x(n)$。

二、提高题

1.已知两个 N 点实序列 $x(n)$ 和 $y(n)$ 得 DFT 分别为 $X(k)$ 和 $Y(k)$,现在需要求出序列 $x(n)$ 和 $y(n)$,试用一次 N 点 IFFT 运算来实现。

2.$x(n)$ 是长度为 $2N$ 点的实序列,$X(k)$ 是 $x(n)$ 的 $2N$ 点 DFT。

(1)试设计一次 N 点的 FFT 完成计算 $X(k)$ 的高效算法。

(2)如果已知 $X(k)$,试设计用一次 N 点的 FFT 求解 $x(n)$ 的 $2N$ 点的 IDFT 算法。

3.采用 FFT 算法,可用快速卷积完成线性卷积。现预计算线性卷积 $x(n)*h(n)$,试写采用快速卷积的计算步骤(注意说明点数)。

4.分析信号 $x_a(t)=e^{-0.02t}\cdot\sin(2t)-2e^{0.01t}\cos(5t)$ 的频谱。

5.用 C 语言完成按时间抽取基 2-FFT 算法计算 DFT 的倒位序子程序和蝶形运算子程序。

6.设 $x(t)=\cos(2\pi f_1 t)+\cos(2\pi f_2 t)+\cos(2\pi f_3 t)$,其中 $f_1=20.5$ Hz,$f_2=21.55$ Hz,$f_3=22.75$ Hz,对 $x(t)$ 采样后得到 $x(n)$,采样频率为 500 Hz,$N=64$。

(1)设计 MATLAB 程序用 FFT 算法分析信号的频谱,说明分析结果;

(2)采用 CZT 变换分析信号的频谱,参数 $M=100$,起始频率为 15 Hz,频谱分辨率为 0.25 Hz。

第5章 无限长脉冲响应数字滤波器的设计

【学习导读】

在信号处理过程中,应用特定的模拟或者数字系统改变输入信号所含各种频率成分的相对比例,或保留某些频率成分、抑制或消除另外一些频率成分的过程称为滤波。实现滤波功能的模拟或者数字系统统称为滤波器,滤波器在信号处理中起着重要作用,它是消除干扰信号的基本手段。根据滤波器所处理的信号类型不同将滤波器分为模拟滤波器(Analog Filter,AF)和数字滤波器(Digltal Filter,DF)。模拟滤波器是指输入、输出信号均为模拟信号,用各种无源器件或有源器件组成的实现滤波功能的硬件电路系统。数字滤波器是指输入、输出信号均为数字信号,采用数值运算的方式改变输入信号所含频率成分的相对比例或者滤除某些频率成分的数字系统。数字滤波器具有处理精度高、稳定、体积小、重量轻、灵活等优点,可以实现模拟滤波器无法实现的特殊滤波功能。数字滤波器的设计是数字信号处理的基本问题,本章讨论 IIR(Infinite Impulse Response,无限长脉冲响应)数字滤波器的设计,下一章讨论 FIR(Finite Impulse Response,有限长脉冲响应)数字滤波器的设计。

【学习目标】

- 知识目标:①理解数字滤波器的基本概念,包括数字滤波器的分类、数字滤波器的技术指标;②掌握模拟滤波器的设计指标与逼近方法;③理解频率变换法设计模拟高通、带通和带阻滤波器;④理解脉冲响应不变法、双线性变换法设计 IIR 数字滤波器的思想。
- 能力目标:①数字信号处理是一门工程实践特色非常鲜明的专业基础课,要求具备较高的实践能力与综合运用所学知识解决工程问题的能力;②能够应用 MATLAB 工具箱进行函数设计与实现模拟滤波器;③能够应用 MATLAB 工具箱函数设计与实现 IIR 数字滤波器。
- 素质目标:①树立实践观的观点;②树立全心全意的敬业精神;③培养严谨的工作态度。

5.1 数字滤波器基本概念

5.1.1 数字滤波器分类

1.经典滤波器与现代滤波器

经典滤波器的特点是其输入信号中希望保留的频率成分和希望滤除的频率成分各

占用不同的频带,通过一个合适的选频滤波器滤除干扰,保留有用信号,达到滤波的目的。但是,如果信号和干扰信号的频谱相互重叠,则经典滤波器不能有效地滤除干扰信号,最大限度地恢复信号,这时就需要现代滤波器。现代滤波器是根据随机信号的一些统计特性,在某种最佳准则下,最大限度地抑制干扰,同时最大限度地恢复信号,从而达到最佳滤波的目的。本书仅介绍经典滤波器的设计、分析与实现方法,而现代滤波器属于随机信号处理范畴,已超出本书学习范围。

2.IIR 数字滤波器与 FIR 数字滤波器

经典数字滤波器是用有限精度算法实现的线性移不变离散时间系统,可以用三种方法去描述,即差分方程、单位取样响应和系统函数。根据实现的网络结构或者单位脉冲响应是无限长序列还是有限长序列,将经典数字滤波器分为 IIR 数字滤波器和 FIR 数字滤波器。在相同性能指标下,IIR 数字滤波器可以用较少的阶次获得高的选择特性,所用的存储单元少,效率高,而且能够保持模拟滤波器的一些优良性能。FIR 数字滤波器能够在输入具有任意幅频特性的数字信号后,保证输出数字信号的相频特性仍然保持严格的线性相位。但 FIR 数字滤波器只有在阶数比 IIR 数字滤波器高几倍到几十倍时,其幅度响应才能比肩 IIR 滤波器。由于 FIR 数字滤波器具有严格线性相位特性,其应用范围远远高于 IIR 数字滤波器,在信息传输、模式识别以及数字图像处理领域得到广泛应用。

3.低通、高通、带通、带阻滤波器

经典数字滤波器本质上是选频滤波器,按照其幅频特性分成低通(Low Pass,LP)滤波器、高通(High Pass,HP)滤波器、带通(Band Pass,BP)滤波器、带阻(Band Stop,BS)滤波器和全通(All Pass,AP)滤波器等。它们的理想幅频特性如图 5-1 所示。这种理想滤波器是不可能实现的,因为它们的单位脉冲应均是非因果且无限长的,我们只能按照某些准则设计滤波器,使之在误差容限内逼近理想滤波器,理想滤波器可作为逼近的标准。

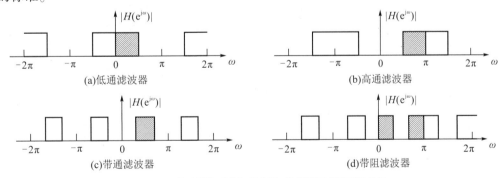

图 5-1 理想低通、高通、带通和带阻滤波器幅频特性

5.1.2 数字滤波器的技术指标

假设数字滤波器的频率响应函数 $H(e^{j\omega})$ 用下式表示:

$$H(e^{j\omega}) = |H(e^{j\omega})| e^{j\varphi(\omega)} \tag{5-1}$$

式(5-1)中,$|H(\mathrm{e}^{\mathrm{j}\omega})|$称为幅频特性函数;$\varphi(\omega)$称为相频特性函数。幅频特性表示信号通过该滤波器后各频率成分振幅变化情况,而相频特性反应各频率成分通过滤波器后在时间上的延时情况,即使两个滤波器幅频特性相同,而相频特性不同,对相同的输入,滤波器输出的信号波形也是不一样的。图5-1所示的各种理想滤波器是非因果的,因此,必须设计一个因果可实现的滤波器去近似实现。实际中通带和阻带中都允许一定的误差容限,即通带不是完全水平的,阻带不是绝对衰减到零。此外,在通带与阻带之间还应允许有一定宽度的过滤带。

以图5-2表示的低通滤波器的幅频特性为例:

(1)δ_1是通带内的波动幅度,δ_2是阻带内的波动幅度。ω_p和ω_s分别称为通带截止频率和阻带截止频率。通带频率范围为$0 \leqslant |\omega| \leqslant \omega_p$,在通带中要求$(1-\delta_1) < |H(\mathrm{e}^{\mathrm{j}\omega})| \leqslant 1$;阻带频率范围为$\omega_s \leqslant |\omega| \leqslant \pi$,在阻带中要求$|H(\mathrm{e}^{\mathrm{j}\omega})| \leqslant \delta_2$。从$\omega_p$到$\omega_s$称为过渡带,过渡带上的频率响应是单调下降的。

(2)通带内和阻带内允许的衰减一般用分贝数表示,通带内允许的最大衰减用α_p表示,阻带内允许的最小衰减用α_s表示,α_p和α_s分别定义为

$$\alpha_p = 20\lg \frac{\max |H(\mathrm{e}^{\mathrm{j}\omega})|}{|H(\mathrm{e}^{\mathrm{j}\omega_p})|} = -20\lg(1-\delta_1) \ \mathrm{dB} \tag{5-2}$$

$$\alpha_s = 20\lg \frac{\max |H(\mathrm{e}^{\mathrm{j}\omega})|}{|H(\mathrm{e}^{\mathrm{j}\omega_s})|} = -20\lg(\delta_2) \ \mathrm{dB} \tag{5-3}$$

α_p越小,通带波纹越小,通带逼近误差就越小;α_s越大,阻带波纹越小,阻带逼近误差就越小;ω_p到ω_s间距越小,过渡带就越窄。

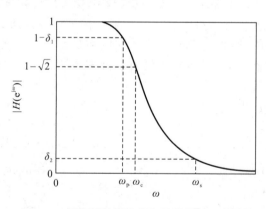

图5-2 低通滤波器的幅频特性指标示意图

5.1.3 数字滤波器设计方法概述

数字滤波器是一个用有限精度算法实现的线性移不变离散时间系统。数字滤波器的设计一般是指依据实际问题要求的技术指标,用相应的方法找到这一线性移不变系统去逼近理想滤波器,要解决的问题是求解系统的单位取样响应$h(n)$或者系统函数$H(z)$。

IIR滤波器设计方法有间接设计法和直接设计法。间接设计法借助于模拟滤波器的

设计方法进行,其设计方法是:先设计模拟低通原型滤波器得到其传输函数 $H_a(s)$,然后将 $H_a(s)$ 按某种方法转换成数字滤波器的系统函数 $H(z)$。这种方法方便,因为模拟滤波器的设计方法已经很成熟,不仅有完整的设计公式,还有完善的图表和曲线供查阅;另外,还有一些典型的优良滤波器类型可供使用。直接设计法是在时域或频域用设计出的数字系统函数或单位取样响应逼近给定的理想滤波器系统的特性。直接设计法是一种优化设计法,借助于最优化设计理论和迭代算法完成滤波器设计,需要求解大量的线性或非线性的方程组,这个工作必须借助于计算机去完成,因此,直接设计法也称为数字滤波器的计算机辅助设计法。FIR 数字滤波器采用直接设计法,本章讨论 IIR 滤波器的间接设计方法,下一章介绍采用直接设计法设计 FIR 数字滤波器。

5.2　模拟滤波器的设计

　　模拟滤波器的理论和设计方法已发展得相当成熟,且有多种典型的模拟滤波器供我们选择,如巴特沃斯滤波器、切比雪夫滤波器、椭圆滤波器等。这些典型的滤波器各有特点:巴特沃斯滤波器具有单调下降的幅频特性;切比雪夫滤波器的幅频特性在通带或者阻带有等波纹特性,可以提高选择性;椭圆滤波器的选择性相对前两种是最好的,但通带和阻带内均呈现等波纹幅频特性,相位特性的非线性也稍严重。设计时,根据具体要求选择滤波器的类型。

　　选频型模拟滤波器按幅频特性可分成低通、高通、带通和带阻滤波器,它们的理想幅频特性如图 5-3 所示。设计滤波器时,总是先设计模拟低通滤波器,再通过频率变换将模拟低通滤波器转换成希望类型的滤波器。下面先介绍模拟低通滤波器的技术指标和逼近方法,然后分别介绍巴特沃斯滤波器和切比雪夫滤波器的设计方法。椭圆滤波器的设计理论比较复杂,只介绍其 MATLAB 设计,并举例说明直接调用 MATLAB 函数设计椭圆滤波器的方法。

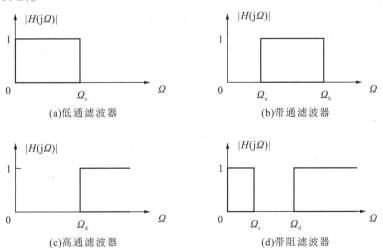

图 5-3　各种理想滤波器幅频特性曲线

数字信号处理

5.2.1 模拟低通滤波器的设计指标

模拟低通滤波器的设计指标参数有：α_p、α_s、Ω_p、Ω_s。其中Ω_p、Ω_s分别称为通带截止频率和阻带截止频率；α_p称为通带最大衰减，α_s称为阻带最小衰减，α_p和α_s的单位为dB；δ_1表示通带内的波动幅度，δ_2表示阻带内的波动幅度。对于单调下降的幅度特性，α_p和α_s为

$$\alpha_p = -10\lg|H(j\Omega)|^2 \text{dB} = -20\lg(1-\delta_1)\text{dB} \tag{5-4}$$

$$\alpha_s = -10\lg|H(j\Omega)|^2 \text{dB} = -20\lg(\delta_2)\text{dB} \tag{5-5}$$

5.2.2 巴特沃斯低通滤波器的设计

1.幅度响应特点

巴特沃斯低通滤波器的幅度平方函数用下式表示：

$$|H_a(j\Omega)|^2 = \frac{1}{1+(\Omega/\Omega_c)^{2N}} \tag{5-6}$$

式(5-6)中，N称为滤波器的阶数。巴特沃斯模拟滤波器具有如下特点：

（1）当$\Omega=0$时，$|H_a(j\Omega)|=1$，即在$\Omega=0$处无衰减；

（2）$\Omega=\Omega_c$时，$|H_a(j\Omega)|=1/\sqrt{2}$，称$\Omega_c$为3 dB截止频率，不论$N$取值是多少，所有曲线都过这一点。

（3）在$\Omega<\Omega_c$的通带内，随Ω的增大，幅度迅速下降。幅度特性与Ω和N的关系如图5-4所示。幅度下降的速度与阶数N有关，N越大，通带越平坦，过渡带越窄，总的频响特性与理想低通滤波器的误差越小。

（4）$\Omega>\Omega_c$的阻带内，随Ω的增大，幅度单调减少，N越大，衰减速度越快。

2.传输函数 $H_a(s)$ 的推导

以s替换$j\Omega$，将幅度平方函数$|H_a(j\Omega)|^2$写成s的函数：

$$H_a(s)H_a(-s) = \frac{1}{(s/j\Omega)^{2N}} \tag{5-7}$$

式(5-7)表明幅度平方函数有$2N$个极点，极点s_k用下式表示：

$$s_k = (-1)^{\frac{1}{2N}}(j\Omega_c) = \Omega_c e^{j\pi\left(\frac{1}{2}+\frac{2k+1}{2N}\right)} \tag{5-8}$$

式中，$k=0,1,2,\cdots,2N-1$。$2N$个极点等间隔分布在半径为Ω_c的圆上（该圆称为巴特沃斯圆），间隔是π/N rad。例如，$N=3$，极点间隔为$\pi/3$ rad。

为形成因果稳定的滤波器，$2N$个极点中只取s平面左半平面的N个极点构成$H_a(s)$，而右半平面的N个极点构成$H_a(-s)$。$H_a(s)$的表达式为

$$H_a(s) = \frac{\Omega_c^N}{\prod_{k=0}^{N-1}(s-s_k)} \tag{5-9}$$

· 146 ·

例如, $N=3$, 极点有 6 个(如图 5-5 所示), 它们分别为

$$s_0 = \Omega_c e^{j\frac{2}{3}\pi}, \quad s_1 = -\Omega_c, \quad s_2 = \Omega_c e^{-j\frac{2}{3}\pi}, \quad s_3 = \Omega_c e^{-j\frac{1}{3}\pi}, \quad s_4 = \Omega_c, \quad s_5 = \Omega_c e^{j\frac{1}{3}\pi}$$

取 s 平面左半平面的极点 s_0、s_1、s_2 组成系统函数 $H_a(s)$, 即

$$H_a(s) = \frac{\Omega_c^3}{(s + \Omega_c)(s - \Omega_c e^{j\frac{2}{3}\pi})(s - \Omega_c e^{-j\frac{2}{3}\pi})}$$

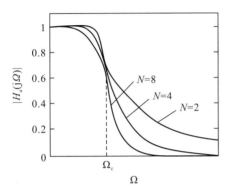

图 5-4　巴特沃斯低通滤波器幅度特性与 Ω 和 N 的关系

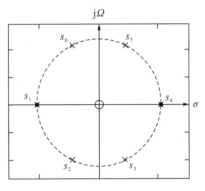

图 5-5　三阶巴特沃斯滤波器极点分布

3.归一化传输函数

(1)频率的归一化。由于不同的技术指标对应的边界频率和滤波器幅频特性不同, 为使设计公示和图表统一, 将频率归一化。巴特沃斯幅频滤波器采用对 3 dB 截止频率 Ω_c 归一化, 令

$$p = \eta + j\lambda = s/\Omega_c, \quad \lambda = \Omega/\Omega_c \tag{5-10}$$

λ 称为归一化频率, 而 p 称为归一化的复变量。

(2)归一化的系统函数为

$$H_a\left(\frac{s}{\Omega_c}\right) = \frac{1}{\displaystyle\prod_{k=0}^{N-1}\left(\frac{s}{\Omega_c} - \frac{s_k}{\Omega_c}\right)} \tag{5-11}$$

$$H_a(p) = \frac{1}{\displaystyle\prod_{k=0}^{N-1}(p - p_k)} \tag{5-12}$$

式(5-12)称为归一化系统函数的极点表达式。式中, $p_k = s_k/\Omega_c$ 为归一化极点, 用下式表示:

$$p_k = e^{j\pi\left(\frac{1}{2} + \frac{2k+1}{2N}\right)} \qquad k = 0, 1, \cdots, N-1 \tag{5-13}$$

$$s_k = \Omega_c p_k \tag{5-14}$$

这样, 只要根据技术指标求出阶数 N 和 N 个极点, 得到归一化低通原型系统函数 $H_a(p)$, 去归一化, 即将 $p = s/\Omega_c$ 代入 $H_a(p)$ 中, 便得到期望设计的系统函数 $H_a(s)$。

将极点表示式(5-12)代入系统函数的极点表达式, 得到 $H_a(p)$ 的分母是 p 的 N 阶多项式形式, 用下式表示:

$$H_a(p) = \frac{1}{p^N + b_{N-1}p^{N-1} + b_{N-2}p^{N-2} + \cdots + b_1p + b_0} \tag{5-15}$$

归一化原型系统函数 $H_a(p)$ 的系数 $b_k, k = 0, 1, \cdots, N-1$,以及极点 p_k,可以由表 5-1 得到。只要求出阶数 N,查表可得到 $G_a(p)$ 及各极点,而且可以选择级联型结构的系统函数表示形式,避免了因式分解运算工作。

4.巴特沃斯滤波器的阶数 N

只要求解巴特沃斯滤波器的阶数 N 和 3 dB 截止频率 Ω_c,就可以得到滤波器的传输函数 $H_a(s)$。所以,巴特沃斯滤波器的设计实质上就是根据设计指标求阶数 N 和 3 dB 截止频率 Ω_c 的过程。下面先介绍阶数 N 的确定方法。

(1)阶数 N 求解:

设滤波器的技术指标为 α_p、α_s、Ω_p、Ω_s。将 $\Omega = \Omega_p$ 代入幅度平方函数得

$$|H_a(j\Omega_p)|^2 = \frac{1}{1 + (\Omega_p/\Omega_c)^{2N}}$$

由于

$$\alpha_p = -10\lg|H(e^{j\Omega_p})|^2$$

得

$$1 + \left(\frac{\Omega_p}{\Omega_c}\right)^{2N} = 10^{\frac{\alpha_p}{10}} \tag{5-16}$$

同理,将 $\Omega = \Omega_s$ 代入幅度平方函数得

$$|H_a(j\Omega_s)|^2 = \frac{1}{1 + (\Omega_s/\Omega_c)^{2N}}$$

$$1 + \left(\frac{\Omega_s}{\Omega_c}\right)^{2N} = 10^{\frac{\alpha_s}{10}} \tag{5-17}$$

由式(5-16)和式(5-17)得

$$\left(\frac{\Omega_s}{\Omega_p}\right)^N = \sqrt{\frac{10^{\frac{\alpha_s}{10}} - 1}{10^{\frac{\alpha_p}{10}} - 1}}$$

令

$$\lambda_{sp} = \frac{\Omega_s}{\Omega_p} \tag{5-18}$$

$$k_{sp} = \sqrt{\frac{10^{\frac{\alpha_s}{10}} - 1}{10^{\frac{\alpha_p}{10}} - 1}} \tag{5-19}$$

则 N 由下式表示:

$$N = \frac{\lg k_{sp}}{\lg \lambda_{sp}} \tag{5-20}$$

用式(5-20)求出的 N 可能有小数部分,应取大于或等于 N 的最小整数。

表 5-1　巴特沃斯归一化低通滤波器参数

（a）极点

阶数 N	$P_{1,n}$	$P_{2,n-1}$	$P_{3,n-3}$	$P_{4,n-4}$	$P_{5,n-5}$
1	-1.00000000				
2	-0.70710678±j0.707101678				
3	-0.50000000±j0.86602540	-1.00000000			
4	-0.38268343±j0.92387953	-0.92387953±j0.38268343			
5	-0.30901699±j0.95105652	-0.80901699±j0.58778525	-1.00000000		
6	-025881905±j0.96592583	-0.70710678±j0.70710678	-0.96592583±j0.25881905		
7	-0.22252093±j0.97492791	-0.62348980±j0.78183148	-0.90096887±j0.43388374	-1.00000000	
8	-0.19509032±j0.98078528	-0.55557023±j0.83146961	-0.83146961±j0.55557023	-0.98078525±j0.19509023	
9	-0.17364818±j0.98480775	-0.50000000±j0.86602540	-0.76604444±j0.64278761	-0.93969262±j0.34202014	-1.00000000

（b）分母多项式 $A(p) = p^n + a_{n-1}p^{n-1} + a_{n-2}p^{n-2} + \cdots + a_0$

阶数 N	a_0	a_1	a_2	a_3	a_4	a_5	a_6	a_7	a_8
1	1.00000000								
2	1.00000000	1.41421356							
3	1.00000000	2.00000000	2.00000000						
4	1.00000000	2.61312593	3.41421356	2.61312593					
5	1.00000000	3.23606798	5.23606798	5.23606798	3.23606798				
6	1.00000000	3.86370331	7.46410162	9.14162017	7.46410162	3.86370331			
7	1.00000000	4.49395921	10.09783468	14.59179389	14.59179389	10.09783468	4.49395921		
8	1.00000000	5.12583090	13.13707118	21.84615097	25.68835593	21.84615097	13.13707118	5.12583090	

续表 5-1

阶数 N	a_0	a_1	a_2	a_3	a_4	a_5	a_6	a_7	a_8
9	1.00000000	5.75877048	16.58171874	31.16343748	41.98638573	41.98638573	31.16343748	16.58171874	5.75877048

(c) 分母多项式 $A(p) = A_1(p) A_2(p) A_3(p) A_4(p) A_5(p)$

阶数 N	$A(p)$
1	$(p+1)$
2	$(p^2+1.41421356p+1)$
3	$(p^2+p+1)(p+1)$
4	$(p^2+0.7653686p+1)(p^2+1.84775907p+1)$
5	$(p^2+0.61803399p+1)(p^2+1.61803399p+1)(p+1)$
6	$(p^2+0.51763809p+1)(p^2+1.41421356p+1)(p^2+1.93185165p+1)$
7	$(p^2+0.44504187p+1)(p^2+1.24697960p+1)(p^2+1.80193774p+1)(p+1)$
8	$(p^2+0.39018064p+1)(p^2+1.11114047p+1)(p^2+1.66293922p+1)(p^2+1.9615705bp+1)$
9	$(p^2+0.34729636p+1)(p^2+p+1)(p^2+1.53208889p+1)(p^2+1.87938524p+1)(p+1)$

（2）3 dB 截止频率的选择：

关于 3 dB 截止频率 Ω_c，如果技术指标没有给出，可以按照式（5-16）或式（5-17）得：

$$\Omega_{cp} = \Omega_p \left(10^{0.1\alpha_p} - 1 \right)^{-\frac{1}{2N}} \tag{5-21}$$

$$\Omega_{cs} = \Omega_s \left(10^{0.1\alpha_s} - 1 \right)^{-\frac{1}{2N}} \tag{5-22}$$

值得注意的是，利用式（5-21）和式（5-22）计算得到的 3 dB 截止频率的值 Ω_c 是不相等的。可以证明 Ω_c 满足：$\Omega_{cp} \leqslant \Omega_c \leqslant \Omega_{cs}$。此时有三种选择：

①选择 $\Omega_c = \Omega_{cp}$ 时，则通带的设计刚好满足所要求的性能指标，而阻带则有富裕；

②选择 $\Omega_c = \Omega_{cs}$ 时，则阻带的设计刚好满足技术指标的要求，而通带有富裕。

5.2.3　用 MATLAB 工具箱函数设计巴特沃斯滤波器

MATLAB 信号处理工具箱函数 buttap、buttord 和 butter 是巴特沃斯滤波器设计函数，其 5 种函数调用格式如下。

（1）[z,p,k] = buttap(N)

用于计算 N 阶巴特沃斯归一化模拟低通原型滤波器系统函数的零、极点和增益因子。调用参数 N 为滤波器的阶数，返回参数 z、p 和 k 分别是滤波器的零点、极点和增益常数，得到的滤波器的归一化系统函数 $H_a(p)$ 为

$$H_a(p) = k \frac{z(p)}{p(p)} = \frac{k}{(p - p_0)(p - p_1) \cdots (p - p_N)} \tag{5-23}$$

式中，$z(p)$、$p(p)$ 和 k 分别为向量 z 和 p 的第 i 个元素。

（2）[N,wc] = buttord(wp,ws,Rp,As,'s')

用于计算巴特沃斯模拟波滤器的阶数 N 和 3 dB 截止频率 w_c。参数 wp、ws 和 wc 分别为模拟滤波器的通带截止频率和阻带截止频率的实际值（rad/s）；Rp 和 As 分别为通带最大衰减和阻带最小衰减（dB）；'s' 表示设计的是模拟滤波器。当 wp ≤ ws 时，用于设计巴特沃斯高通滤波器；当 wp 和 ws 为二元矢量（[wp1、wp2]、[ws1、ws2]）时，用于设计带通和带阻滤波器，此时，返回值 wc 也是二元矢量。

（3）[N,wc] = buttord(wp,ws,Rp,As)

用于计算巴特沃斯数字波滤器的阶数 N 和 3 dB 截止频率 w_c。调用参数 wp 和 ws 分别为数字滤波器的通带截止频率和阻带截止频率的归一化值，要求 0 ≤ wp ≤ 1，0 ≤ ws ≤ 1，1 表示数字频率 π（对应模拟频率 $f_s/2$，f_s 表示采样频率）。当 wp ≤ ws 时，用于设计巴特沃斯数字高通滤波器；当 wp 和 ws 为二元矢量（[wp1、wp2]、[ws1、ws2]）时，用于设计带通和带阻滤波器，返回值 wc 也是二元矢量。Rp 和 As 分别为通带最大衰减和阻带最小衰减（dB）。

（4）[B,A] = butter(N,wc,'ftype')

计算 N 阶巴特沃斯数字滤波器系统函数分子和分母多项式的系数向量 B 和 A。调用参数 N 和 wc 分别为巴特沃斯数字滤波器的阶数和 3 dB 截止频率的实际值（实际角频率 rad/s），系数向量 B 和 A 可以写出数字滤波器系统函数：

$$H(z) = \frac{B(z)}{A(z)} = \frac{B(1) + B(2)z^{-1} + \cdots B(N)z^{-(N-1)} + B(N+1)z^{-N}}{A(1) + A(2)z^{-1} + \cdots A(N)z^{-(N-1)} + A(N+1)z^{-N}} \quad (5-24)$$

式中,$B(k)$ 和 $A(k)$ 分别为向量 $\boldsymbol{B}$ 和 $\boldsymbol{A}$ 的第 k 个元素。

(5)$[B,A]$=butter(N,wc,'ftype','s')

计算巴特沃斯模拟滤波器系统函数的分子和分母多项的系数向量 $\boldsymbol{B}$ 和 $\boldsymbol{A}$。调用参数 N 和 wc 分别为巴特沃斯模拟滤波器的阶数和 3 dB 截止频率(实际角频率)。's'表示设计的是模拟滤波器。由系数向量 $\boldsymbol{B}$ 和 $\boldsymbol{A}$ 写出模拟滤波器的系统函数为

$$H_a(s) = \frac{B(s)}{A(s)} = \frac{B(1)s^N + B(2)s^{N-1} + \cdots + B(N)s + B(N+1)}{A(1)s^N + A(2)s^{N-1} + \cdots + A(N)s + A(N+1)} \quad (5-25)$$

参数 'ftype':'ftype' = 'high'时,设计 3 dB 截止频率为 wc 的高通滤波器。缺省 'ftype' 时设计低通滤波器;wc 为二元矢量[wcl,wcu],'ftype' = 'stop'时,设计 3 dB 截止频率为 wc 的带阻滤波器,缺省时设计带通滤波器。

应用上述函数时尤其注意的问题是:

(1)对于设计模拟滤波器的两个函数(2)和(5)通带截止频率、阻带截止频率和得到的 3 dB 频率都是频率的实际角频率值(rad/s)。

(2)设计数字滤波器的函数中,频率参数都必须是归一化的参数。

【例5-1】 已知通带截止频率 $f_p = 5$ kHz,通带最大衰减 $\alpha_p = 3$ dB,阻带截止频率 $f_s = 1$ kHz,阻带最小衰减 $\alpha_s = 30$ dB,按照以上技术指标设计巴特沃斯低通滤波器。

解:(1)将各频率归一化 $\lambda_s = \Omega_s/\Omega_c = 2$,$\lambda_p = \Omega_p/\Omega_c = 1$。

(2)确定阶数 N。

$$k_{sp} = \sqrt{\frac{10^{0.1\alpha_s} - 1}{10^{0.1\alpha_p} - 1}} = \sqrt{\frac{10^{0.1 \times 30} - 1}{10^{0.1 \times 3} - 1}} = 31.6821$$

$$\lambda_{sp} = \frac{\Omega_s}{\Omega_c} = 2$$

$$N = \frac{\lg k_{sp}}{\lg \lambda_{sp}} = 4.9856 \text{,取整后的 } N = 5$$

$$\Omega_c = \Omega_p = \pi \times 10^4 \text{ rad/s}$$

(3)查表 5-1 得到归一化系统函数 $G_a(p)$:

$$G_a(p) = \frac{1}{(p+1)(p^2 + 0.6180340p + 1)(p^2 + 1.6180340p + 1)}$$

(4)将 $p = s/\Omega_c$ 代入上式去归一化得到模拟滤波器的系统函数:

$$H_a(p) = \frac{\Omega_c^5}{(s + \Omega_c)(s^2 + 0.618 \times \Omega_c s + \Omega_c^2)(s^2 + 1.6180 \times \Omega_c s + \Omega_c^2)}$$

MATLAB 设计:

```
wp=2* pi* 5000;ws=2* pi* 10000;Rp=3;As=30;Fs=14000;
                        % 设置模拟低通滤波器的参数
[N,wc]=buttord(wp,ws,Rp,As,'s')    % 计算模拟低通滤波器的阶数 N 和 3 dB 截
```

止频率

```
[B,A]=butter(N,wc,'s')
k=0:511;fk=0:14000/512:14000;        % 在 0 Hz 到 14 000Hz 之间采样 512 点
wk=2* pi* fk;                        % 采样频率化为弧度制
Hk=freqs(B,A,wk);                    % 求滤波器的频率响应
plot(fk/1000,20log10(abs(Hk)));grid on
xlable('频率/kHz'); ylable('幅度/dB');
axis([0,14,-40,5]);
```

运行结果：

```
N=5;wc=3.1494e+04;
B=[0,0,0,0,0,3.0982e+22]
A=[1,1.0191e+05,5.1934e+09,1.6355e+14,3.1835e+18,3.0982e+22];
```

滤波器的频率响应如图 5-6 所示,由图看出,通带和阻带均满足设计指标要求。系统函数的分子分母多项式系数向量、3 dB 截止频率。

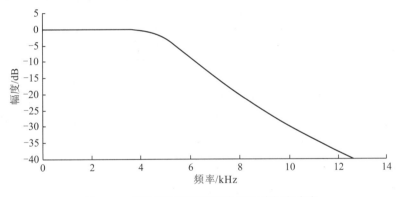

图 5-6 巴特沃斯模拟低通滤波器的频率响应

5.2.4 切比雪夫低通滤波器的设计

1.切比雪夫滤波器的设计原理

巴特沃斯滤波器的频率特性,无论在通带还是阻带都是频率的单调减函数,当通带边界处满足指标要求时,通带内肯定会有较大富余量,也就是会超过通带指标要求。此外,巴特沃斯滤波器的过渡带较宽,要想缩短过渡带,使巴特沃斯滤波器逼近理想滤波器特性则必须增大阶数 N。因此,更有效的设计方法应该是将逼近精度均匀地分布在整个通带内,或者均匀分布在整个阻带内,或者同时均匀分布在两者之内,可以使滤波器阶数大大降低。这可通过选择具有等波纹特性的逼近函数来达到。

切比雪夫滤波器的幅频特性就具有这种等波纹特性。它有两种形式:振幅特性在通带内具有等波纹、在阻带内是单调下降的切比雪夫 I 型滤波器;振幅特性在通带内是单调下降、在阻带内具有等波纹的切比雪夫 II 型滤波器。采用何种形式的切比雪夫滤波器

数字信号处理

取决于实际用途。图 5-7(a)和(b)分别画出不同阶数的切比雪夫Ⅰ型和Ⅱ型滤波器幅频特性。

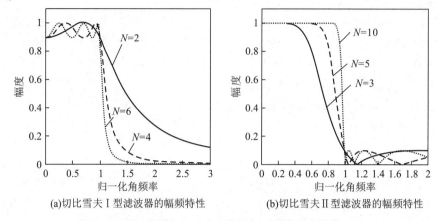

(a)切比雪夫Ⅰ型滤波器的幅频特性　　　(b)切比雪夫Ⅱ型滤波器的幅频特性

图 5-7　不同阶数的切比雪夫Ⅰ型和Ⅱ型滤波器幅频特性

切比雪夫滤波器设计的理论与计算过程很繁杂,下面在总结切比雪夫Ⅰ型滤波器设计方法的基础上,重点介绍应用 MATLAB 设计切比雪夫Ⅰ型滤波器。幅度平方函数:

$$|H_a(j\Omega)|^2 = \frac{1}{1 + \varepsilon^2 C_N^2(\frac{\Omega}{\Omega_p})} \tag{5-26}$$

1)通带截止频率 Ω_c

需要说明的是:在巴特沃斯低通滤波器中,Ω_c 是指 3 dB 截止频率。而在切比雪夫滤波器中,当 $\Omega = \Omega_c$ 时,通带的衰减不一定是 3 dB,这一点与巴特沃斯滤波器不同。在切比雪夫滤波器设计中,取 $\Omega = \Omega_p$。

2)通带波纹系数 ε

切比雪夫滤波器在通带内幅度平方函数有最大值和最小值。$|H_a(j\Omega)|_{max}^2 = 1$,$|H_a(j\Omega)|_{min}^2 = 1/\sqrt{1 + \varepsilon^2}$,依据通带内最大衰减的定义:

$$\alpha_p = 10\lg(1 + \varepsilon^2)$$

$$\varepsilon = (10^{\frac{\alpha_p}{10}} - 1)^{\frac{1}{2}} \tag{5-27}$$

3)滤波器阶数 N

$$N \geqslant \frac{\text{arcos } h(\sqrt{10^{0.1\alpha_s} - 1}/\varepsilon)}{\text{arcos } h(\Omega_s/\Omega_p)} \tag{5-28}$$

4)切比雪夫Ⅰ型模拟低通滤波器系统函数 $H_a(s)$

切比雪夫滤波器的极点就是一组分布在 $b\Omega_p$ 为长半轴、$a\Omega_p$ 为短半轴的椭圆上的点。为了保证滤波器稳定,取左半平面的极点就可构成归一化的系统函数:

$$H_a(p) = \frac{1}{\varepsilon 2^{N-1} \prod_{i=1}^{N} (p - p_i)} \tag{5-29}$$

去归一化得到系统函数

$$H_a(s) = H_a(p)\big|_{p=\frac{s}{\Omega_p}} = \frac{\Omega_p^N}{\varepsilon 2^{N-1} \prod\limits_{i=1}^{N}(s - p_i\Omega_p)} \tag{5-30}$$

2.切比雪夫滤波器的 MATLAB 设计

1）切比雪夫 I 型滤波器

MATLAB 信号处理工具箱函数 cheb1ap，cheb1ord 和 cheby1 是切比雪夫 I 型滤波器设计函数。其调用格式如下：

（1）[z,p,k]=cheb1ap(N,Rp)；

（2）[N,wp0]=cheb1ord(wp,ws,Rp,As)；

（3）[N,wp0]=cheb1ord(wp,ws,Rp,As,'s')；

（4）[B,A]=cheby1[N,Rp,wp0,'ftype']；（直接设计切比雪夫 I 型数字滤波器）

（5）[B,A]=cheby1[N,Rp,wp0,'ftype','s']；（设计切比雪夫 I 型模拟滤波器）

切比雪夫 I 型滤波器设计函数与前面的巴特沃斯滤波器设计函数比较，参数 wp0 是切比雪夫 I 型滤波器的通带截止频率，而不是 3 dB 截止频率。其他参数与巴特沃斯滤波器设计函数中的参数调用格式相同。

2）切比雪夫 II 型滤波器

对于切比雪夫 II 型滤波器的设计方法此处不做推导，MATLAB 信号处理工具箱函数 cheb2ap，cheb2ord 和 cheby2 是切比雪夫 II 型滤波器设计函数。其调用格式如下：

（1）[z,p,k]=cheb2ap(N,Rp)；

（2）[N,wp0]=cheb2ord(wp,ws,Rp,As)；

（3）[N,wp0]=cheb2ord(wp,ws,Rp,As,'s')；

（4）[B,A]=cheby2[N,Rp,wp0,'ftype']；（直接设计切比雪夫 II 型数字滤波器）

（5）[B,A]=cheby2[N,Rp,wp0,'ftype','s']；（设计切比雪夫 II 型模拟滤波器）

用于计算 N 阶切比雪夫 II 型模拟滤波器系统函数的分子和分母多项式系数向量 **B** 和 **A**，调用参数 N 和 ws0 分别为 N 阶切比雪夫 II 型模拟滤波器的阶数和阻带截止频率（角频率）。'ftype'的定义与巴特沃斯滤波器设计函数中的定义相同。

【例 5-2】　设计一个满足下列技术指标的低通切比雪夫滤波器,技术要求:通频带最高频率 3 kHz,通带衰减小于 2 dB,阻带起始频率 6 kHz,阻带内衰减大于 60 dB。

解:（1）首先频率归一化 $\lambda_p=1$, $\lambda_s=\Omega_s/\Omega_p=2$（切比雪夫滤波器对 Ω_p 归一化）；

（2）求滤波器的阶数 N 及 ε: $N \geqslant \dfrac{\operatorname{arcos} h(\frac{1}{\varepsilon}\sqrt{10^{0.1\alpha_s}-1})}{\operatorname{arcos} h(\lambda_s)} = 4.6$,取 $N=6$

$$\varepsilon = (10^{0.1\alpha_p}-1)^{\frac{1}{2}} = 0.76486$$

（3）查表得 $N=5$ 时的极点 p_i,代入上式：

$$G_a(p) = \frac{1}{(p+0.5389)(p^2+0.3333p+1.1949)(p^2+0.08720p+0.6359)}$$

（4）去归一化：

$$H_a(s) = G_a(p)\big|_{p=s/\Omega_p} = \frac{1}{(s + 1.0158 \times 10^7)(s^2 + 6.2788 \times 10^6 s + 4.2459 \times 10^{14})} \cdot$$

$$\frac{1}{(s^2 + 1.6437 \times 10^7 s + 2.2595 \times 10^{14})}$$

设计程序 ep5-2.m 如下：

```
fp=3000;fs=6000;Fs=12000;
wp=2* pi* fp;ws=2* pi* fs;Rp=2;Rs=60;    % 低通滤波器的技术指标
[N,wn]=cheb1ord(wp,ws,Rp,Rs,'s');        % 切比雪夫Ⅰ型模拟低通滤波器
                                           的阶数 N 与通带边缘频率

[B,A]=cheby1(N,Rp,wn,'s');               % 计算切比雪夫Ⅰ型模拟低通滤
                                           波器的分子分母多项式系数
                                           向量

k=0:511;fk=0:12000/512:12000;
wk=2* pi* fk;
Hk=freqs(B,A,wk);                        % 计算切比雪夫Ⅰ型模拟低通滤
                                           波器的频率响应

mag=abs(Hk);
plot(wk/(2* pi),20* log10(mag));grid on;
xlabel('频率/Hz');ylabel('幅度/dB');title('切比雪夫Ⅰ型模拟低通滤波器的
幅频响应');
```

运行结果如下：

```
N=6,wc=3.1493e+04;B=[0,0,0,0,0,0,1.8328e+24];
A=[1,1.3217e+04,6.2031e+08,5.8067e+12,9.7391e+16,5.0036e+20,2.3073e+
24]
```

滤波器的幅频响应如图 5-8 所示。

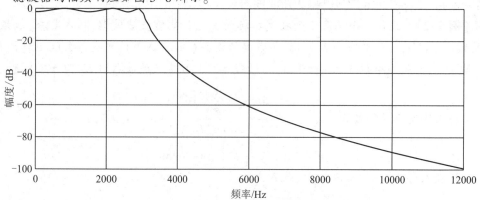

图 5-8　切比雪夫Ⅰ型模拟低通滤波器的幅频响应

5.2.5　椭圆滤波器的设计

1.椭圆滤波器的特点

巴特沃斯、切比雪夫 I 型滤波器属于全极点型滤波器,它们的幅度平方函数 $|H_a(s)|^2$ 的分子是常数, $H_a(s)$ 在阻带内只有当频率无限大时,其幅度特性才会衰减到零,因此全极点型低通滤波器的阻带特性不是很好,过渡带也不会太陡;要使低通滤波器过渡带既陡又窄逼近理想滤波器特性,要求滤波器的阶次就会很高。如果低通滤波器在阻带内有有限大小的零点,并且靠近通带,这样就会改善过渡带的宽度,使得低通滤波器更加逼近理想滤波器特性。切比雪夫 II 型和椭圆滤波器属于零极点型滤波器。

如图 5-9 所示,椭圆滤波器在通带和阻带内都具有等波纹幅频响应特性。椭圆滤波器通带和阻带波纹幅度固定时,阶数越高,过渡带越窄;当椭圆滤波器阶数固定时,通带和阻带波纹幅度越小,过渡带就越宽。因此,椭圆滤波器的阶数 N 由通带边界频率 Ω_p、阻带边界频率 Ω_s、通带最大衰减 α_p 和阻带最小衰减 α_s 共同决定。椭圆滤波器可以获得对理想滤波器幅频响应的最好逼近,是一种性能价格比最高的滤波器,所以应用非常广泛。

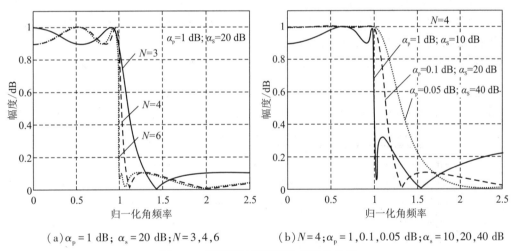

(a) $\alpha_p = 1$ dB; $\alpha_s = 20$ dB; $N = 3,4,6$　　(b) $N = 4$; $\alpha_p = 1,0.1,0.05$ dB; $\alpha_s = 10,20,40$ dB

图 5-9　椭圆滤波器幅频响应特性曲线

2.椭圆滤波器的 MATLAB 设计

椭圆滤波器逼近理论是复杂的纯数学问题,该问题的详细推导已超出本书的范围。只要给定滤波器指标,通过调用 MATLAB 信号处理工具箱提供的椭圆滤波器设计函数,就很容易得到椭圆滤波器系统函数和零极点位置。MATLAB 信号处理工具箱提供以下五个函数实现椭圆滤波器设计,函数调用格式:

(1) [z,p,k] = ellipap (N,Rp,As);

(2) [N,wp0] = ellipord (wp,ws,Rp,As);

(3) [N,wp0] = ellipord (wp,ws,Rp,As,'s');

(4) [B,A] = ellip [N,Rp,wp0,'ftype'];(直接设计椭圆数字滤波器)

(5) [B,A] = ellip [N,Rp,wp0,'ftype','s'];(设计椭圆模拟滤波器)

【例5-3】 设计椭圆模拟带阻滤波器。要求通带边界频率 $\omega_{p1}=0.4\pi$，$\omega_{s1}=0.5\pi\omega_{pu}=0.8\pi$，$\omega_{su}=0.9\pi$，通带最大衰减 1.5 dB，阻带最小衰减 60 dB。

解:MATLAB 程序如下:

```
wp=[0.4,0.9];ws=[0.5,0.8];
Rp=1.5;As=60;
[N,wc]=ellipord(wp,ws,Rp,As,'s');          % 计算椭圆带阻滤波器阶数和3 dB
                                              截止频率
[B,A]=ellip(N,Rp,As,wc,'stop','s');        % 设计椭圆滤波器
fk=0:0.7* pi/512:0.7* pi;wk=2* pi* fk;
Hk=freqs(B,A,wk);                          % 计算椭圆滤波器频率响应
plot(fk/(0.2),20* log10(abs(Hk)));gridon
xlabel('频率/kHz');ylabel('幅度/dB');axis([0,12,-70,5]);
```

运行结果:

```
椭圆模拟低通滤波器阶数 N=4;
椭圆模拟低通滤波器通带边界频率:wc=1.8849e+04;B=[0.0010,2.7073e-15,
2.9115e+07,1.1890e-05,1.0858e+17]
A=[1,3.3791e+04,9.3065e+08,1.3645e+13,1.0984e+17]
```

滤波器幅频特性曲线如图 5-10 所示。本例中椭圆滤波器阶数是 4。用切比雪夫模拟低通滤波器需要 5 阶,如果用巴特沃斯模拟低通滤波器,计算所要求的阶数 $N=7$。

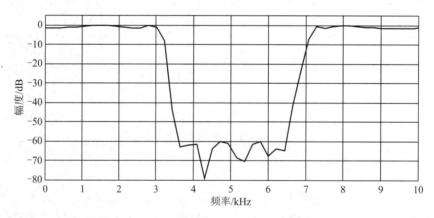

图 5-10 四阶椭圆模拟低通滤波器的幅频特性

3.四种类型模拟滤波器的比较

(1)零极点比较:巴特沃斯和切比雪夫Ⅰ型滤波器是全极点滤波器,而切比雪夫Ⅱ和椭圆滤波器时属于零极点型的滤波器。在阻带特性和过渡带上,零极点型低通滤波器比全极点型更加逼近理想滤波器特性。

(2)幅度特性与过渡带带宽比较:巴特沃斯滤波器具有单调下降的幅频特性,过渡带

最宽。两种类型的切比雪夫滤波器的过渡带宽度相等,比巴特沃斯滤波器的过渡带窄,但比椭圆滤波器的过渡带宽。切比雪夫Ⅰ型滤波器在通带具有等波纹幅频特性,过渡带和阻带是单调下降的幅频特性。切比雪夫Ⅱ型滤波器的通带幅频响应几乎与巴特沃斯滤波器相同,阻带是等波纹幅频特性。椭圆滤波器的过渡带最窄,通带和阻带均是等波纹幅频特性。

(3)相位逼近情况:巴特沃斯和切比雪夫滤波器在大约 3/4 的通带上非常接近线性相位特性,而椭圆滤波器仅在大约半个通带上非常接近线性相位特性。

(4)从阶次 N 比较:在满足相同的滤波器幅频响应指标条件下,巴特沃斯滤波器阶数最高,椭圆滤波器的阶数最低,而且阶数差别较大。就满足滤波器幅频响应指标而言,椭圆滤波器的性价比最高,应用较广泛。

(5)相位响应(群延迟)比较:巴特沃斯滤波器在部分通带内具有线性相位,而椭圆滤波器在全频带内都是非线性相位的。

(6)从设计方法上比较:虽然模拟滤波器有成熟的设计方法、大量的设计表格供查阅,但是计算都比较繁杂。实际学习中,在把握滤波器的基本原理和设计方法的前提下,系统地掌握滤波器的 MATLAB 设计方法是必须具备的基本技能。

由上述比较可见,四种滤波器各具特点。工程实际中选择哪种滤波器取决于对滤波器阶数(阶数影响处理速度和实现的复杂性)和相位特性的具体要求。例如,在满足幅频响应指标的条件下希望滤波器阶数最低时,就应当选择椭圆滤波器。

5.2.6 模拟频率变换及模拟高通、带通和带阻滤波器设计

1.变换方法

前面重点讨论了模拟低通滤波器的设计,实际上研究的是一个模拟原型低通滤波器,基于已有的模拟原型低通滤波器的传输函数通过模拟频率变换,可以将模拟低通滤波器的传输函数变换成希望设计的低通、高通、带通和带阻滤波器系统函数。设计模拟高通、低通和带阻滤波器的一般过程:

(1)根据实际要求确定模拟低通、高通、带通和带阻滤波器的性能指标;

(2)通过频率变换,将希望设计的滤波器的性能指标转换为相应的模拟低通滤波器指标;

(3)由低通滤波器的设计指标设计归一化模拟原型低通滤波器原型的传输函数 $G(p)$;

(4)根据模拟频率变换关系,将所设计的模拟原型低通滤波器转换为希望设计的滤波器 $H(s)$。

所谓的频率变换是指模拟原型低通滤波器与所要设计的滤波器的系统函数中的频率变量之间的变换关系。本节先简要介绍模拟滤波器的频率变换公式,再举例说明调用 MATLAB 信号处理工具箱函数直接设计高通、带通和带阻滤波器的方法。对那些繁杂的设计公式的推导不做叙述,有兴趣的读者请参阅相关文献。边界频率及幅频响应如图 5-11 所示。

2.MATLAB 中关于模拟变换的函数

MATLAB 信号处理工具箱提供了从归一化低通滤波器到低通、高通、带通和带阻滤

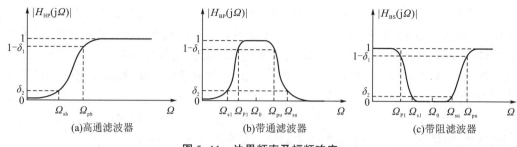

(a)高通滤波器　　　　　　　(b)带通滤波器　　　　　　　(c)带阻滤波器

图 5-11　边界频率及幅频响应

波器的变换函数。设计高通、带通、带阻滤波器时，只要先依据上述设计方法设计出归一化的带通原型滤波器，知道了归一化原型滤波器的分子、分母多项式系数向量 num,den 就可以直接调用这些变换函数求解所要设计的滤波器的分子、分母多项式的系数向量 numT,denT。这些函数有四个:lp2lp、lp2hp、lp2bp 和 lp2bs。分别对应于模拟归一化的低通到所要设计的低通、高通、带通和带阻四种变换。调用格式:

$[b1,a1] = lp2lp(b,a,wc)$　　　% 归一化低通到低通频带变换

$[b1,a1] = lp2hp(b,a,wc)$　　　% 归一化低通到高通频带变换

$[b1,a1] = lp2bp(b,a,wc,BW)$　% 归一化低通到带通频带变换

$[b1,a1] = lp2bs(b,a,wc,BW)$　% 归一化低通到带阻频带变换

$[b,a] = zpt2f(z,p,k)$　　　　　% 将滤波器的零极点增益模型转换为系统分子分
　　　　　　　　　　　　　　　　　　母多项式系数向量 B 和 A

3.模拟低通到高通滤波器转换

设所需设计的高通滤波器的性能指标:通带截止频率 Ω_p、阻带截止频率 Ω_s,通带内的最大衰减 α_p 和阻带内的最小衰减 α_s,选择归一化的参考频率 $\Omega_r = \Omega_p$。

归一化的模拟低通滤波器的传输函数 $G(j\lambda)$ 和高通滤波器的归一化传输函数 $H(j\eta)$ 的幅频特性曲线如图 5-12 所示。图中的 λ_p 和 λ_s 分别称为低通滤波器的归一化通带截止频率和阻带截止频率,η_p 和 η_s 分别称为高通滤波器的归一化通带截止频率和阻带截止频率,选择 $\Omega_r = \Omega_p$ 作为归一化参考频率。$\eta_p = \Omega_p / \Omega_r$;$\eta_s = \Omega_s / \Omega_r$。

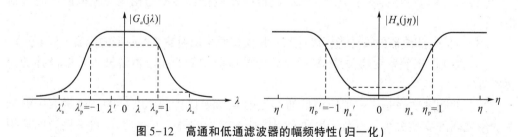

图 5-12　高通和低通滤波器的幅频特性(归一化)

频带的对应关系:当低通滤波器的频率从 ∞ 经过 λ_p 到 0 时,高通滤波器的频率从 0 经过 η_p 到 ∞ 变化,因此,低通和高通滤波器之间的频率关系满足:

$$\lambda = \frac{1}{\eta} \tag{5-31}$$

归一化高通滤波器的传输函数:

$$H(\mathrm{j}\eta) = G(\mathrm{j}\lambda)\big|_{\lambda = \frac{1}{\eta}} \tag{5-32}$$

从模拟低通滤波器到模拟高通滤波器之间的设计步骤如下:

(1)确定模拟高通滤波器的性能指标:通带截止频率 Ω_p、阻带截止频率 Ω_s,通带内的最大衰减 α_p 和阻带内的最小衰减 α_s;

(2)选择归一化参考频率 Ω_r,将高通滤波器的性能指标归一化,得到归一化高通的性能指标:η_p、η_s、α_p、α_s 不变;

(3)求对应的模拟滤波器的归一化性能指标:λ_p、λ_s、α_p、α_s;

(4)选择低通滤波器类型,设计归一化低通滤波器的原型传输函数 $G(p)$;

(5)将 $p = \Omega_c/s$ 代入 $G(p)$ 去归一化,得到模拟高通滤波器的得传输函数 $H_a(s)$。

【例 5-4】　设计巴特沃斯模拟高通滤波器,要求通带边界频率为 5 kHz,阻带边界频率为 1 kHz,通带最大衰减为 3 dB,阻带最小衰减为 40 dB。

解:(1)希望设计的模拟高通滤波器的性能指标:

$$f_p = 5 \text{ kHz}, \alpha_p = 3 \text{ dB}, f_s = 1 \text{ kHz}, \alpha_s = 40 \text{ dB}$$

选择归一化参数 $\Omega_r = \Omega_p = 5$ kHz,归一化的高通滤波器频率:

$$\eta_p = f_p/f_p = 1, \eta_s = f_s/f_p = 0.2$$

(2)对应的巴特沃斯模拟低通滤波器的归一化频率参数:

$$\lambda_p = \frac{1}{\eta_p} = 1, \lambda_s = \frac{1}{\eta_s} = 5$$

(3)设计归一化的模拟低通滤波器原型传输函数 $G(p)$。

$$\lambda_{sp} = \frac{\lambda_s}{\lambda_p} = 5, k_{sp} = \sqrt{\frac{10^{\alpha_s/10} - 1}{10^{\alpha_p/10} - 1}} = 100.2327$$

$$N = \frac{\lg k_{sp}}{\lg \lambda_{sp}} = 2.8628, \text{ 取 } N = 3$$

查表得到归一化巴特沃斯模拟低通滤波器原型的传输函数:

$$G_a(p) = \frac{1}{p^3 + 2p^2 + 2p + 1}$$

(4)求巴特沃斯模拟高通滤波器的传输函数:$\Omega_c = 2\pi f_p$,将 $p = \Omega_c/s$ 代入 $G(p)$,得到希望设计的巴特沃斯高通滤波器的传输函数:

$$H_a(s) = \frac{s^3}{s^3 + 2\Omega_c s^2 + 2\Omega_c^2 s + \Omega_c^3}$$

MATLAB 源程序如下:

```
wp=1;ws=5;Rp=3;As=40;              % 模拟高通指标转换为归一化低通指标
[N,wc]=buttord(wp,ws,Rp,As,'s');   % 归一化模拟低通滤波器的阶数和 3 dB 截
                                     止频率
[B,A]=butter(N,wc,'s');            % 计算归一化模拟低通滤波器的分子与分
```

```
                                      母系数向量
wph = 2* pi* 5000;              % 模拟高通滤波器的通带截止频率
[BH,AH] = lp2hp(B,A,1)          % 模拟高通滤波器的分子与分母系数向量

om = linspace(0,pi,2* pi* 5000);  % 生成长度为 2* pi* 5000 的向量
Hk = freqs(BH,AH,om);             % 模拟高通滤波器的频率响应
subplot(2,2,1);
plot(om/(0.1* pi),20* log10(abs(Hk)));gridon
xlabel('频率/kHz');ylabel('幅度/dB');axis([0,5,-80,0]);
```

程序运行结果：

```
N = 3;wc = 1.5782e+04;BH = [1,0,0,0,0,0];AH = [1 1.8566  1.7235  0.8]
```

滤波器的幅频特性如图 5-13 所示。

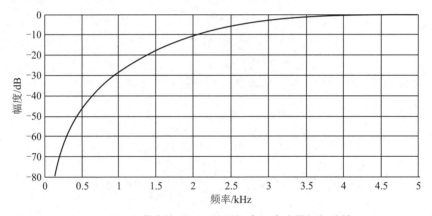

图 5-13   频带变换实现巴特沃斯高通滤波器幅频特性

4.低通到带通的频率变换

设所需设计的滤波器的技术指标：Ω_{p1}、Ω_{p2} 为带通滤波器的通带下限截止频率和通带上限截止频率；Ω_{s1}、Ω_{s2} 为带通滤波器的阻带下限截止频率和上限截止频率；α_p、α_s 为滤波器的通带内的最大衰减和阻带内的最小衰减。带通滤波器的通带宽度 $B = \Omega_{p2} - \Omega_{p1}$，此处 Ω_{p1} 和 Ω_{p2} 一般取 3 dB 截止频率。选择归一化参考频率 Ω_r 等于带宽 B，即 $\Omega_r = \Omega_{p2} - \Omega_{p1}$。

定义 Ω_0 为带通滤波器的中心频率。带通滤波器的通带边界频率关于中心频率 Ω_0 几何对称。因此，所设计的滤波器应该满足：

$$\Omega_0^2 = \Omega_{p1}\Omega_{p2} = \Omega_{s1}\Omega_{s2} \tag{5-33}$$

如果原指标给定的带通滤波器的边界频率不满足式(5-33)，就要对边界频率做相应的调整，但要保证改变后的指标高于原指标的要求。具体的方法如下：

（1）如果 $\Omega_{p1}\Omega_{p2} > \Omega_{s1}\Omega_{s2}$，则减少 Ω_{p1}（或增大 Ω_{s1}），计算公式：

$$\Omega_{p1} = \frac{\Omega_{s1}\Omega_{s2}}{\Omega_{p2}} \text{ 或 } \Omega_{s1} = \frac{\Omega_{p1}\Omega_{p2}}{\Omega_{s2}} \tag{5-34}$$

（2）如果 $\Omega_{p1}\Omega_{p2}<\Omega_{s1}\Omega_{s2}$，则减少 Ω_{s2}（或增大 Ω_{p2}）使式（5-33）得到满足。

低通原型和带通滤波器的幅频特性如图 5-14 所示，图中，η_{s1}、η_{p1}、η_0、η_{s2} 和 η_{p2} 分别为带通滤波器边界频率 Ω_{s1}、Ω_{p1}、Ω_0、Ω_{s2}、Ω_{p2} 的归一化频率。各个量之间关系如下：

$$\eta_{s1} = \frac{\Omega_{s1}}{B}, \eta_{p1} = \frac{\Omega_{p1}}{B}, \eta_0 = \frac{\Omega_0}{B}, \eta_{s2} = \frac{\Omega_{s2}}{B}, \eta_{p2} = \frac{\Omega_{p2}}{B}$$

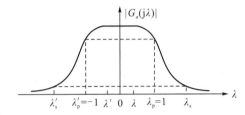 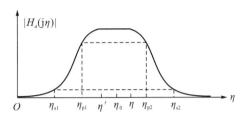

图 5-14　低通和带通的频率特性（归一化）

原型低通和带通之间归一化频率的对应关系如表 5-2 所示。表中，λ_p、λ_s 分别为归一化原型低通滤波器的通带边界频率，取 $\lambda_p = 1$，λ_s 由下面推导的表达式给出。利用归一化的低通参数可以设计原型归一化低通滤波器。

表 5-2　归一化低通与归一化带阻频率对应关系

LPF	λ	$-\infty$	$-\lambda_s$	$-\lambda_p$	0^-	0^+	λ_s	λ_p	∞
HPF	η	η_0	η_{s1}	η_{p1}	∞	0	η_{s2}	η_{p2}	η_0

原型低通到带通的频率变换公式如下：

$$\lambda = \frac{\eta^2 - \eta_0^2}{\eta} \tag{5-35}$$

$$\lambda_p = 1, \lambda_s = \frac{\eta_{s2}^2 - \eta_0^2}{\eta_{s2}}, -\lambda_s = \frac{\eta_{s1}^2 - \eta_0^2}{\eta_{s1}}$$

一般选择 $\lambda_s = \min(|-\lambda_s|, |\lambda_s|)$ 作为设计原型归一化低通滤波器的参考频率，以保证在较大的频率处归一化低通滤波器的阻带的增益满足对应技术指标的要求。

$$p = j\lambda = j\frac{\eta^2 - \eta_0^2}{\eta} \tag{5-36}$$

由于 $q = j\eta$，$\eta = -jq$ 代入上式：

$$p = \frac{q^2 + \eta_0^2}{q}$$

去归一化，将 $q = s/B$ 代入上式：

$$p = \frac{s^2 + \Omega_0^2}{sB} = \frac{s^2 + \Omega_{p1}\Omega_{p2}}{s(\Omega_{p2} - \Omega_{p1})} \tag{5-37}$$

因此

$$H(s) = G(p)\Big|_{p = \frac{s^2+\Omega_0^2}{sB} = \frac{s^2+\Omega_{p1}\Omega_{p2}}{s(\Omega_{p2}-\Omega_{p1})}} \tag{5-38}$$

式(5-38)为归一化低通原型到所要设计的带通滤波器传输函数之间频率变换关系。

【例5-5】 设计巴特沃斯模拟带通滤波器,要求带通上、下边界频率分别为 4 kHz 和 6 kHz,阻带上、下边界频率分别为 2 kHz 和 8 kHz,通带最大衰减为 1 dB,阻带最小衰减为 20 dB。

解: (1)所要求设计的低通巴特沃斯滤波器的技术指标:

$$f_{p1} = 4 \text{ kHz}, f_{p2} = 6 \text{ kHz}, \alpha_p = 1 \text{ dB}; f_{s1} = 2 \text{ kHz}, f_{s2} = 8 \text{ kHz}, \alpha_s = 20 \text{ dB}$$

由于 $f_{p1}f_{p2} = 24 > f_{s1}f_{s2} = 16$,需要调整边界频率,增大 f_{s1}:

$$f'_{s1} = \frac{f_{p1}f_{p2}}{f_{s2}} = \frac{4 \times 6}{8} = 3 \text{ kHz}$$

因此,通带宽度 $B = f_{p2} - f_{p1} = 2 \text{ kHz}$,归一化参考频率 $f_r = B$,中心频率 $f_0^2 = 24 \text{ kHz}$。归一化高通滤波器的频率:

$$\eta_{s1} = \frac{f_{s1}}{B} = 1.5, \eta_{p1} = \frac{f_{p1}}{B} = 2, \eta_0 = \frac{f_0}{B} = \sqrt{6}, \eta_{s2} = \frac{f_{s2}}{B} = 4, \eta_{p2} = \frac{f_{p2}}{B} = 3$$

(2)低通原型滤波器的归一化频率 λ_p、λ_s:

$$\lambda_p = 1, \lambda_s = \frac{\eta_{s2}^2 - \eta_0^2}{\eta_{s2}} = 2.5, -\lambda_s = \frac{\eta_{s1}^2 - \eta_0^2}{\eta_{s1}} = -2.5$$

由于前面已经对 f_{s1} 进行了调整,因此,计算得到的 $|\lambda_s| = |-\lambda_s|$,选择 $\lambda_s = 2.5$ 设计原型低通滤波器。

(3)设计模拟归一化的原型低通滤波器 $G(p)$。采用巴特沃斯型,则

$$\lambda_p = 1, \lambda_s = 2.5, \alpha_p = 1 \text{ dB}, \alpha_s = 20 \text{ dB}$$

$$\lambda_{sp} = \frac{\lambda_s}{\lambda_p} = 2.5, k_{sp} = \sqrt{\frac{10^{\alpha_s/10} - 1}{10^{\alpha_p/10} - 1}} = 19.56$$

$$N = \frac{\lg k_{sp}}{\lg \lambda_{sp}} = 3.245 \qquad \text{取 } N = 4$$

直接调用 MATLAB 函数设计带通滤波器源程序如下:

```
wp=2* pi* [4000,6000];ws=2* pi* [2000,8000];rp=1;as=20;Fs=16000;
                              % 带通滤波器技术指标
[N,wc]=buttord(wp,ws,rp,as,'s');        % 调用巴特沃斯带通滤波器函数设计
[BB,AB]=butter(N,wc,'s');            % 带通滤波器系统函数分子分母多项
                                        式系数向量
wph=2* pi* 16000;  w=0:wph/512:wph;
H=freqs(BB,AB,w);                    % 计算带通滤波器频率响应
plot(w/(2* pi),20* log10(abs(H)/max(abs(H))));grid on;
xlabel('w/2* pi');ylabel('幅度/dB');title('巴特沃斯带通滤波器幅频特性曲线');
axis([0,12000,-80,0]);
```

程序运行结果：

阶数：N=4；wc=[2.3182e+04,4.087e+04]；BB=[0,0,0,0,9.7899e+16,0,0,0,0]；
AB=[1,4.6222e+04,4.8581e+09,1.4584e+14,7.5085e+18,1.3818e+23,4.3613e
+27,3.9315e+31,8.05905e+35]

由运行结果可知，带通滤波器是8阶巴特沃斯带通滤波器，其幅频特性曲线如图5-15所示。

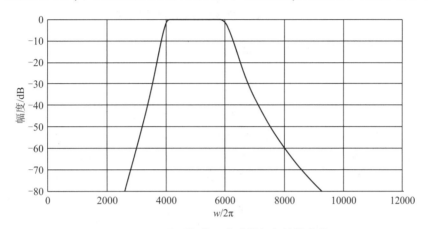

图 5-15　巴特沃斯带通滤波器幅频特性曲线

5.低通到带阻的频率转换

设所需设计的带阻滤波器的技术指标：Ω_{p1}、Ω_{p2}为带阻滤波器的通带下限截止频率和通带上限截止频率；Ω_{s1}、Ω_{s2}为带阻滤波器的下限截止频率和上限截止频率；α_p、α_s为滤波器的通带内的最大衰减和阻带内的最小衰减。带阻滤波器的阻带宽度$B=\Omega_{s2}-\Omega_{s1}$。此处$\Omega_{s1}$和$\Omega_{s2}$一般取3 dB截止频率。选择归一化参考频率$\Omega_r$等于阻带带宽$B$，即$\Omega_r=\Omega_{s2}-\Omega_{s1}$。

定义Ω_0为带阻滤波器的阻带中心频率。带阻滤波器的阻带边界频率关于中心频率Ω_0几何对称。因此，所设计的滤波器应该满足：

$$\Omega_0^2=\Omega_{p1}\Omega_{p2} \tag{5-39}$$

低通原型和带阻滤波器的幅频特性如图5-16所示，图中，η_{s1}、η_{p1}、η_0、η_{s2}和η_{p2}分别为带阻滤波器边界频率Ω_{s1}、Ω_{p1}、Ω_0、Ω_{s2}、Ω_{p2}的归一化频率。各个量之间关系如下：

$$\eta_{s1}=\frac{\Omega_{s1}}{B}, \eta_{p1}=\frac{\Omega_{p1}}{B}, \eta_0=\frac{\Omega_0}{B}, \eta_{s2}=\frac{\Omega_{s2}}{B}, \eta_{p2}=\frac{\Omega_{p2}}{B} \tag{5-40}$$

原型低通和带阻之间归一化频率的对应关系如表5-3所示。表中，λ_p、λ_s分别为归一化原型低通滤波器的通带边界频率，取$\lambda_p=1$，λ_s由下面推导的表达式给出。利用归一化的低通参数可以设计原型归一化低通滤波器。

表 5-3　归一化低通与归一化带阻频率对应关系

LPF	λ	$-\infty$	$-\lambda_s$	$-\lambda_p$	0^-	0^+	λ_p	λ_s	∞
HPF	η	η_0	η_{s2}	η_{p2}	∞	0	η_{p1}	η_{s1}	η_0

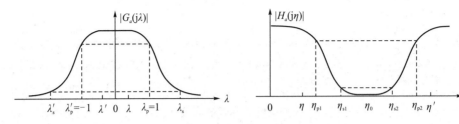

图 5-16　低通和带阻的频率特性(归一化)

原型低通到带阻的频率变换公式如下:

$$\lambda = \frac{\eta}{\eta_0^2 - \eta^2} \tag{5-41}$$

$$\lambda_s = 1, \lambda_p = \frac{\eta_{s2}}{\eta_0^2 - \eta^2}, -\lambda_p = \frac{\eta_{s1}}{\eta_0^2 - \eta^2}$$

一般选择 $\lambda_p = \max(|\lambda_p|, -\lambda_p)$ 作为设计原型归一化低通滤波器的参考频率,以保证在较大的频率处归一化低通滤波器的阻带的增益满足对应技术指标的要求。

$$p = j\lambda = j\frac{\eta}{\eta_0^2 - \eta^2} \tag{5-42}$$

由于 $q = j\eta, \eta = -jq$,代入上式:

$$p = \frac{q}{q^2 + \eta_0^2}$$

去归一化,将 $q = s/B$ 代入上式:

$$p = \frac{sB}{s^2 + \Omega_0^2} = \frac{s(\Omega_{p2} - \Omega_{p1})}{s^2 + \Omega_{p1}\Omega_{p2}} \tag{5-43}$$

因此

$$H(s) = G(p)\big|_{p = \frac{sB}{s^2+\Omega_0^2} = \frac{s(\Omega_{p2}-\Omega_{p1})}{s^2+\Omega_{p1}\Omega_{p2}}} \tag{5-44}$$

上式为归一化低通原型到所要设计的带阻滤波器传输函数之间频率变换关系。

【例5-6】　设计椭圆模拟带阻滤波器,要求阻带上、下边界频率分别为 4 kHz 和7 kHz,通带上、下边界频率分别为 2 kHz 和 9 kHz,通带最大衰减为 1 dB,阻带最小衰减为 45 dB。

解:(1)带阻滤波器的性能指标:

$$f_{p1} = 2 \text{ kHz}, f_{p2} = 9 \text{ kHz}, \alpha_p = 1 \text{ dB}$$

$$f_{s1} = 4 \text{ kHz}, f_{s2} = 7 \text{ kHz}, \alpha_s = 45 \text{ dB}$$

(2)阻带宽度:$B = \Omega_{s2} - \Omega_{s1} = 3$ kHz,归一化参考频率 $\Omega_r = \Omega_{s2} - \Omega_{s1} = B = 3$ kHz。

(3)带阻滤波器的归一化性能指标:

$$\eta_{s1} = \frac{f_{s1}}{B} = \frac{4}{3}, \eta_{p1} = \frac{f_{p1}}{B} = \frac{2}{3}, \eta_0 = \frac{f_0}{B} = \frac{2\sqrt{7}}{3}, \eta_{s2} = \frac{f_{s2}}{B} = \frac{7}{3}, \eta_{p2} = \frac{f_{p2}}{B} = 3$$

(4)计算低通原型滤波器的归一化频率:取 $\lambda_s = 1$

$$-\lambda_p = \frac{\eta_{p2}}{\eta_0^2 - \eta_{p2}^2} = -\frac{27}{53} = -0.5094, \lambda_p = \frac{\eta_{p1}}{\eta_0^2 - \eta_{p1}^2} = \frac{1}{4} = 0.25$$

166

取 $\lambda_p = \min(\,|\lambda_p|,\,|-\lambda_p|\,) = 0.5094$

（5）选择椭圆滤波器原型设计低通归一化滤波器 $G(p)$。

（6）$p = \dfrac{sB}{s^2 + \Omega_0^2} = \dfrac{s(\Omega_{s2} - \Omega_{s1})}{s^2 + \Omega_{s1}\Omega_{s2}}$ 代入去归一化得到带阻滤波器的 $H(s)$。

以上给出了设计模拟椭圆滤波器的设计步骤和频率变换，下面用 MATLAB 完成设计。

椭圆模拟带阻滤波器的设计，MATLAB 源程序如下：

```
wp=2* pi* [1800,8000];ws=2* pi* [4000,6500];rp=1;as=35;
                                    % 带阻滤波器技术指标
[N,wc]=ellipord(wp,ws,rp,as,'s');   % 计算椭圆滤波器阶数
[BS,AS]=ellip(N,rp,as,wc,'stop','s');   % 计算椭圆带阻滤波器系统函数
                                    分子分母多项式系数
wph=2* pi* 12000;     w=0:wph/512:wph;
H=freqs(BS,AS,w);
plot(w/(2* pi),20* log10(abs(H)));grid on;
xlabel('w/(2* pi)');ylabel('幅度/dB');
title('椭圆带阻滤波器幅频特性曲线');
```

程序运行结果：

椭圆模拟带阻滤波器阶数：N＝4。

幅频特性曲线如图 5-17 所示。显然用椭圆滤波器的阶数较低，但在通带和阻带都有波纹。

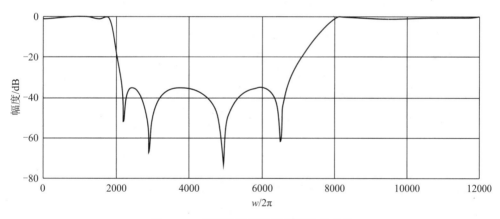

图 5-17　椭圆带阻滤波器幅频特性曲线

5.3　模拟滤波器到数字滤波器的变换

间接法设计 IIR 数字滤波器就是根据工程实际的要求首先确定数字滤波器的性能指标，将数字滤波器的性能指标转换为模拟滤波器的设计指标，然后设计模拟滤波器。在

模拟滤波器设计完成以后,再将模拟滤波器转换为数字滤波器,这个过程实际上是将模拟滤波器的系统函数 $H_a(s)$ 转换为数字滤波器的系统函数 $H(z)$。归根到底是一个由 s 平面到 z 平面的变换问题,这种变换必须满足两个要求:

(1)$H(z)$ 与 $H_a(s)$ 的频率响应保持一致,即 s 平面的虚轴映射到 z 平面的单位圆 $e^{j\omega}$ 上。

(2)因果稳定的 $H_a(s)$ 应能映射为因果稳定的 $H(z)$。也就是 s 平面的左半平面 $\mathrm{Re}[s]$ 映射到 z 平面的单位圆 $|z|<1$ 内。

设计的关键问题就是找到将 s 平面上的 $H_a(s)$ 转换成 z 平面上的 $H(z)$ 的转换关系,间接法设计 IIR 数字滤波器有脉冲响应不变法和双线性变换法。

5.3.1 脉冲响应不变法

1.脉冲响应不变法的设计思想

脉冲响应不变法设计数字低通滤波器的基本思想:保证从模拟低通滤波器变换所得的数字低通滤波器的单位取样响应 $h(n)$ 是相应的模拟滤波器单位脉冲响应 $h_a(t)$ 的等间隔采样,即

$$h(n) = h_a(nT) \tag{5-45}$$

不失一般性,设模拟滤波器 $H_a(s)$ 只有单阶极点,且分母多项式的阶次高于分子多项式的阶次,将 $H_a(s)$ 用部分分式表示:

$$H_a(s) = \sum_{i=1}^{N} \frac{A_i}{s - s_i} \tag{5-46}$$

式(5-46)中 s_i 为 $H_a(s)$ 的单阶极点。将 $H_a(s)$ 进行逆拉氏变换,得

$$h_a(t) = L^{-1}[H_a(s)] = \sum_{i=1}^{N} A_i e^{s_i t} u(t) \tag{5-47}$$

式(5-47)中,$u(t)$ 是单位阶跃函数。对 $h_a(t)$ 进行等间隔采样,采样间隔为 T,得

$$h(n) = h_a(nT) = \sum_{i=1}^{N} A_i e^{s_i nT} u(n) \tag{5-48}$$

对式(5-48)进行 Z 变换,得到数字滤波器的系统函数 $H(z)$,即

$$H(z) = \sum_{i=1}^{N} \frac{A_i}{1 - e^{s_i T} z^{-1}} \tag{5-49}$$

对比式(5-46)和式(5-49),$H_a(s)$ 的极点 s_i 映射到 z 平面的极点 $e^{s_i T}$,系数 A_i 不变。

2.s 平面到 z 平面的映射关系

从理想采样信号 $h_a(t)$ 出发,推导从模拟滤波器转换到数字滤波器,即 s 平面到 z 平面之间的映射关系。

设 $h_a(t)$ 的理想采样信号用 $\hat{h}_a(t)$ 表示,

$$\hat{h}_a(t) = \sum_{n=-\infty}^{\infty} h_a(t) \delta(t - nT)$$

对 $\hat{h}_a(t)$ 进行拉氏变换:

$$\hat{h}_a(s) = \int_{-\infty}^{\infty} \hat{h}_a(t) \mathrm{e}^{-st}\mathrm{d}t = \int_{-\infty}^{\infty}\Big[\sum_{n=-\infty}^{\infty} h_a(t)\delta(t-nT)\Big]\mathrm{e}^{-st}\mathrm{d}t = \sum_{n=-\infty}^{\infty} h_a(nT)\mathrm{e}^{-snT}$$

式中，$h_a(nT)$ 是 $h_a(t)$ 在采样点 $t=nT$ 时的幅度值，它与序列 $h(n)$ 的幅度值相等，即 $h(n)=h_a(nT)$，因此：

$$\hat{h}_a(s) = \sum_n h(n)\mathrm{e}^{-snT} = \sum_n h(n)z^{-n}\Big|_{z=\mathrm{e}^{sT}} \tag{5-50}$$

式(5-50)表明理想采样信号 $\hat{h}_a(t)$ 的拉氏变换与相应的采样序列 $h(n)$ 的 Z 变换之间的映射关系，可用下式表示：

$$z = \mathrm{e}^{sT} \tag{5-51}$$

式(5-51)就是脉冲响应不变法对应的 s 平面到 z 平面的映射关系。

设 $s=\sigma+\mathrm{j}\Omega$，$z=r\mathrm{e}^{\mathrm{j}\omega}$，按照式(5-51)，得到 $r\mathrm{e}^{\mathrm{j}\omega}=\mathrm{e}^{\sigma T}\mathrm{e}^{\mathrm{j}\Omega T}$。由此得：

$$\begin{cases} r = \mathrm{e}^{\sigma T} \\ \omega = \Omega T \end{cases} \tag{5-52}$$

由式(5-52)可见：

$$\begin{cases} \sigma = 0 & r = 1 \\ \sigma < 0 & r < 1 \\ \sigma > 0 & r > 1 \end{cases}$$

说明：①s 平面的虚轴（$\sigma = 0$）映射为 z 的单位圆（$r=1$）；②s 平面左半平面（$\sigma < 0$）映射为 z 平面单位圆内（$r < 1$）；③s 平面右半平面映射为 z 平面单位圆外（$r>1$）；④如果 $H_a(s)$ 因果稳定，转换后得到的 $H(z)$ 仍是因果稳定的。另外，注意到 $z=\mathrm{e}^{sT}$ 是一个周期函数，可写成

$$\mathrm{e}^{sT} = \mathrm{e}^{\sigma T}\mathrm{e}^{\mathrm{j}\Omega T} = \mathrm{e}^{\sigma T}\mathrm{e}^{\mathrm{j}(\Omega+\frac{2\pi}{T}M)T} \qquad M\ 为任意整数$$

当 σ 不变，模拟频率 Ω 变化 $2\pi/T$ 的整数倍时，映射值不变。或者说，将 s 平面沿着 $\mathrm{j}\Omega$ 轴分割成一条条宽为 $2\pi/T$ 的水平带，每条水平面都按照前面分析的映射关系对应着整个 z 平面。此时，$H_a(s)$ 所在的 s 平面与 $H(z)$ 所在的 z 平面的映射关系如图 5-18 所示。当模拟频率 Ω 从 $-\pi/T$ 变化到 π/T 时，数字频率 ω 则从 $-\pi$ 变化到 π，按照式(5-52)，$\omega=\Omega T$，即 ω 与 Ω 之间呈线性关系。

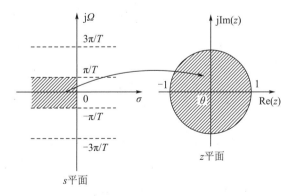

图 5-18　脉冲响应不变法 s 平面和 z 平面之间的映射关系

3.数字滤波器的频响特性与模拟滤波器的频响特性之间的关系

1)数字滤波器的频响特性与模拟滤波器的频响特性之间的关系

设数字滤波器的单位脉冲响应为 $h(n)$,数字滤波器的频率响应为 $H(\mathrm{e}^{\mathrm{j}\omega})$;模拟滤波器的单位脉冲响应为 $h_a(t)$,模拟滤波器的频率响应为 $H_a(\mathrm{j}\Omega)$。

脉冲响应不变法是 $h(n)$ 对 $h_a(t)$ 的等间隔采样,即 $h(n) = h_a(nT)$,T 是采样间隔。根据时域连续时间信号与其采样信号之间的关系,数字滤波器的 $H(\mathrm{e}^{\mathrm{j}\omega})$ 是模拟滤波器的 $H_a(\mathrm{j}\Omega)$ 的周期延拓,延拓周期为 $\Omega_s = 2\pi f_s = \dfrac{2\pi}{T}$,$f_s$ 为采样频率。因此,数字滤波器的频率响应满足:

$$H(\mathrm{e}^{\mathrm{j}\omega}) = \frac{1}{T}\sum_{k=-\infty}^{\infty} H_a[\mathrm{j}(\Omega - \Omega_s k)] = \frac{1}{T}\sum_{k=-\infty}^{\infty} H_a\left[\mathrm{j}\left(\Omega - \frac{2\pi}{T}k\right)\right] \tag{5-53}$$

将 $\Omega = \omega/T$ 代入上式得:

$$H(\mathrm{e}^{\mathrm{j}\omega}) = \frac{1}{T}\sum_{k=-\infty}^{\infty} H_a\left(\mathrm{j}\frac{\omega}{T} - \mathrm{j}\frac{2\pi}{T}k\right) = \frac{1}{T}\sum_{k=-\infty}^{\infty} H_a\left(\mathrm{j}\frac{\omega - 2\pi k}{T}\right) \tag{5-54}$$

2)混叠失真

式(5-54)说明,$H(\mathrm{e}^{\mathrm{j}\omega})$ 是 $H_a(\mathrm{j}\Omega)$ 以 $2\pi/T$ 为周期的周期延拓函数(对数字频率,则是以 2π 为周期)。如果模拟滤波器的频率响应的带宽被限定在折叠频率 $\Omega_s/2$ 以内,即

$$H_a(\mathrm{j}\Omega) = 0, \quad |\Omega| \geqslant \frac{\pi}{T} = \frac{\Omega_s}{2} \tag{5-55}$$

则数字滤波器的频率响应才能不失真地重现模拟滤波器的频率响应,有

$$H(\mathrm{e}^{\mathrm{j}\omega}) = \frac{1}{T}H_a(\mathrm{j}\Omega) = \frac{1}{T}H_a\left(\mathrm{j}\frac{\omega}{T}\right) \quad |\omega| \leqslant \pi \tag{5-56}$$

但是,实际的模拟滤波器不是带限于 $\pm\pi/T$,因此,数字滤波器的频率响应必然在 $\omega = \pm\pi$ 附近产生频谱混叠,如图 5-19 所示。

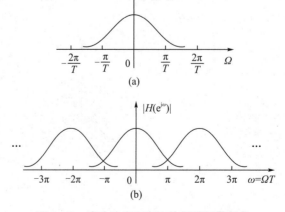

图 5-19 脉冲响应不变法的频谱混叠现象

这种频谱混叠会使设计出的数字滤波器在 $\omega = \pm\pi$ 附近的频率响应偏离模拟滤波器在 $\pm\pi/T$ 附近的频率响应，严重时使数字滤波器不满足给定的技术指标。由于高通滤波器、带阻滤波器是非带限滤波器，因此，高通与带阻滤波器不适合用这种方法设计。

综上所述，脉冲响应不变法的优点是频率变换关系是线性的变换，即 $\omega = \Omega T$ ，用这种方法设计的数字滤波器会很好重现原模拟滤波器的频响特性。

另外一个优点是数字滤波器的单位脉冲响应在不发生混叠时完全模仿模拟滤波器的单位脉冲响应波形，时域特性逼近好。但是，有限阶的模拟滤波器不可能是理想带限的，所以，脉冲响应不变法的最大缺点是会产生不同程度的频谱混叠失真，适合用于低通、带通滤波器的设计，不适合用于高通、带阻滤波器的设计。

4.脉冲响应不变法设计数字滤波器的方法

(1)用脉冲响应不变法设计数字滤波器的步骤如下：

①根据实际要求确定数字滤波器的性能指标；

②利用模 $\omega = \Omega T$ ，将数字滤波器的性能指标转换为模拟滤波器的性能指标；

③根据模拟指标设计模拟滤波器的系统函数 $H_a(s)$ ；

④用脉冲响应不变法将模拟滤波器转换为数字滤波器。

(2)模拟滤波器转化为数字滤波器的方法：

①求解模拟滤波器的系统函数 $H_a(s)$ 的极点；

②如果模拟滤波器有 N 个单阶极点 s_i ，那么数字滤波器对应的极点为

$$z_i = \mathrm{e}^{s_i T} \tag{5-57}$$

T 为采样间隔，此时数字滤波器的系统函数为

$$H(z) = \sum_{i=1}^{N} \frac{1}{1 - \mathrm{e}^{s_i T} z^{-1}} \tag{5-58}$$

③如果模拟滤波器有共轭极点 s_i 和 s_i^* ，那么模拟滤波器中出现二阶基本节，表达式为

$$\frac{s + \sigma_i}{(s + \sigma_i)^2 + \Omega_i^2}，极点为 -\sigma_i \pm \mathrm{j}\Omega_i \tag{5-59}$$

对应的数字滤波器的二阶基本节为

$$\frac{1 - z^{-1}\mathrm{e}^{-\sigma_i T}\cos(\Omega_i T)}{1 - 2z^{-1}\mathrm{e}^{-\sigma_i T}\cos(\Omega_i T) + z^{-2}\mathrm{e}^{-2\sigma_i T}} \tag{5-60}$$

如果模拟滤波器的二阶节的基本形式为

$$\frac{\Omega_i}{(s + \sigma_i)^2 + \Omega_i^2}，-\sigma_i \pm \mathrm{j}\Omega_i \tag{5-61}$$

对应的数字滤波器的二阶节为

$$\frac{z^{-1}\mathrm{e}^{-\sigma_i T}\sin(\Omega_i T)}{1 - 2z^{-1}\mathrm{e}^{-\sigma_i T}\cos(\Omega_i T) + z^{-2}\mathrm{e}^{-2\sigma_i T}} \tag{5-62}$$

实际的滤波器如果 T 选择得过小，数字滤波器的增益会很高，数字滤波器在 $\omega = \pi$ 处产生严重的频谱混叠，此时可以在 $H_a(s)$ 前乘以因子 $1/T$ 进行修正。

5.MATLAB 实现

MATLAB 的信号处理工具箱里提供了函数:[Bz,Az]=impinvar(B,A,fs)实现用脉冲响应不变法将所设计的模拟滤波 $H_a(s)$ 转换为数字滤波器的系统函数 $H(z)$。其中,fs 为采样频率,B、A 为模拟滤波器的系统函数的分子分母多项式的系数,Bz、Az 为数字滤波器的系统函数的分子分母多项式的系数。

【例 5-7】 用脉冲响应不变法设计数字低通滤波器,要求通带和阻带具有单调下降特性,指标参数如下:$\omega_p=0.2\pi$ rad,$\omega_s=0.5\pi$ rad,$\alpha_p=1$ dB,$\alpha_s=15$ dB,采样间隔 $T=2$ s。

解:(1)将数字滤波器设计指标转换为相应的模拟滤波器指标。设采样周期 $T=1/f_s$,则

$$\Omega_p=\frac{\omega_p}{T}=\frac{0.2\pi}{T},\Omega_s=\frac{\omega_s}{T}=\frac{0.5\pi}{T},\alpha_p=1\ \text{dB},\alpha_s=15\ \text{dB}$$

(2)设计相应的模拟滤波器,得到模拟系统函数 $H_a(s)$。根据单调下降要求,选择巴特沃斯滤波器。

$$N=\frac{\lg\left(\frac{10^{0.1\alpha_s}-1}{10^{0.1\alpha_p}-1}\right)}{2\lg(\Omega_s/\Omega_p)}=2.6047\ ;\ \Omega_c=\Omega_s\left(10^{0.1\alpha_s}-1\right)^{-\frac{1}{2N}}=0.8144$$

取 $N=3$。查表得归一化的模拟滤波器的系统函数:

$$G(p)=\frac{1}{p^3+2p^2+2p+1}$$

去归一化得到模拟滤波器的系统函数:

$$H_a(s)=\frac{0.0876}{s^3+0.888s^2+0.3943s+0.0875}$$

(3)将模拟滤波器系统函数 $H_a(s)$ 转换成数字滤波器系统函数 $H(z)$,则

$$H(z)=\frac{0.1848z^{-2}+0.1082z^{-1}}{1-1.3332z^{-1}+0.7907z^{-2}-0.1693z^{-3}}$$

MATLAB 源程序:

```
T=2;fs=1/T; Wp=0.2* pi/T; Ws=0.5* pi/T;Ap=1;As=15;
                                % 数字滤波器技术指标
[N,Wc]=buttord(Wp,Ws,Ap,As,'s');     % 估计巴特沃斯模拟低通滤波器阶数
[B,A]=butter(N,Wc,'s');              % 巴特沃斯模拟滤波器系统函数分子分
                                        母多项式系数向量
W=linspace(0,pi,400* pi);            % 频率区间
hf=freqs(B,A,W);                     % 计算模拟滤波器的单位脉冲响应
subplot(2,1,1);plot(W/pi,abs(hf)/abs(hf(1))); grid on;
title('巴特沃斯模拟低通滤波器'); xlabel('Frequency/Hz'); ylabel
('Magnitude');
[D,C]=impinvar(B,A,fs);              % 脉冲响应不变法将模拟滤波器转换为
                                        数字滤波器
```

```
Hz = freqz(D,C,W);% 数字滤波器的频率响应
subplot(2,1,2);plot(W/pi,abs(Hz)/abs(Hz(1)));grid on;
xlabel('Frequency/Hz');ylabel('Magnitude'); title('巴特沃斯数字低通滤波
器');
```

运行结果：

```
N = 3,wc = 0.4440;B = [0,0,0,0.0876],A = [1,0.8880,0.3943,0.08754];
D = [-1.1102e-16,0.1848,0.1028,0],C = [1,-1.3332,0.7907,-0.1692]。
```

图 5-20 是巴特沃斯模拟滤波器和数字滤波器的幅频特性曲线。可以看出，$T = 2$ s 时，由于采样频率偏低导致数字滤波器严重拖尾，产生了频谱混叠。读者可以自行验证随着采样周期 T 的减小（采样频率增大），混叠失真减小。因此，当采样频率足够高时，应用脉冲响应不变法设计 IIR 数字滤波器，可给出比较满意的结果。

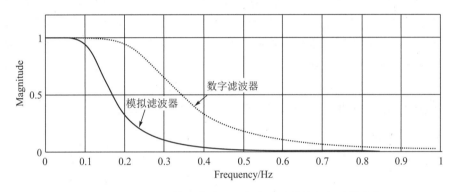

图 5-20　巴特沃斯模拟滤波器和数字滤波器的幅频特性曲线

5.3.2　双线性变换法设计 IIR 数字低通滤波器

1.变换原理

脉冲响应不变法的主要缺点是会产生频响混叠失真，使数字滤波器的频响偏离模拟滤波器的频响特性。产生混叠的原因是：由于 s 平面向 z 平面的映射不是一一映射，而是多值映射。经过时域离散化，数字滤波器在 $\omega = \pi$ 附近形成频响混叠。

为了克服这一缺点，可以采用非线性频率压缩方法，将整个模拟频率轴压缩到 $\pm \pi/T$ 之间，再用 $z = e^{sT}$ 转换到 z 平面上。这样就消除了 s 平面向 z 平面的映射多值变换性，克服了频响混叠失真。设 $H_a(s)$，$s = j\Omega$，经过非线性频率压缩后用 $H_a(s_1)$，$s_1 = j\Omega_1$ 表示，这里用正切变换实现频率压缩：

$$\Omega = \frac{2}{T}\tan(\frac{1}{2}\Omega_1 T) \tag{5-63}$$

式（5-63）中，T 仍是采样间隔。当 Ω_1 从 $-\pi/T$ 经过 0 变化到 π/T 时，Ω 则由 $-\infty$ 经过 0 变化到 $+\infty$，实现了 s 平面上整个虚轴完全压缩到 s_1 平面上虚轴的 $\pm\pi/T$ 之间的转换。由式（5-63）和欧拉公式有

$$\mathrm{j}\Omega = \frac{2}{T}\frac{\mathrm{e}^{\mathrm{j}\Omega_1 T/2}-\mathrm{e}^{-\mathrm{j}\Omega_1 T/2}}{\mathrm{e}^{\mathrm{j}\Omega_1 T/2}+\mathrm{e}^{-\mathrm{j}\Omega_1 T/2}} = \frac{2}{T}\frac{1-\mathrm{e}^{-\mathrm{j}\Omega_1 T}}{1+\mathrm{e}^{-\mathrm{j}\Omega_1 T}}$$

代入 $s=\mathrm{j}\Omega, s_1=\mathrm{j}\Omega_1$,得:

$$s = \frac{2}{T}\frac{1-\mathrm{e}^{-s_1 T}}{1+\mathrm{e}^{-s_1 T}} \tag{5-64}$$

再通过 $z=\mathrm{e}^{s_1 T}$ 从 s_1 平面转换到 z 平面上,得:

$$s = \frac{2}{T}\frac{1-z^{-1}}{1+z^{-1}} \tag{5-65}$$

$$z = \frac{\dfrac{2}{T}+s}{\dfrac{2}{T}-s} \tag{5-66}$$

式(5-65)或(5-66)称为双线性变换。从 s 平面映射到 s_1 平面,再从 s_1 平面映射到 z 平面,其映射关系如图 5-21 所示。由于从 s 平面到 s_1 平面的非线性频率压缩,使 $H_a(s_1)$ 带限于 $\pm\pi/T$ rad/s,因此,再用脉冲响应不变法从 s_1 平面转换到 z 平面不可能产生频谱混叠现象。这就是双线性变换法最大的优点。另外,从 s_1 平面转换到 z 平面仍然采用转换关系 $z=\mathrm{e}^{s_1 T}$, s_1 平面的 $\pm\pi/T$ 之间水平带的左半部分映射到 z 平面单位圆内部,虚轴映射为单位圆,这样 $H_a(s)$ 因果稳定,转换成的 $H(z)$ 也是因果稳定的。

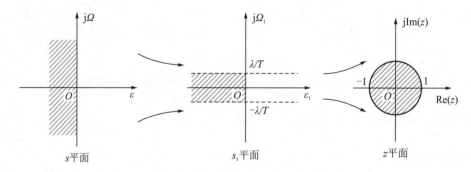

图 5-21　双线性变换映射关系示意图

2.双线性变换的频率失真与预畸变校正

1)模拟频率 Ω 和数字频率 ω 之间的关系

令 $s=\mathrm{j}\Omega, z=\mathrm{e}^{\mathrm{j}\omega}$,代入式(5-65),得:

$$\mathrm{j}\Omega = \frac{2}{T}\frac{1-\mathrm{e}^{-\mathrm{j}\omega}}{1+\mathrm{e}^{-\mathrm{j}\omega}}$$

$$\Omega = \frac{2}{T}\tan\frac{\omega}{2} \tag{5-67}$$

双线性变换的模拟频率与数字频率的变换过程:

(1)先由 s_1 平面到 s 的单值映射: $\Omega = A\tan(\Omega_1 T/2)$;

(2)构造 s_1 平面到 z 的单值映射: $\omega = \Omega T$ 。

以上分析说明,s 平面上的 Ω 与 z 平面的 ω 成一一对应关系,但是非线性关系。ω 与 Ω 之间的非线性关系是双线性变换法的缺点,使数字滤波器频响曲线不能保真地模仿模拟滤波器的频响曲线形状,如图 5-22 所示。

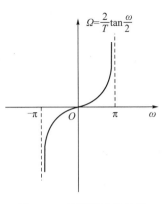

图 5-22　双线性变换法的频率关系

2)频率失真与预畸变校正

如图 5-23 所示,用双线性变换得到的数字滤波器性能与作为原形的模拟滤波器的性能有明显的差异。对于幅频特性为分段常数的模拟滤波器,经过双线性变换以后,得到的数字滤波器的幅频特性仍然为分段常数,但是各个分段边缘的临界频率点发生了畸变。例如,$\omega_s/\omega_p = 2$,经变换后 $\Omega_s/\Omega_p \neq 2$,相当于滤波器的幅频特性发生了变化。

如果设计模拟滤波器时按照 $\omega_p/\omega_s = \Omega_p/\Omega_s = 2$ 来计算,则设计出的模拟滤波器经双

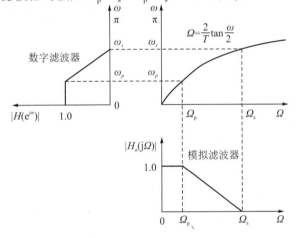

图 5-23　双线性变换法频率非线性对数字滤波器的影响

线性变换后得到数字滤波器的 $\omega_s/\omega_p \neq 2$。因此,数字滤波器的性能与模拟滤波器的原型的性能有了失真,即频率失真。对于这种频率失真,可以通过频率预畸变进行处理,也就是将边界频率经过预先的畸变校正,使得双线性变换后频率正好映射到所需要的频率上。具体操作如下:

(1)给定数字滤波器的性能指标 ω_s 和 ω_p,先根据 $\Omega = \dfrac{2}{T}\tan(\dfrac{\Omega_1 T}{2})$ 求出 Ω_p 和 Ω_s,然后以此指标设计模拟原型,求解其传输函数 $H_a(s)$。

(2)利用 $s = \dfrac{2}{T}\dfrac{1-z^{-1}}{1+z^{-1}}$ 代入 $H_a(s)$ 得到数字滤波器的系统函数 $H(z)$。

双线性变换法的优点是无混叠,但是双线性变换的这个特点是靠频率的严重非线性关系而得到的,由于这种频率之间的非线性变换关系,就产生了新的问题。首先,一个线性相位的模拟滤波器经双线性变换后得到非线性相位的数字滤波器,不再保持原有的线性相位了;其次,这种非线性关系要求模拟滤波器的幅频响应必须是分段常数型的,即某

一频率段的幅频响应近似等于某一常数(这正是一般典型的低通、高通、带通、带阻型滤波器的响应特性),不然变换所产生的数字滤波器幅频响应相对于原模拟滤波器的幅频响应会有畸变,如图 5-24 所示。

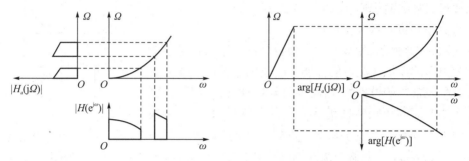

图 5-24　双线性变换法幅度和相位特性的非线性映射

对于分段常数的滤波器,双线性变换后,仍得到幅频特性为分段常数的滤波器,但是各个分段边缘的临界频率点产生了畸变,这种频率的畸变,可以通过频率的预畸来加以校正。也就是将临界模拟频率事先加以畸变,然后经变换后正好映射到所需要的数字频率上。

3.MATLAB 实现

MATLAB 的信号处理工具箱里提供了函数:$[Bz,Az]=bilinear(B,A,fs)$,实现用脉冲响应不变法将所设计的模拟滤波 $H_a(s)$ 转换为数字滤波器的系统函数 $H(z)$。其中,fs 为采样频率,B、A 为模拟滤波器的系统函数的分子分母多项式的系数;Bz、Az 为数字滤波器的系统函数的分子分母多项式的系数。

【例5-8】　设计低通数字滤波器,要求通带截止频率 0.3π rad,通带内的最大衰减 2 dB;阻带截止频率 0.5π rad,阻带内的最小衰减 15 dB,选择 $T=2$ s,采用巴特沃斯滤波器,采用双线性变换法设计满足要求数字滤波器。

解:(1)数字滤波器的技术指标:
$$\omega_p=0.3\pi \text{ rad},\omega_s=0.5\pi \text{ rad},\alpha_p=2 \text{ dB},\alpha_s=15 \text{ dB}$$

(2)选择采样间隔 $T=1$ s,预畸变校正计算响应的模拟低通滤波器的级数指标为
$$\Omega_p=\frac{2}{T}\tan\frac{\omega_p}{2}=\tan0.15\pi=0.5059 \text{ rad/s},\alpha_p=2 \text{ dB}$$

$$\Omega_s=\frac{2}{T}\tan\frac{\omega_s}{2}=\tan0.25\pi=1 \text{ rad/s},\alpha_s=15 \text{ dB}$$

(3)设计相应的模拟滤波器,得到模拟系统函数 $H_a(s)$。根据单调下降要求,选择巴特沃斯滤波器。

$$N=\frac{\lg\left(\frac{10^{0.1\alpha_s}-1}{10^{0.1\alpha_p}-1}\right)}{2\lg(\Omega_s/\Omega_p)}=2.9351,\Omega_c=\Omega_s\left(10^{0.1\alpha_s}-1\right)^{-\frac{1}{2N}}=0.5583$$

取 $N=3$。查表得归一化的模拟滤波器的系统函数:

$$H_a(p) = \frac{1}{(p+1)(p^2+p+1)}$$

将 $p = s/\Omega_c$ 代入去归一化,得模拟滤波器的的系统函数:

$$H_a(s) = \frac{0.1740}{(s+0.5583)(s^2+0.5583s+0.3117)}$$

(4)将模拟滤波器系统函数 $H_a(s)$ 转换成数字滤波器系统函数 $H(z)$:

$$H(z) = \frac{0.1740(1+3z^{-1}+3z^{-2}+z^{-3})}{(1.5583-0.4417z^{-1})(1.87-1.3766z^{-1}+0.7534z^{-2})}$$

5.4　数字高通、带通和带阻滤波器的设计

经典数字滤波器按照幅频特性分为数字低通、高通、带通和带阻滤波器等,间接法 IIR 数字滤波器设计技术依靠现有的模拟滤波器系统函数得到数字滤波器的系统函数。从模拟滤波器转换为数字滤波器的实现方案很多,本书讨论通过模拟域频率变换和数字域频率变换实现间接法设计数字滤波器。

1.间接设计法的两种设计方案

设计方案一:①根据实际要求确定数字滤波器的技术指标;②将数字技术指标转换为对应的模拟滤波器的技术指标,例如,数字高通滤波器技术指标转换为模拟高通滤波器技术指标;③模拟技术指标转换为归一化模拟低通滤波器技术指标;④设计归一化模拟低通滤波器;⑤在模拟域进行频率变换,将归一化的模拟滤波器转换为模拟低通、高通、带通或带阻滤波器;⑥利用脉冲响应不变法(只能设计低通和带通滤波器)或双线性变换法,将模拟滤波器转换为数字滤波器,例如,模拟高通转换为数字高通滤波器。

设计方案二:①根据实际要求确定数字滤波器的技术指标;②将数字技术指标转换为对应的模拟滤波器的技术指标,例如,数字高通滤波器技术指标转换为模拟高通滤波器技术指标;③模拟技术指标转换为归一化模拟低通滤波器技术指标;④设计归一化模拟低通滤波器;⑤将归一化的模拟低通滤波器用双线性变换法转换为数字低通滤波器;⑥将数字低通滤波器利用数字域的频率变换转换为数字低通、高通、带通或带阻滤波器。

两种方案中都采用间接法实现设计,区别在于:方案一进行模拟域频率变换,方案二进行数字域频率变换。本书采用方案一模拟域频率变换实现设计。

2.间接法设计 IIR 数字滤波器

将数字滤波器的技术指标转换成相应的模拟滤波器的技术指标。这里主要是通带截止频率 ω_p 和阻带截止频率 ω_s 的转换,α_p 和 α_s 指标不变。

采用脉冲响应不变法,边界频率的转换关系为

$$\Omega_p = \frac{\omega_p}{T}, \Omega_s = \frac{\omega_s}{T}$$

采用双线性变换法,边界频率的转换关系为

$$\Omega_p = \frac{\omega_p}{T} \tan \frac{\omega_p}{2}, \Omega_s = \frac{2}{T} \tan \frac{\omega_s}{2}$$

3.模拟滤波器转换为数字滤波器

下面以设计数字高通滤波器为例进行说明,具体设计步骤如下:

(1)确定所要设计的数字高通滤波器的技术指标;

(2)将数字高通滤波器的边界频率转换成模拟高通滤波器的边界频率;

(3)将模拟高通滤波器的技术指标转换成归一化模拟低通滤波器技术指标;

(4)设计归一化模拟低通滤波器 $H(p)$;

(5)通过频率变换将归一化模拟低通转换成过渡模拟高通滤波器 $H_a(s)$;

(6)采用双线性变换法将过渡模拟高通滤波器转换成所要设计的数字高通滤波器 $H(z)$。

数字带通和带阻滤波器的设计步骤完全一致,只不过在中间的频率转换公式不同。

MATLAB 信号处理工具箱中的各种数字滤波器的设计函数,可以直接调用这些函数设计各种类型数字滤波器。下面先通过例题说明按照上述步骤设计高通数字滤波器的方法,再直接调用 MATLAB 函数设计带通、带阻数字滤波器。

先设计模拟低通原型滤波器 $H(s)$,然后将 $H(s)$ 转换为模拟滤波器 $H_a(s)$,最后利用脉冲响应不变法或双线性变换法将 $H_a(s)$ 转换为数字滤波器系统函数 $H(z)$。脉冲响应不变法只适合于设计低通和带通,而不能用来设计高通和带阻滤波器。对双线性变换法不存在频谱混叠现象,可以完成各类滤波器的设计,尤其对于设计片断常数滤波器。

4.MATLAB 中常用的转换函数

在 MATLAB 中,双线性变换法的调用函数是 bilinear。其调用格式如下:

(1)$[zd, pd, kd] = bilinear(z, p, k, fs)$;

(2)$[zd, pd, kd] = bilinear(z, p, k, fs, fp)$;

(3)$[numd, dend] = bilinear(num, den, fs)$;

(4)$[numd, dend] = bilinear(num, den, fs, fp)$;

(5)$[Aa, Bb, Cc, Dd] = bilinear(A, B, C, D, fs)$;

(6)$[Aa, Bb, Cc, Dd] = bilinear(A, B, C, D, fs, fp)$。

$[zd, pd, kd] = bilinear(z, p, k, fs)$ 是把模拟滤波器的零极点模型转换为数字滤波器的零极点模型,fs 为采样频率,z,p,k 分别为滤波器的零点、极点和增益;

$[numd, dend] = bilinear(num, den, fs)$ 是把模拟滤波器的传递函数模型转换为数字滤波器的系统函数模型;

$[Aa, Bb, Cc, Dd] = bilinear(A, B, C, D, fs)$ 是把模拟滤波器的状态方程模型转换为数字滤波器状态方程模型。

在 MATLAB 中,脉冲响应不变法的调用函数是 impinvar,其调用格式如下:

(1)$[bz, az] = impinvar(b, a, fs)$;

(2)$[bz, az] = impinvar(b, a)$。

函数的功能是将分子向量为 b、分母向量为 a 的模拟滤波器,转换为分子向量为 bz、分母向量为 az 的数字滤波器。fs 为采样频率,单位为 Hz,默认值为 1 Hz。

5.数字高通、带通和带阻滤波器的设计实例

【例 5-9】　设计一个巴特沃斯高通数字滤波器,要求通带截止频率 $\omega_p = 0.8\pi$ rad,通带最大衰减 3 dB,阻带截止频率 $\omega_s = 0.4\pi$ rad,阻带最小衰减 15 dB,$T = 2$ s。

解:(1)确定数字高通的技术指标:
$$\omega_p = 0.8\pi \text{ rad}, \alpha_p = 3 \text{ dB}, \omega_s = 0.4\pi \text{ rad}, \alpha_s = 15 \text{ dB}$$

(2)将高通数字滤波器的技术指标转换成模拟高通滤波器的设计指标;$T = 2$ s,预畸变校正得到模拟高通边界频率:
$$\Omega_{ph} = \tan\frac{1}{2}\omega_p = 3.077\ 7 \text{ rad/s}, \alpha_p = 3 \text{ dB}$$

$$\Omega_{sh} = \tan\frac{1}{2}\omega_s = 0.726\ 5 \text{ rad/s}, \alpha_s = 15 \text{ dB}$$

(3)归一化模拟低通滤波器的技术指标:高通转换为对应的归一化低通的参考频率,就是 3 dB 截止频率,$\Omega_r = \Omega_{ph}$,即
$$\lambda_p = \Omega_{ph}/\Omega_{ph} = 1, \alpha_p = 3 \text{ dB}, \lambda_s = \Omega_{ph}/\Omega_{sh} = 4.236\ 3, \alpha_s = 15 \text{ dB}$$

(4)设计归一化模拟滤波器 $H(p)$。
$$k_{sp} = \sqrt{\frac{10^{0.1\alpha_s} - 1}{10^{0.1\alpha_p} - 1}} = 5.560\ 1, \lambda_{sp} = \frac{\lambda_s}{\lambda_p} = 4.236\ 3$$

$$N = \frac{\lg k_{sp}}{\lg \lambda_{sp}} = 1.188\ 4,\ \text{取 } N = 2$$

查表 5-1 得到归一化模拟低通原型系统函数 $H(p)$ 为
$$H(p) = \frac{1}{p^2 + \sqrt{2}p + 1}$$

(5)将归一化低通滤波器 $H(p)$ 转换成模拟高通 $H_a(s)$:
$$H_a(s) = H(p)\big|_{p = \frac{\lambda_p \Omega_{ph}}{s}} = \frac{s^2}{s^2 + \sqrt{2}\Omega_{ph}s + \Omega_{ph}^2} = \frac{s^2}{s^2 + 4.351\ 9s + 9.472\ 2}$$

(6)用双线性变换法将模拟高通 $H_a(s)$ 转换成数字高通 $H(z)$:
$$H(z) = H_a(s)\big|_{s = \frac{1-z^{-1}}{1+z^{-1}}} = \frac{0.067\ 5 - 0.134\ 9z^{-1} + 0.067\ 5z^{-2}}{1 + 1/1\ 429z^{-1} + 0.412\ 8z^{-2}}$$

以上仅介绍了用脉冲响应不变法和双线性变换法设计数字高通、数字带通和数字带阻滤波器的基本步骤,并举例说明了高通数字滤波器的设计过程。这种方法基于模拟滤波器的频率变换,即先设计模拟低通滤波器,再利用频率变换将模拟低通滤波器转换成所需类型的模拟滤波器(如模拟高通滤波器),最后采用双线性变换法将所需类型的模拟滤波器转换成所需类型的数字滤波器。这里要说明的是,如果设计的数字低通或者数字带通滤波器,则也可以采用脉冲响应不变法。但对于数字高通和带阻滤波器,则只能采用双线性变换法转换。

按照以上步骤设计数字滤波器的计算繁杂,MATLAB 提供的滤波器设计工具箱函数就是按照这种理论来实现各种类型滤波器的设计的。工程实际中,调用对应函数就可以直接设计所需要的各种滤波器。

6.数字高通、带通和带阻滤波器 MATLAB 设计

【例 5-10】 已知模拟信号 $x(t) = \cos(2\pi f_1 t) + \cos(2\pi f_2 t) + \cos(2\pi f_3 t)$,$f_1 = 500$ Hz,$f_2 = 1.5$ kHz,$f_3 = 2.5$ kHz。设计相应的 IIR 数字滤波器并调用滤波器实现函数滤波,完成下列问题。设系统的采样频率为 $F_s = 25$ kHz,所设计的滤波器通带最大衰减 $R_p = 0.1$ dB,阻带最小衰减 $A_s = 60$ dB。绘出各种滤波器的幅频特性曲线和输出时域波形。

(1)设计带通滤波器,保留 $\cos(2\pi f_2 t)$,滤除 $\cos(2\pi f_1 t) + \cos(2\pi f_3 t)$;

(2)设计带阻滤波器,滤除 $\cos(2\pi f_2 t)$,滤除 $\cos(2\pi f_1 t) + \cos(2\pi f_3 t)$ 。

解:工程实际中,在对信号进行滤波器处理前,要么先对信号的频谱进行预估计,要么对信号做谱分析,搞清楚信号的频率特征之后,依据频率特征确定所设计的滤波器的性能指标。对信号进行频谱分析,作 $x(t)$ 的频谱图和时域波形图。

频谱分析的 MATLAB 源程序如下:

```
N=1500                              % N 为信号 xt 的长度
t=0:T:(N-1)* T;k=0:N-1;f=k/Tp; f1=500;f2=1500;f3=2500;
xt=cos(2* pi* f1* t)+ cos(2* pi* f2* t)+ cos(2* pi* f3* t);
Fs=25000;T=1/Fs;Tp=N* T;          % 采样频率 Fs=25kHz,Tp 为采样时间
fxt=fft(xt,N);                      % 计算信号 xt 的频谱
subplot(2,1,1);
plot(t,st);grid;xlabel('t/s');ylabel('s(t)');
axis([0,Tp/8,min(st),max(st)]);title('(a) x(t)的波形');
subplot(2,1,2);
stem(f,abs(fxt)/max(abs(fxt)),'.');grid;title('(b) x(t)的频谱')
xlabel('f/Hz');ylabel('幅度') axis([0,Fs/5,0,1.2]);
```

运行结果如图 5-25 所示。

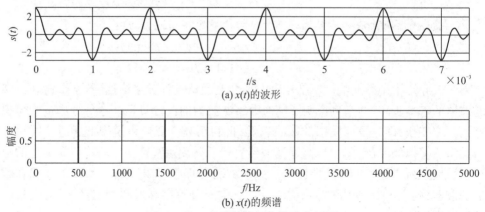

(a) $x(t)$ 的波形

(b) $x(t)$ 的频谱

图 5-25 $x(t)$ 时域波形和频谱分析图

通过对信号做频谱分析可以看到,已知信号含有三个频率成分:500 Hz、1500 Hz 和 2500 Hz。

(1)带通滤波器设计与信号滤波的 MATLAB 实现。

根据问题的要求,所要设计的带通滤波器的性能指标如下:

通带截止频率 $f_{p1}=1200$ Hz,$f_{p2}=1800$ Hz;阻带截止频率 $f_{s1}=800$ Hz,$f_{s2}=2200$ Hz;通带最大衰减 $R_p=0.1$ dB,阻带最小衰减 $A_s=60$ dB,选择切比雪夫Ⅱ型数字高通滤波器实现信号分离。

```
clear all;close all
N=1500                                  % 采样序列长度
Fs=25000;T=1/Fs;Tp=N* T;                % 采样频率、采样间隔和采样时间
t=0:T:(N-1)* T;k=0:N-1;f=k/Tp;
f1=500;f2=1500;f3=2500;
xt=cos(2* pi* f1* t)+cos(2* pi* f2* t)+cos(2* pi* f3* t);
fpl=1200;fp2=1800;fsl=800;fs2=2200;     % 数字带通滤波器的技术指标
wp=[2* fpl/Fs,2* fp2/Fs];ws=[2* fsl/Fs,2* fs2/Fs];rp=0.1;rs=60;
                                        % 归一化数字带通滤波器技术指标
[N,wp0]=cheb2ord(wp,ws,rp,rs);          % 计算切比雪夫Ⅱ型数字带通滤波器
                                          的阶数和通带截止频率
[B,A]=cheby2(N,rs,wp0);                 % 计算切比雪夫Ⅱ型数字带通滤波器
                                          系统函数分子分母多项式系数向量
[h,w]= freqz(B,A);                      % 计算带通滤波器的频率响应
y2t=filter(B,A,xt);                     % 调用 filter 函数实现滤波
subplot(2,1,1);
plot(w,20* log10(abs(h)));title('(a)切比雪夫Ⅱ型数字带通滤波器幅频特性
曲线');
xlabel('w/pi');ylabel('幅度/dB'); axis([0,1,-80,0]);
subplot(2,1,2);
plot(t,y2t); xlabel('n');ylabel('y2(t)');
title('(b)输出信号 y2(t)的时域波形');
```

运行结果如图 5-26 所示,$N=8$,实现了信号分离。读者可以自行运行程序分析带通滤波器的通带截止频率、系统函数等。

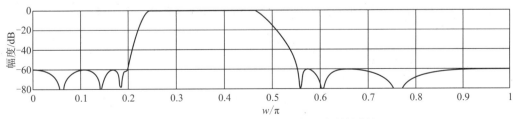

(a)切比雪夫Ⅱ型数字带通滤波器幅频特性曲线

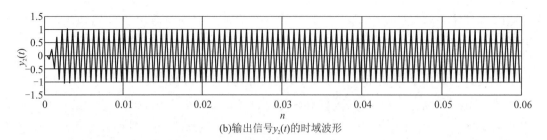

(b)输出信号$y_2(t)$的时域波形

图5-26　切比雪夫Ⅱ型数字带通滤波器幅频特性曲线和输出信号的时域波形图

（2）带阻滤波器设计与信号滤波的 MATLAB 实现。

根据问题的要求,所要设计的带阻滤波器的性能指标如下:

通带截止频率$f_{p1}=1200$ Hz,$f_{p2}=1800$ Hz;阻带截止频率$f_{s1}=800$ Hz,$f_{s2}=2200$ Hz;通带最大衰减$R_p=0.1$ dB,阻带最小衰减$A_s=60$ dB,选择切比雪夫Ⅱ型数字带阻滤波器实现信号分离。

```
clear all;close all
N=1500                               % 采样序列的长度
Fs=25000;T=1/Fs;Tp=N* T;             % 采样频率、采样间隔和采样时间
t=0:T:(N-1)* T;k=0:N-1;f=k/Tp;
f1=500;f2=1500;f3=2500;
xt=cos(2* pi* f1* t)+cos(2* pi* f2* t)+cos(2* pi* f3* t);
fpl=800;fp2=2200;fsl=1200;fs2=1800;  % 带阻数字滤波器的技术指标
wp=[2* fpl/Fs,2* fp2/Fs];ws=[2* fsl/Fs,2* fs2/Fs];rp=0.1;rs=60;
                                     % 归一化带阻滤波器技术指标
[N,wp0]=ellipord(wp,ws,rp,rs);       % 调用 ellipord 函数计算带阻滤波器
                                        的阶数和阻带截止频率
[B,A]=ellip(N,rp,rs,wp0,'stop');     % 调用函数计算带阻滤波器系统函数
                                        分子分母多项式系数向量
[h,w]= freqz(B,A);                   % 计算带阻滤波器的频率响应
y3t=filter(B,A,xt);                  %  调用函数实现滤波
subplot(2,1,1);
plot(w,20* log10(abs(h)));title('(a)带阻滤波器的幅频特性曲线');
xlabel('w/pi');ylabel('幅度/dB'); axis([0,1,-80,0]);
subplot(2,1,2);
plot(t,y3t); xlabel('n');ylabel('y3(t)');title('(b)输出信号 y3(t)时域波形');
```

运行结果如图5-27所示,$N=6$,实现了信号分离。读者可以自行运行程序分析带阻滤波器的通带截止频率、系统函数等。

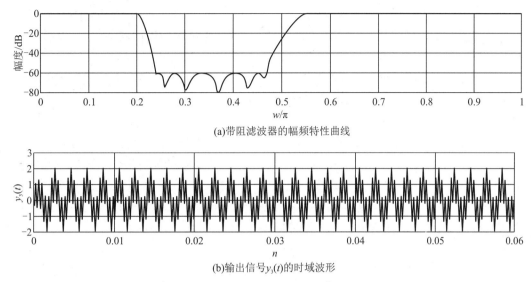

(a)带阻滤波器的幅频特性曲线

(b)输出信号$y_3(t)$的时域波形

图 5-27　椭圆数字带通滤波器幅频特性曲线和输出信号的时域波形图

本章小结

1.滤波器的概念与 IIR 数字滤波器设计。

本章重点介绍了数字滤波器的概念及分类。数字滤波器是一个离散时间系统,按其单位脉冲响应 $h(n)$ 长短可分为 IIR 滤波器和 FIR 滤波器;按频率响应的通带特性分为低通、高通、带通、带阻和全通滤波器。数字滤波器的频响 $H(\mathrm{e}^{\mathrm{j}\omega})$ 一般为复函数,表示为 $H(\mathrm{e}^{\mathrm{j}\omega})=|H(\mathrm{e}^{\mathrm{j}\omega})|\mathrm{e}^{\mathrm{j}\varphi(\omega)}$。对 IIR 滤波器,重点讨论幅频响应,其相频响应一般为非线性相位。

IIR 滤波器的设计方法分直接设计和间接设计,本章重点讨论了间接法设计 IIR 数字滤波器。间接法设计 IIR 滤波器是利用模拟滤波器理论来设计数字滤波器,就是由模拟低通原型的传输函数 $H_a(s)$ 求出相应的数字低通原型的系统函数 $H(z)$,工程上常用的转换方法有脉冲响应不变法和双线性变换法。IIR 数字滤波器的设计,由于只考虑了幅频特性,没有考虑相位特性。因此,所设计的 IIR 数字滤波器的相位特性一般都是非线性的。为了补偿这种相位失真,可以给滤波器级联一个时延均衡器,常用均衡器为全通滤波器。

模拟滤波器是 IIR 滤波器设计的基础。在设计模拟滤波器时,先将待设计的模拟滤波器技术指标转换为模拟低通原型滤波器技术指标,然后设计模拟低通原型滤波器,再通过频率变换(原型变换)将模拟低通滤波器转换为所需的数字滤波器。

常用模拟滤波器有巴特沃斯滤波器、切比雪夫滤波器、椭圆滤波器等。巴特沃斯滤波器的特点是通带和阻带内都具有平坦的幅度特性。切比雪夫滤波器的幅频特性在通带(Ⅰ型)或阻带(Ⅱ型)内具有等波纹特性。椭圆滤波器在通带和阻带内都具有等波纹幅频特性。

脉冲响应不变法是从时域出发,使 $h(n)$ 等于 $h_a(t)$ 的采样值,由于实现了时域采样,因而时域逼近良好,但数字滤波器的频谱为模拟滤波器频谱的周期延拓,所以存在频谱混叠。

双线性变换法由于采用了非线性压缩,从而实现 s 平面到 z 平面的单值映射,其优点是不会产生频率混叠现象,适用具有分段常数频率特性的任意滤波器的设计,缺点为模拟频率与数字频率是非线性关系。

2.高通、带通和带阻滤波器的设计可通过频率变换实现,具体方法为:①确定所需类型数字滤波器的技术指标;②将所需类型数字滤波器的技术指标转换成模拟滤波器的技术指标;③由频率变换将所需类型模拟滤波器技术指标转换成模拟低通原型滤波器指标;④设计模拟低通原型滤波器;⑤将模拟低通原型通过频率变换,转换成所需类型的模拟滤波器;⑥选择合适的变换方法(脉冲响应不变法或双线性变换法),将 $H_a(s)$ 映射为 $H(z)$。

3.本章在讨论数字滤波器概念与设计的基础上重点借助于 MATLAB 对 IIR 数字滤波器的设计方法与仿真进行分析,并结合一些实际应用实例,加深对信号处理问题的理解,强化运用所学知识分析解决问题的综合能力的培养。以下是本章用到的 MATLAB 函数列表(表 5-4)。

表 5-4　与本章有关的 MATLAB 函数

函数名	函数功能描述
buttap	$[z,p,k]=buttap(N)$,该函数用于计算 N 阶巴特沃斯归一化模拟低通原型滤波器的系统函数的零点、极点和增益因子。调用 $[B,A]=zp2tf(z,p,k)$ 可以将零极点增益形式转换为多项式形式。带"ap"函数表示模拟原型,以下相同
buttord	$[N,wc]=buttord(wp,ws,Rp,As,'s')$。函数中带有 's' 的是计算巴特沃斯模拟滤波器的阶数 N 和 3 dB 截止频率 wc;不带 's' 的是计算巴特沃斯数字滤波器的阶数 N 和 3 dB 截止频率 wc。设计数字滤波器时,wp、ws 为滤波器通带边界频率和阻带边界频率的归一化值。当 ws≤wp 时设计高通滤波器,wp、ws 为二元矢量时设计带通或带阻滤波器,wc 也是二元矢量。设计模拟滤波器时,wp、ws、wc 为实际的模拟角频率值(rad/s)
butter	$[B,A]=butter(N,wc,'ftype','s')$。函数中带有 's' 的是计算巴特沃斯模拟滤波器的系统函数的分子分母多项式系数,不带 's' 的是计算巴特沃斯数字滤波器的系统函数的分子分母多项式系数。参数选择规则与 buttord 相同。'ftype' 为类型选择,'ftype'=high 时设计高通,缺省时设计低通;当 wc 为二元矢量时,'ftype'=stop 设计带阻,缺省时设计带通。设计的带通和带阻是 2N 阶滤波器
cheb1ap	$[z,p,k]=cheb1ap(N,Rp)$ 计算切比雪夫 I 型归一化模拟低通原型的零点、极点及增益因子。调用 $[B,A]=zp2tf(z,p,k)$ 可以将零点、极点增益形式转换为多项式形式
cheb1ord	$[N,wp0]=cheb1ord(wp,ws,Rp,As,'s')$。函数中带有 's' 的是计算切比雪夫 I 型模拟滤波器的阶数 N 和通带截止频率 wp0;不带 's' 的是计算切比雪夫 I 型数字滤波器的阶数 N 和 3 dB 截止频率 wc。参数调用与 buttord 相同,但返回参数此处是通带截止频率 wp0 而不是 3 dB 截止频率

续表 5-3

函数名	函数功能描述
cheby1	[B,A]=cheby1(N,Rp,wp0,'ftype','s')。函数中带有 's'的是计算切比雪夫 Ⅰ 型模拟滤波器的系统函数的分子分母多项式系数,不带 's'的是计算切比雪夫 Ⅰ 型数字滤波器的阶系统函数的分子分母多项式系数。参数选择格式与 butter 相同,但调用频率参数此处是通带截止频率 wp0 而不是 3 dB 截止频率
cheb2ap	[z,p,k]=cheb2ap(N,Rs)计算切比雪夫 Ⅱ 归一化模拟低通原型的零点、极点及增益因子。调用[B,A]=zp2tf(z,p,k)可以将零点、极点增益形式转换为多项式形式
cheb2ord	[N,ws0]=cheb2ord(wp,ws,Rp,As,'s')。函数中带有 's'的是计算切比雪夫 Ⅱ 型模拟滤波器的阶数 N 和阻带截止频率 ws0;不带 's'的是计算切比雪夫 Ⅱ 型数字滤波器的阶数 N 和 3 dB 截止频率 wc。参数调用与 buttord 相同,但返回参数此处是阻带截止频率 ws0,而不是 3 dB 截止频率
cheby2	[B,A]=cheby2(N,As,ws0,'ftype','s')。函数中带有 's'的是计算切比雪夫 Ⅱ 型模拟滤波器的系统函数的分子分母多项式系数,不带 's'的是计算切比雪夫 Ⅱ 型数字滤波器的阶系统函数的分子分母多项式系数。参数选择格式与 butter 相同,但调用频率参数此处是通带截止频率 ws0 而不是 3 dB 截止频率
ellipap	[z,p,k]=ellipap(N,Rp,As)计算 N 阶归一化模拟低通椭圆滤波器的零点、极点和增益因子
ellipord	[N,ws0]=ellipord(wp,ws,Rp,As,'s')。函数中带有 's'的是计算椭圆模拟滤波器的阶数 N 和通带截止频率 wp0;不带 's'的是计算椭圆数字滤波器的阶数 N 和通带截止频率 wp0。参数调用格式与 buttord 中的相应相同
ellip	[B,A]=ellip(N,Rp,wp0,'ftype','s')。函数中带有 's'的是计算椭圆模拟滤波器的系统函数的分子分母多项式系数,不带 's'的是计算椭圆数字滤波器的阶系统函数的分子分母多项式系数。调用频率参数此处是通带截止频率 ws0 而不是 3 dB 截止频率
impinvar	[bz,az]=impinvar(b,a,fs)利用脉冲响应不变法将模拟滤波器转换为数字滤波器
bilinear	[bz,az]=bilinear(b,a,fs)利用双线性变换法将模拟滤波器转换为数字滤波器

自测题

一、填空题

1. 数字滤波器的频率响应 $H(e^{j\omega})$ 都是以＿＿＿＿＿＿为周期的,低通滤波器的通频带中心位于＿＿＿＿＿＿＿＿,而高通滤波器的通频带位于＿＿＿＿＿＿。一般在数字频率的主值区间＿＿＿＿＿＿＿＿描述数字滤波器的频率响应特性。

2. 设数字滤波器的通带中心频率为 ω_0,将 $H(e^{j\omega_0})$ 归一化为 1,当幅度下降到 $\sqrt{2}/2$ 时的频率为 $\omega = \omega_c$,用分贝数描述,此时幅度下降＿＿＿＿＿＿dB;称 ω_c 为＿＿＿＿＿＿＿＿。ω_p、ω_s 和 ω_c 统称为＿＿＿＿＿＿＿＿＿。

3.写出设计原型模拟低通的三种逼近法：＿＿＿＿＿＿＿＿、＿＿＿＿＿＿＿＿和＿＿＿＿＿＿＿＿。

4.设计数字滤波器的方法之一是先设计模拟滤波器,然后通过模拟 S 域到数字 Z 域的变换,将模拟滤波器转换成数字滤波器,其中常用的双线性变换的关系式是＿＿＿＿＿＿＿＿＿＿＿＿＿＿。

5.由于采用脉冲响应不变法转换时,数字滤波器的频率响应是模拟滤波器频率响应的＿＿＿＿＿＿＿＿,所以当模拟滤波器的频率响应是限带于＿＿＿＿＿＿＿＿之内时,周期延拓不会造成频谱混叠,变换得到的数字滤波器的频率响应才能不失真地重现模拟滤波器的频响。

6.脉冲响应不变法只适用于设计频率严格有限的＿＿＿＿＿＿＿、＿＿＿＿＿＿＿,不适用于设计＿＿＿＿＿＿＿和＿＿＿＿＿＿＿。

7.采用双线性变换法设计 IIR 数字滤波器时,数字频率 ω 与模拟频率 Ω 的关系不是＿＿＿＿＿＿的,即＿＿＿＿＿＿＿＿＿＿。因此,变换前的线性频响曲线在经过 $\Omega \to \omega$ 非线性变换后,频响曲线的各频率成分的相对关系发生变化,不再具有＿＿＿＿＿＿＿＿＿＿特性。

8.由模拟滤波器设计数字滤波器时,先将待设计的数字滤波器技术指标转换为模拟滤波器技术指标,然后将模拟技术指标转换为＿＿＿＿＿＿＿＿,然后设计模拟＿＿＿＿＿＿＿＿滤波器,再通过＿＿＿＿＿＿＿＿＿将模拟滤波器转换为所需的数字滤波器。模拟滤波器转换为数字滤波器的转换方法通常选择＿＿＿＿＿＿＿＿＿＿＿＿。

二、选择题

1.IIR 滤波器必须采用( )型结构,而且其系统函数 $H(z)$ 的极点位置必须在( )。

A.递归;单位圆外   B.非递归;单位圆外

C.非递归;单位圆内   D.递归;单位圆内

2.利用模拟滤波器设计 IIR 数字滤波器时,为了使系统的因果稳定性不变,在将 $H_a(s)$ 转换为 $H(z)$ 时应使 s 平面的左半平面映射到 z 平面的( )。

A.单位圆内   B.单位圆外

C.单位圆上   D.单位圆与实轴的交点

3.下列关于用脉冲响应不变法设计 IIR 滤波器的说法中错误的是( )。

A.数字频率与模拟频率之间呈线性关系

B.能将线性相位的模拟滤波器映射为一个线性相位的数字滤波器

C.容易产生频率混叠效应

D.可以用于设计高通和带阻滤波器

4.由于脉冲响应不变法可能产生( ),因此脉冲响应不变法不适合用于设计( )。

A.频率混叠现象;高通、带阻滤波器   B.频率混叠现象;低通、带通滤波器

C.时域不稳定现象;高通、带阻滤波器   D.时域不稳定现象;低通、带通滤波器

5.下列关于脉冲响应不变法的描述,错误的是( )。

A.s 平面的每一个单极点 $s = s_k$ 变换到 z 平面上 $z = e^{s_k T}$ 处的单极点

B.如果模拟滤波器是因果稳定的,则其数字滤波器也是因果稳定的

C.$H_a(s)$ 和 $H(z)$ 的部分分式的系数是相同的

D.s 平面极点与 z 平面极点都有 $z = e^{s_k T}$ 的对应关系

6.下面关于 IIR 滤波器的设计,说法正确的是(　　)。

A.双线性变换法的优点是数字频率和模拟频率呈线性关系

B.脉冲响应不变法无频率混叠现象

C.脉冲响应不变法不适合设计高通滤波器

D.双线性变换法只适合设计低通、带通滤波器

7.以下关于用双线性变换法设计 IIR 滤波器的论述中正确的是(　　)。

A.数字频率与模拟频率之间呈线性关系

B.总是将稳定的模拟滤波器映射为一个稳定的数字滤波器

C.使用的变换是 s 平面到 z 平面的多值映射

D.不宜用来设计高通和带阻滤波器

习题与上机

一、基础题

1.用脉冲响应不变法及双线性变换法将模拟传递函数 $H_a(s) = \dfrac{3s + 2}{2s^2 + 3s + 1}$ 转变为数字传递函数 $H(z)$,采样周期 $T = 0.1\text{s}$。

2.试分析脉冲响应不变法设计数字滤波器的基本思想、方法及其局限性。

3.试分析双线性变换法设计数字滤波器的基本思想、方法及其局限性。

4.用双线性变换法设计 IIR 数字滤波器时,为什么要"预畸"? 如何"预畸?"

5.设采样频率为 $f_s = 5\text{ kHz}$,用脉冲响应不变法设计一个三阶巴特沃斯数字低通滤波器,截止频率为 $f_c = 1\text{ kHz}$。

6.设采样频率为 $f_s = 6\text{ kHz}$,用双线性变换法设计一个三阶巴特沃斯数字低通滤波器,截止频率为 $f_c = 1.5\text{ kHz}$。

7.设 $h_a(t)$ 表示一个模拟滤波器的单位脉冲响应。

$$h_a(t) = \begin{cases} e^{-0.9t} & t \geqslant 0 \\ 0 & t < 0 \end{cases}$$

试用脉冲响应不变法将滤波器转换为数字滤波器,完成下列问题:

(1)求解数字滤波器的系统函数 $H(z)$;

(2)证明:T 为任何值时,数字滤波器都是稳定的;

(3)说明数字滤波器是低通还是高通滤波器。

8.用脉冲响应不变法设计一个巴特沃斯数字低通滤波器,要求通带截止频率 $\omega_p = 0.3\pi$,通带最大衰减 $\alpha_p = 1\text{ dB}$;阻带截止频率 $\omega_s = 0.5\pi$,阻带内的最小衰减 $\alpha_s = 20\text{ dB}$。

9.用双线性变换法设计一个巴特沃斯数字高通滤波器,要求通带截止频率 $\omega_p = 0.6\pi$,通带最大衰减 $\alpha_p = 1\text{ dB}$;阻带截止频率 $\omega_s = 0.3\pi$,阻带内的最小衰减 $\alpha_s = 10\text{ dB}$。

10.希望消除测试系统中的频率 $f_0 = 50\text{ Hz}$ 工频信号干扰,要求设计一个带阻滤波器,

滤除频率在 45~55 Hz 频段的频率成分,衰减大于 40 dB;保留 0~40 Hz 和 60 Hz 以上的频率成分,衰减不大于 1 dB,采用巴特沃斯滤波器。

二、提高题(以下各题可利用 MATLAB 设计)

1.用脉冲响应不变法设计一个椭圆数字低通滤波器,要求通带截止频率 $\omega_p = 0.25\pi$,通带最大衰减 $\alpha_p = 1$ dB;阻带截止频率 $\omega_s = 0.45\pi$,阻带内的最小衰减 $\alpha_s = 60$ dB。

2.用双线性变换法设计一个切比雪夫 I 型数字高通滤波器,要求通带截止频率 $\omega_p = 0.65\pi$,通带最大衰减 $\alpha_p = 0.1$ dB;阻带截止频率 $\omega_s = 0.35\pi$,阻带内的最小衰减 $\alpha_s = 80$ dB。要求显示滤波器系统函数的系数、零点、极点,并作幅度特性和相频特性曲线。

3.设计一个巴特沃斯数字带通滤波器,通带范围为 0.25π 到 0.45π,通带内的最大衰减为 0.1 dB,0.1π 以下和 0.5π 以上为阻带,阻带最小衰减 40 dB。要求显示滤波器系统函数的系数、零点、极点,并作幅度特性和相频特性曲线。

4.设计一个椭圆数字带通滤波器,通带范围为 0.25π 到 0.45π,通带内的最大衰减为 0.1 dB,0.1π 以下和 0.5π 以上为阻带,阻带最小衰减 40 dB。要求显示滤波器系统函数的系数、零点、极点,并作幅度特性和相频特性曲线。与第 4 题中的设计结果对比。

5.设计一个采样频率 $f_s = 5$ MHz 椭圆带阻滤波器,要求通带边界频率为 550 Hz 和 780 Hz 频段的频率成分,衰减小于 0.5 dB;阻带边界频率分别为 1050 Hz 和 1400 Hz,衰减大于 60 dB。要求显示滤波器系统函数的系数、零极点,并作幅度特性和相频特性曲线。

第6章　有限长脉冲响应数字滤波器的设计

【学习导读】

利用模拟滤波器成熟的理论及设计方法设计 IIR 数字滤波器,保留了一些典型模拟滤波器优良的幅度特性。但设计中只考虑了幅度特性,没考虑相位特性,所设计的滤波器一般是非线性相位的,会使信号各个频率成分产生不同的相位延迟,导致相位失真。有限长单位脉冲响应(FIR)滤波器在保证幅度特性满足技术要求的同时,很容易做到严格的线性相位特性和任意幅度的要求。

线性相位 FIR 滤波器的设计方法和 IIR 滤波器的设计方法截然不同,FIR 滤波器的设计任务是选择有限长度的 $h(n)$,使频率响应函数 $H(e^{j\omega})$ 满足技术指标要求。本章首先讨论 FIR 滤波器的线性相位条件和特点,然后重点讨论 FIR 滤波器三种设计方法:窗函数法、频率采样法和切比雪夫等波纹逼近法。

【学习目标】

● 知识目标:①了解两类线性相位的概念,掌握 FIR 数字滤波器线性相位条件的推导及证明;②掌握线性相位 FIR 数字滤波器的幅度特点及零点特性;③理解窗函数法、频率采样法和等波纹逼近法设计 FIR 数字滤波器的设计思想。

● 能力目标:①掌握窗函数法、频率采样法和等波纹逼近法设计 FIR 数字滤波器的设计方法;②能够应用 MATLAB 工具箱函数设计与实现 FIR 数字滤波器;③熟练掌握应用 FDATool 设计及分析滤波器。

● 素质目标:①由 IIR 和 FIR 数字滤波器使用的范围、设计方法的不同以及窗函数的不断发展(目前已有几十种窗函数),充分理解科学精神中的探索精神;②比较 FIR 数字滤波器的窗函数的三种设计方法,充分理解科学精神中的理性精神;③通过 FIR 数字滤波器的设计与应用进一步强化自身工程意识、工程素养,提高自身工程研究与工程创新能力;④通过综合设计性实验培养团队合作精神。

6.1　线性相位 FIR 数字滤波器的条件和特点

本节主要介绍 FIR 滤波器具有线性相位的条件、幅度特性以及零点的特点。

6.1.1　FIR 数字滤波器的线性相位条件

FIR 数字滤波器的单位脉冲响应 $h(n)$ 的长度为 N,其系统函数为

$$H(z) = \sum_{n=0}^{N-1} h(n) z^{-n} \qquad (6-1)$$

FIR 滤波器的频率响应为

$$H(e^{j\omega}) = \sum_{n=0}^{N-1} h(n) e^{-jan} H(e^{j\omega}) = H_g(\omega) e^{j\theta(\omega)} \qquad (6-2)$$

式(6-2)中，$|H(e^{j\omega})|$ 是幅频特性，$\theta(\omega)$ 称为相位特性，$H_g(\omega)$ 称为幅度特性。注意这里 $H_g(\omega)$ 不同于 $|H(e^{j\omega})|$，$H_g(\omega)$ 为 ω 的实函数，可能取负值，而 $|H(e^{j\omega})|$ 总是正值。

线性相位 FIR 滤波器是指 $\theta(\omega)$ 是 ω 的线性函数，即

$$\theta(\omega) = -\tau\omega \text{，} \tau \text{ 为常数} \qquad (6-3)$$

或者

$$\theta(\omega) = \theta_0 - \tau\omega \text{，} \theta_0 \text{ 是起始相位} \qquad (6-4)$$

以上两种情况都满足群延时是一个常数，即

$$\frac{d\theta(\omega)}{d\omega} = -\tau \qquad (6-5)$$

一般称满足式(6-3)的具有第一类线性相位；称满足式(6-4)的具有第二类线性相位。

如果 FIR 滤波器的单位脉冲响应 $h(n)$ 为实序列且满足下列条件之一：

偶对称 $\qquad\qquad h(n) = h(N-1-n) \qquad (6-6)$

奇对称 $\qquad\qquad h(n) = -h(N-1-n) \qquad (6-7)$

其对称中心在 $n = (N-1)/2$ 处，则该 FIR 滤波器具有线性相位特性。式(6-6)为第一类线性相位条件，式(6-7)为第二类线性相位条件。下面给出推导和证明。

1. $h(n)$ 满足偶对称

$$h(n) = h(N-1-n) \text{，} 0 \leqslant n \leqslant N-1 \qquad (6-8)$$

将式(6-8)代入(6-1)，得

$$H(z) = \sum_{n=0}^{N-1} h(N-1-n) z^{-n}$$

令 $m = N-1-n$，则

$$H(z) = \sum_{m=0}^{N-1} h(m) z^{-(N-m-1)} = z^{-(N-1)} \sum_{m=0}^{N-1} h(m) z^m$$

$$H(z) = z^{-(N-1)} H(z^{-1})$$

$$H(z) = \frac{1}{2} \left[H(z) + z^{-(N-1)} H(z^{-1}) \right] = \frac{1}{2} \sum_{n=0}^{N-1} h(n) \left[z^{-n} - z^{-(N-1)} z^n \right]$$

$$= z^{-\frac{N-1}{2}} \sum_{n=0}^{N-1} h(n) \left[\frac{1}{2} \left(z^{-n+\frac{N-1}{2}} + z^{n-\frac{N-1}{2}} \right) \right]$$

将 $z = e^{j\omega}$ 代入上式得到滤波器的频率响应：

$$H(e^{j\omega}) = e^{-j(\frac{N-1}{2})\omega} \sum_{n=0}^{N-1} h(n) \cos\left[\left(n - \frac{N-1}{2} \right)\omega \right]$$

当 $h(n)$ 为实序列、偶对称时,幅度响应和相频响应分别为

$$H_g(\omega) = \sum_{n=0}^{N-1} h(n) \cos\left[\left(n - \frac{N-1}{2} \right) \omega \right] \tag{6-9}$$

$$\theta(\omega) = -\frac{1}{2}(N-1)\omega \tag{6-10}$$

由式(6-9),当 $h(n)$ 为偶对称的实序列时,$H_g(\omega)$ 是标量函数,而且是偶函数和周期函数,滤波器的群延时 $\tau = (N-1)/2$。因此,当 $h(n)$ 为实序列且关于 $n = (N-1)/2$ 偶对称时,FIR 滤波器具有第一类线性相位特性。

2. $h(n)$ 满足奇对称

$$h(n) = -h(N-1-n), \ 0 \leq n \leq N-1 \tag{6-11}$$

将式(6-11)代入(6-1),得

$$H(z) = -\sum_{n=0}^{N-1} h(N-1-n) z^{-n}$$

令 $m = N-1-n$,则

$$H(z) = -\sum_{m=0}^{N-1} h(m) z^{-(N-m-1)} = -z^{-(N-1)} \sum_{m=0}^{N-1} h(m) z^m$$

$$H(z) = -z^{-(N-1)} H(z^{-1})$$

$$H(z) = \frac{1}{2}\left[H(z) - z^{-(N-1)} H(z^{-1}) \right] = \frac{1}{2} \sum_{n=0}^{N-1} h(n) \left[z^{-n} - z^{-(N-1)} z^n \right]$$

$$= z^{-\left(\frac{N-1}{2}\right)} \sum_{n=0}^{N-1} h(n) \left[\frac{1}{2} \left(z^{-n+\frac{N-1}{2}} - z^{n-\frac{N-1}{2}} \right) \right]$$

将 $z = e^{j\omega}$ 代入上式得到滤波器的频率响应

$$H(e^{j\omega}) = j e^{-j\left(\frac{N-1}{2}\right)\omega} \sum_{n=0}^{N-1} h(n) \sin\left[\left(\frac{N-1}{2} - n \right) \omega \right]$$

当 $h(n)$ 为实序列时,幅度响应和相频响应分别为

$$H_g(\omega) = \sum_{n=0}^{N-1} h(n) \sin\left[\left(\frac{N-1}{2} - n \right) \omega \right] \tag{6-12}$$

$$\theta(\omega) = -\frac{1}{2}(N-1)\omega + \frac{\pi}{2} \tag{6-13}$$

由式(6-12),当 $h(n)$ 为实序列、奇对称时,$H_g(\omega)$ 是标量函数,而且是偶函数和周期函数,滤波器的群延时 $\tau = (N-1)/2$。因此,当 $h(n)$ 为实序列且关于 $n = (N-1)/2$ 奇对称时,FIR 滤波器具有第二类线性相位特性。

6.1.2　线性相位 FIR 数字滤波器的幅度函数 $H_g(\omega)$ 的特点

线性相位 FIR 滤波器的单位脉冲响应 $h(n)$ 可以是偶对称也可以是奇对称,并且 $h(n)$ 的长度 N 可以取偶数或者奇数,因而可以有四种类型的 FIR 滤波器,下面分四种情况对线性相位 FIR 滤波器的幅度函数 $H_g(\omega)$ 进行讨论。

1.第一种类型(Ⅰ型):$h(n)$ 为偶对称,N 为奇数

根据式(6-9),幅度函数 $H_g(\omega)$ 为

$$H_g(\omega) = \sum_{n=0}^{N-1} h(n)\cos\left[\left(\frac{N-1}{2}-n\right)\omega\right]$$

式中,$h(n)$ 关于 $n=\frac{N-1}{2}$ 呈偶对称,而 $\cos\left[\left(\frac{N-1}{2}-n\right)\omega\right]$ 也是关于 $n=\frac{N-1}{2}$ 偶对称的,所以,以 $n=\frac{N-1}{2}$ 为中心将两两相等的项合并,由于 N 为奇数,故余下中间项 $n=\frac{N-1}{2}$。幅度函数可以表示为

$$H_g(\omega) = h\left(\frac{N-1}{2}\right) + \sum_{n=0}^{\frac{N-3}{2}} 2h(n)\cos\left[\left(\frac{N-1}{2}-n\right)\omega\right]$$

令 $n=\frac{N-1}{2}-m$,则上式改写为

$$H_g(\omega) = h\left(\frac{N-1}{2}\right) + \sum_{m=1}^{\frac{N-1}{2}} 2h\left(\frac{N-1}{2}-m\right)\cos\omega m$$

$$H_g(\omega) = \sum_{n=0}^{\frac{N-1}{2}} a(n)\cos\omega n \qquad (6-14)$$

$$a(n) = \begin{cases} h\left(\dfrac{N-1}{2}\right) & n=0 \\[2mm] 2h\left(\dfrac{N-1}{2}-n\right) & n=1,2,\cdots,\dfrac{N-1}{2} \end{cases} \qquad (6-15)$$

按照式(6-14),$\cos(\omega n)$ 项对 $\omega=0,\pi,2\pi$ 都是偶对称的,因此,$H_g(\omega)$ 关于 $\omega=0,\pi,2\pi$ 也是偶对称的。时域和频域特性见表6-1所示情况1。

Ⅰ型 FIR 滤波器的特点如下:

(1)具有满足第一类线性相位特性,相位曲线为过原点的直线;

(2)幅度函数 $H_g(\omega)$ 关于 $\omega=0,\pi,2\pi$ 也是偶对称的;

(3)可以实现低通、高通、带通和带阻滤波器。

2.第二种类型(Ⅱ型):$h(n)$ 为偶对称,N 为偶数

根据式(6-9),幅度函数 $H_g(\omega)$ 为

$$H_g(\omega) = \sum_{n=0}^{N-1} 2h(n)\cos\left[\left(\frac{N-1}{2}-n\right)\omega\right]$$

式中,$h(n)$ 关于 $n=\frac{N-1}{2}$ 呈偶对称,而 $\cos\left[\left(\frac{N-1}{2}-n\right)\omega\right]$ 也是关于 $n=\frac{N-1}{2}$ 偶对称的,所以,以 $n=\frac{N-1}{2}$ 为中心将两两相等的项合并,由于 N 为偶数,幅度函数可以表示为

$$H_g(\omega) = \sum_{n=0}^{N/2-1} 2h(n)\cos\left[\left(\frac{N-1}{2} - n\right)\omega\right]$$

令 $n = \dfrac{N}{2} - m$，则上式改写为

$$H_g(\omega) = \sum_{m=1}^{N/2} 2h\left(\frac{N}{2} - m\right)\cos\left[\omega\left(m - \frac{1}{2}\right)\right]$$

$$H_g(\omega) = \sum_{n=1}^{N/2} h(n)\cos\left[\omega\left(m - \frac{1}{2}\right)\right] \tag{6-16}$$

$$h(n) = 2h\left(\frac{N}{2} - n\right) \qquad n = 1,2,\cdots,N/2 \tag{6-17}$$

按照式(6-16)，$\cos\left[\omega\left(m - \dfrac{1}{2}\right)\right]$ 项对 $\omega = \pi$ 时为零，且对 $\omega = \pi$ 是奇对称。因此，$H_g(\pi) = 0$ 关于 $\omega = \pi$ 也是奇对称的。时域和频域特性见表 6-1 所示情况 2。

Ⅱ型 FIR 滤波器的特点如下：

(1)具有第一类线性相位特性，相位曲线为过原点的直线；

(2)幅度函数 $H_g(\omega)$ 关于 $\omega = \pi$ 也是奇对称，$H_g(\pi) = 0$；

(3)高通和带阻滤波器在 $\omega = \pi$ 处幅度不为零，因此不能实现高通和带阻滤波器。

表 6-1　$h(n)$ 为偶对称时线性相位 FIR 滤波器时域和频域特性一览表

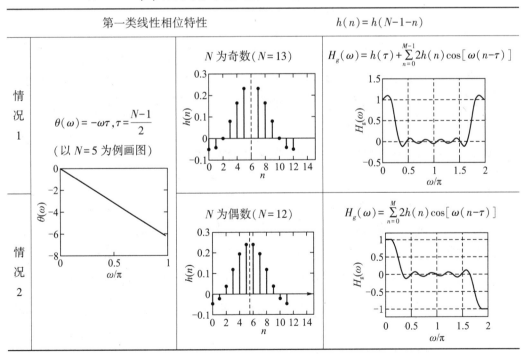

3.第三种类型(Ⅲ型)：$h(n)$ 为奇对称，N 为奇数

根据式(6-12)，幅度函数 $H_g(\omega)$ 为

$$H_g(\omega) = \sum_{n=0}^{N-1} h(n) \sin\left[\left(\frac{N-1}{2} - n\right)\omega\right]$$

由于 $h(n)$ 关于 $n = \frac{N-1}{2}$ 呈奇对称,即 $h(n) = -h(N-1-n)$,当 $n = \frac{N-1}{2}$ 时

$$h\left(\frac{N-1}{2}\right) = -h\left(N-1-\frac{N-1}{2}\right) = -h\left(\frac{N-1}{2}\right)$$

所以 $h\left(\frac{N-1}{2}\right) = 0$,即当 $h(n)$ 呈奇对称时,中间项一定为零。$\sin\left[\left(\frac{N-1}{2} - n\right)\omega\right]$ 也是关于 $n = \frac{N-1}{2}$ 奇对称的。

$$\sin\left\{\omega\left[\frac{N-1}{2} - (N-1-n)\right]\right\} = \sin\left[-\omega\left(\frac{N-1}{2} - n\right)\right] = -\sin\left[\omega\left(\frac{N-1}{2} - n\right)\right]$$

因此,在幅度函数求和项里第 n 项和第 $N-n-1$ 项是相等的,将相同项合并,得到

$$H_g(\omega) = \sum_{n=0}^{\frac{N-1}{2}} 2h(n) \sin\left[\left(\frac{N-1}{2} - n\right)\omega\right]$$

令 $n = \frac{N-1}{2} - m$,则上式改写为

$$H_g(\omega) = \sum_{n=0}^{\frac{N-1}{2}} c(n) \sin(\omega n) \tag{6-18}$$

$$c(n) = 2h\left(\frac{N-1}{2} - n\right) \quad n = 1, 2, \cdots, \frac{N-1}{2} \tag{6-19}$$

按照式(6-18),$\sin(\omega n)$ 项在 $\omega = 0, \pi, 2\pi$ 为零,因此,$H_g(\omega)$ 关于 $\omega = 0, \pi, 2\pi$ 也为零,并且对 $\omega = 0, \pi, 2\pi$ 是奇对称。时域和频域特性见表6-2所示情况3。

Ⅲ型 FIR 滤波器的特点如下:

(1)具有第二类线性相位特性,相位曲线为在纵轴的截距为 $\frac{\pi}{2}$、斜率为 $-\frac{N-1}{2}$ 的直线;

(2)幅度函数 $H_g(\omega)$ 关于 $\omega = 0, \pi, 2\pi$ 是奇对称的;在 $\omega = 0, \pi$ 处不为零。

(3)只能实现带通滤波器,而不能实现低通、高通和带阻滤波器。

4.第四种类型(Ⅳ型):$h(n)$ 为奇对称,N 为偶数

与情况3的推导类似,在幅度函数求和项里无单独项,将相同项合并,得到

$$H_g(\omega) = \sum_{n=0}^{N-1} 2h(n) \sin\left[\left(\frac{N-1}{2} - n\right)\omega\right] = \sum_{n=0}^{N/2-1} 2h(n) \sin\left[\left(\frac{N-1}{2} - n\right)\omega\right]$$

令 $n = \frac{N}{2} - m$,则上式改写为

$$H_g(\omega) = \sum_{m=1}^{N/2} h(n) \sin\left[\left(n - \frac{1}{2}\right)\omega\right] \tag{6-20}$$

$$h(n) = 2h\left(\frac{N}{2} - n\right) \quad n = 1, 2, \cdots, N/2 \tag{6-21}$$

按照式(6-20)，当 $\omega = 0, 2\pi$ 时，$\sin\left[\left(n - \frac{1}{2}\right)\omega\right]$ 为零且关于 $\omega = 0, 2\pi$ 奇对称；当 $\omega = \pi$ 时，$\sin\left[\left(n - \frac{1}{2}\right)\omega\right] = (-1)^{n - N/2}$ 为峰值点，$\sin\left[\left(n - \frac{1}{2}\right)\omega\right]$ 关于 $\omega = \pi$ 偶对称。因此，$H(\omega)$ 在 $\omega = 0, 2\pi$ 为零且关于 $\omega = 0, 2\pi$ 奇对称；$H_g(\omega)$ 取峰值且关于 $\omega = \pi$ 偶对称。时域和频域特性见表6-2所示情况4。

Ⅳ型 FIR 滤波器的特点如下：

(1)具有第二类线性相位特性，相位曲线在纵轴的截距为 $\frac{\pi}{2}$、斜率为 $-\frac{N-1}{2}$ 的直线；

(2)幅度函数 $H_g(\omega)$ 关于 $\omega = 0, 2\pi$ 是奇对称，关于 $\omega = \pi$ 偶对称；

(3)当 $\omega = 0$ 时，$H_g(\omega) = 0$，只能实现高通和带通滤波器，不能实现低通和带阻滤波器。

在实际使用时，Ⅰ型结构适合设计低通、高通、带通和带阻滤波器；Ⅱ型结构适合设计低通、带通滤波器；Ⅲ型结构适合设计带通滤波器；Ⅳ型结构适合设计高通和带阻滤波器。

表6-2　$h(n)$ 为奇对称时线性相位 FIR 滤波器时域和频域特性一览表

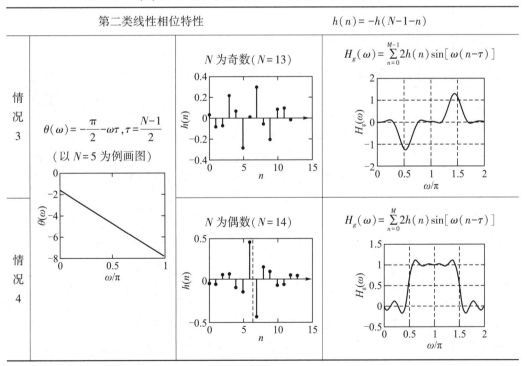

【例6-1】 五阶滑动平均滤波器的差分方程为

$$y(n) = \frac{1}{5}\left[x(n) + x(n-1) + x(n-2) + x(n-3) + x(n-4)\right] \qquad 0 \leq n \leq 4$$

画出滤波器的幅频特性、相频特性、幅度特性和相位特性曲线。

解：五阶滑动平均滤波器属于 FIR 滤波器，满足偶对称且 $N = 5$，属于第 I 型。

五阶滑动平均滤波器的单位脉冲响应为

$$h(n) = \frac{1}{5}\left[\delta(n) + \delta(n-1) + \delta(n-2) + \delta(n-3) + \delta(n-4)\right] = \frac{1}{5}\sum_{n=0}^{4}\delta(n-k)$$

五阶滑动平均滤波器的系统函数为

$$H(z) = \frac{1}{5}\left[1 + z^{-1} + z^{-2} + z^{-3} + z^{-4}\right] = \frac{1}{5}\sum_{k=0}^{4}z^{-k}$$

频率响应为

$$H(\mathrm{e}^{j\omega}) = \frac{1}{5}\sum_{k=0}^{4}\mathrm{e}^{-jk\omega} = \mathrm{e}^{-j2\omega}\left|\frac{\sin(5\omega/2)}{\sin(\omega/2)}\right| = \left|H(\mathrm{e}^{j\omega})\right|\mathrm{e}^{j\omega} = H(\omega)\mathrm{e}^{j\theta(\omega)}$$

五阶滑动平均滤波器的各项特性如下：

幅频特性：$\left|H(\mathrm{e}^{j\omega})\right| = \frac{1}{5}\left|\frac{\sin(5\omega/2)}{\sin(\omega/2)}\right|$

相频特性：$\varphi(\omega) = \arg\left[H(\mathrm{e}^{j\omega})\right]$

幅度特性：$H_g(\omega) = \sum_{n=0}^{2}a(n)\cos(\omega n) = \frac{1}{5}\left[1 + 2\cos\omega + 2\cos(2\omega)\right]$

相位特性：$\theta(\omega) = -2\omega$

利用 MATLAB 程序如下：

```
b=[0.2,0.2,0.2,0.2,0.2];a=1;w=0:0.005* pi:2* pi;
                                   % 滑动平均滤波器的系数向量
[h,w]=freqz(b,a,w);               % 求频率响应
subplot(2,2,1);plot(w/pi,abs(h));grid;     % 画幅频特性曲线
xlabel('(a)幅频特性 w/pi');ylabel('Magnitude');
subplot(2,2,2);plot(w/pi,angle(h));grid;   % 画相频特性曲线
xlabel('(b)相频特性');ylabel('Rad');
Hw=0.2* (1+cos(w)+cos(2* w));      % 求幅度特性
subplot(2,2,3);plot(w/pi,Hw);grid;         % 画幅度特性曲线
xlabel('(c)幅度特性');ylabel('Rad');
axis([0,2,0,0.6]);
theta=-2* w;                       % 相位特性
subplot(2,2,4);plot(w/pi,theta);grid;      % 画相位特性曲线
xlabel('(d)相位特性');ylabel('Rad');axis([0,2,-4* pi,0]);
```

运行结果如图 6-1 所示。滑动平均滤波器是一个 FIR 数字滤波器,常用于时域滤波,尽管它很简单,但对于已知随机噪声并保留陡峭边沿来说是最优的,可以有效地从含

有随机噪声的信号中提取微弱的有用信号。

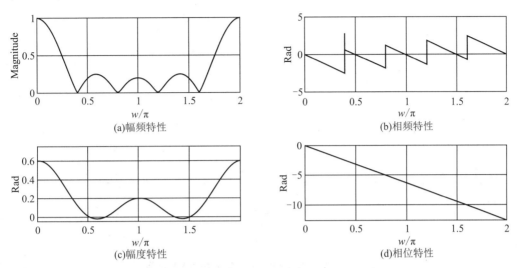

图 6-1 滑动平均滤波器的幅频、幅度、相频和相位特性

6.1.3 线性相位 FIR 数字滤波器的零点分布

$$H(z) = \sum_{n=0}^{N-1} h(n) z^{-n}$$

将 $h(n) = \pm h(N-1-n)$ 代入上式,得:

$$H(z) = \sum_{n=0}^{N-1} h(n) z^{-n} = \pm \sum_{n=0}^{N-1} h(N-1-n) z^{-n}$$

$$H(z) = \pm \sum_{m=0}^{N-1} h(m) z^{-(N-1-m)} = \pm z^{-(N-1)} H(z^{-1}) \tag{6-22}$$

由式(6-22)可以看出,如 $z = z_i$ 是 $H(z)$ 的零点,其倒数 z_i^{-1} 也必然是其零点;又因为 $h(n)$ 是实序列,$H(z)$ 的零点必定共轭成对,因此,z_i^* 和 $(z_i^{-1})^*$ 也是其零点。这样,线性相位 FIR 滤波器零点必定是互为倒数的共轭对,确定其中一个,另外三个零点也就确定了。

可能的情况:

(1) $z = z_i$ 既不在单位圆上,也不在实轴上,则零点是互为倒数的两组共轭对,如图 6-2(a)所示的 z_1、z_1^*、$1/z_1$ 和 $1/z_1^*$;

(2) $z = z_i$ 在实轴上,但不在单位圆上,是实数,共轭就是自己,所以有一对互为倒数的零点,如图 6-2(b)所示的 z_2 和 $1/z_2$;

(3) $z = z_i$ 不在实轴上,但在单位圆上,因倒数就是自己的共轭,所以有一对共轭零点,如图 6-2(c)所示的 z_3 和 z_3^*;

(4) $z = z_i$ 在单位圆上,又在实轴上,共轭和倒数都合为一点,所以只有两种可能,$z_i = 1$ 或 $z_i = -1$,如图 6-2(d)和(e)所示。

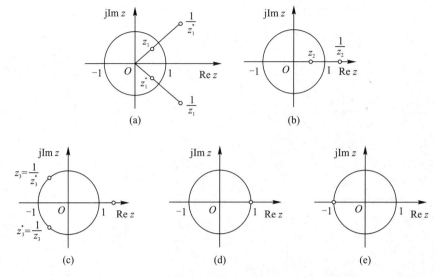

图 6-2　线性相位 FIR 数字滤波器的零点分布

6.2　窗函数法设计 FIR 滤波器

6.2.1　窗函数法设计原理

设计 FIR 滤波器最简单的方法就是窗函数法。这种方法一般先给定理想滤波器的频率响应 $H_d(e^{j\omega})$，用一个实际的 FIR 滤波器的频率响应 $H(e^{j\omega})$ 取逼近 $H_d(e^{j\omega})$。窗函数设计法是在时域内进行的，所以先由 $H_d(e^{j\omega})$ 求解理想滤波器的单位脉冲响应 $h_d(n)$。

设希望逼近的滤波器频率响应函数为 $H_d(e^{j\omega})$

$$H_d(e^{j\omega}) = \sum_{n=-\infty}^{\infty} h_d(n) e^{-j\omega n} \qquad (6-23)$$

其单位脉冲响应 $h_d(n)$ 为

$$h_d(n) = \frac{1}{2\pi} \int_{-\omega_c}^{\omega_c} H_d(e^{j\omega}) e^{j\omega n} d\omega \qquad (6-24)$$

如果能够由已知的 $H_d(e^{j\omega})$ 求出 $h_d(n)$，经过 Z 变换可得到滤波器的系统函数 $H(z)$。理想滤波器的频率响应 $H_d(e^{j\omega})$ 在边界频率处有不连续点，单位脉冲响应 $h_d(n)$ 是无限长非因果的序列。例如，线性相位理想低通滤波器的频率响应函数 $H_d(e^{j\omega})$ 为

$$H_d(e^{j\omega}) = \begin{cases} e^{-j\omega\alpha} & |\omega| \leqslant \omega_c \\ 0 & \omega_c < |\omega| \leqslant \pi \end{cases} \qquad (6-25)$$

其单位脉冲响应 $h_d(n)$ 为

$$h_d(n) = \frac{1}{2\pi} \int_{-\omega_c}^{\omega_c} e^{-j\omega\alpha} e^{j\omega n} d\omega = \frac{\sin[\omega_c(n-\alpha)]}{\pi(n-\alpha)} \qquad (6-26)$$

由式(6-26)看到,理想低通滤波器的单位脉冲响应 $h_d(n)$ 是无限长且是非因果序列。$h_d(n)$ 的波形如图 6-3(a)所示。为了构造一个长度为 N 的第一类线性相位 FIR 滤波器,只有将 $h_d(n)$ 截取一段,并保证截取的一段关于 $n = (N-1)/2$ 偶对称。

设截取的一段用 $h(n)$ 表示,即

$$h(n) = h_d(n)R_N(n) \tag{6-27}$$

式(6-27)中,$R_N(n)$ 是一个矩形序列,长度为 N,波形如图 6-3(b)所示。由该图可知,当 α 取值为 $(N-1)/2$ 时,截取的一段 $h(n)$ 关于 $n = (N-1)/2$ 偶对称,保证所设计的滤波器具有线性相位。$h_d(n)$ 的波形如图 6-3(c)所示。

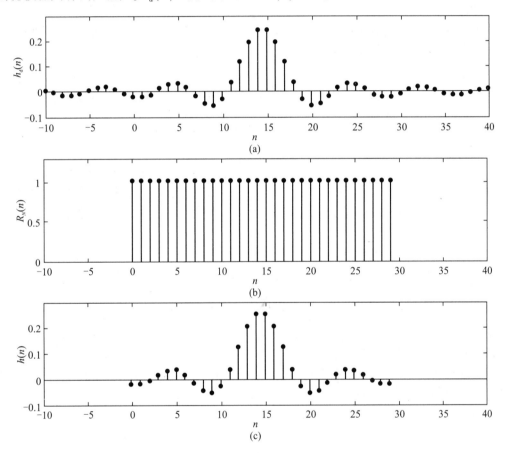

图 6-3　窗函数法设计时域波形图

6.2.2　加窗截断对 FIR 滤波器性能的影响

1.吉布斯(Gibbs)效应

用一个有限长的序列 $h(n)$ 去替代无限长序列 $h_d(n)$,肯定会引起误差,表现在频域,就是通常所说的吉布斯效应。该效应引起通带和阻带内的波动并且过渡带加宽,尤其使阻带衰减减小,从而满足不了技术指标的要求。吉布斯效应是由于将 $h_d(n)$ 直接截断引起的,也称为截断效应。

数字信号处理

下面讨论截断效应的产生以及如何减少截断效应带来的误差,设计一个能满足技术指标要求的 FIR 线性相位滤波器。

$H_d(e^{j\omega})$ 是一个以 2π 为周期的函数,可以展为傅里叶级数,即

$$H_d(e^{j\omega}) = \sum_{n=-\infty}^{\infty} h_d(n) e^{-j\omega n} \tag{6-28}$$

傅里叶级数的系数就是对应的单位脉冲响应 $h_d(n)$。设计 FIR 滤波器就是根据要求找到 N 个傅里叶级数系数 $h(n)$,($n=0,1,2,\cdots,N-1$),以 N 项傅里叶级数取近似代替无限项傅里叶级数,这样在一些频率不连续点附近会引起较大误差,这种误差就是前面说的截断效应。

如图 6-4 所示,加窗截断以后产生:通带和阻带产生波动,产生过渡带,阻带的衰减对于矩形窗只有 21 dB,如果实际工程要求大于 21 dB,则矩形窗函数不能实现设计要求。

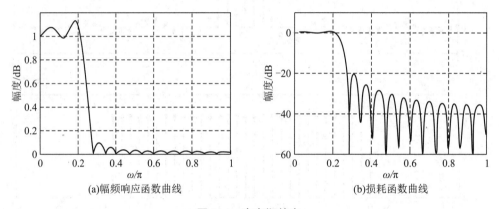

(a)幅频响应函数曲线　　　　　(b)损耗函数曲线

图 6-4　吉布斯效应

在式(6-28)中,$R_N(n)$ 称为矩形窗函数,可以形象地把 $R_N(n)$ 看作一个窗口,$h(n)$ 则是在窗口看到的一段 $h_d(n)$ 序列,$R_N(n)$ 起截断作用,所以称 $h(n)=h_d(n)R_N(n)$ 为用矩形窗对 $h_d(n)$ 进行加窗处理。

下面分析用矩形窗截断的影响和改进的措施。为了叙述方便,用 $W(n)$ 表示窗函数,用下标标示窗函数类型,矩形窗记为 $W_R(n)$,用 N 表示窗函数长度。

根据复卷积定理可知,时域相乘,频域卷积:

$$H(e^{j\omega}) = \frac{1}{2\pi} \int_{-\pi}^{\pi} H_d(e^{j\theta}) W_R(e^{j(\omega-\theta)}) d\theta \tag{6-29}$$

式(6-29)中,$H_d(e^{j\omega})$ 和 $W_R(n)$ 分别是 $h_d(n)$ 和 $R_N(n)$ 的傅里叶变换,即

$$W_R(e^{j\omega}) = \sum_{n=0}^{N-1} w_R(n) e^{-j\omega\tau} = \sum_{n=0}^{N-1} e^{-j\omega n} = e^{-j\frac{1}{2}(N-1)\omega} \frac{\sin(\omega N/2)}{\sin(\omega/2)} = W_{Rg}(\omega) e^{-j\omega\alpha}$$

$$\tag{6-30}$$

其中

$$W_{Rg}(\omega) = \frac{\sin(\omega N/2)}{\sin(\omega/2)}, \quad \alpha = \frac{N-1}{2} \tag{6-31}$$

$W_{Rg}(\omega)$ 称为矩形窗的幅度函数,如图 6-5(b)所示,将图中 $[-2\pi/N, 2\pi/N]$ 区间上

的一段波形称为 $W_{Rg}(\omega)$ 的主瓣(通常主瓣定义为原点两侧第一个过零点之间的区域),矩形窗的主瓣宽度为 $4\pi/N$,其余较小的波动称为旁瓣。

将 $H_d(\mathrm{e}^{\mathrm{j}\omega})$ 写成 $H_d(\mathrm{e}^{\mathrm{j}\omega})=H_{dg}(\omega)\mathrm{e}^{-\mathrm{j}\omega\alpha}$,理想低通滤波器的幅度特性函数[如图 6-5(a)所示]为

$$H_{dg}(\omega)=\begin{cases}1 & |\omega|\leqslant\omega_c \\ 0 & \omega_c<|\omega|\leqslant\pi\end{cases}$$

将 $H_d(\mathrm{e}^{\mathrm{j}\omega})$ 和 $W_R(\mathrm{e}^{\mathrm{j}\omega})$ 代入式(6-29),得:

$$H(\mathrm{e}^{\mathrm{j}\omega})=\frac{1}{2\pi}\int_{-\pi}^{\pi}H_{dg}(\theta)\mathrm{e}^{-\mathrm{j}\theta\alpha}W_{Rg}(\omega-\theta)\mathrm{e}^{-\mathrm{j}(\omega-\theta)\alpha}\mathrm{d}\theta$$

$$=\mathrm{e}^{-\mathrm{j}\omega\alpha}\frac{1}{2\pi}\int_{-\pi}^{\pi}H_{dg}(\theta)W_{Rg}(\omega-\theta)\mathrm{d}\theta$$

将 $H(\mathrm{e}^{\mathrm{j}\omega})$ 写成 $H(\mathrm{e}^{\mathrm{j}\omega})=H_g(\omega)\mathrm{e}^{-\mathrm{j}\omega\alpha}$,则

$$H_g(\omega)=\frac{1}{2\pi}\int_{-\pi}^{\pi}H_{dg}(\theta)W_{Rg}(\omega-\theta)\mathrm{d}\theta \tag{6-32}$$

式(6-32)中, $H_g(\omega)$ 是 $H(\mathrm{e}^{\mathrm{j}\omega})$ 的幅度特性。该式说明加窗后的滤波器的幅度特性等于理想低通滤波器的幅度特性 $H_{dg}(\omega)$ 与矩形窗幅度特性 $W_{Rg}(\omega)$ 的卷积。图 6-5(f)表示 $H_{dg}(\omega)$ 与 $W_{Rg}(\omega)$ 卷积形成的 $H_g(\omega)$ 的波形。

(1)当 $\omega=0$ 时, $H_g(0)$ 等于图 6-5(a)与(b)两波形乘积的积分,相当于对 $W_{Rg}(\omega)$ 在 $\pm\omega_c$ 之间一段波形的积分。一般 $\omega_c\gg2\pi/N$, $H_g(0)$ 近似为 $W_{Rg}(\omega)$ $\pm\pi$ 之间波形的积分,将 $H(0)$ 值归一化到 1。

(2)当 $\omega=\omega_c$ 时,情况如图 6-5(c)所示, $H_g(0)$ 近似为 $W_{Rg}(\theta)$ 一半波形的积分,对 $H_g(0)$ 归一化后的值近似为 $1/2$。

(3)当 $\omega=\omega_c-2\pi/N$ 时,如图 6-5(d)所示, $W_{Rg}(\omega)$ 全部主瓣都在区间 $[-\omega_c,\omega_c]$ 之内,因此,卷积结果有最大值,频响出现最大的正肩峰。

(4)当 $\omega=\omega_c+2\pi/N$ 时,如图 6-5(e), $W_{Rg}(\omega)$ 的全部主瓣完全在区间 $[-\omega_c,\omega_c]$ 之外,由于最大的负旁瓣在积分区间之内,卷积结果有最小值,频响出现负肩峰。

(5)当 $\omega>\omega_c+2\pi/N$ 时,随着 ω 的继续增大,卷积的值随着 $W_{Rg}(\omega)$ 的旁瓣在 $H_{dg}(\theta)$ 的通带内面积的变化而变化, $H_g(\omega)$ 将围绕零值波动。$H_g(\omega)$ 最大的正峰与最小的负峰对应的频率相距 $4\pi/N$ 。

通过以上分析可知,对 $h_d(n)$ 加矩形窗处理后, $H_g(\omega)$ 与原理想低通 $H_{dg}(\omega)$ 的差别有:在理想滤波器的不连续点 $\omega=\omega_c$ 两侧形成过渡带,过渡带的近似宽度等于 $R_N(n)$ 的主瓣宽度 $4\pi/N$;通带内产生了波纹,最大的峰值在 $\omega=\omega_c-2\pi/N$ 处;阻带内产生了余振,负峰值出现在 $\omega=\omega_c+2\pi/N$ 处。通带与阻带内的波动情况与窗函数的幅度谱 $W_{Rg}(\omega)$ 有关。波动的幅度取决于旁瓣的相对幅度,波动的多少则取决于旁瓣个数的多少。

以上就是对 $h_d(n)$ 用矩形窗截断后,在频域的反映,称为吉布斯效应。这种效应直接影响滤波器的性能。通带内的波纹影响滤波器通带的平稳性,阻带内的波纹影响阻带内的衰减,可能使最小衰减不满足技术指标要求。当然,一般滤波器都要求过渡带越窄越好。

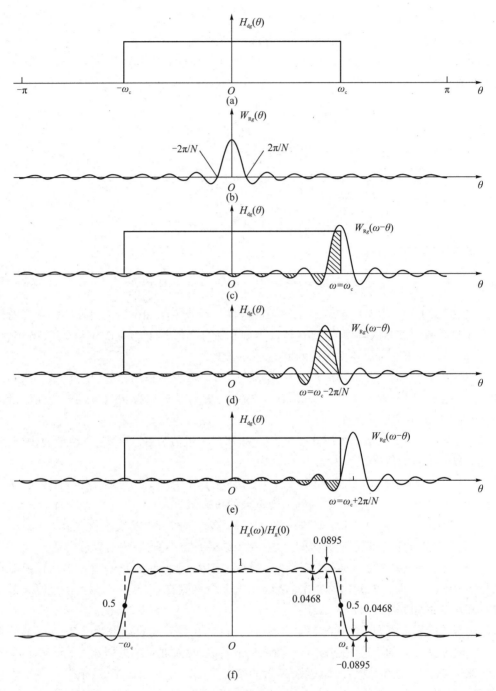

图 6-5 矩形窗加窗效应

下面研究如何减少吉布斯效应的影响,设计一个满足要求的 FIR 滤波器。

2.减小吉布斯效应影响的措施

直观上,增加窗口长度 N 就可以减少吉布斯效应的影响。下面以矩形窗为例,分析增加 N 时 $W_{Rg}(\omega)$ 的变化,吉布斯效应的变化情况。在主瓣附近 $W_{Rg}(\omega)$ 近似为

$$W_{Rg}(\omega) = \frac{\sin(\omega N/2)}{\sin(\omega/2)} \approx \frac{\sin(\omega N/2)}{\omega/2} = N\frac{\sin x}{x} \qquad (6-33)$$

式中 $x = \omega N/2$。当 N 增加时,只会减小过渡带宽度($4\pi/N$),而不改变主瓣与旁瓣的相对比例,同样也不改变肩峰的相对值。这个相对比例是由窗函数本身形状决定的,与 N 的大小无关。换句话说,增加 N 只能改变过渡带带宽,而不能改变通带和阻带的波动值。由于肩峰值的大小直接影响通带特性和阻带衰减,所以对滤波器的性能影响较大。例如,在矩形窗情况下,最大相对肩峰值 8.95%,N 增加时,$4\pi/N$ 减小,起伏振荡变密,最大相对肩峰值总是占 8.95%,这是吉布斯效应的特点。

以上分析说明,调整窗口长度 N 只能有效地控制过渡带的宽度,而要减少带内波动以及增大阻带衰减,只能从窗函数的形状上找解决问题的方法。构造新的窗函数形状,使其频谱函数的主瓣包含更多的能量,相应旁瓣幅度更小,旁瓣的减小可使通带、阻带波动减小,从而加大阻带衰减。但这样总是以加宽过渡带为代价的。下面介绍几种常用的窗函数。

6.2.3 典型窗函数介绍

矩形窗的阻带衰减只有 21 dB,这个衰减量在工程实际中是不够的,为了加大阻带的衰减,只能改变窗函数的形状。改善滤波器阻带衰减特性的窗函数的改进准则:

(1)旁瓣尽量小:要改善滤波器的阻带衰减,应尽量减少窗口频谱中的旁瓣,使能量尽量集中在主瓣内,这样就可以减少肩峰和余振,提高阻带的衰减。

(2)主瓣尽量窄:为获得较陡的过渡带,主瓣的宽度应尽量窄。

然而在实际中,要求旁瓣尽量小、主瓣尽量窄本身是相互矛盾的,不能同时满足。当选用主瓣宽度较窄时,可以得到较陡的过渡带,但通带和阻带的波动明显加剧;当选用较小的旁瓣幅度时,虽然能够得到平坦的幅度响应和阻带波纹,但过渡带加宽。因此,实际中选用的窗函数是两者的折中。在能量一定的条件下,往往需要用增加主瓣宽度来换取旁瓣的减小。

本节主要介绍 6 种常用窗函数的时域表达式、频率响应和幅度函数(衰减用 dB 计量)。

1.矩形窗(rectangle window)

长度为 N 的矩形窗函数定义为

$$w_R(n) = R_N(n) \qquad (6-34)$$

其频率响应为

$$W_R(e^{j\omega}) = W_R(\omega)e^{-j(\frac{N-1}{2})\omega} \qquad (6-35)$$

其中,幅度函数为

$$W_{Rg}(\omega) = \frac{\sin(\omega N/2)}{\sin(\omega/2)} \qquad (6-36)$$

矩形窗函数的主瓣宽度为 $4\pi/N$,定义旁瓣峰值为窗函数幅度响应 $W_{Rg}(\omega)$ 的最大旁瓣或第一旁瓣的峰值相对于主瓣峰值的衰减值,用 dB 表示。对于矩形窗函数旁瓣峰值为 -13 dB,所设计的滤波器的最小阻带衰减 -21 dB。

2.三角窗(Bartlett window)(巴特利特窗)

$$w_B(n) = \begin{cases} \dfrac{2n}{N-1} & 0 \leqslant n \leqslant \dfrac{1}{2}(N-1) \\[2mm] 2 - \dfrac{2n}{N-1} & \dfrac{1}{2}(N-1) < n < N-1 \end{cases} \tag{6-37}$$

其频率响应为

$$W_B(e^{j\omega}) = \frac{2}{N}\left[\frac{\sin(\omega N/4)}{\sin(\omega/2)}\right]^2 e^{-j\left(\frac{N-1}{2}\right)\omega} \tag{6-38}$$

其幅度函数为

$$W_{Bg}(\omega) = \frac{2}{N}\left[\frac{\sin(\omega N/4)}{\sin(\omega/2)}\right]^2 \tag{6-39}$$

三角窗的主瓣宽度为 π/N,旁瓣峰值为 25 dB,所设计的滤波器的最小阻带衰减为-25 dB。

3.汉宁窗(Hanning window)(升余弦窗)

$$w_{Hn}(n) = 0.5\left[1 - \cos\left(\frac{2\pi n}{N-1}\right)\right]R_N(n) \tag{6-40}$$

其频率响应为

$$W_{Hn}(e^{j\omega}) = FT[w_{Hn}(n)] = W_{Hng}(\omega)e^{-j\frac{N-1}{2}\omega}$$
$$= \left\{0.5W_{Rg}(\omega) + 0.25\left[W_{Rg}\left(\omega + \frac{2\pi}{N-1}\right) + W_{Rg}\left(\omega - \frac{2\pi}{N-1}\right)\right]\right\}e^{-j\frac{N-1}{2}\omega} \tag{6-41}$$

当 $N \gg 1$ 时, $N-1 \approx N$,其幅度函数为

$$W_{Hng}(\omega) = 0.5W_{Rg}(\omega) + 0.25\left[W_{Rg}\left(\omega + \frac{2\pi}{N}\right) + W_{Rg}\left(\omega - \frac{2\pi}{N}\right)\right] \tag{6-42}$$

汉宁窗的主瓣宽度为 $8\pi/N$,旁瓣峰值为-31 dB,所设计的滤波器的阻带最小衰减为-44 dB。

4.哈明窗(Hamming window)(改进的升余弦窗)

$$w_{Hm}(n) = \left[0.54 - 0.46\cos\left(\frac{2\pi n}{N-1}\right)\right]R_N(n) \tag{6-43}$$

其频率响应为

$$W_{Hm}(e^{j\omega}) = 0.54W_R(e^{j\omega}) - 0.23W_R(e^{j(\omega - \frac{2\pi}{N-1})}) - 0.23W_R(e^{j(\omega + \frac{2\pi}{N-1})}) \tag{6-44}$$

其幅度函数为

$$W_{Hmg}(\omega) = 0.54W_{Rg}(\omega) + 0.23\left[W_{Rg}\left(\omega - \frac{2\pi}{N-1}\right) + W_{Rg}\left(\omega + \frac{2\pi}{N-1}\right)\right] \tag{6-45}$$

当 $N \gg 1$ 时, $N-1 \approx N$,其幅度函数为

$$W_{Hmg}(\omega) = 0.54W_{Rg}(\omega) + 0.23\left[W_{Rg}\left(\omega - \frac{2\pi}{N}\right) + W_{Rg}\left(\omega + \frac{2\pi}{N}\right)\right] \tag{6-46}$$

哈明窗的主瓣宽度为 $8\pi/N$,旁瓣峰值为-41 dB,所设计的 FIR 滤波器的阻带最小衰

减为-53 dB。与汉宁窗相比，主瓣相同，但旁瓣被压缩，可将99.963%的能量集中在主瓣内。

5.布莱克曼窗(Blackman window)

$$w_{Bl}(n) = \left(0.42 - 0.5\cos\frac{2\pi n}{N-1} + 0.08\cos\frac{4\pi n}{N-1}\right)R_N(n) \tag{6-47}$$

其频率响应为

$$\begin{aligned}W_{Bl}(e^{j\omega}) &= 0.42W_R(e^{j\omega}) - 0.25\left[W_R(e^{j(\omega-\frac{2\pi}{N-1})}) + W_R(e^{j(\omega+\frac{2\pi}{N-1})})\right]\\ &\quad + 0.04\left[W_R(e^{j(\omega-\frac{4\pi}{N-1})}) + W_R(e^{j(\omega+\frac{4\pi}{N-1})})\right]\end{aligned} \tag{6-48}$$

其幅度函数为

$$\begin{aligned}W_{Blg}(\omega) &= 0.42W_{Rg}(\omega) + 0.25\left[W_{Rg}\left(\omega - \frac{2\pi}{N-1}\right) + W_{Rg}\left(\omega + \frac{2\pi}{N-1}\right)\right]\\ &\quad + 0.04\left[W_{Rg}\left(\omega - \frac{4\pi}{N-1}\right) + W_{Rg}\left(\omega + \frac{4\pi}{N-1}\right)\right]\end{aligned} \tag{6-49}$$

哈明窗的主瓣宽度为$12\pi/N$，旁瓣峰值为-57 dB，所设计的滤波器的阻带最小衰减为-74 dB。

6.凯塞-贝塞尔窗(Kaiser-Basel window)

以上的五种窗函数都是参数固定的窗函数，每种窗函数的旁瓣幅度都是固定的。凯塞-贝塞尔窗(简称凯塞窗)是参数可调的窗函数，全面反映主瓣和旁瓣之间的交换关系，可以自由选择两者的比例。

凯塞窗函数为

$$w_k(n) = \frac{I_0(\beta)}{I_0(\alpha)} \qquad 0 \leqslant n \leqslant N-1 \tag{6-50}$$

式(6-50)中

$$\beta = \alpha\sqrt{1 - \left(\frac{2n}{N-1} - 1\right)^2} \tag{6-51}$$

参数α可以控制窗函数的形状，α增大主瓣加宽，旁瓣幅度减少，典型的$4 < \alpha < 9$，相当于主瓣与旁瓣的比值为3.1%到0.047%。用凯塞窗设计FIR滤波器时，给定性能指标，调整α的值，可以改变滤波器的阶数、主瓣宽度和旁瓣宽度使滤波器的性能最优。

设实际要求设计的FIR滤波器的阻带最小衰减为α_s，截取的单位取样响应$h(n)$的长度为N，滤波器阶数$M = N - 1$，利用凯塞窗设计滤波器时，α和阶数M做以下估算：

$$\alpha = \begin{cases} 0.112(\alpha_s - 8.7) & \alpha_s \geqslant 50 \text{ dB}\\ 0.5842(\alpha_s - 21)0.4 + 0.07886(\alpha_s - 21) & 21 \text{ dB} < \alpha_s < 50 \text{ dB}\\ 0 & \alpha_s \leqslant 21 \text{ dB}\end{cases} \tag{6-52}$$

$$M = \frac{\alpha_s - 8}{2.285B_t} \tag{6-53}$$

式中，$B_t = |\omega_s - \omega_p|$为FIR滤波器的过渡带带宽。对于$\alpha$的8种典型值如表6-3所示。

表6-3　凯塞窗 α 值与滤波器性能的关系

α	过度带宽	通带波纹/dB	阻带最小衰减/dB
2.120	$3.00\pi/N$	±0.27	−30
3.384	$4.46\pi/N$	±0.0864	−40
4.538	$5.86\pi/N$	±0.0274	−50
5.568	$7.24\pi/N$	±0.008 68	−60
6.764	$8.64\pi/N$	±0.002 75	−70
7.865	$10.0\pi/N$	±0.000 868	−80
8.960	$11.4\pi/N$	±0.000 275	−90
10.056	$10.8\pi/N$	±0.000 087	−100

表6-4 是六种窗函数的旁瓣峰值、主瓣宽度和用该窗函数设计的滤波器的阻带最小衰减。

表6-4　六种窗函数参数比较

窗函数	旁瓣峰值幅度/dB	主瓣宽度	所设计的滤波器阻带最小衰减/dB
矩形窗	−13	$4\pi/N$	−21
三角窗	−25	$8\pi/N$	−25
汉宁窗	−31	$8\pi/N$	−44
哈明窗	−41	$8\pi/N$	−53
布莱克曼窗	−57	$12\pi/N$	−74
凯塞窗($\beta = 7.865$)	−57	$10\pi/N$	−80

需要说明一点,以上介绍的六种窗函数均为偶对称函数,用它们设计滤波器的 FIR 滤波器都具有线性相位特性。设计时要注意窗口长度 N 也就是截取的数字滤波器的单位脉冲响应的 $h(n)$ 的长度的选择。如果 N 为偶数时,只能设计低通和带通滤波器而不能实现高通和带阻滤波器。此外,窗函数的对称中心均在 $(N-1)/2$ 处。

6.2.4　用窗函数法设计 FIR 数字滤波器的步骤

应用窗函数法设计 FIR 数字滤波器的步骤如下:

(1)根据实际问题的要求确定 FIR 数字滤波器的技术指标。

(2)给定希望逼近的理想滤波器的频率响性 $H_d(e^{j\omega})$。

(3)计算理想滤波器的单位脉冲响应 $h_d(n)$:

$$h_d(n) = \frac{1}{2\pi}\int_{-\pi}^{\pi} H_d(e^{j\omega}) e^{j\omega n} d\omega$$

（4）根据给定的阻带最小衰减 α_s 选择窗函数类型，选择的原则是在确保阻带最小衰减 α_s 满足要求的情况下，尽量选择主瓣窄的窗函数。

（5）估计窗口长度 N。设需要设计的滤波器的过渡带为 B_t，B_t 近似等于窗函数的主瓣宽度且近似与窗口长度 N 成反比，所以窗口长度 $N \approx A/B_t$，A 取决于所选的窗口类型。例如，矩形窗 $A = 4\pi$，三角窗、汉宁窗和哈明窗 $A = 8\pi$，布莱克曼窗 $A = 12\pi$。

（6）计算所要设计的 FIR 滤波器的单位脉冲响应 $h(n)$：
$$h(n) = h_d(n)w(n) \qquad 0 \leqslant n \leqslant N-1$$

（7）由 $h(n)$ 求解 FIR 滤波器的系统函数：
$$H(z) = \sum_{n=0}^{N-1} h(n)z^{-n}$$

【例 6-2】　用窗函数法设计一个 FIR 低通滤波器，要求通带截止频率 $\omega_p = \pi/2$ rad，阻带截止频率 $\omega_s = \pi/4$ rad，通带最大衰减 $\alpha_p = 0.5$ dB，阻带最小衰减 $\alpha_s = 50$ dB。

解：（1）选择窗函数，计算窗口长度。根据阻带最小衰减 $\alpha_s = 50$ dB，查表 6-4 可知，哈明窗和布莱克曼窗均可以提供大于 50 dB 的衰减。但哈明窗有较小的过渡带（近似等于主瓣宽度），从而具有较小的窗口长度 N。

注意：此处 N 是窗函数长度和截取的单位脉冲响应 $h(n)$ 的长度，而滤波器的阶数 $M = N-1$。

根据题意，所要设计的滤波器的过渡带带宽：
$$B_t = \omega_p - \omega_s = 0.25\pi$$

由表 6-4 知，哈明窗的过渡带 $B_t = 8\pi/N$，因此，高通滤波器的单位脉冲响应的长度为
$$N = \frac{8\pi}{B_t} = \frac{8\pi}{0.25\pi} = 32$$

因为窗函数是偶对称，所以 N 必须是奇数，取 $N = 33$，有
$$w_{Hm}(n) = \left[0.54 - 0.46\cos\left(\frac{2\pi n}{N-1}\right)\right]R_{33}(n)$$

（2）理想高通滤波器的频率响应 $H_d(e^{j\omega})$：
$$H_d(e^{j\omega}) = \begin{cases} e^{-j\omega\tau} & \omega_c \leqslant |\omega| \leqslant \pi \\ 0 & 0 \leqslant |\omega| \leqslant \omega_c \end{cases}$$
$$\tau = \frac{N-1}{2} = 16, \quad \omega_c = \frac{\omega_p + \omega_s}{2} = \frac{3\pi}{8}$$

（3）计算 $h_d(n)$：
$$h_d(n) = \frac{1}{2\pi}\int_{-\pi}^{\pi} H_d(e^{j\omega})e^{j\omega n}d\omega$$
$$= \frac{1}{2\pi}\left(\int_{-\pi}^{-\omega_c} e^{-j\omega\tau}e^{j\omega n}d\omega + \int_{-\omega_c}^{\pi} e^{-j\omega\tau}e^{j\omega n}d\omega\right)$$
$$= \frac{\sin\pi(n-\tau)}{\pi(n-\tau)} - \frac{\sin[3\pi(n-\tau)/8]}{\pi(n-\tau)}$$

将 $\tau = \dfrac{N-1}{2} = 16$ 代入得：$h_d(n) = \delta(n-16) - \dfrac{\sin[3\pi(n-16)/8]}{\pi(n-16)}$

（4）加窗截断得到所要设计的高通滤波器的单位脉冲响应 $h(n)$ ：

$$h(n) = h_d(n)R_N(n)$$

$$= \left\{ \delta(n-16) - \frac{\sin[3\pi(n-16)/8]}{\pi(n-16)} \right\} \left\{ \left[0.54 - 0.46\cos\left(\frac{2\pi n}{N-1}\right) \right] R_{33}(n) \right\}$$

通过以上分析可以看到，窗函数法设计 FIR 滤波器过程不是很复杂，但中间的计算比较繁杂，实际设计时一般利用 MATLAB 工具箱函数完成设计。

6.2.5　窗函数法的 MATLAB 实现

1.利用 MATLAB 常用的窗函数设计 FIR 滤波器

（1）在 MATLAB 工具箱中提供了 14 种窗函数，下面是常用的 6 种窗函数：

矩形窗：win＝boxcar(N)；

三角窗：win＝bartlett(N)；

汉宁窗：win＝hanning(N)；

哈明窗：win＝hamming(N)；

布莱克曼窗：win＝blackman(N)；

凯塞窗：win＝kaiser(N,alpha)。

其中，参数 N 为窗函数的长度，参数 alpha 需要根据待设计的滤波器的阻带最小衰减确定。由于所有的窗函数都是偶对称的函数，因此，设计高通和带阻滤波器时阶数 M 只能取偶数（窗口长度 $N = M + 1$ 取奇数）。如果设计者将 M 取为奇数，则系统自动加 1。

（2）非 MATLAB 工具箱函数：[db,mag,pha,grd,w]＝freqz_m(b,a)。

db 为数字滤波器的幅度（dB 值）；mag 为数字滤波器的幅度的绝对值；pha 为数字滤波器的相位值；grd 为数字滤波器的群延时；w 的取值范围为[0,π]。

```
function[db,mag,pha,grd,w]=freqz_m(b,a);
% [db,mag,pha,grd,w]=freqz_m(b,a);
% db=[0,π]区间内的幅度值(dB值);
% mag=[0,π]区间内的幅度的绝对值;
% pha=[0,π]区间内的相位响应;
% grd=[0,π]区间内的群延迟;
% w=[0,π]区间内的501个频率样本值;
% b=H(z)的分子多项式的系数向量;
% a=H(z)的分母多项式的系数向量(对FIR a=[1]);
[H,w]=freqz(b,a,501,'whole');
w=(w(1:1:501)');
mag=abs(H);db=20* log10((mag+eps)/max(mag));
pha=angle(H);
grd=grpdelay(b,a,w);
```

（3）MATLAB 工具箱提供的窗函数法设计函数 fir1。

①调用格式：hn = fir1(M,wc)，返回 -6 dB 截止频率为 wc 的 M 阶滤波器系数向量 $\boldsymbol{b}$，默认选择哈明窗。滤波器的单位脉冲响应 $h(n)$ 的长度 $N = M + 1$，

$$h(n) = hn(n + 1) \qquad n = 0,1,2,\cdots,M$$

$h(n)$ 满足偶对称，即 $h(n) = h(N - 1 - n)$，其中 wc 是对 π 归一化的数字频率。

当 wc = [wcl,wcu] 时，设计得到的是带通滤波器，-6 dB 的通带为 wcl≤ω≤wcu。

②调用格式：hn = fir1(M,wc,'ftype')，用于设计高通和带阻滤波器，默认窗函数为哈明窗。当 ftype = high 时，设计高通 FIR 滤波器；当 ftype = stop，且 wc = [wcl,wcu] 时，设计带阻 FIR 滤波器，此时 M 的取值只能为数。

③调用格式：hn = fir1(M,wc,'ftype',window)，基于窗函数设计任意类型的标准频率响应的 FIR 滤波器。标准频率特性是指预期逼近的是理想低通、高通、带通或带阻滤波器。当 ftype = high 时，设计高通 FIR 滤波器；当 ftype = stop，且 wc = [wcl,wcu] 时，设计带阻 FIR 滤波器，此时 M 的取值只能为偶数。

【例 6-3】　用凯塞窗设计一个 FIR 低通滤波器，要求通带截止频率 $\omega_p = 0.3\pi$ rad，阻带截止频率 $\omega_s = 0.5\pi$ rad，通带最大衰减 $\alpha_p = 1$ dB，阻带最小衰减 $\alpha_s = 75$ dB。计算理想滤波器单位脉冲响应函数 hd = idea_lp(wc,N)。idea_l 非 MATLAB 工具箱提供的函数，属于特殊定义的函数，作用是计算 3 dB 通带截止频率为 wc 的理想低通滤波器的单位脉冲响应。

解：凯塞窗函数设计 FIR 滤波器，根据阻带最小衰减选择控制参数 α：

$$\alpha = 0.112(\alpha_s - 8.7) = 7.425\,6$$

滤波器的过渡带带宽：

$$B_t = \omega_s - \omega_p = 0.2\pi$$

滤波器的阶数：

$$M = \frac{\alpha_s - 8}{2.285B_t} = 46.666\,9$$

取满足要求的最小整数：M = 47。滤波器的单位取样响应 $h(n)$ 的长度为 $N = M + 1 = 48$。通带截止频率：$\omega_c = (\omega_p + \omega_s)/2 = 0.4\pi$，理想低通滤波器的单位取样响应：

$$h_d(n) = \frac{\sin[0.4\pi(n - \tau)]}{\pi(n - \tau)} \qquad \tau = \frac{N - 1}{2} = 23.5$$

$$h(n) = h_d(n)w(n) = \frac{\sin[0.4\pi(n - \tau)]}{\pi(n - \tau)}w(n)$$

$w(n)$ 是长度为 48（$\alpha = 7.4265$）的凯塞窗的窗函数。

实现本例的 MATLAB 程序：

```
clear;close all
wp=0.3* pi;ws=0.5* pi;rp=1;as=75;a=1;    % 高通滤波器性能指标
Bt=ws-wp;                                % 计算过渡带带宽
alph=0.112* (as-8.7);                    % 计算kaiser窗函数的控制参数α
```

```
M=ceil((as-8)/(Bt* 2.285));          % kaiser 窗计算 h(n)的长度,ceil(x)
                                        取大于等于 x 的最小整数
n=0:M; m=0:M-1;
wc =(wp+ws)/2/pi;                    % 计算低通滤波器的截止频率且对 π 归
                                        一化

win=kaiser(M,alph);                  % 计算 kaiser 窗函数值
b=fir1(M,wc,kaiser(M+1,alph));       % 调用 fir1 函数计算 FIR 滤波器系数
                                        向量 b
[db,mag,pha,grd,w]=freqz_m(b,a);     % 计算 FIR 滤波器的幅频、幅度、相频和
                                        相位
subplot(2,2,1);plot(w/pi,db);grid on;
xlabel('w/pi');ylabel('幅度/dB');title('(a)FIR 的幅频响应');
axis([0,1,-100,5]);
subplot(2,2,2);plot(w/2* pi,pha);grid on;
xlabel('w/pi');ylabel('相频');title('(b)FIR 的相频响应');
axis([0,5,-4,4]);
subplot(2,2,3);stem(n,b);grid on;
xlabel('n');ylabel('h(n)'); title('(c)FIR 的单位脉冲响应');
subplot(2,2,4);stem(m,win);
xlabel('n');ylabel('win)');title('(d) kaiser 窗函数');axis([0,48,0,1]);
```

运行结果如图 6-6。

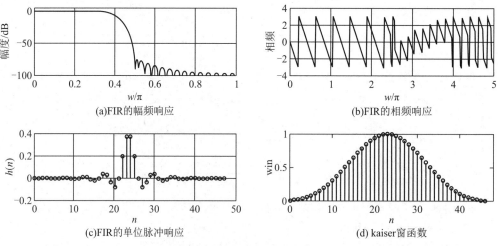

(a)FIR的幅频响应
(b)FIR的相频响应
(c)FIR的单位脉冲响应
(d) kaiser窗函数

图 6-6 Kaiser 窗设计 FIR 高通滤波器的幅频、相频、单位脉冲响应和窗函数特性

【例 6-4】 用窗函数法设计一个 FIR 带通滤波器,性能指标要求如下:

低频端阻带:$\omega_{1s}=0.2\pi$ rad, $\alpha_s=60$ dB, 低频端通带:$\omega_{1p}=0.4\pi$ rad, $\alpha_p=1$ dB;

高频端通带:$\omega_{2p}=0.6\pi$ rad, $r_p=1$ dB, 高频端阻带:$\omega_{2s}=0.8\pi$ rad, $r_s=60$ dB。

解:根据阻带衰减的要求可以选择布莱克曼窗,也可以选择凯塞窗进行设计,本题选择布莱克曼窗设计 FIR 带通滤波器。

根据题意,布莱克曼窗过渡带带宽 $B_t = 12\pi/N$ 。$\dfrac{12\pi}{N} \leqslant B_t = \omega_{1p} - \omega_{1s} = 0.2\pi$

计算得到单位脉冲响应长度 $N = 60$。调用参数 $\omega_c = \left[\dfrac{\omega_{1p} + \omega_{1s}}{2\pi}, \dfrac{\omega_{2p} + \omega_{2s}}{2\pi}\right]$。

实现设计的 MATLAB 程序如下:

```
clear;close all
wls=0.2* pi;wlp=0.4* pi;wup=0.6* pi;wus=0.8* pi;rp=1;as=60;a=1;
                                    % 带通滤波器性能指标
Bt=wlp-wls;                         % 计算过渡带带宽
M=ceil((12* pi)/Bt);
n=0:M;
wc=[(wlp+wls)/2/pi,(wup+wus)/2/pi]; % 计算带通滤波器的截止频率且对
                                      π 归一化
win=blackman(M+1);
b=fir1(M,wc,blackman(M+1));          % 调用 fir1 函数计算 FIR 滤波器
                                      系数向量 b
[db,mag,pha,grd,w]=freqz_m(b,a);    % 计算 FIR 滤波器的幅频、幅度、
                                      相频和相位
subplot(2,2,1);plot(w/pi,db);grid on;
xlabel('w/pi');ylabel('幅度/dB');title('(a)FIR 的幅频响应');axis([0,1,
-120,5]);
subplot(2,2,2);plot(w/2* pi,pha);grid on;
xlabel('w/pi');ylabel l('相频');title('(b)FIR 的相频响应');axis([0,5,
-4,4]);
subplot(2,2,3);stem(n,b);grid on;
xlabel('n');ylabel('h(n)'); title('(c)FIR 的单位脉冲响应');
subplot(2,2,4);stem(n,win);
xlabel('n');ylabel('win');
title('(d) blackman 窗');axis([0,60,0,1]);
```

运行结果如图 6-7。

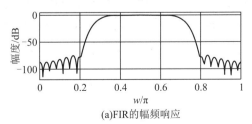

(a)FIR的幅频响应

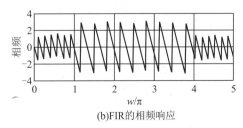

(b)FIR的相频响应

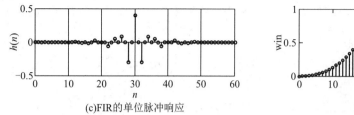 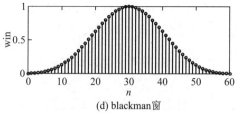

图 6-7 布莱克曼窗设计 FIR 带通滤波器的幅频、相频、单位脉冲响应和窗函数特性

6.3 频率采样法设计 FIR 滤波器

6.3.1 频率采样法的基本思想

窗函数设计法是从时域出发,把理想滤波器的单位脉冲响应 $h_d(n)$ 用窗函数截断得到有限长序列 $h(n)$,用 $h(n)$ 来近似逼近 $h_d(n)$,属于时域内逼近。

频域采样法从频域出发,对给定的理想滤波器的频率响应 $H_d(\mathrm{e}^{\mathrm{j}\omega})$ 在 $[0,2\pi]$ 内进行等间隔采样得到 $H(k)$:

$$H(k) = H_d(\mathrm{e}^{\mathrm{j}\omega})\big|_{\omega = \frac{2\pi}{N}k} \qquad k = 0,1,2,\cdots,N-1 \qquad (6\text{-}54)$$

再对 $H(k)$ 进行 N 点的 IDFT 运算得到 $h(n)$

$$h(n) = \frac{1}{N}\sum_{k=0}^{N-1} H(k) W_N^{-kn} \qquad n = 0,1,2,\cdots,N-1 \qquad (6\text{-}55)$$

将 $h(n)$ 作为所设计的 FIR 滤波器的单位脉冲响应,其系统函数 $H(z)$ 为

$$H(z) = \sum_{n=0}^{N-1} h(n)z^{-n} \qquad n = 0,1,2,\cdots,N-1 \qquad (6\text{-}56)$$

根据频域采样理论的内插公式,可由这 N 个频域采样值内插恢复出 FIR 滤波器的 $H(z)$ 和 $H(\mathrm{e}^{\mathrm{j}\omega})$:

$$H(z) = \frac{1 - z^{-N}}{N}\sum_{k=0}^{N-1} \frac{H(k)}{1 - W_N^{-k}z^{-1}} \qquad (6\text{-}57)$$

$$H(\mathrm{e}^{\mathrm{j}\omega}) = \frac{1 - \mathrm{e}^{-\mathrm{j}\omega N}}{N}\sum_{k=0}^{N-1} \frac{H(k)}{1 - W_N^{-k}\mathrm{e}^{-\mathrm{j}\omega}} \qquad (6\text{-}58)$$

6.3.2 频率采样法设计的线性相位 FIR 滤波器频域约束条件

设计线性相位的 FIR 滤波器,则采样得到的序列 $h(n)$ 必须是实序列,且满足关于 $\tau = (N-1)/2$ 对称, $h(n) = \pm h(N-1-n)$ 。下面根据 $h(n)$ 的对称性和长度 N 分四种情况讨论 $H(k)$ 的幅度和相位应该满足的条件。

1. $h(n)$ 满足偶对称,长度 N 为奇数

Ⅰ 型滤波器的频率响应为

$$H(\mathrm{e}^{\mathrm{j}\omega}) = H(\omega)\mathrm{e}^{\mathrm{j}\theta(\omega)} \qquad (6\text{-}59)$$

式中

$$\theta(\omega) = -\omega\left(\frac{N-1}{2}\right) \qquad (6-60)$$

Ⅰ型 FIR 滤波器的幅度函数 $H_d(\omega)$ 关于 $\omega = 0, \pi, 2\pi$ 偶对称,即

$$H(\omega) = H(2\pi - \omega) \qquad (6-61)$$

采样值用

$$H(k) = H_k(k)\mathrm{e}^{\mathrm{j}\theta_k} \qquad (6-62)$$

在 $[0, 2\pi]$ 内进行等间隔采样:

$$\omega_k = \frac{2\pi}{N}k \qquad k = 0, 1, 2, \cdots, N-1 \qquad (6-63)$$

将 $\omega = \omega_k$ 代入式(6-61)和式(6-62),并改写为 k 的函数得到:

$$\theta_k = -\frac{N-1}{2}\frac{2\pi}{N}k = -\frac{N-1}{N}\pi k \qquad k = 0, 1, 2, \cdots, N-1 \qquad (6-64)$$

$$H_k(k) = H_k(N-k) \qquad N = 奇数 \qquad (6-65)$$

由式(6-64)和式(6-65)得出:在 $[0, 2\pi]$ 内对 $H(\mathrm{e}^{\mathrm{j}\omega}) = H(\omega)\mathrm{e}^{\mathrm{j}\theta(\omega)}$ 进行等间隔采样,得到的采样序列 $H(k) = H_k(k)\mathrm{e}^{\mathrm{j}\theta_k}$ 的幅度满足关于 $N/2$ 偶对称时,就可以设计出满足条件的Ⅰ型线性相位 FIR 滤波器。这种类型属于前面讨论的Ⅰ型滤波器,必须选择 N 为奇数才可以设计低通、高通、带通和带阻滤波器。

2. $h(n)$ 满足偶对称,长度 N 为偶数

Ⅱ型滤波器的频率响应为

$$H(\mathrm{e}^{\mathrm{j}\omega}) = H(\omega)\mathrm{e}^{\mathrm{j}\theta(\omega)} \qquad (6-66)$$

式(6-66)中

$$\theta(\omega) = -\omega\left(\frac{N-1}{2}\right) \qquad (6-67)$$

Ⅱ型 FIR 滤波器的幅度函数 $H_d(\omega)$ 关于 $\omega = \pi$ 奇对称,关于 $\omega = 0, 2\pi$ 偶对称,即

$$H(\omega) = -H(2\pi - \omega) \qquad (6-68)$$

采样值用

$$H(k) = H_k(k)\mathrm{e}^{\mathrm{j}\theta_k} \qquad (6-69)$$

在 $[0, 2\pi]$ 内进行等间隔采样:

$$\omega_k = \frac{2\pi}{N}k \qquad k = 0, 1, 2, \cdots, N-1 \qquad (6-70)$$

将 $\omega = \omega_k$ 代入式(6-60)和式(6-61),并改写为 k 的函数得到:

$$\theta_k = -\frac{N-1}{2}\frac{2\pi}{N}k = -\frac{N-1}{N}\pi k \qquad k = 0, 1, 2, \cdots, N-1 \qquad (6-71)$$

$$H_k(k) = -H_k(N-k) \qquad N = 偶数 \qquad (6-72)$$

由式(6-71)和式(6-72)得出:在 $[0, 2\pi]$ 内对 $H(\mathrm{e}^{\mathrm{j}\omega}) = H(\omega)\mathrm{e}^{\mathrm{j}\theta(\omega)}$ 进行等间隔采样后得到的采样序列 $H(k) = H_k(k)\mathrm{e}^{\mathrm{j}\theta_k}$ 的幅度满足关于 $N/2$ 奇对称时,就可以设计出满足

条件的 II 型线性相位 FIR 滤波器。

注意:只能实现 II 型滤波器,只能实现低通和带通,不能实现带阻和高通滤波器。

3. $h(n)$ 满足奇对称,长度 N 为奇数

III 型滤波器的频率响应为

$$H(e^{j\omega}) = H(\omega)e^{j\theta(\omega)} \tag{6-73}$$

式(6-73)中

$$\theta(\omega) = -\omega\left(\frac{N-1}{2}\right) + \frac{\pi}{2} \tag{6-74}$$

III 型 FIR 滤波器的幅度函数 $H_d(\omega)$ 关于 $\omega = 0, \pi, 2\pi$ 奇对称,即

$$H(\omega) = -H(2\pi - \omega) \tag{6-75}$$

将 $\omega = \omega_k$ 代入式(6-73)和式(6-74),并改写为 k 的函数得到:

$$\theta_k = -\frac{N-1}{2}\frac{2\pi}{N}k + \frac{\pi}{2} = -\frac{N-1}{N}\pi k + \frac{\pi}{2} \qquad k = 0, 1, 2, \cdots, N-1 \tag{6-76}$$

$$H_k(k) = -H_k(N-k) \qquad N = 奇数 \tag{6-77}$$

由式(6-76)和式(6-77)得出:在 $[0, 2\pi]$ 内对 $H(e^{j\omega}) = H(\omega)e^{j\theta(\omega)}$ 进行等间隔采样,得到的采样序列 $H(k) = H_k(k)e^{j\theta_k}$ 幅度满足关于 $N/2$ 奇对称时,就可以设计出满足条件的 III 型线性相位 FIR 滤波器。只能实现带通滤波器。

4. $h(n)$ 满足奇对称,长度 N 为偶数

IV 型滤波器的频率响应为

$$H(e^{j\omega}) = H(\omega)e^{j\theta(\omega)} \tag{6-78}$$

式(6-78)中

$$\theta(\omega) = -\omega\left(\frac{N-1}{2}\right) + \frac{\pi}{2} \tag{6-79}$$

IV 型 FIR 滤波器的幅度函数 $H_d(\omega)$ 关于 $\omega = \pi$ 偶对称,关于 $\omega = 0, 2\pi$ 奇对称,即

$$H(\omega) = H(2\pi - \omega) \tag{6-80}$$

将 $\omega = \omega_k$ 代入式(6-78)和(6-80),并改写为 k 的函数得到:

$$\theta_k = -\frac{N-1}{2}\frac{2\pi}{N}k + \frac{\pi}{2} = -\frac{N-1}{N}\pi k + \frac{\pi}{2} \qquad k = 0, 1, 2, \cdots, N-1 \tag{6-81}$$

$$H_k(k) = H_k(N-k) \qquad N 为奇数 \tag{6-82}$$

由式(6-81)和式(6-82)得出:在 $[0, 2\pi]$ 内对 $H(e^{j\omega}) = H(\omega)e^{j\theta(\omega)}$ 进行等间隔采样,得到的采样序列 $H(k) = H_k(k)e^{j\theta_k}$ 幅度满足关于 $N/2$ 偶对称时,就可以设计出满足条件的 IV 型线性相位 FIR 滤波器。可实现高通和带通,不能实现低通和带阻滤波器。

6.3.3 频率采样法的逼近误差及改进措施

频域的等间隔采样为 $H(k)$,对 $H(k)$ 做 IDFT 得到 $h(n)$,计算 $h(n)$ 的傅里叶变换

$H(\mathrm{e}^{\mathrm{j}\omega}) = \mathrm{FT}[h(n)]$,利用内插公式得到:

$$H(\mathrm{e}^{\mathrm{j}\omega}) = \sum_{k=0}^{N-1} H(k)\Phi\left(\omega - \frac{2\pi}{N}k\right) \tag{6-83}$$

$$\Phi(\omega) = \frac{\sin(\omega N/2)}{N\sin(\omega/2)}\mathrm{e}^{-\mathrm{j}\omega(N-1)/2} \tag{6-84}$$

式(6-84)表明在采样点 $\omega = 2\pi k/N, k = 0,1,2,\cdots,N-1$ 上, $\Phi(\omega - 2\pi k) = 1$ 。

因此,采样点上滤波器的实际频率响应和理想滤波器的频率响应是相等的,逼近误差为零。在采样点之间, $H(\mathrm{e}^{\mathrm{j}\omega})$ 是由内插函数加权延伸而成,因而有一定的近似误差,误差大小取决于理想频率响应曲线的形状。如果理想频率响应曲线变化平缓,则内插值越接近理想值,逼近误差越小。

如图6-8(a)所示, $H(\omega)$ 的误差与 $H_d(\mathrm{e}^{\mathrm{j}\omega})$ 特性的平滑程度有关, $H_d(\mathrm{e}^{\mathrm{j}\omega})$ 特性越平滑的区域,误差越小;特性曲线间断点处,误差最大。间断点变成倾斜下降的过渡带曲线,过渡带宽度近似为 $2\pi/N$ 。通带和阻带内产生振荡波纹,且间断点附近振荡幅度最大,使阻带衰减减小,往往不能满足技术要求。增加 N 可以使过渡带变窄,但是通带最大衰减和阻带最小衰减随 N 的增大并无明显改善,且 N 太大,会增加滤波器的阶数,增加了运算量。

提高阻带衰减的具体方法是在频响间断点附近区间内插一个或几个过渡采样点,使不连续点变成缓慢过渡带,这样,虽然加大了过渡带,但阻带中相邻内插函数的旁瓣正负对消,明显增大了阻带衰减,如图6-8(b)所示。

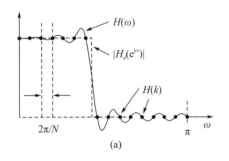 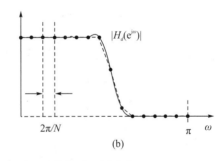

图6-8　内插后的矩形理想特性图梯形特性频域采样响应

表6-5给出了过渡带采样点个数 m 与滤波器阻带最小衰减 α_s 的经验数据,设计时可以根据给定的阻带最小衰减 α_s 选择合适的过渡带采样点数的个数 m 。

表6-5　过渡带采样点个数 m 与滤波器阻带最小衰减 α_s 的经验数据

m	1	2	3
α_s/dB	44~54	65~75	85~95

6.3.4　频率采样法的设计步骤

(1)根据设计要求选择所要设计的滤波器的类型(如低通、高通、带通和带阻等)以及是第一类线性相位还是第二类线性相位滤波器。

（2）根据阻带的最小衰减 α_s 选择合适的过渡带采样点数 m 。

（3）计算过渡带带宽 B_t ，估算频域采样点数 N ：

$$N \geqslant (m+1)\frac{2\pi}{B_t} \tag{6-85}$$

设过渡带未加采样点时,总的采样点为 N ,通带内的采样点为 N_p ,阻带内的采样点数为 $N_s = N - N_p$, $N_p = k_c + 1$, k_c 取不大于 $\left[\omega_c N/(2\pi) \right]$ 的最大整数 。如果考虑到在过渡带内加采样点 m ,那么总采样点为 $m + N$,通带内的采样点还是式（6-85）计算的值,阻带采样点为 $N_s = N - N_p$ 。这一点在计算和编程时一定要注意。

（4）构造希望逼近的频率响应 $H_d(e^{j\omega})$,

$$H_d(e^{j\omega}) = H_{dg}(\omega)e^{-j\omega(N-1)/2}$$

（5）按照下式进行频域采样

$$H(k) = H_d(e^{j\omega}) \big|_{\omega = \frac{2\pi}{N}k} \qquad k = 0,1,2,\cdots,N-1$$

$$H(k) = H_k(k)e^{j\theta_k}$$

根据待设计的滤波器是第一类线性相位还是第二类线性相位以及滤波器的类型合理选择 N 的取值,由 N 的取值是奇数还是偶数决定 $H(k) = H_k(k)e^{j\theta_k}$ 是偶对称还是奇对称。

（6）对 $H(k)$ 进行 IDFT 变换得到所要设计的滤波器的单位取样响应 $h(n)$ ：

$$h(n) = \frac{1}{N}\sum_{k=0}^{N-1} H(k)W_N^{-kn} \qquad n = 0,1,2,\cdots,N-1$$

（7）检验所设计的滤波器的阻带衰减是否满足要求,如果为达到要求,则要改变过渡带采样值,直到满足要求为止。

6.3.5 频率采样法的 MATLAB 实现

【例6-5】 用频率采样法设计第一类线性相位的 FIR 低通滤波器,用理想低通滤波器作逼近原型,要求通带截止频率 $\omega_p = 0.3\pi$ rad, 选择 $N = 41$,利用 MATLAB 分析：

（1）过渡带不加采样点；

（2）过渡带加 $m = 1$ 个采样点；

（3）过渡带加 $m = 2$ 个采样点。

所设计的 FIR 滤波器的过渡带的变化、阻带衰减的变化。自己验证当 $N = 81$ 时上述三种情况下过渡带和阻带最小衰减的变化。

解:（1） $N = 41$, $\omega_p = 0.3\pi$ rad,过渡带不加采样点；运行结果如图 6-9 所示。
MATLAB 程序如下：

```
clear;close all;
m=0;                                    % 过渡带加入一个采样值
Bt=(m+1)* 2* pi/41;                     % 过渡带带宽
N=41;wp=0.3* pi;k=0:N+2-1;n=0:N+2-1;
Np=fix(wp/(2* pi/N));Ns=N-2* Np;        % 通带采样点和阻带采样点
Hk=[ones(1,Np), zeros(1,Ns), ones(1,Np)];  % 频率采样值
```

```
thetak = -pi* (N+2-1)* (0:N+2-1)/(N+2);        % 第一型线性相位 FIR 滤波器的
                                                      相位特性
Hdk = Hk.* exp(j* thetak);                     % 理想低通滤波器的频率响应
hn = real(ifft(Hdk));                          % 计算 FIR 滤波器的单位脉冲响应
Hw = fft(hn,1024);                             % 计算 FIR 滤波器的 1024 点的 DFT
wk = 2* pi* [0:1023]/1024;
Hgw = Hw.* exp(j* wk* (N-1)/2);                % 实际设计的滤波器的频率响应
[db,mag,pha,grd,w] = freqz_m(hn,[1]);          % 验证设计结果
Rp = max(20* log10(abs(Hgw)));                 % 计算通带最大衰减验证设计是
                                                      否满足要求
minHgw = min(real(Hgw));Rs = 20* log10(abs(minHgw));
                                               % 验证设计是否满足设计要求
subplot(2,2,1);plot(w/pi,db);grid on;
xlabel('w/pi');ylabel('dB');
title('(a)FIR 幅频响应');axis([0,1,-100,5]);
subplot(2,2,2);plot(w/2* pi,pha);grid on;
xlabel('w/pi');ylabel('pha');
title('(b)FIR 相频响应');axis([0,5,-4,4]);
subplot(2,2,3);stem(n,hn);grid on;axis([0,41,-0.2,0.4]);
xlabel('n');ylabel('h(n)');title('(c)FIR 单位脉冲响应');
subplot(2,2,4);stem(k,Hk);grid;
xlabel('n');ylabel('H(k)');title('(d)频率采样');axis([0,41,0,1]);
```

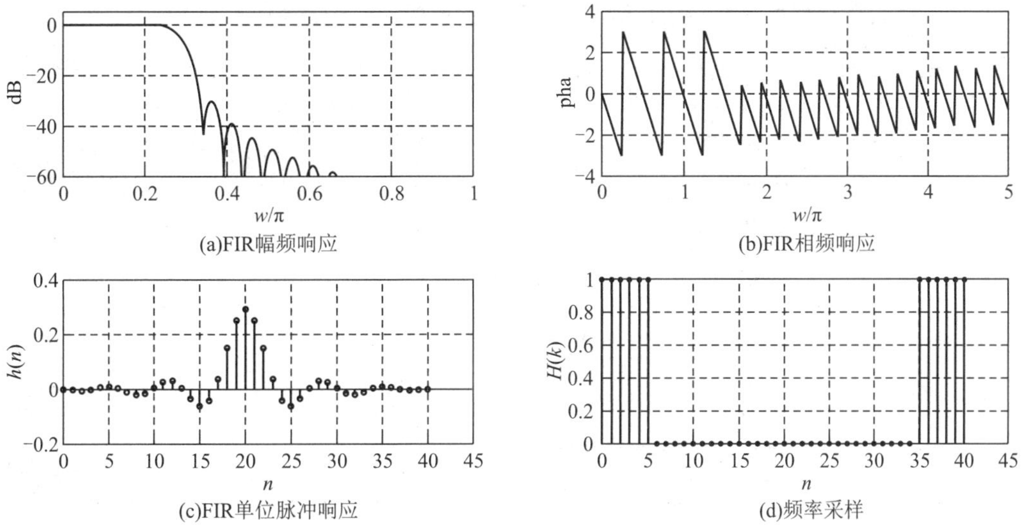

(a)FIR幅频响应

(b)FIR相频响应

(c)FIR单位脉冲响应

(d)频率采样

图 6-9　$N = 41$，$\omega_p = 0.3\pi$ rad，过渡带不加采样点时 FIR 低通滤波器特性

由仿真结果图 6-9 可以看出其衰减比较小,计算为 $R_p = -0.275\ 3$ dB, $R_s = -29.762\ 2$ dB。$B_t = 2\pi/41 = 0.153\ 3$。阻带衰减不能满足阻带技术指标的要求,可以通过在通带和阻带之间的边界频率处增加过渡采样点来增大阻带衰减。

(2) $N = 41$, $\omega_p = 0.3\pi$ rad,为改进阻带衰减在边界频率处增加一个过渡点;并将过渡点的采样值进行优化,取 Hm1 = Hm2 = 0.381 0,其仿真结果如图 6-10 所示。

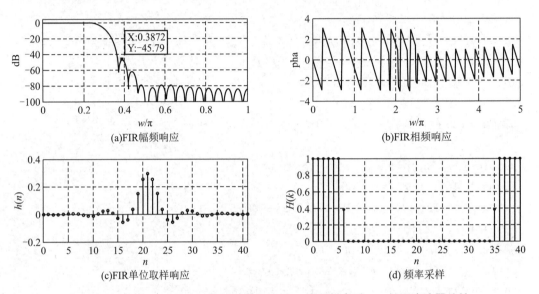

图 6-10 $N = 41$, $\omega_p = 0.3\pi$ rad,过渡带加 $m = 1$ 个采样点时 FIR 低通滤波器特性

此时,阻带衰减达到了 $R_s = 45.656\ 8$ dB,过渡带带宽为 $B_t = 4\pi/41 = 0.306\ 5$。过渡带加入一个采样点后,阻带衰减增大,但过渡带带宽增大。

(3) 为进一步增加阻带衰减,可再增加一个过渡采样点,并将采样点数增加到 $N = 61$。两个过渡样点值经优化分别为 H1 = 0.592 5 和 H2 = 0.109 9,其仿真结果如图 6-11 所示。

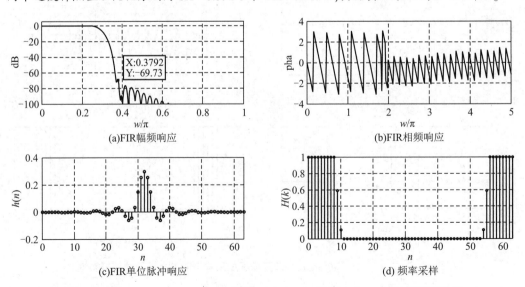

图 6-11 $N = 61$, $\omega_p = 0.3\pi$ rad,过渡带加 $m = 2$ 个采样点时 FIR 低通滤波器特性

这时阻带衰减达到 $R_s = -68.1317$ dB，$B_t = 6\pi/81 = 0.3090$ 基本不变，但滤波器长度增大到 61。还可以通过进一步增加过渡样点来增加阻带衰减，一般情况下，最多增加 3 个过渡采样点即能满足阻带衰减的要求。显然，在保证过渡基本带宽不变的情况下，相应的采样点数成倍增加，这样将使滤波器的复杂度大大增加，在实现滤波时计算量也随之增加。

MATLAB 为 FIR 数字滤波器提供了一种基于频率样本法和窗函数法综合设计的子函数 fir2。利用这个子函数可以很方便地由理想滤波器频率特性设计实际的 FIR 滤波器，避免了上述确定采样点时凑试的方法函数调用格式：

$$hn = fir2(M, f, A, window(M+1))$$

用于设计 M 阶具有任意频率响应形状的线性相位 FIR 滤波器，返回滤波器长度为 $N = M+1$ 的单位脉冲响应序列向量 $\boldsymbol{h}_n$（FIR 滤波器的系数向量 b）。window 表示窗函数类型，缺省时默认为哈明窗。可选择的窗函数有 boxcar、bartlett、hamming、blackman 和 kaiser 等，当选择矩形窗 boxcar 按照上述频率采样法算法设计滤波器。f 为频率点向量，$0 \leqslant f \leqslant 1$，是实际数字频率对 π 归一化值，必须从 0 开始，递增到 1 结束，允许重复。A 为对应 f 的每个频率点的幅度取值。plot(f, A) 作出的就是希望逼近的滤波器的幅度特性曲线。通带 $R_p = 0.0072$ dB 指标也满足。

6.4　等波纹逼近法设计 FIR 滤波器

6.4.1　等波纹逼近法的基本思想

设计 FIR 滤波器就是用一个实际的频率响应 $H(e^{j\omega})$ 去逼近所希望的频率响应 $H_d(e^{j\omega})$，前面介绍的两种 FIR 滤波器的设计方法窗函数法和频率采样法，其中窗函数法是在时域内将希望逼近的滤波器的单位取样响应 $h_d(n)$ 截取一段 $h(n)$，用 $h(n)$ 作为实际滤波器的单位取样响应，属于时域内的逼近；频域采样法是直接在频域内对希望逼近的 $H_d(e^{j\omega})$ 进行采样，可以使实际滤波器的 $H(e^{j\omega})$ 在采样点上的幅度与理想原型 $H_d(e^{j\omega})$ 的幅度相等，而采样点之间各个频率点上的幅度利用内插函数和 $H_d(k)$ 相乘的线性组合构成，这样在频率不连续点上的设计误差较大，在整个所需要的频带内误差分布不均匀，各项性能指标难以精确控制。

等波纹逼近法是一种基于最大误差最小化准则，利用切比雪夫逼近理论，使所设计的滤波器在所要求逼近的整个范围内，逼近误差的分布是均匀的，所以也称为最佳一致意义下的逼近，与窗函数法和频率采样法相比较，在性能指标相同的条件下可以设计出阶数比较低的 FIR 数字滤波器，且通带和阻带边界频率的精度易于精确控制。

设希望逼近的滤波器的幅度特性为 $H_d(\omega)$，实际设计的滤波器的幅度特性为 $H(\omega)$，则其加权误差为 $E(\omega)$ 可表示为

$$E(\omega) = W(\omega)|H_d(\omega) - H(\omega)| \tag{6-86}$$

式(6-86)中,$W(\omega)$ 为误差加权函数,用来控制通带或阻带的逼近精度。在逼近精度要求高的频带,$W(\omega)$ 的取值大;在逼近精度要求低的频带,$W(\omega)$ 的取值小。在实际设计过程中,误差加权函数为已知函数。设 δ_1 为通带波纹,δ_2 为阻带波纹,加权函数为

$$W(\omega) = \begin{cases} \dfrac{1}{k} & 0 \leqslant |\omega| \leqslant \omega_p, k = \dfrac{\delta_1}{\delta_2} \\ 0 & \omega_s < |\omega| < \pi \end{cases} \tag{6-87}$$

若在所有频率上,都有 $|E(\omega)| \leqslant \delta_2$,则 δ_2 就是纹波的极值,即初始值 ω_0,ω_1,$\cdots$,ω_{M+1} 恰是所需的交错频率点组,此时迭代结束。找出所有使 $|E(\omega)| \leqslant \delta_2$ 成立的频率点,在其附近确定局部极值点,用以构造新的交错频率点组;之后,重复步骤一、二,即迭代。

由于在每次新生成的交错频率点组中,每一个点 ω_k 都是 $E(\omega)$ 的局部极值点,因此每次迭代均会使 δ_2 递增,所以,经过若干次迭代后,δ_2 会收敛到自己的上限,而此时的 $H(\omega)$ 就是对 $H_d(\omega)$ 的最佳一致逼近。

利用等波纹逼近法可以设计线性相位 FIR 滤波器,可以使通带和阻带的波动在所设计的频带范围内控制在最小且均匀分布,设计的滤波器的阶次在性能指标相同条件下低于窗函数法和频率采样法。等波纹最佳逼近法直接精确地控制通带和阻带的边界频率以及通带和阻带内的幅度衰减,属于最优化的设计方法。MATLAB 信号处理工具箱里提供了基于雷米兹(Remez)交错算法的设计函数 remez 和 remezord,下面我们重点讨论如何用 MATLAB 函数实现等波纹逼近法设计 FIR 数字滤波器。

6.4.2　等波纹逼近法的 MATLAB 实现

1.remez 和 remezord 函数

(1)remez 的调用格式:hn = remez(M,f,m,w)。

调用返回参数 hn 为 FIR 滤波器的单位脉冲响应向量(也即滤波器的系数向量 b,a = [1]),调用参数的含义如下:

M 为滤波器的阶数,hn 的长度为 N = M+1。N 值的求解可以用 remezord 函数估计。

f 和 m 给出希望逼近的幅度特性。f 为对 π 归一化的频率区间和各个频率点,0 ≤ f0 ≤ 1,要求 f 递增。m 为对应于 f 各个频率点的滤波器的幅度值,m 与 f 两个向量的长度必须相等。w 为误差加权向量,其长度为 f 的一半。

关于以上四个参数如何设置在下面例题里针对不同类型的滤波器做不同设置讨论。remez 函数除了可以设计 FIR 低通、高通、带通和带阻滤波器外,还可以设计希尔伯特变换器和微分器,设计希尔伯特变换器的调用格式:hn = remez(M,f,m,w,'hilbert'),参数意义同上。

设计微分器的调用格式:hn = remez(M,f,m,w,'differentiator')。

(2)remezord 的调用格式:[M,f0,m0,w] = remezord(f,m,rip,Fs)。

利用 remezord 函数,可以根据逼近指标估算 FIR 滤波器的阶数。

一般用 remezord 函数的返回参数[M,f0,m0,w]作为 remez 函数的调用参数。若设计者预先不能确定自己所要设计的滤波器的参数,则一般先调用 remezord 函数计算出需要

的设计参数,然后再调用 remez 函数设计出所需要的滤波器。

2.滤波器设计指标及参数选择

1)低通滤波器

逼近通带:$[0,\omega_p]$,通带最大衰减:α_p dB;逼近阻带:$[\omega_s,\pi]$,阻带最小衰减:α_s dB。

remezord 函数调用参数:

$$f=[\frac{\omega_p}{\pi},\frac{\omega_s}{\pi}]\ ,\ m=[1,0]\ ,\ \text{rip}=[\delta_1,\delta_2]$$

其中,f 省去了起始点 0 频率和终点频率 1,δ_1 和 δ_2 分别为通带和阻带博文幅度。

2)高通滤波器

逼近通带:$[\omega_p,\pi]$,通带最大衰减:α_p dB;逼近阻带:$[0,\omega_s]$,阻带最小衰减:α_s dB。

remezord 函数调用参数:

$$f=[\frac{\omega_s}{\pi},\frac{\omega_p}{\pi}]\ ,\ m=[0,1]\ ,\ \text{rip}=[\delta_2,\delta_1]$$

3)带通滤波器

逼近通带:$[\omega_{pl},\omega_{pu}]$,通带最大衰减:$\alpha_p$ dB;逼近阻带:$[0,\omega_{sl}]$,$[\omega_{su},\pi]$,阻带最小衰减:α_s dB。

remezord 函数调用参数:

$$f=[\frac{\omega_{sl}}{\pi},\frac{\omega_{pl}}{\pi},\frac{\omega_{pu}}{\pi},\frac{\omega_{su}}{\pi}]\ ,\ m=[0,1,0]\ ,\ \text{rip}=[\delta_2,\delta_1,\delta_2]$$

4)带通滤波器

逼近通带:$[0,\omega_{sl}]$,$[\omega_{su},\pi]$,通带最大衰减:α_p dB;逼近阻带:$[\omega_{sl},\omega_{su}]$,阻带最小衰减:$\alpha_s$ dB。

remezord 函数调用参数:

$$f=[\frac{\omega_{pl}}{\pi},\frac{\omega_{sl}}{\pi},\frac{\omega_{su}}{\pi},\frac{\omega_{pu}}{\pi}]\ ,\ m=[1,0,1]\ ,\ \text{rip}=[\delta_1,\delta_2,\delta_1]$$

【例 6-6】　利用等波纹逼近法设计 FIR 带通数字滤波器,技术指标如下:低端通带截止频率 $\omega_{s1}=0.3\pi$,阻带截止频率 $\omega_{p1}=0.4\pi$;高端通带截止频率 $\omega_{p2}=0.7\pi$,阻带截止频率 $\omega_{s2}=0.8\pi$,通带最大衰减 $R_p=0.25$ dB,阻带最小衰减 $A_s=50$ dB。

解:带通滤波器逼近通带 $[\omega_{p1},\omega_{p2}]$,通带的最大衰减 $R_p=0.25$ dB;逼近的阻带 $[0,\omega_{s1}]$,$[\omega_{s2},\pi]$ 阻带的最小衰减 $R_s=50$ dB。

remezord 函数调用参数如下:$f=[\frac{\omega_{s1}}{\pi},\frac{\omega_{p1}}{\pi},\frac{\omega_{p2}}{\pi},\frac{\omega_{s2}}{\pi}]\ ,\ m=[0,1,0]\ ,\ \text{rip}=[\delta_2,\delta_1,\delta_2]$。

```
ws1 = 0.3* pi; wp1 = 0.4* pi; wp2 = 0.7* pi; ws2 = 0.8* pi; Rp = 0.25; As
= 50;                                    % 滤波器性能指标
delta1 = (10^(Rp/20)-1)/(10^(Rp/20)+1);  % 计算通带内的波纹
delta2 = (1+delta1)* (10^(-As/20));      % 计算阻带波纹
f = [ws1/pi  wp1/pi wp2/pi  ws2/pi];     % 设置带通滤波器的频率向量 f
m = [0 1 0];                             % 对应于频率向量各个频率点的幅
                                            度取值

rip = [delta2 delta1 delta2];            % 设置带通滤波器的 f 和 m 对应的
                                            各个频率段的幅频响应的最大允
                                            许偏差

[M,fo,ao,weights] = remezord(f,m,rip);   % 调用 remezord 函数计算阶数、f0、
                                            m0 和加权向量 weights

XM = input('XM = ');
M = M+XM;                                % 进行优化，本例当 XM = 5 时满足
                                            设计要求

h = remez(M,fo,ao,weights);              % 调用 remez 函数计算 FIR 滤波器
                                            的单位取样响应

[db,mag,pha,grd,w] = freqz_m(h,[1]);     % 调用函数 freqz_m 检验设计是否
                                            满足性能指标要求

subplot(2,1,1);stem([0:M+1],h);grid
xlabel('n');ylabel('a');title('(a)FIR 带通滤波器的单位取样响应特性');
subplot(2,1,2);plot(w/pi,db); grid
xlabel('w/pi');ylabel('dB');
title('(b)FIR 带通幅频特性'); axis([0,1,-80,0]);
```

程序运行结果如图 6-12。

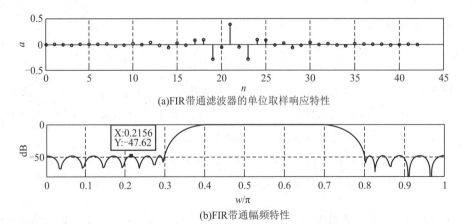

(a)FIR带通滤波器的单位取样响应特性

(b)FIR带通幅频特性

图 6-12　利用等波纹逼近法设计 FIR 低通数字滤波器的幅频与单位取样响应指标

设计结果表明,阶数 $M=42$ 时,设计出的滤波器阻带最小衰减只有 $A_s=47.62$ dB,需要调整阶数 M 进行优化。当把阶数 $M=M+5=47$ 时,阻带衰减为 $A_s=53.12$ dB,满足设计指标要求。

6.5　滤波器分析设计工具 FDATool

FDATool(Filter Design & Analysis Tool)是 MATLAB 提供的一个数字滤波器分析与设计工具,它涵盖了信号处理工具箱中所有滤波器的设计方法。利用它可以方便地设计出满足实际工程要求的各种类型的滤波器,并且可以方便地查看滤波器的各种特性,设计过程中可以及时修改各种参数,以利于得到满意的滤波器。此外,利用 FDATool 还可以将所设计的滤波器的系数直接导出为 DSP 系统可执行的 C 程序头文件或者 FPGA 可执行的 HDL 源程代码等。

在 MATLAB 的命令窗口运行 FDATool,启动滤波器分析设计工具,界面如图 6-13 所示。下面按照滤波器的一般设计步骤对 FDATool 进行介绍。

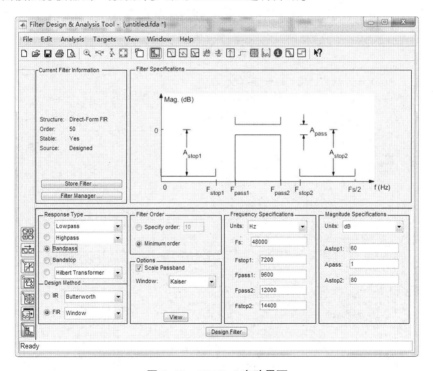

图 6-13　FDATool 启动界面

FDATool 分为上、下两个部分,上面的窗口部分用来显示滤波器的各项性能,下面部分用来设计滤波器。下面通过具体实例说明如何利用 FDATool 设计分析滤波器。

(1)"Response Type"下选择滤波器的类型:依次为低通、高通、带通、带阻滤波器、微分器、多带滤波器、Hilbert 变换器、任意幅度响应滤波器、任意群延时滤波器、峰值过滤器

(peaking)和开槽过滤器(notching)。

（2）"Design Method"下可以选择 IIR 和 FIR 数字滤波器。IIR 下可以利用巴特沃斯、切比雪夫和椭圆原型等。在 FIR 下可以选择的窗函数、等波纹和最小均方误差法等。

（3）"Filter Order"下选择滤波器的阶数,有两个选项:指定阶数(specify order)用于阶数已经确定的滤波器;最小阶数(minimum order)用于阶数不确定时计算机根据设计指标选择最小阶数。如果设计的 FIR 滤波器选择窗函数法,那么有多种窗函数可供选择。

（4）"Frequency Specifications"下设置滤波器的技术指标,比如需要设计的是带通滤波器(或带阻滤波器)都有四个边缘截止频率需要选择:Fstop1(低端阻带截止频率)、Fpass1(低端通带截止频率)、Fstop2(高端阻带截止频率)、Fpass2(高端通带截止频率)。单位可以选择 Hz、kHz 和 MHz。在 Magnitude Specifications 下设置通带最大衰减 Apass 和阻带最小衰减 Astop1 和 Astop2,均以 dB 为单位。

设置好参数后点击"Design Filter"完成滤波器的设计。此时,可以得到 37 阶稳定的直接型 FIR 数字滤波器。如图 6-14 所示是一个带通滤波器,性能指标为:低端为阻带截止频率 1 200 Hz,通带截止频率 2 400 Hz,阻带最小衰减 60 dB 和通带最大衰减 1 dB;高端为阻带截止频率 3 600 Hz,通带截止频率 4 800 Hz,阻带最小衰减 60 dB 和通带最大衰减 1 dB。

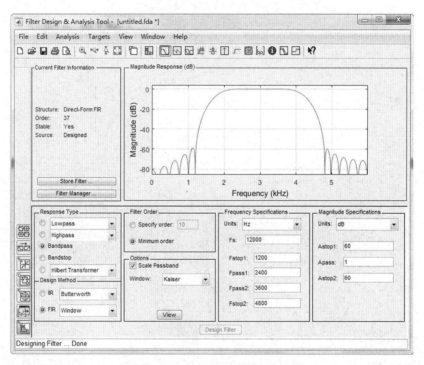

图 6-14　FDATool 设计带通滤波器

（5）使用菜单【Edit】→【Convert Structure】观察所设计的滤波器的默认结构为直接 II 型,执行【Edit】的下拉菜单可以实现滤波器结构转换。如使用菜单【Edit】→【Convert to

Second-order Sections】可以将直接型转换为级联型。

（6）使用菜单【File】→【Export】可以导出或保存设计结果。可以选择导出的是滤波器的系数向量还是整个滤波器对象，可以选择把导出的结果保存为 MATLAB 的 Workspace 中的变量、文本文件或者是.mat 文件。

（7）使用【File】→【Export to CHeader File】可以把滤波器系数保存为 C 语言格式的头文件，其中系数变量的数据类型可以选择。

（8）如果安装了其他相关的组件，FDATool 上出现【Targets】如图 6-15 所示。

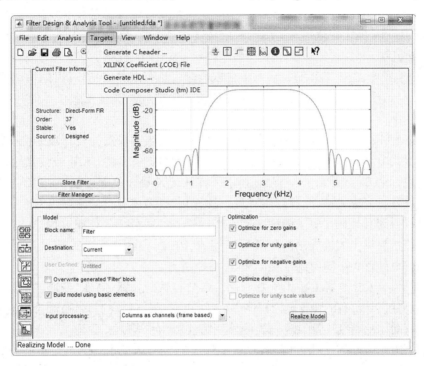

图 6-15　FDATool 上【Targets】下拉子菜单

①Generate C header：创建 C 头文件，是设计的带通滤波器转换的 C 头文件。

②Generate HDL：是带通滤波器转换的 VHDL 文件部分节选，格式是.vhdl。

③Code Composer Studio(tm) IDE：实现 MATLAB 与 TI 的 CCS 联调。

以上是利用 FDATool 设计滤波器的重点性问题，当然也只是说明了 FDATool 的部分功能，读者可以多试着练习就会掌握更多功能，会真正体会到现代技术条件下计算机辅助设计与分析在工程应用中的重要性。

6.6　IIR 滤波器与 FIR 滤波器比较

到目前为止，已经分别讨论了 IIR 和 FIR 数字滤波器的设计方法。下面对两种滤波器从五个方面进行比较，以利于实际运用时选择合适的数字滤波器。

（1）性能方面：IIR 数字滤波器系统函数的极点可以位于单位圆内的任何位置，合适的设置零点和极点位置，可以用较低的阶数获得较好的选择性。一般来讲，对于相同的幅频特性要求，IIR 滤波器的实现阶数远低于 FIR 滤波器（FIR 是 IIR 的 5~10 倍），因此，IIR 滤波器所用的存储单元少，算法的运算量小，硬件和软件开销小，经济高效。但是 IIR 数字滤波器不能在全频带内实现线性相位，只能通过附加全通网络实现近似的线性相位；而 FIR 滤波器满足线性相位条件时，可以在全频带内实现严格的线性相位。

（2）结构上比较：IIR 滤波器必须采用递归结构，极点必须在单位圆内系统才能稳定。由于存在着输出对输入的反馈以及运算中的舍入处理有可能引起寄生振荡。FIR 采用非递归结构，不论是理论分析还是实际的有限精度运算中都是稳定的，FIR 的有限精度误差小于 IIR 滤波器。

（3）FFT 实现：由于 FIR 滤波器的单位取样响应是有限长序列，可以用快速傅里叶变换算法实现，这样运算速度快得多。IIR 滤波器的单位取样响应无限长不能利用 FFT 实现高速运算。

（4）设计方法：IIR 滤波器的设计可以借助模拟滤波器成熟的设计成果，采用先设计模拟再过渡为数字，计算的工作量较小，对计算工具的要求不高。FIR 滤波器的设计只能采用直接设计的方法，无论是窗函数、频率采样法还是等波纹逼近法，运算都很繁杂，必须借助于计算机完成设计，而且运用计算机设计时，必须要对设计结果进行验证，不断地优化才可以得到满足设计要求的滤波器。当然所有这些繁杂的计算过程，MATLAB 信号处理工具箱都提供了大量成熟的函数可以完成，因此，利用计算机完成滤波器的设计是学习数字信号处理者必须熟练掌握的技能。

（5）应用：IIR 滤波器主要用于具有片段常数特性的低通、高通、带通、带阻滤波器和全通滤波器的设计。FIR 则要灵活得多，除了可以实现低通、高通、带通和带阻滤波器外，还可以实现希尔伯特变换器、微分器、线性调频器和一些多带滤波器。

由以上五个方面的比较看出，两种数字滤波器各有优缺点，所以实际应用时应该综合考虑个性要求去选择合适的滤波器。例如对相位要求不敏感的场合，如语音信号处理上，选择 IIR 滤波器可以充分发挥其经济高效的特点，简化算法和运算量以及系统架构。但实在对线性相位要求严格的领域，如图像处理、数据传输等必须选择 FIR 数字滤波器。

本章小结

本章重点讨论了 FIR 滤波器的有关概念及设计方法。FIR 数字滤波器单位脉冲响应 $h(n)$ 是有限长的，系统函数 $H(z)$ 的收效域为 $0 < |z| < \infty$，具有稳定和容易实现线性相位的突出优点。线性相位 FIR 滤波器条件：$h(n)$ 为实序列，且满足偶对称或者奇对称。线性相位 FIR 滤波器的零点是互为倒数的共轭对。

1.线性相位 FIR 滤波器幅度函数特点

Ⅰ型 $h(n)$ 为偶对称，N 为奇数：幅度函数对 $\omega = 0, \pi$ 点偶对称，可以用作低通、高通、带通和带阻滤波器的设计,应用广泛。

Ⅱ型 $h(n)$ 为偶对称、N 为偶数:对 $\omega=\pi$ 点奇对称,不适合高通、带阻选波器的设计。

Ⅲ型 $h(n)$ 为奇对称,N 为奇数:对 $\omega=0,\pi,2\pi$ 奇对称,只能设计带通滤波器,不适合低通、高通和带阻滤波器的设计。

Ⅳ型 $h(n)$ 为奇对称,N 为偶数:对 $\omega=0,2\pi$ 奇对称,对 $\omega=\pi$ 点是偶对称,不适合低通、带阻滤波器的设计。

2.窗函数法设计 FIR 滤波器

(1)设计方法:首先由理想频率响应 $H_d(\mathrm{e}^{\mathrm{j}\omega})$ 的傅里叶反变换推导出对应的无限长且非因果的单位脉冲响应 $h_d(n)$,然后用有限长的窗函数 $w(n)$ 来截断 $h_d(n)$,从而得到有限长的 $h(n)$,最后对 $h(n)$ 作序列的傅里叶变换得到表征 FIR 滤波器的频率响应 $H(\mathrm{e}^{\mathrm{j}\omega})$。

注意:截断得到的 $h(n)$ 满足对称性,这样得到线性相位 FIR 滤波器。

(2)加窗对 FIR 滤波器幅度特性的影响及改进:产生截断效应,通带阻带之间产生过渡带,长度等于窗函数的主瓣宽度;通带阻带内产生波动。调整窗口长度 N 可以有效地控制过渡带的宽度,减小带内波动以及加大阻带衰减只能从改变窗函数的形状上找解决方法。

(3)窗函数的选取原则:窗谱主瓣尽可能的窄,以获取较陡的过渡带;尽量减少窗谱的最大旁瓣的相对幅度,也就是能量尽量集中于主瓣,这样使肩峰和波纹减小,就可增大阻带的衰减。

3.频率采样法设计 FIR 滤波器

(1)设计方法:首先对连续的理想频率响应 $H_d(\mathrm{e}^{\mathrm{j}\omega})$ 在 $\omega=[0,2\pi]$ 上进行 N 点等间隔采样,得到 N 个离散的采样点 $H(k)$,然后对 $H(k)$ 进行 N 点 IDFT,得到有限长的 $h(n)$,最后对 $h(n)$ 作序列的傅里叶变换得到表征 FIR 滤波器的频率响应 $H(\mathrm{e}^{\mathrm{j}\omega})$。

(2)在理想特性不连续点处人为加入过渡采样点,虽然加宽了过渡带,但缓和了边缘上两采样点之间的突变,将有效地减少起伏振荡,提高阻带衰减。

4.等波纹逼近法设计 FIR 滤波器

等波纹逼近法是一种基于最大误差最小化准则,设希望逼近的滤波器的幅度特性为 $H_d(\omega)$,实际设计的滤波器的幅度特性为 $H(\omega)$,则其加权误差为 $E(\omega)$ 可表示为

$$E(\omega)=W(\omega)\left|H_d(\omega)-H(\omega)\right|$$

式中,$W(\omega)$ 为误差加权函数,用来控制通带或阻带的逼近精度。

表 6-6　与本章有关的 MATLAB 函数

函数名	函数功能描述
fir1	b=fir1(M,wn,'type',window)是窗函数法设计函数。其中 b 为待设计的 FIR 滤波器的系数向量,其长度为 N=M+1,系数按 z^{-1} 的升幂排列。M 为滤波器的阶数,wn 为对 π 归一化的截止频率。取值为 0~1,1 对应奈奎斯特采样频率的一半;wn 如果为二元矢量[wn2,wn1];当 wn1>wn2 时,设计的是带通滤波器;设计多带滤波器时,用[wn1,wn2,wn3,wn4,…];'type'缺省时设计低通滤波器;'type'='high'时,设计高通滤波器;wn 为向量,'type'缺省时,设计带通滤波器;'type'='stop'时,设计带阻滤波器。'window'选择窗函数,缺省时为 Hamming 窗,向量长度为 N=M+1

续表 6-6

函数名	函数功能描述
fir2	b=fir2(M,wn,A)为频率采样法设计函数。其中 b 为待设计的 FIR 滤波器的系数向量,其长度为 M=N−1,系数按 z^{-1} 的升幂排列。M 为滤波器的阶数,w 为对 π 归一化的截止频率 w∈[0,1]。取值为 0~1,1 对应奈奎斯特采样频率的一半;A 是数组,它是各个指定频率点上的幅度响应,A 必须与 w 长度相等。'window'选择窗函数,缺省时为 Hamming 窗,向量长度为 N=M+1
firpm(remez)	MATLAB 提供的用等波纹逼近法设计 FIR 滤波器函数,旧版本为 remez。调用格式为:h=remez(M,f,A,'ftype')。M 为滤波器的阶数 N=M+1,f 为对 π 归一化的截止频率 f∈[0,1]。取值为 0~1,1 对应奈奎斯特采样频率的一半;a 是数组,它是各个指定边界频率点上的幅度响应,a 必须与 f 长度相等。weigths 为每个品带上的加权函数,长度等于 f 或 a 的一半,缺省时表示加权值为 1。'ftype'对一般滤波器缺省,如果'ftype'为'hilbert'表示设计的希尔伯特变换器。h 为 FIR 数字滤波器的单位脉冲响应,长度为 N=M+1
remezord	[M,f0,m0,w]=remezord(f,m,rip,Fs),根据逼近指标估算等波纹逼近 FIR 数字滤波器的最低阶数 M,误差加权量 w,归一化的边界频率 f0,指定频率点上幅值 m0。调用参数 f 为对 π 归一化的截止频率 f0∈[0,1];f 的长度是 rip 的 2 倍;rip 为各个频段指定的最大偏差,用 δ_1 及 δ_2 表示(详细参考教材内容);Fs 为采样频率,缺省时为 Fs=2 Hz

注:以上列举了函数调用格式的常见用法格式,每个函数还有其他调用格式,可以参考本教材相关章节。

自测题

一、填空题

1.要获得线性相位的 FIR 数字滤波器,其单位脉冲响应 $h(n)$ 必须满足条件:
(1)_____;(2)_____。

2.FIR 滤波器[单位取样序列 $h(n)$ 为偶对称且其长度 N 为偶数]的幅度函数 $H_g(\omega)$ 对 π 点奇对称,这说明 π 频率处的幅度是_____,这类滤波器不宜做_____。

3.利用窗函数法设计 FIR 数字滤波器时,一般先根据_____选择合适的窗函数;再根据窗函数的_____利用 $N=A/B$ 计算窗口长度,其中 A 为窗函数的_____;B 为待设计滤波器的_____。

4.利用窗函数法设计 FIR 滤波器时,调整窗口的长度只能有效地控制_____,而要减小带内波动并增大阻带衰减,只能从_____寻找解决的办法。

5.利用窗函数设计 FIR 数字滤波器时,对理想滤波器的单位脉冲响应 $h_d(n)$ 加窗截断后在频域产生"吉布斯效应"主要表现在:(1)_____
_____;(2)_____。

6.用频率抽样法设计数字滤波器时,增大取样点 N 能使频响 $H(e^{j\omega})$ 在更多的点上更精确逼近目标频响_____,并使滤波器过渡带_____,过渡带附近的频响波动_____。

7.频率采样法设计 FIR 数字滤波器时,实际的幅度函数 $H_g(\omega)$ 与逼近的理想的幅度函数 $H_{dg}(\omega)$ 误差大小与 $H_{dg}(\omega)$ 的_____有关,$H_{dg}(\omega)$ 越平滑的区域,误差越_____;$H_{dg}(\omega)$ 特性曲线的_____处误差最大。产生的过渡带带宽为_____。

8.频率采样法设计 FIR 数字滤波器时,在通带和阻带内均产生了振荡波纹,在_____的波纹最大,时阻带衰_____,往往不满足设计要求。增大采样点 N 可以使_____变窄,但通带的最大衰减和阻带的最小衰减随 N 的增大_____。

9.用等波纹逼近法设计的 FIR 数字滤波器,可以使_____最小化,等价于通带的最大衰减_____,阻带的最小衰减_____,是一种优化设计方法。所设计的滤波器在通带和阻带内都满足_____特性,而且可以分别制_____,这就是等波纹逼近法的含义。

10.等波纹逼近法设计 FIR 数字滤波器时,一般把数字频段分为"逼近区"和"无关区"。逼近区一般指_____,而无关区一般指_____。设计过程中只考虑_____的最佳逼近。利用等波纹逼近法设计滤波器时为了计算滤波器阶数 N 和误差加权函数 $W(\omega)$,需要给出滤波器的通带和阻带的_____。

二、选择题

1.以下对 FIR 滤波器特点的论述中错误的是(　　　)。

A.FIR 滤波器容易设计成线性相位特性

B.FIR 滤波器的单位脉冲抽样响应 $h(n)$ 在有限个 n 值处不为零

C.系统函数 $H(z)$ 的极点都在 $z=0$ 处

D.实现结构只能是非递归结构

2.FIR 滤波器主要采用(　　　)型结构,其系统函数 $H(z)$ 不存在(　　　)。

A.非递归;因果性问题　　　　　　　　　　B.递归;因果性问题

C.非递归;稳定性问题　　　　　　　　　　D.递归;稳定性问题

3.线性相位 FIR 滤波器主要有以下四类:

（Ⅰ）$h(n)$ 偶对称,长度 N 为奇数　　（Ⅱ）$h(n)$ 偶对称,长度 N 为偶数

（Ⅲ）$h(n)$ 奇对称,长度 N 为奇数　　（Ⅳ）$h(n)$ 奇对称,长度 N 为偶数

则其中不能用于设计高通滤波器的是(　　　)。

A.Ⅰ、Ⅱ　　　　　　　B.Ⅱ、Ⅲ　　　　　　　C.Ⅲ、Ⅳ　　　　　　　D.Ⅳ、Ⅰ

4.已知某 FIR 滤波器单位抽样响应 $h(n)$ 的长度为 $M+1$,则在下列不同特性的单位抽样响应中可以用来设计线性相位滤波器的是(　　　)。

A.$h(n)=-h(M-n)$　　　　　　　　　　B.$h(n)=h(M-n)$

C.$h(n)=-h(M-n+1)$　　　　　　　　　D.$h(n)=h(M-n+1)$

5.FIR 系统的系统函数 $H(z)$ 的特点是(　　　)。

A.只有极点,没有零点　　　　　　　　　　B.只有零点,没有极点

C.没有零点、极点   D.既有零点,也有极点

6.已知 FIR 滤波器的系统函数 $H(z) = 1 + 2z^{-1} + 4z^{-2} + 2z^{-3} + z^{-4}$,则该滤波器的单位脉冲响应 $h(n)$ 的特点是( )。

A.偶对称,N 为奇数   B.奇对称,N 为奇数

C.奇对称,N 为偶数   D.偶对称,N 为偶数

7.将 FIR 滤波与 IIR 滤波器比较,下列说法中不正确的是( )。

A.FIR 相位可以做到严格线性

B.FIR 主要是非递归结构

C.相同性能下 FIR 阶次高

D.频率采样型结构零极点对消,即使有字长效应也是稳定的

8.以下有限长单位脉冲响应所代表的滤波器中具有 $\theta(\omega) = -\tau\omega$ 严格线性相位的是( )。

A. $h(n) = \delta(n) + 2\delta(n+1) + \delta(n-2)$

B. $h(n) = \delta(n) + 2\delta(n-1) + 2\delta(n-2)$

C. $h(n) = \delta(n) + 2\delta(n-1) - \delta(n-2)$

D. $h(n) = \delta(n) + 2\delta(n-1) + 3\delta(n-2)$

9.下列关于窗函数设计法的说法中错误的是( )。

A.窗函数的截取长度增加,则主瓣宽度减小,旁瓣宽度减小

B.窗函数的旁瓣相对幅度取决于窗函数的形状,与窗函数的截取长度无关

C.为减小旁瓣相对幅度而改变窗函数的形状,通常主瓣的宽度会增加

D.窗函数法不能用于设计 FIR 高通滤波器

10.下列说法中不正确的有( )。

A.FIR 滤波器主要采用递归结构

B.IIR 滤波器可用快速傅立叶变换算法

C.FIR 滤波器可以得到严格的线性相位

D.IIR 和 FIR 滤波器都可以采用直接设计法设计

习题与上机

一、基础题

1.判断并说明理由。

(1)所谓线性相位 FIR 滤波器,是指其相位与频率满足如下关系: $\varphi(\omega) = -k\omega$,$k$ 为常数。( )

(2)用频率抽样法设计 FIR 滤波器时,减少采样点数可能导致阻带最小衰耗指标的不合格。( )

(3)只有当 FIR 系统的单位脉冲响应 $h(n)$ 为实数,且满足奇/偶对称条件 $h(n) = \pm h(N-n)$ 时,该 FIR 系统才是线性相位的。( )

2.简答题。

(1)利用窗函数法设计 FIR 滤波器时,如何选择窗函数?

(2)什么是吉布斯(Gibbs)现象?窗函数的旁瓣峰值衰耗和滤波器设计时的阻带最小衰耗各指什么,有什么区别和联系?

(3)何为线性相位滤波器?FIR 滤波器成为线性相位滤波器的充分条件是什么?

(4)试述窗函数法设计 FIR 数字滤波器的基本步骤,并说明 MATLAB 中所用函数、函数的调用格式、调用参数设置和返回参数的特点。

(5)试述频率采样法设计 FIR 数字滤波器的基本步骤,并说明 MATLAB 中所用函数、函数的调用格式、调用参数设置。

(6)叙述利用等波纹逼近法设计 FIR 数字滤波器的基本思想,并说明 MATLAB 中所用函数、函数的调用格式、调用参数设置和返回参数的特点。

3.对下列每种数字滤波器的技术指标,选择利用窗函数法设计 FIR 数字滤波器,应如何设置窗函数类型和窗长度?

(1)设计低通 FIR 数字滤波器,通带最大衰减 $\alpha_p = 0.1$ dB,通带截止频率 $f_p = 10$ kHz;阻带衰减 $\alpha_s = 23$ dB,阻带截止频率为 $f_s = 15$ kHz,采样频率为 $F_s = 45$ kHz。

(2)设计高通 FIR 数字滤波器,通带最大衰减 $\alpha_p = 1$ dB,通带截止频率 $f_p = 100$ Hz;阻带衰减 $\alpha_s = 45$ dB,阻带截止频率为 $f_s = 800$ Hz,采样频率 $f_s = 1\ 200$ Hz。

(3)设计带通 FIR 数字滤波器,要求保留 2 023~2 225 Hz 频段的频率成分,幅度失真不大于 0.5 dB,;滤除 0~1 500 Hz 和 2 700 Hz 以上频段的信号,衰减大于 60 dB,系统的采样频率 $F_s = 8$ kHz。

(4)设计带阻 FIR 数字滤波器,要求滤除 2 023~2 225 Hz 频段的频率成分,衰减大于 60 dB;保留 0~1 500 Hz 和 2 700 Hz 以上频段的信号,幅度失真不大于 0.5 dB;系统的采样频率 $F_s = 8$ kHz。

(5)设计低通 FIR 数字滤波器,通带最大衰减 $\alpha_p = 1$ dB,通带截止频率 $f_p = 1.5$ kHz;阻带衰减 $\alpha_s = 40$ dB,阻带截止频率为 $f_s = 2.5$ kHz,采样频率为 $F_s = 10$ kHz;要求选择凯塞窗设计,估计参数 α 和滤波器的阶数。

4.已知 FIR 数字滤波器的单位脉冲响应 $h(n)$ 分别满足如下条件:

(1) $h(n)$ 的长度为 $N = 8$, $h(0) = h(7) = 1.2$;$h(1) = h(6) = 1$;$h(2) = h(5) = 2h(3) = h(4) = 2.5$;

(2) $h(n)$ 的长度为 $N = 7$,$h(n)$ 的长度为 $N = 8$;$h(0) = -h(6) = 3h(1) = -h(5) = -1.2$;$h(2) = -h(4) = 1$;$h(3) = 0$。

试分别说明其幅度特性和相位特性各有什么特点。

5.FIR 滤波器的系统函数为

$$H(z) = \frac{1}{2}(1 + 0.2z^{-1} + 2.2z^{-2} + 0.2z^{-3} + z^{-4})$$

求滤波器的单位脉冲响应 $h(n)$,判断是第几类线性相位滤波器并简述理由;求解滤波器的幅度和相位响应。

6.给定一个理想低通滤波器的频率响应函数为 $H(e^{j\omega})$，要求过渡带带宽不超过 $\pi/4$

$$H_d(e^{j\omega}) = \begin{cases} e^{-j\omega n} & 0 \le |\omega| \le \pi/4 \\ 0 & \pi/4 < |\omega| \le \pi \end{cases}$$

(1)求解理想滤波器的单位脉冲响应 $h_d(n)$；

(2)求解加哈明窗设计的 FIR 滤波器的单位脉冲响应 $h(n)$，并确定 α 与 N 的关系；

(3)简述 N 取奇数或偶数对滤波器性能的影响；

(4)简述如何改善"吉布斯效应"对滤波器性能的影响。

7.给定一个理想带阻滤波器的频率响应函数为 $H(e^{j\omega})$，

$$H_d(e^{j\omega}) = \begin{cases} 1 & |\omega| \le \pi/6 \\ 0 & \pi/6 < |\omega| \le \pi/3 \\ 1 & \pi/3 < |\omega| \le \pi \end{cases}$$

(1)求解理想滤波器的单位脉冲响应 $h_d(n)$；

(2)求解加矩形窗设计的 FIR 滤波器的单位脉冲响应 $h(n)$，并确定 α 与 N 的关系；

(3) N 的取值有无限制？

(4)简述如何改善"吉布斯效应"对滤波器性能的影响。

8.利用频率采样法设计线性相位 FIR 数字低通滤波器，要求写出 $H(k)$ 的具体表达式。已知条件如下：

(1)采样点数 $N = 20$，$\omega_c = 0.3\pi$ rad；

(2)采样点数 $N = 20$，$\omega_c = 0.3\pi$ rad，设置一个过渡带采样点数 $H(k) = 0.382\,6$；

(3)采样点数 $N = 20$，$\omega_c = 0.3\pi$ rad，设置两个过渡带采样点数 $H(k) = 0.603\,6$，$H_2(k) = 0.122\,5$。

为了改善其频率响应(过渡带带宽、阻带最小衰减)，应采取什么样措施？

9.用频率采样法设计一线性相位低通滤波器，$N = 15$，幅度采样值

$$H_d(e^{j\omega}) = \begin{cases} 1 & k = 0 \\ 0.5 & k = 1,14 \\ 1 & k \text{ 为其他} \end{cases}$$

(1)设计采样值相位 $\theta(k)$，并求 $h(n)$ 及 $H(e^{j\omega})$ 的表达式；

(2)求 $H(k)$ 的表达式。

10.试从性能、结构、设计方法和应用四个方面对 IIR 和 FIR 滤波器进行比较，另外查阅相关文献谈谈工程实际中如何实现两种类型的数字滤波器。

二、提高题(以下题目调用合适的 MATLAB 函数设计完成)

1.用窗函数法设计一个 FIR 低通滤波器，要求通带截止频率 $f_p = 1.5$ kHz，阻带截止频率 $f_s = 9$ kHz，通带最大衰减 $\alpha_p = 1$ dB，阻带最小衰减 $\alpha_s = 20$ dB；采样频率 $F_s = 20$ kHz。

2.用凯塞窗设计一个 FIR 低通滤波器，要求通带截止频率 $\omega_p = 0.35\pi$ rad，阻带截止频率 $\omega_s = 0.45\pi$ rad，通带最大衰减 $\alpha_p = 1$ dB，阻带最小衰减 $\alpha_s = 75$ dB。

3.用窗函数法设计一个 FIR 带通滤波器，性能指标要求如下：

低频端阻带：$\omega_{1s} = 0.25\pi$ rad，$\alpha_s = 60$ dB；低频端通带：$\omega_{1p} = 0.45\pi$ rad，$\alpha_p = 1$ dB。

高频端通带：$\omega_{2p} = 0.65\pi$ rad，$r_p = 1$ dB；高频端阻带：$\omega_{2p} = 0.85\pi$ rad。$r_s = 60$ dB。

4.用窗函数法设计一个 FIR 带阻滤波器，性能指标要求如下：

低频端通带：$\omega_{1p} = 0.15\pi$ rad，$\alpha_p = 0.1$ dB；低频端阻带：$\omega_{1s} = 0.35\pi$ rad，$\alpha_s = 50$ dB。

高频端通带：$\omega_{2p} = 0.45\pi$ rad，$r_p = 0.1$ dB；高频端阻带：$\omega_{2s} = 0.65\pi$ rad，$r_s = 50$ dB。

5.用频率采样法设计第一类线性相位的 FIR 低通滤波器，用理想低通滤波器作逼近原型，要求低通滤波器的要求通带截止频率 $\omega_p = 0.2\pi$ rad，阻带截止频率 $\omega_s = 0.4\pi$ rad，通带最大衰减 $\alpha_p = 1$ dB，阻带最小衰减大于 $\alpha_s = 55$ dB。

6.用频率采样法设计第一类线性相位的 FIR 低通滤波器，用理想低通滤波器作逼近原型，要求低通滤波器的通带截止频率 $\omega_p = 0.6\pi$ rad，选择 $N = 41$。应用 MATLAB 分析下列情况下所设计的 FIR 滤波器的过渡带的变化、阻带衰减的变化；自己验证当 $N = 81$ 时，下列三种情况下过渡带和阻带最小衰减的变化。

（1）过渡带不加采样点；

（2）过渡带加 $m = 1$ 个采样点；

（3）过渡带加 $m = 2$ 个采样点；

7.用频率采样法设计一个 FIR 数字高通滤波器，要求：通带截止频率 $f_p = 200$ Hz，通带最大衰减 $R_p = 1$ dB，阻带截止频率 $f_s = 100$ Hz，阻带最小衰减 $A_s = 45$ dB。描绘实际滤波器的脉冲响应、幅频响应曲线和相频响应曲线，并检验通阻带衰减指标。

8.用频率采样法设计一个 FIR 数字带通滤波器，要求：低端阻带截止频率 $\omega_{s1} = 0.25\pi$；通带低端截止频率 $\omega_{p1} = 0.45\pi$；通带高端截止频率 $\omega_{s2} = 0.65\pi$，上阻带截止频率 $\omega_{p2} = 0.85\pi$；通带内最大衰减 $R_p = 3$ dB；阻带内最小衰减 $A_s = 70$ dB。描绘实际滤波器的脉冲响应、幅频响应曲线和相频响应曲线。

9.用 fir2 函数设计线性相位 FIR 低通滤波器，通带截止频率 $\omega_p = 0.3\pi$ rad，阻带截止频率 $\omega_s = 0.4\pi$ rad，通带最大衰减 $R_p = 1$ dB，阻带最小衰减 $R_s = 45$ dB。

10.用 fir2 函数设计线性相位 FIR 高通滤波器，通带截止频率 $f_p = 1$ kHz，阻带截止频率 $f_s = 3$ kHz，通带最大衰减 $R_p = 0.1$ dB，阻带最小衰减 $R_s = 60$ dB，采样频率为 $F_s = 10$ kHz。

11.用 fir2 设计一个 $N = 61$ 的 FIR 数字带阻滤波器，要求：通带低端截止频率 $\omega_{p1} = 0.3\pi$，$\omega_{s1} = 0.4\pi$，通带高端截止频率 $\omega_{p2} = 0.6\pi$，$\omega_{s2} = 0.5\pi$，通带内最大衰减 $\alpha_p = 0.5$ dB，阻带内最小衰减 $\alpha_s = 70$ dB，描绘理想和实际滤波器的幅频响应曲线。

12.利用等波纹逼近法设计 FIR 数字高通滤波器。技术指标如下：$\omega_p = 0.6\pi$，$R_p = 0.5$ dB；$\omega_s = 0.2\pi$，$A_s = 60$ dB。

13.利用等波纹逼近法设计 FIR 带通数字滤波器。技术指标如下：低端通带截止频率 $f_{s1} = 100$ Hz，阻带截止频率 $f_{p1} = 200$ Hz；高端通带截止频率 $f_{p2} = 400$ Hz，阻带截止频率 $f_{s2} = 500$ Hz，通带最大衰减 $R_p = 0.25$ dB，阻带最小衰减 $A_s = 50$ dB，采样频率为 $F_s = 5$ kHz。

14.利用等波纹逼近法设计 FIR 带阻数字滤波器。技术指标如下：低端通带截止频率 $\omega_{p1} = 0.3\pi$，阻带截止频率 $\omega_{s1} = 0.45\pi$；高端通带截止频率 $\omega_{p2} = 0.7\pi$，阻带截止频率 $\omega_{s2} = 0.85\pi$，通带最大衰减 $R_p = 0.1$ dB，阻带最小衰减 $A_s = 80$ dB。

15.理想的离散时间微分器是一个线性系统,当一个限带的连续信号的样值作为输入时,输出样值为连续信号的导数。更精确一些,连续时间信号限带在$[-\pi/T,\pi/T]$的范围内时,相应的取样值$x(n)=x_a(nT)$作为一个理想微分器的输入,其输出信号为

$$y(n)=\frac{\mathrm{d}[x_a(nT)]}{\mathrm{d}t}\bigg|_{t=nT}$$

理想微分器的幅度和相位响应为

$$h(n)=\frac{1}{2\pi}\int_{-\pi}^{\pi}\mathrm{j}\omega\mathrm{e}^{\mathrm{j}\omega n}\mathrm{d}\omega=\begin{cases}0 & n=0\\ \left[\mathrm{e}^{\mathrm{j}\omega n}\left(\dfrac{\omega}{n}-\dfrac{1}{\mathrm{j}n^2}\right)\right]\bigg|_{-\pi}^{\pi}=\dfrac{(-1)^n}{n} & n\neq0\end{cases}$$

设计一个数字微分器,它在每段上具有不同的斜率。技术指标为:

(1)第一段:$0\leqslant\omega\leqslant0.2\pi$ 斜率=1 个样本/周期;

(2)第二段:$0.4\pi\leqslant\omega\leqslant0.6\pi$ 斜率=2 个样本/周期;

(3)第三段:$0.8\pi\leqslant\omega\leqslant\pi$ 斜率=3 个样本/周期。

第7章 数字信号处理的实现

【学习导读】

数字信号处理是利用计算机或专用处理设备,以数值计算的方法对信号进行分析、采集、合成、变换、滤波、估值、压缩、识别等处理,提取有用的信息并进行传输与应用。数字信号处理包括两方面的主要内容:

1.算法研究

算法研究是指如何以最小的运算量和存储器的使用量来完成指定的任务,其中数字滤波器和离散傅里叶变换是数字信号处理最为普遍和最为重要的两种处理算法。DFT实现了信号在频域的离散化,从而可以在频域内用计算机和专用设备处理离散信号。快速傅里叶变换(FFT)使数字信号处理技术发生了革命性的变化,FFT的出现大大减少了DFT的运算量,使实时数字信号处理成为可能。

2.数字信号处理的实现

数字信号处理的实现方法有软件实现和硬件实现。软件实现就是按照系统的运算结构设计软件并在通用计算机上运行实现,主要包括离线信号分析、算法研究与设计以及算法的仿真与验证等,属于非实时数字信号处理。硬件实现是面向具体的应用领域,按照设计的算法结构利用各种基本数字信号处理单元组成专用设备,完成信号处理算法。实际应用中总是采用软硬件结合的方法,基于数字信号处理器(DSP)或现场可编程器件CPLD和FPGA等嵌入式平台实现各种信号处理算法从而完成各种实时信号处理任务。

【学习目标】

● 知识目标:①了解数字滤波器的基本运算单元、信号流图;②掌握IIR数字滤波器的基本网络结构,包括直接型、级联型和并联型;③掌握FIR数字滤波器的基本网络结构,包括直接型、级联型、频率样本结构和线性相位结构;④了解有效字长效应的概念和基本的分析、处理方法;⑤了解数字信号处理的软件实现与硬件实现。

● 能力目标:①能够应用MATLAB实现IIR数字滤波器直接型、级联型和并联型之间的相互转化;③掌握利用波器分析设计工具FDATool实现对IIR和FIR滤波器的设计与分析。

● 素质目标:通过数字滤波器网络结构以及数字信号处理的实现方法建立系统观——以系统的观点看自然界,系统是自然界物质的普遍存在形式。把握系统和要素,结构与功能等新的范畴,理解物质系统的整体性、关联性、层次性、开放性和动态性、自组织性。系统观是马克思主义基本原理的重要内容,强调系统是由相互作用、相互依赖的若干组成部分结合而成的、具有特定功能的有机体;要从事物的总体与全局上,从要素的联系与结合上研究事物的运动与发展,找出规律,实现整个系统的优化;用开放的复杂系统的观点,用从定性到定量的综合集成方法研究问题。

7.1 引言

离散时间系统在时域可以用差分方程和单位取样响应描述,在变换域可以用系统函数去描述。数字滤波器的系统函数

$$H(z) = \frac{Y(z)}{X(z)} = \frac{\sum_{i=0}^{M} b_i z^{-i}}{1 + \sum_{k=1}^{N} a_k z^{-k}} = \frac{b_0 + b_1 z^{-1} + \cdots + b_M z^{-M}}{a_0 + a_1 z^{-1} + \cdots + a_N z^{-N}} \tag{7-1}$$

数字滤波器输入与输出关系可以用差分方程描述

$$y(n) = \sum_{i=0}^{M} b_i x(n-i) - \sum_{k=1}^{N} a_k y(n-k) \tag{7-2}$$

滤波器的单位脉冲响应为 $h(n)$,那么滤波器的输入为 $x(n)$ 时的输出为

$$y(n) = \sum_{m=-\infty}^{\infty} x(m)h(n-m) = x(n) * h(n) \tag{7-3}$$

以上三种描述方式从任何一个都可以推导出另两个。虽然都是描述同一个滤波器,但描述的方法不同,实现时的硬件结构、算法结构、运算精度、引起的误差、运算速度等是不同的。即使是同一种描述方法,不同的表达式表示不同的硬件结构或算法结构,最终的实现结果也会产生很大差异。例如,IIR 数字滤波器的系统函数为 $H(z)$ 。

$$H_1(z) = \frac{1}{1 - 0.3z^{-1} - 0.4z^{-2}}$$

经过恒等变换可以有不同表达式:

$$H_2(z) = \frac{1}{1 - 0.8z^{-1}} \cdot \frac{1}{1 + 0.5z^{-1}} ;$$

$$H_3(z) = \frac{0.6154}{1 - 0.8z^{-1}} + \frac{0.3864}{1 + 0.5z^{-1}}$$

从数学角度上,上述描述是等价的, $H_1(z) = H_2(z) = H_3(z)$,但它们具有不同的算法。例如,利用 $H_2(z)$ 实现滤波器,是两个一阶滤波节串联,第一级的误差会传递给第二级。而利用 $H_3(z)$ 结构实现时是两个一阶滤波节并联,第一级的误差不会传递给第二级。因此,有必要推导出各种结构的等效实现方法,研究哪种结构可以减少由于系数量化对系统特性所造成的影响,从而设计出合乎要求的滤波器。

数字信号处理中用网络结构表示具体的算法,网络结构实际上表示的是一种算法结构,网络结构不同,则算法不同,实现的结构不同,误差不同,系统的运行速度以及系统实现的复杂程度也不同。本章首先讨论数字滤波器的网络结构和数字系统在实现时的有限字长效应,最后介绍数字信号处理的实现方法。

7.2　用信号流图表示网络结构

　　数字信号处理中有三种基本运算:乘法器、加法器和与延时器。三种基本运算单元的基本运算框图和流图如图7-1所示。延时 z^{-1} 和增益 a 写在箭头旁边,箭头表示信号的流向,如果箭头边没有标明增益,则认为增益为1。两个变量相加,用一个圆点表示(称为网络节点)。这样整个的运算就可以用这些基本的运算支路组成的信号流图表示。

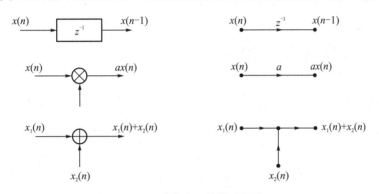

图 7-1　三种基本运算的流图表示

　　信号流图由节点和有向支路组成,每一个节点表示一个信号,每个节点处的信号称为节点变量。带有箭头的支路表示信号的流动方向,和每个节点连接的有输入支路和输出支路,节点变量等于所有输入支路的末端信号之和。如图 7-2 所示的流图,输入信号 $x(n)$ 所在节点称为输入节点,输出信号 $y(n)$ 所在的节点称为输出节点。$\omega_1(n)$、$\omega_2(n)$、$\omega'_2(n)$ 是流图的节点变量。在图 7-2 中:

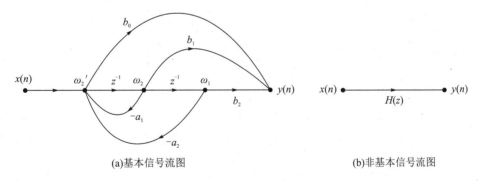

(a)基本信号流图　　　　　　　　　　　(b)非基本信号流图

图 7-2　信号流图

$$\begin{cases} \omega_1(n) = \omega_2(n-1) \\ \omega_2(n) = \omega'_2(n-1) \\ \omega'_2(n) = x(n) - a_1\omega_2(n) - a_2\omega_1(n) \\ y(n) = b_2\omega_1(n) + b_1\omega_2(n) + b_0\omega'_2(n) \end{cases}$$

不同的信号流图代表不同的算法,同一个系统函数可以由多种信号流图与之对应。从运算的可实现性上考虑,满足下列条件的信号流图称为基本的信号流图。

(1)信号流图中所有支路都是基本支路,即支路增益是常数或者是延时 z^{-1};

(2)流图中如果有环路,则环路中必须存在延时支路,没有延时的环路属于代数环,数字系统无法实现;

(3)节点与支路的数目是有限多个。

根据系统的单位脉冲响应的特点,一般将网络结构分为两类,一类是无限长脉冲响应(IIR)网络和有限长单位脉冲响应(FIR)网络。

7.3 IIR 数字滤波器的基本网络结构

IIR 滤波器的系统函数如式(7-4)所示。

$$H(z) = \frac{Y(z)}{X(z)} = \frac{\displaystyle\sum_{i=0}^{M} b_i z^{-i}}{1 + \displaystyle\sum_{k=1}^{N} a_k z^{-k}} = \frac{b_0 + b_1 z^{-1} + \cdots + b_M z^{-M}}{a_0 + a_1 z^{-1} + \cdots + a_N z^{-N}} \tag{7-4}$$

其中: b_n 、a_n 是滤波器系数。假设 $a_0 = 1$,如果 $N \geqslant M$, $a_N \neq 0$,这时 IIR 滤波器阶数为 N 。IIR 滤波器的差分方程见式(7-5):

$$y(n) = \sum_{i=0}^{M} b_i x(n-i) - \sum_{k=1}^{N} a_k y(n-k) \tag{7-5}$$

其特点是信号流图中含有反馈支路,即含有环路,其脉冲响应是无限长的。IIR 数字滤波器有三种基本的网络结构:直接型、级联型和并联型。

7.3.1 直接型

用延迟元件、乘法器和加法器,以直接形式实现差分方程(7-5)的结构称为直接结构。具体说明如下,设 $M=N=2$,那么差分方程为

$$y(n) = b_0 x(n) + b_1 x(n-1) + b_2 x(n-2) - a_1 x(n-1) - a_2 x(n-2)$$

其具体实现如图 7-3(a)所示,这种信号流图叫作直接 Ⅰ 型结构。直接 Ⅰ 型结构先实现有理函数 $H(z)$ 的分子部分,后实现其分母部分,再把它们级联起来。分子部分是抽头延迟线,它后面是分母部分,为反馈抽头延迟线。此结构中存在两部分独立的延迟线,因此,需要 4 个延迟元件。如果交换两部分的连接次序,如图 7-3(b)所示,先处理分母部分,再处理分子部分。此时,两个延迟线并排,因此可拿掉其中的一个延迟线。这种缩减构成了另一种标准的结构,叫作直接 Ⅱ 型结构,它只要两个延迟元件,如图 7-3(c)所示。

注意:从输入输出的观点看,这两种直接形式是等价的,但在内部,它们的信号是不同的。

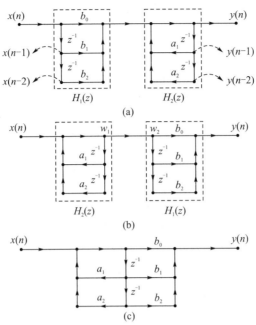

图 7-3 二阶 IIR 数字滤波器的网络结构

【例 7-1】 IIR 数字滤波器的系统函数为

$$H(z) = \frac{0.1 - 0.4z^{-1} + 0.4z^{-2} - 0.1z^{-3}}{1 + 0.3z^{-1} + 0.55z^{-2} + 0.2z^{-3}}$$

画出滤波器的直接 II 型的网络结构图。

解: 由系统函数得到滤波器的差分方程为

$$y(n) + 0.3y(n-1) + 0.55y(n-2) + 0.2y(n-3)$$
$$= 0.1x(n) - 0.4x(n-1) + 0.4x(n-2) - 0.1x(n-3)$$

由差分方程可以直接画出其直接 II 型结构图, 如图 7-4 所示。

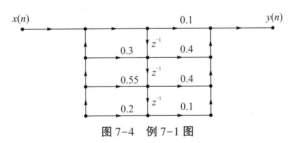

图 7-4 例 7-1 图

　　直接型网络结构的特点: 直接 II 型比直接 I 型结构延时单元少, 用硬件实现可以节省寄存器, 比直接 I 型经济; 若用软件实现则可节省存储单元。但是对于高阶系统直接型结构都存在调整零点、极点困难, 对系数量化效应敏感度高等缺点。与直接 I 型相比, 直接 II 型除了节省了一半延迟单元外, 仍然没有能克服其缺点, 如参数对滤波性能的控制不直接, 因为它们与系统函数的零点、极点关系不明显, 因而调整困难; 极点对系数的变化过于灵敏, 也就对字长效应十分敏感, 以致会产生较大的误差, 甚至出现不稳定现象。与后面将要讨论到的级联型和并联型相比较, 直接型存在的反馈环节最多, 误差积累大,因此直接型结构是所有结构中误差最大的结构。

7.3.2 级联型

式(7-4)表示的系统函数 $H(z)$ 中,分子分母是关于 z^{-1} 的多项式,对分子分母进行因式分解得到

$$H(z) = A \frac{\prod\limits_{r=1}^{M}(1 - c_r z^{-1})}{\prod\limits_{k=1}^{N}(1 - d_k z^{-1})} \tag{7-6}$$

式中 A 为增益常数; c_r 和 d_k 分别表示 $H(z)$ 的零点和极点。由于多项式的系数 c_r 和 d_r 是实数或者是共轭成对的复数,将共轭成对的零点或极点组合为一个二阶多项式,其系数仍然是实数;再将分子分母均为实系数的二阶多项式放在一起(可以任意组合),形成一个二阶网络 $H_j(z)$。 $H_j(z)$ 为

$$H_j(z) = \frac{\beta_{0j} + \beta_{1j}z^{-1} + \beta_{2j}z^{-2}}{1 - \alpha_{1j}z^{-1} + \alpha_{2j}z^{-2}} \tag{7-7}$$

式中, β_{0j} 、 β_{1j} 、 β_{2j} 、 α_{1j} 和 α_{2j} 均为实数。这样 $H_j(z)$ 就分解为一些一阶或者二阶子式相乘积的形式:

$$H(z) = H_1(z)H_2(z) \cdots H_i(z) \tag{7-8}$$

式中 $H_i(z)$ 表示一个一阶或二阶的数字网络的子系统函数,每个子系统函数都采用直接Ⅱ型网络结构实现,如图7-5所示, $H(z)$ 则由 k 个子系统级联而成。

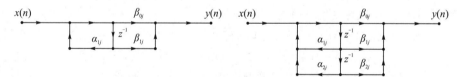

图7-5　一阶和二阶直接Ⅱ型网络结构

当滤波器为高阶滤波器时,其网络结构就是若干一阶子网络与二阶子网络的级联形式。

【例7-2】 IIR数字滤波器的系统函数为

$$H(z) = \frac{0.1 - 0.4z^{-1} + 0.4z^{-2} - 0.1z^{-3}}{1 + 0.3z^{-1} + 0.55z^{-2} + 0.2z^{-3}}$$

画出滤波器的级联型网络结构图。

解:调用MATLAB函数tf2sos.m可以将直接型结构转换为级联型结构。调用格式:

$$[sos, g] = tf2sos(b, a)$$

本例中,b = [0.1, -0.4, 0.4, -0.1]; a = [1, 0.3, 0.55, 0.2];

$$S = \begin{bmatrix} b_{01} & b_{11} & b_{21} & 1 & a_{11} & a_{21} \\ b_{02} & b_{12} & b_{22} & 1 & a_{12} & a_{22} \\ \vdots & \vdots & \vdots & \vdots & \vdots & \vdots \\ b_{0L} & b_{1L} & b_{2L} & 1 & a_{1L} & a_{2L} \end{bmatrix}$$

$$[\mathrm{sos},\mathrm{g}]=\mathrm{tf2sos}(\mathrm{b},\mathrm{a})$$

$\mathrm{sos}=1.0000 \quad -2.6180 \qquad 0 \qquad 1.0000 \quad 0.3519 \qquad 0$

$1.0000 \quad -1.3820 \quad 0.3820 \quad 1.0000 \quad -0.0519 \quad 0.5683$

$\mathrm{g}=0.1000$

将直接型的系统函数转换为级联型的系统函数：

$$H(z)=0.1\cdot\frac{1-2.6180z^{-1}}{1+0.3519z^{-1}}\cdot\frac{1-1.3820z^{-1}+0.3820z^{-2}}{1-0.0519z^{-1}+0.5683z^{-2}}$$

系统函数的级联型由一个二阶节和一个一阶子节级联而成，如图 7-6 所示。

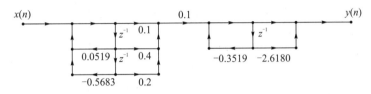

图 7-6　例 7-2 图

级联型结构的特点：所用存储单元少，调整系数就能单独调整滤波器的第 k 对极点；调整系数则可单独调整滤波器第 k 对零点，且调整任何零点或极点都不会影响其他零点、极点，调整滤波器频率响应性能十分方便；它所包含的二阶环可以互换位置，零点、极点之间也可以自由搭配，可以找到最优化的组合，保证性能最佳，字长效应影响最小。

7.3.3　并联型

IIR 数字滤波器的系统函数为

$$H(z)=\frac{\sum_{i=0}^{M}b_iz^{-i}}{1-\sum_{i=0}^{N}a^iz^{-i}}$$

将系统函数表达式展开成部分分式和的形式，即

$$H(z)=H_1(z)+H_2(z)+\cdots+H_k(z) \tag{7-9}$$

对应的网络结构为这 k 个子系统的并联形式，每个子式为一阶或二阶子系统的直接 Ⅱ 型结构，子系统的各个系数均为实数。二阶子系统的系统函数为

$$H_i(z)=\frac{b_{k0}+b_{k1}z^{-1}}{1+a_{k1}z^{-1}+a_{k2}z^{-2}} \tag{7-10}$$

在 MATLAB 中调用函数 $[\mathrm{r},\mathrm{p},\mathrm{k}]=\mathrm{residuez}(\mathrm{b},\mathrm{a})$ 可以得到系统函数表达式：

$$H(z)=\frac{B(z)}{A(z)}=\frac{r(1)}{1-p(1)z^{-1}}+\frac{r(2)}{1-p(2)z^{-1}}+\cdots+\frac{r(n)}{1-p(n)z^{-1}}+k(1)+k(2)z^{-1}$$
$$+\cdots+k(m-n+1)z^{-(m-n)}$$

【例 7-3】　滤波器的系统函数为

$$H(z)=\frac{0.1-0.4z^{-1}+0.4z^{-2}-0.1z^{-3}}{1+0.3z^{-1}+0.55z^{-2}+0.2z^{-3}}$$

求它的并联型网络结构。

解:对上式进行部分分式展开得到

$$H(z) = \frac{-0.2893 + 0.0001i}{1 - (0.0260 + 0.7534i)z^{-1}} + \frac{-0.2893 - 0.0001i}{1 - (0.0260 + 0.7534i)z^{-1}} + \frac{1.1786}{1 + 0.3519z^{-1}} -$$

0.5000

按照上式实现的滤波器的并联型结构如图 7-7 所示。

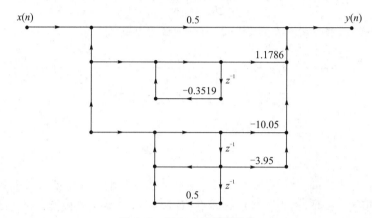

图 7-7　例 7-3 的并联结构

在并联型结构中,每一个一阶网络决定一个实极点,每一个二阶网络决定一对共轭极点,容易调整极点的位置,但对于零点的调整却不如级联型方便,它不能单独调整零点的位置,当要求有准确的传输零点时,采用级联型最合适。另外,各个基本网络是并联的,产生的误差互不影响,不存在误差积累,并联型结构的运算误差与直接型和级联型相比是最小的。

7.4　FIR 数字滤波器的基本网络结构

FIR 数字滤波器的网络结构特点是没有反馈,即没有环路,其单位脉冲响应是有限长的。设单位脉冲响应 $h(n)$ 长度为 N,其系统函数 $H(z)$ 和差分方程分别为:

$$H(z) = b_0 + b_1 z^{-1} + \cdots + b_{N-1} z^{1-N} = \sum_{n=0}^{N-1} b_n z^{-n} \tag{7-11}$$

$$y(n) = b_0 x(n) + b_1 x(n-1) + \cdots + b_{N-1} x(n-N+1) = \sum_{i=0}^{N-1} b_i x(n-i) \tag{7-12}$$

滤波器的阶数为 $N-1$,$h(n)$ 的长度(等于系数的个数)为 N。FIR 滤波器总是稳定的,而且,FIR 滤波器可设计成具有线性相位,这是某些应用所希望的。下面讨论以下四种结构。

7.4.1　直接型结构

设 N 阶 FIR 滤波器的差分方程可以用卷积表示

$$y(n) = \sum_{m=0}^{N-1} h(m) x(n-m) \qquad (7\text{-}13)$$

按照差分方程画出直接结构图,如图 7-8 所示,它可以用抽头延迟线实现,这种结构又称为卷积型结构或横截型结构。

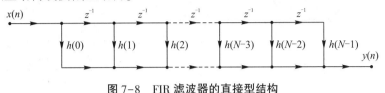

图 7-8　FIR 滤波器的直接型结构

【例 7-4】　已知 FIR 滤波器的单位脉冲响应为

$$h(n) = \delta(n) + 0.2\delta(n-1) + 0.5\delta(n-2) + 0.25\delta(n-3) + 0.3\delta(n-4)$$

试画出其直接型网络结构。

解: 直接型网络结构图如图 7-9 所示。

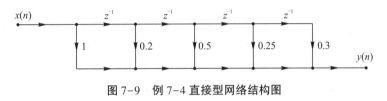

图 7-9　例 7-4 直接型网络结构图

7.4.2　级联型结构

将 $H(z)$ 进行因式分解,并将共轭成对的零点放在一起,形成一个系数为实数的二阶形式。这样级联型网络结构是由一阶或二阶实系数因式级联构成的,其中每一个因式都可用直接形式实现。

级联型结构每个一阶因式控制一个零点,每个二阶因式控制一对共轭零点,因此调整零点位置比直接形式方便,但 $H(z)$ 中的系数比直接形式多,因而需要的乘法器多。例 7-5 中直接型实现需要 4 个乘法器,而级联型需要 5 个乘法器。当 $H(z)$ 的阶次高于三阶时,不易分解,需要用 MATLAB 协助。

信号处理工具箱中有一个 tf2sos(transfer function to second order section) 函数,由传递函数转换为二阶环节。其调用方法为

$$[\mathrm{sos}, \mathrm{g}] = \mathrm{tf2sos}(\mathrm{b}, \mathrm{a})$$

其中,a、b 分别为系统负幂传递函数的分母、分子系数向量。

$$\mathrm{sos} = \begin{bmatrix} b_{01} & b_{11} & b_{21} & 1 & a_{11} & a_{21} \\ b_{02} & b_{12} & b_{22} & 1 & a_{12} & a_{22} \\ \vdots & \vdots & \vdots & \vdots & \vdots & \vdots \\ b_{0L} & b_{1L} & b_{2L} & 1 & a_{1L} & a_{2L} \end{bmatrix} \qquad (7\text{-}14)$$

其每一行代表一个二阶环节,前三项为分子系数,后三项为分母系数。对第 k 个环节有

$$H_k(z) = \frac{b_{0k} + b_{1k}z^{-1} + b_{2k}z^{-2}}{1 + a_{1k}z^{-1} + a_{2k}z^{-2}} \quad k = 1,2,\cdots,L \tag{7-15}$$

g 则是整个系统归一化的增益。系统函数的最后形式应为

$$H(z) = g^* H_1(z)^* H_2(z)^* \cdots^* H_L(z) \tag{7-16}$$

【例 7-5】 已知 FIR 滤波器的系统函数为

$$H(z) = 1 + 0.2z^{-1} + 0.56z^{-2} + 015z^{-3} + 0.1z^{-4}$$

画出其级联型结构图。

解： 采用 MATLAB 函数 $[\text{sos},g] = \text{tf2sos}(b,a)$:

sos =

| 1.0000 | −0.2527 | 0.4542 | 1.0000 | 0 | 0 |
| 1.0000 | 0.4527 | 0.2201 | 1.0000 | 0 | 0 |

g = 1

$$H(z) = (1 - 0.2527z^{-1} + 0.4542z^{-2})(1 + 0.4527z^{-1} + 0.2201z^{-2})$$

其网络结构图如图 7-10 所示。

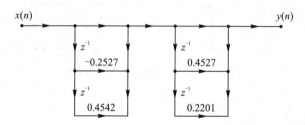

图 7-10 例 7-5 级联型网络结构图

7.4.3 线性相位结构

FIR 滤波器具有线性相位的条件是：单位脉冲响应 $h(n)$ 为实序列且关于 $(N-1)/2$ 偶对称或者奇对称，即

$$h(n) = \pm h(N - n - 1) \tag{7-17}$$

利用单位脉冲响应 $h(n)$ 的对称性可简化 FIR 滤波器的网络结构。

第一类线性相位 FIR 滤波器的网络结构如图 7-11 所示，其系统函数如下：

$$H(z) = \sum_{n=0}^{\frac{N}{2}-1} h(n)\left[z^{-n} \pm z^{-(N-n-1)}\right] \tag{7-18a}$$

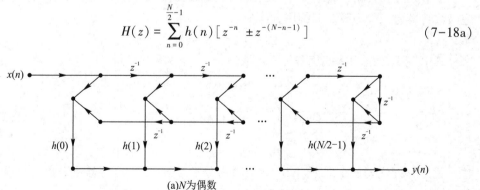

(a)N 为偶数

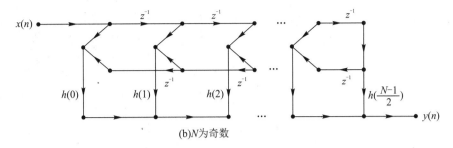

(b)N为奇数

图 7-11　第一类线性相位 FIR 滤波器的网络结构图

第二类线性相位 FIR 滤波器的网络结构如图 7-12 所示,其系统函数如下:

$$H(z) = \sum_{n=0}^{\frac{N-1}{2}} h(n) \left[z^{-n} \pm z^{-(N-n-1)} \right] + h\left(\frac{N-1}{2}\right) z^{-\frac{N-1}{2}} \tag{7-18b}$$

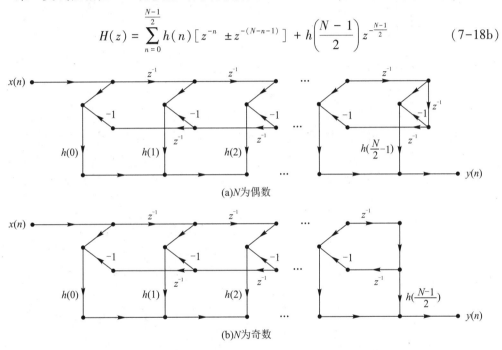

(a)N为偶数

(b)N为奇数

图 7-12　第二类线性相位 FIR 滤波器的网络结构图

从以上的网络结构看出,线性相位结构所需的乘法器的个数为 $N/2$(N 为偶数)或(N+1)$/2$(N 为奇数),而直接型结构则需要 $N/2$ 个乘法器,所以线性相位结构比直接型结构可以节省一半的乘法器。

7.4.4　频率样本结构

FIR 滤波器的单位取样响应 $h(n)$ 是有限长序列,第 6 章中已讨论过其系统函数为

$$H(z) = \sum_{n=0}^{N-1} h(n) z^{-n} = \frac{1}{N} \sum_{n=0}^{N-1} \left[\sum_{k=0}^{N-1} H(k) W_N^{-kn} \right] z^{-n} = \frac{1 - z^{-N}}{N} \sum_{k=0}^{N-1} \frac{H(k)}{1 - W_N^{-k} z^{-1}} \tag{7-19}$$

令

$$H_1(z) = (1 - z^{-N}) \tag{7-20}$$

$$H_2(z) = \frac{1}{N} \sum_{k=0}^{N-1} \frac{H(k)}{1 - W_N^{-k} z^{-1}} \qquad (7\text{-}21)$$

则

$$H(z) = H_1(z) \cdot H_2(z) \qquad (7\text{-}22)$$

令

$$H_k(z) = \frac{H(k)}{1 - W_N^{-k} z^{-1}} \qquad (7\text{-}23)$$

所以频率样本结构就是 $H_1(z)$ 与 $H_2(z)$ 两个 FIR 子系统的级联形式组成。其中 $H_1(z)$ 是一个梳状滤波网络。而 $H_2(z)$ 则是 N 个一阶子网络 $H_k(z)$ 并联而成。

一阶节并联网络 $H_2(z)$,每个一阶节 $H_k(z)$ 中都存在一个反馈支路,存在一个极点。令 $H_k(z)$ 的分母为零:

$$1 - W_N^{-k} z^{-1} = 0$$

得到一节网络在单位圆上的极点:

$$z_k = e^{j\frac{2\pi}{N}k} = W_N^{-k}$$

每一个一阶网络在单位圆上都有一个极点,因此, $H(z)$ 的第二部分是一个有 N 个极点的谐振网络。N 个一阶子网络产生 N 个极点与梳状滤波器的 N 个零点相抵消,保证了滤波器的稳定性。并且 FIR 滤波器在 N 个频率采样点 $\omega = 2\pi k/N$ 的频率响应就等于 N 个 $H(k)$ 的值。N 个并联谐振器与梳状滤波器级联得到 FIR 滤波器的频率样本结构如图 7-13 所示。

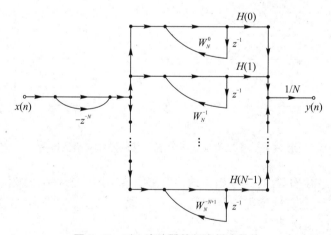

图 7-13 FIR 滤波器的频率样本结构

频率样本结构有两个突出优点:

(1)在频率样本点 $\omega = 2\pi k/N$ 处, $H(e^{j\omega}) = H(k)$ 。只要调整一阶网络中乘法器的系数 $H(k)$,就可以有效地调整频响特性,在实践中相当方便,可以实现任意频率响应曲线。

(2)对于任何 N 阶系统的频响形状,其梳状滤波器及 N 个一阶网络部分结构完全相同,只是各支路增益 $H(k)$ 不同。这样,相同部分便于标准化、模块化。

频率样本结构的缺点:

（1）系统稳定性是靠位于单位圆上的 N 个零极点对消保证的。实际上，存储器的字长都是有限的，这就可能使零点、极点不能完全对消，从而影响系统稳定性。

（2）$H(k)$ 和 W_N^{-k} 一般为复数，增加了乘法运算量与存储量，不利于硬件实现。实际滤波器总是实系数的，所以要设法将成对的共轭极点结合起来，消去虚数部分。

为了克服频率样本结构的缺点，对频率样本结构做如下修正。

当 N 为偶数时，

$$H(z) = \frac{1 - z^{-N}r^{-N}}{N}\left[\sum_{k=1}^{\frac{N}{2}-1} \frac{\beta_{0k} + \beta_{1k}z^{-1}}{1 - 2r\cos(\frac{2\pi}{N}k)z^{-1} + r^2 z^{-2}} + \frac{H(0)}{1 - rz^{-1}} + \frac{H(N/2)}{1 + rz^{-1}}\right] \tag{7-24}$$

$H(0)$ 和 $H(N/2)$ 为实数，修正后的网络方括号内是两个一阶子网络与 $\frac{N}{2} - 1$ 个二阶网络并联而成。

当 N 为奇数时，只有一个采样值 $H(0)$

$$H(z) = \frac{1 - z^{-N}r^{-N}}{N}\left[\sum_{k=1}^{\frac{N-1}{2}} \frac{\beta_{0k} + \beta_{1k}z^{-1}}{1 - 2r\cos(\frac{2\pi}{N}k)z^{-1} + r^2 z^{-2}} + \frac{H(0)}{1 - rz^{-1}}\right] \tag{7-25}$$

修正后的网络结构由一个一阶子节与（$\frac{N}{2} - 1$）个二阶网络并联而成。N 为偶数时的网络结构图如图 7-14 所示。

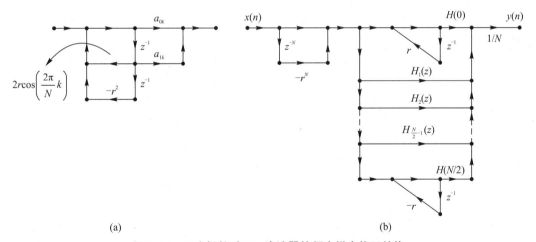

(a)　　　　　　　　　　　　　　　(b)

图 7-14　N 为偶数时 FIR 滤波器的频率样本修正结构

频率样本结构的应用范围：

（1）一般频率样本结构用在窄带滤波器中，而不用在宽带滤波器中，可以证明多数频率采样值 $H(k)$ 为零，这时谐振器中只有较少的一阶谐振结构。此时与直接结构相比较，乘法器和加法器（乘法运算与加法运算）的数量会减少很多，但此时的延时单元增加，存储单元的数量也增加。

（2）在信号的频谱分析中，如果需要将信号的各个频率分量分离出来，这时可以采用频率采样结构的 FIR 滤波器,共用一个梳状滤波器,只需将谐振器的输出加权运算,就可以得到多路输出信号,这样的结构很经济。

7.5　有限字长效应

在数字信号处理过程中,无论是用硬件实现还是软件实现,输入信号序列值、数字系统的参数以及运算结果等都必须以二进制的形式储存在有限长的寄存器中,运算中二进制乘法运算会使位数增多,这样运算的中间结果和最后结果还必须再按一定长度进行尾数处理。例如,序列值 $(0.6736)_{10}$ 用二进制表示为 $(0.101011000111\cdots)_2$,如用 8 位二进制表示,序列值则为 $(0.10101100)_2$,其十进制为 $(0.671875)_{10}$,与原序列值的差值为 $0.6736-0.671875=0.001725$,该差值是因为用有限位二进制数表示序列值形成的误差,称为量化误差。这种量化误差产生是由于用有限字长的寄存器来存储序列值而引起的,所以也把这种因量化误差而引起的各种效应叫作有限字长效应。运算误差主要来自于有限字长效应,它是数字信号处理实现中特有的重要问题。因为数字计算机用二进制编码信号进行运算,二进制编码的位数(或字长)有限,形成有限精度的运算,带来了各种量化误差。

有限字长效应造成的影响主要表现在以下三个方面:

(1)输入信号的量化误差,如模拟输入信号是连续取值,经模数(analog/digital—A/D)变换器后变换成一组离散电平时所产生的量化效应。

(2)系统参数用有限位二进制数表示时产生的量化效应,如把滤波器的系数用有限位的二进制数表示时所产生的量化效应。

(3)在数字运算过程中,为限制参与运算的数字的位数而进行尾数处理以及为防止溢出而压缩信号电平而产生的有限字长效应。

有限字长效应造成的误差主要与下列因素有关:

(1)量化方式上是截尾还是舍入,量化方式不同误差不同;

(2)进行运算时是采用定点制还是浮点制引起的误差不同;

(3)负数的表示类型是二进制原码还是反码或补码;

(4)实现时的系统结构不同引起的误差不同,如数字滤波器采用级联还是并联结构、采用递归结构还是非递归结构引起的误差不同。

本节主要讨论有限位二进制定点表示的量化误差、A/D 转换引起的量化误差、滤波器系数量化引起的量化误差、数字滤波器运算时的量化误差。

7.5.1　有限位二进制定点表示的量化误差

如果信号 $x(n)$ 的值量化后 $Q[x(n)]$ 表示,量化误差用 $e(n)$ 表示,则

$$e(n) = Q[x(n)] - x(n) \tag{7-26}$$

一般 $x(n)$ 是随机信号,那么 $e(n)$ 也是随机的,经常将 $e(n)$ 称为量化噪声。为便于分析,假设 $e(n)$ 是与 $x(n)$ 不相关的平稳随机序列,且是具有均匀分布特性的噪声。

首先,由于存储器有限长的限制,在设计二进制数据的算数运算中会出现很多问题。例如,在定点算数运算中,如果信号值用 $b+1$ 位二进制表示(量化),其中一位表示符号,b 位表示小数部分,能表示的最小单位称为量化阶(或量化步长),用 q 表示,$q = 2^{-b}$。对于超过 b 位的部分进行尾数处理。另外,在定点制的乘法和浮点制的加法和乘法运算中,在运算结束后都会使字长增加,为了符合存储器的长度需要进行量化处理,误差的大小取决于二进制位长,数据是定点形式还是浮点形式,负数是原码还是反码或补码。

尾数处理有两种方法:一种是舍入法,即将尾数第 $b+1$ 位按逢 1 进位,逢 0 不进位,$b+1$ 位以后的数略去的原则处理;另一种是截尾法,即将尾数第 $b+1$ 位以及以后的数码略去。显然这两种处理方法的误差会不一样,下面以十进制数的取整说明舍入和截尾引起的误差。

【例 7-6】　舍入与截尾取整。已知 $x = 263.3$,$y = 263.6$,试分别进行舍入和截尾处理。

解: 对一个数取整一般有舍入和截尾两种方法:

(1)直接将小数部分去除,这就是截尾处理法,称下取整。

(2)将该数加 0.5,之后再将小数部分去除,这就是舍入的方法,即通常所说的四舍五入,也称为上取整。

对 $x = 263.3$ 进行舍入:$\text{round}(x) = \text{round}(263.3) = \text{trunc}(263.3+0.5) = 263$;

对 $x = 263.3$ 进行截尾:$\text{trunc}(x) = \text{trunc}(263.3) = \text{trunc}(263.3+0.5) = 263$;

对 $y = 263.6$ 进行舍入:$\text{round}(x) = \text{round}(263.6) = \text{trunc}(263.6+0.5) = 264$;

对 $y = 263.6$ 进行截尾:$\text{round}(x) = \text{trunc}(263.6) = 263$。

上述例子中 $x = 263.3$ 的小数部分 0.3,采用舍入运算和截尾运算后的结果是相同的。而 $y = 263.6$ 的小数部分为 0.6,采用舍入运算后得到的结果与截尾运算后的结果不同,采用舍入运算的精度要高一些。

四舍五入量化的数学模型为

$$Q[x(n)] = q * \text{round}[x/q] \tag{7-27}$$

式中,$\text{round}[x]$ 表示对 x 四舍五入后取整,$\text{round}[x/q]$ 表示 x 包含量化阶 q 的个数,所以 $Q[x(n)] = q * \text{round}[x/q]$ 就是量化后的数值,x 可以是标量、向量和矩阵。

将数取整对应的 MATLAB 取整函数分别为:

round(x):对一个数四舍五入取整。

例如,round(pi) = 3;round(3.5) = 4;round(−3.5) = −4;round(−3.1) = −3。

ceil(x):向上取整。

例如 ceil(pi) = 4; ceil(3.5) = 4; ceil(−3.2) = −3;向正方向舍入。

floor(x):向下取整。

例如 floor(pi) = 3; floor(3.5) = 3; floor(−3.2) = −4;向负方向舍入。

fix(x):向零取整。

例如,fix(pi) = 3;fix(3.5) = 3;fix(−3.5) = −3。

round 最常用,对应的 MATLAB 量化语句为 xq = q * round(x/q)。

例如, $x = 0.8012$, $b = 6$ 量化程序如下：

```
x=0.7523;b=6;
q=2^(-b);                          % 计算量化阶
xq=q* round(x/q);                  % 对 x 做舍入量化
e=x-xq                             % 计算舍入误差
```

采用定点补码制,截尾法量化误差的统计平均值为 $-q/2$, 方差为 $q^2/12$; 舍入法的量化误差的统计平均值为 0, 方差也为 $q^2/12$, 这里 $q = 2^{-b}$。显然, 字长 $b + 1$ 越长, 量化噪声方差越小。

下面分析不同数制对量化误差的影响。

(1) 采用定点制二进制数的截尾法, 二进制数采用原码、反码和补码方式的量化误差。

设定点数有 $(\beta + 1)$ 位, 截尾至 $(b + 1)$ 位, 丢弃最后的 $(\beta - b)$ 位, 定义截尾误差 ε_t 为

$$\varepsilon_t = Q(x) - x \tag{7-28}$$

①对于正数 x, 结尾后得到的数 $Q(x)$ 的幅度小于或等于 x 的幅度, 因此正数的 $\varepsilon_t \leqslant 0$。如果丢弃的所有位都为零, 则截尾误差 $\varepsilon_t = 0$; 当所有被丢弃的位都是 1 时, 截尾引起的误差 ε_t 最大。在后一种截尾误差最大值时, 被丢弃的部分的十进制值为 $2^{-b} - 2^{-\beta}$。由于正数的原码、补码和反码是相同的, 因此, 对正数 x 截尾时误差范围为

$$-(2^{-b} - 2^{-\beta}) \leqslant \varepsilon_t \leqslant 0 \tag{7-29}$$

②对于负数 x, 分三种情况分别讨论。

负数采用原码时的截尾误差: 对于一个原码形式的负数, 截尾后的数 $Q(x)$ 的幅度小于没有量化前的数 x, 由量化误差的定义得出:

$$0 \leqslant \varepsilon_t \leqslant 2^{-b} - 2^{-\beta} \tag{7-30}$$

对于一个反码形式表示的负数 x, 设 x 的反码形式为 $(a_{-1}a_{-2}\cdots a_{-\beta})_2$, 那么 x 的值为: $-(1 - 2^{-\beta}) + \sum\limits_{i=1}^{\beta} a_{-i}2^{-i}$; 其量化后的值 $Q(x)$ 为: $-(1 - 2^{-b}) + \sum\limits_{i=1}^{\beta} a_{-i}2^{-i}$, 截尾误差为

$$\varepsilon_t = Q(x) - x = 2^{-b} - 2^{-\beta} - \sum_{i=1}^{\beta} a_{-i}2^{-i} \tag{7-31}$$

此时的截尾误差为正数, 范围为

$$0 \leqslant \varepsilon_t \leqslant 2^{-b} - 2^{-\beta} \tag{7-32}$$

同理可得当负数采用补码形式时的量化误差范围为

$$-(2^{-b} - 2^{-\beta}) \leqslant \varepsilon_t \leqslant 0 \tag{7-33}$$

(2) 定点制二进制数的舍入法, 原码、反码和补码的量化误差是相同的, 范围是

$$-\frac{1}{2}(2^{-b} - 2^{-\beta}) \leqslant \varepsilon_t \leqslant \frac{1}{2}(2^{-b} - 2^{-\beta}) \tag{7-34}$$

令 $\delta = 2^{-b} - 2^{-\beta}$,上述可以用表 7-1 表示。

表 7-1 定点数的量化误差范围

量化类型	数的表示	误差范围
截尾	正数、补码负数	$-\delta \le \varepsilon_t \le 0$
截尾	原码负数、反码负数	$0 \le \varepsilon_t \le \delta$
舍入	所有正数或负数	$-\delta/2 \le \varepsilon_t \le \delta/2$

以上重点讨论了定数的量化误差问题,对于浮点数的量化问题超出了本书的讨论范围。对于定点数的量化及量化误差问题是数字信号处理实现中必须重视的问题,一般理论或者设计中给的数都是无限精度的,实现时必须做量化,如数字滤波器在理论设计时各个系数和参数都是无限精度的数,实现时必须考虑量化和量化误差。

7.5.2 A/D 转换器中的量化效应

模拟信号的数字化处理中,利用模数转换器(A/D)将模拟信号经过采样、量化编码转换为 b 位数字信号。采样过程产生的序列 $x(n)$ 是无限精度的(序列用二进制表示时无限长的),在量化编码时对 $x(n)$ 进行截尾或舍入的量化处理会产生量化误差。A/D 转换器的工作原理如图 7-15 所示,图中 $\hat{x}(n)$ 是量化编码后的输出,如果未量化的二进制编码用 $x(n)$ 表示,那么量化噪声为

$$e(n) = \hat{x}(n) - x(n)$$

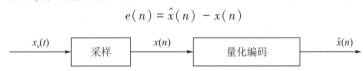

图 7-15 A/D 转换器功能原理图

量化噪声是一个随机的白噪声序列,需用统计分析的方法进行分析,如图 7-16 是ADC 转换器的统计模型。

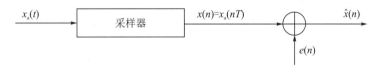

图 7-16 A/D 转换器统计模型

由统计模型,A/D 变换器的输出 $\hat{x}(n)$ 为

$$\hat{x}(n) = x(n) + e(n)$$

假设 A/D 变换器输入信号 $x_a(t)$ 不含噪声,输出 $\hat{x}(n)$ 中仅考虑量化噪声 $e(n)$,信号 $x_a(t)$ 平均功率用 σ_x^2 表示,$e(n)$ 的平均功率用 σ_e^2 表示,输出信噪比用 S/N 表示:

$$\frac{S}{N} = \frac{\sigma_x^2}{\sigma_e^2}$$

信噪比通常用 dB 作单位:

$$\frac{S}{N} = 10\lg \frac{\sigma_x^2}{\sigma_e^2} \text{ dB} \tag{7-35}$$

A/D 转换器采用定点舍入法,$e(n)$ 的统计平均值 $m_e = 0$,方差为

$$\sigma_e^2 = \frac{1}{12} q^2 = \frac{1}{12} 2^{-2b}$$

将 σ_e^2 代入式(7-35),得到:

$$\frac{S}{N} = 6.02b + 10.79 + 10\lg \sigma_x^2 \tag{7-36}$$

式(7-36)表明,信号平均功率 σ_x^2 越大,信噪比越高;同时随着字长的增加,信噪比也增大,每增加一位,输出信噪比增加约 6 dB。增加信号的幅度可以增大信号的平均功率,从而增大信噪比,但幅度必须在 A/D 变换器动态范围内,否则会产生失真。增加 A/D 变换器的位数,会增加输出端信噪比,但位数增加过多会使系统的软硬件开销增加、运算速度减慢等。因此,应根据实际需求,合理选择 A/D 转换器的位数和输入信号的幅度。

7.5.3 数字滤波器的系数量化误差

理论设计的滤波器都属于理想滤波器,理想滤波器的系数都是无限精度的,用具体的数字系统实现时这些系数都是存储在有限位数的寄存器中,因此存在系数的量化效应。系数的量化误差直接影响系统函数的零点、极点位置,如果发生了偏移,会使系统的频率响应偏离理论设计的频率响应,不满足实际需要。量化误差严重时,极点移到单位圆上或者单位圆外,造成系统不稳定。

系数量化效应对滤波器性能的影响除了与字长有关外,还与滤波器的结构有关,选择合适的结构对减少系数量化的影响是很重要的。分析数字滤波器系数的量化效应的主要目的是选择合适的字长与实现结构,以满足实际滤波器的频率响应的要求。有的结构的量化效应对系数的量化误差不敏感,有的却很敏感。各种结构对系数量化误差的敏感度也是本节要研究的内容之一。

1.系数量化对 IIR 滤波器的频率响应的影响

$$H(z) = \frac{\sum_{i=0}^{M} b_i z^{-i}}{1 + \sum_{k=1}^{N} a_k z^{-k}} = \frac{B(z)}{A(z)} \tag{7-37}$$

设系数 b_i 和 a_k 经过量化后的取值为 $\hat{b}_i$ 和 $\hat{a}_k$,量化误差 Δb_i 和 Δa_k,那么

$$\hat{b}_i = b_i + \Delta b_i \tag{7-38}$$

$$\hat{a}_i = a_i + \Delta a_i \tag{7-39}$$

实际滤波器的系统函数为

$$\hat{H}(z) = \frac{\sum_{i=0}^{M} \hat{b}_i z^{-i}}{1 - \sum_{k=1}^{N} \hat{a}_k z^{-k}} = \frac{B(z)}{A(z)} \tag{7-40}$$

显然量化后的频率响应与理想滤波器的频率响应产生了偏差,为了详细说明这个问题,下面利用 MATLAB 举例说明。

【例 7-7】 用直接型结构和级联型结构实现 IIR 数字滤波器的量化效应比较。

利用 MATLAB 设计一个 IIR 椭圆数字滤波器满足以下指标:通带截止频率为 0.4π,阻带截止频率为 0.6π,通带内的最大衰减为 0.5 dB,阻带最小衰减为 50 dB。

(1)利用 MATLAB 设计椭圆滤波器,求幅度响应和极点、零点;用直接型结构实现滤波器,将滤波器采用含入法量化为 5 位字长,求幅度响应、极点和零点;

(2)用级联型结构实现滤波器,将滤波器采用含入法量化为 5 位字长,求幅度响应、极点和零点,并且与(1)中结果进行比较。

含入量化的 MATLAB 函数:

```
function beq=a2dr(d,n)      % beq=a2dr(d,n)将十进制数 d 转换为二
                             进制数,然后含入成 n 位(不含符号位),
                           % 最后将含入后的二进制数转换为十进
                             制数
d1=abs(d);                 % 去掉十进制数的符号
m=1;
while fix(d1)>0;
d1=abs(d)/2^m;
m=m+1;
end
beq=fix(d1* 2^n+0.5);       % 将二进制数含入成 n 位
beq=sign(d).* beq.* 2^(m-n-1);   % 将含入后的二进制数转换为十进制数
截尾量化的 MATLAB 函数:
function beq=a2dr(d,n)      % beq=a2dt(d,n)将十进制数 d 转换为二
                             进制数,然后截尾成 n 位(不含符号位),
% 将含入后的二进制数转换为十进制数
d1=abs(d);
m=1;
while fix(d1)>0;
d1=abs(d)/2^m;
m=m+1;
end
beq=fix(d1* 2^n);
beq=sign(d).* beq.* 2^(m-n-1);
```

(1)调用 MATLAB 函数设计 IIR 椭圆滤波器,用直接型结构实现,对滤波器系数利用含入法量化 5 位字长。如图 7-17 所示是直接型实现时量化前后滤波器的幅度响应。

```
clf
wp=0.4;ws=0.5;rp=0.5;rs=50;
[N,wp0]=ellipord(wp,ws,rp,rs);
[b,a]=ellip(N,0.5,50,wp0);
[h,w]=freqz(b,a,512);g=20* log10(abs(h));
bq=a2dr(b,5);aq=a2dr(a,5);
ea=a-aq;eb=b-bq;
eg=g-gq;
[hq,w]=freqz(bq,aq,512);
gq=20* log10(abs(hq));
subplot(121)
plot(w/pi,g,'b',w/pi,gq,'r--');grid
axis([0 1 -80 10]);
xlabel('\omega/pi');ylabel('增益/dB');
subplot(122)
[z1,p1,k1]=tf2zp(b,a);
[z2,p2,k2]=tf2zp(bq,aq);
zplaneplot([z1,z2],[p1,p2],{'s','+','d','* '});
```

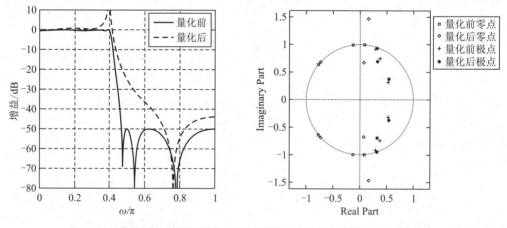

图 7-17　直接型实现时量化前后滤波器的幅度特性与零点、极点变化比较

　　比较量化前后的频率响应可看出：量化后滤波器的过渡带加宽，阻带最小衰减不满足 50 dB 的要求；通带内产生的波纹超过了 0.5 dB 的设计要求，最大波纹较大，在通带边界处产生了严重的波动；量化前后的极点的位置变化量较小，极点仍然在单位圆内，滤波器稳定性没有改变；但量化前后滤波器的零点位置变化很大，有一对零点已经到单位圆之外了。可见，量化后的滤波器频率响应不再满足理论设计的设计要求。以上采用舍入法对滤波器系数进行量化，读者可以调用 beq=a2dt(d,n) 函数对系数进行截尾量化，比较结果。

（2）用级联型结构实现,利用 MATLAB 计算量化前后滤波器幅度特性、极点和零点。如图 7-18 所示是级联型实现时量化前后滤波器的幅度响应。比较级联型实现量化前后的频率响应可看出:量化前后零点、极点位置无明显变化,量化后滤波器的过渡带、阻带最小衰减以及滤波器稳定性没有改变;但量化前后滤波器的通带内增益明显减小。

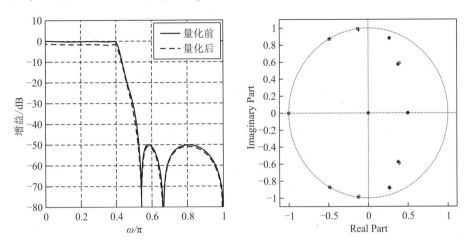

图 7-18　级联型实现时量化前后滤波器的幅度特性比较

由以上分析看出实现结构不同量化误差相差很大。一个高阶的无限长脉冲响应滤波器不可能用直接结构实现,高阶滤波器总是通过二阶和一阶子系统级联或并联实现,在级联和并联结构中每一对共轭极点是单独用一个二阶子系统实现的,其他二阶或一阶子系统的极点位置变化对本子节的极点位置不发生影响,因此采用级联或并联实现时的量化误差要比直接型实现的量化误差小得多。

用 MATLAB 设计的滤波器系数可以看成精确的理论值。工程实际中要把用 MATLAB 设计的滤波器付诸实现,必须采用嵌入式的 DSP 芯片(或专用数字硬件电路),并进行数值运算。因此,用 MATLAB 设计完成后,必须考虑实际系统的有效字节,对设计结果进行量化仿真检验。当然,实际系统的有效字节越长,实际实现的性能越逼近 MATLAB 设计结果。以上是通过编写 MATLAB 程序讨论量化对滤波器的性能的影响,较为繁杂。实际上 MATLAB 中的 FDATool 滤波器设计工具中当滤波器设计完成后可以点击左下侧的竖向工具栏内按钮【Set Quantization Parameters】可以对滤波器按照要求去进行量化处理,读者可以尝试进行。

应当注意,数字滤波器的系数的大小有时差别很大,如果用 b 位定点数表示时,以大的系数确定量化阶 q,对所有系数统一量化,必然使较小的系数相对量化误差很大,使滤波器性能远离设计指标要求。所以工程实际中常常采用浮点制表示系数。

2.系数量化对极点位置的影响

在例 7-7 中利用 MATLAB 分析初步讨论了系数量化对极点位置变化的影响,下面详细讨论系数量化对极点位置的影响。极点位置的变化一般用极点位置灵敏度来描述。

极点位置灵敏度是指每一个极点位置对各系数偏差的敏感程度。设一个 N 阶直接

型 IIR 滤波器系统函数为

$$H(z) = \frac{\sum_{i=1}^{N} b_i z^{-i}}{1 + \sum_{k=1}^{N} a_k z^{-k}} = \frac{B(z)}{A(z)} \tag{7-41}$$

设系数 b_i 和 a_k 经过量化后的取值为 $\hat{b}_i$ 和 $\hat{a}_k$，量化误差 Δb_i 和 Δa_k，那么

$$\hat{b}_i = b_i + \Delta b_i \tag{7-42}$$

$$\hat{a}_i = a_i + \Delta a_i \tag{7-43}$$

实际滤波器的系统函数为

$$\hat{H}(z) = \frac{\sum_{i=1}^{N} \hat{b}_i z^{-i}}{1 + \sum_{k=1}^{N} \hat{a}_k z^{-k}} = \frac{B(z)}{A(z)} \tag{7-44}$$

系数的偏差值量化误差 Δb_i 和 Δa_k，这些系数的偏差值将造成极点和零点位置的偏差，设 N 阶 IIR 滤波器的 $H(z)$ 的理想极点(也即滤波器设计的极点)为 $p_k(k = 0,1,2,\cdots, N)$，系数量化后的极点为 $\hat{p}_k(k = 0,1,2,\cdots,N)$，那么

$$\hat{p}_k = p_k + \Delta p_k \tag{7-45}$$

它与滤波器系统函数的分母多项式系数的偏差可用式(7-46)表示

$$\Delta p_k = \sum_{i=1}^{N} \frac{p_k^{N-i}}{\prod_{N} (p_k - p_i)} \Delta a_i \tag{7-46}$$

上式反映了系数量化误差引起的极点偏移量，由上式可以总结出以下结论：

(1)分母中的因子 $(p_k - p_i)$ 是一个由极点 p_i 指向 p_k 的矢量，整个分母是所有极点指向 p_k 的矢量积。这些矢量越长，极点彼此间的间距越远时，极点位置灵敏度就低，相应的系数量化带来的极点偏移量就小；当这些矢量长度越短，即极点批次较为密集时，极点的位置灵敏度就高，系数量化带来的极点偏移量就大。

(2)极点偏差与系统函数的阶数 N 和实现结构和系数量化偏差 Δa_i 有关。阶数越高，极点的灵敏度越高，极点偏差也越大。对于高阶滤波器来说，应该避免采用直接型结构(这点在例 7-7 中已经充分说明)，而采用分解为二阶节或一阶节级联或者并联型结构实现，这样在系统的字长一定的条件下，可以使系数量化带来的极点偏差最小。

7.5.4　数字滤波器中的运算量化误差

在定点制运算中，二进制乘法的结果尾数可能变长，需要对尾数进行截尾或舍入处理；在浮点制运算中无论乘法还是加法都可能使二进制的位数加长，也需要对尾数进行截尾处理或舍入处理。这样不管是采用定点制还是浮点制，都会因运算产生量化误差，这种误差称为运算量化误差。定点制乘法量化误差

$$e(n) = Q[e(n)] - ax(n) = Q[y(n)] - y(n) \tag{7-47}$$

采用统计的方法进行分析舍入误差作为一个独立的信号叠加到原信号上去运算，这

样仍可以按照线性系统运算去处理,信号流图如图 7-19 所示。

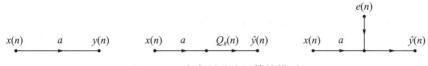

图 7-19　定点制乘法运算的模型

$$\hat{y}(n) = y(n) + e(n) \tag{7-48}$$

对于一个一阶子节,按照以上线性化分析,信号模型如图 7-20 所示。

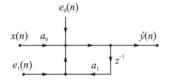

图 7-20　定点制一阶子节乘法运算的模型

设一阶子节的单位脉冲响应为 $h(n)$,总的运算舍入噪声为

$$e(n) = [e_0(n) + e_1(n)] * h(n) \tag{7-49}$$

设二阶子节的单位脉冲响应为 $h(n)$,总的运算舍入噪声为

$$e(n) = h(n) * [e_0(n) + e_1(n) + e_2(n)] \tag{7-50}$$

在实际实现高阶滤波器时总是采用二阶或者一阶节级联或者并联型结构,因此,所有的输出噪声线性叠加就是总的输出噪声。如图 7-21 所示。

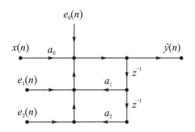

图 7-21　定点制二阶子节乘法运算的模型

由于输入信号是随机信号,产生的运算量化误差同样是随机的,需要进行统计分析。运算量化误差在系统中起噪声作用,会使系统的输出信噪比降低。为了分析计算简单,假定运算量化误差具有以下统计特性:

(1)系统中所有的运算量化噪声 $e(n)$ 都是平稳的白噪声序列(均值为零);

(2)每个量化误差在它的量化范围内都是均匀分布的;

(3)任何两个不同的乘法器形成的噪声源互不相干;

(4)所有的运算量化噪声之间以及和信号之间均不相关。

设定点乘法运算按 b 位进行量化,舍入噪声用 $e(n)$ 表示。根据以上假定,可以认为舍入噪声 $e(n)$ 满足:①在 $\left(-\dfrac{2^{-b}}{2}, \dfrac{2^{-b}}{2}\right]$ 范围内均匀分布;②均值 $E[e(n)] = 0$;③方差

$$\sigma_e^2(n) = \frac{2^{-2b}}{12} = \frac{q^2}{12} \text{。}$$

按照线性系统的原则,设从噪声 $e(n)$ 加入的节点到输出节点间的系统的单位取样响应为 $h_{ef}(n)$, $h_{ef}(n)$ 的 Z 变换为 $H_{ef}(z)$, $e(n)$ 经过系统后的输出噪声的方差 σ_f^2 可以表示为

$$\sigma_f^2 = \frac{\sigma_e^2}{\mathrm{j}2\pi} \oint_c H_{ef}(z) H_{ef}(z^{-1}) \frac{\mathrm{d}z}{z} = \frac{1}{2\pi} \int_{-\pi}^{\pi} |H_{ef}(\mathrm{e}^{\mathrm{j}\omega})|^2 d\omega = \sigma_e^2 \sum_{n=-\infty}^{\infty} h_{ef}^2(n) \quad (7-51)$$

总的输出噪声的方差等于各个噪声产生的输出噪声之和。

对 IIR 滤波器的实现结构有直接型、级联型和并联型,不同结构的量化输出噪声因乘法量化误差在输出端引起的量化噪声功率除了与量化位数 b 有关外,还与网络结构形式有关。量化位数 b 愈长,输出量化噪声越小;网络结构中,输出端量化噪声以直接型最大,级联型次之,并联型最小。原因是直接型量化噪声通过全部网络,经过反馈支路有积累作用,级联型仅一部分噪声通过全部网络,并联型每个一阶网络的乘法运算量化噪声通过相应的网络。

FIR 滤波器的实现结构有直接型、级联型、线性相位型和频率采样型结构,除了频率采样型结构具有反馈环外,其余结构无反馈环,不会造成舍入误差的积累,舍入误差的影响比同阶的 IIR 滤波器小。下面以直接型即横截型结构为例分析 FIR 滤波器的有限字长效应。

N 阶 FIR 滤波器的系统函数为

$$H(z) = \sum_{n=0}^{N-1} h(n) z^{-n} \quad (7-52)$$

输出噪声为

$$e_f(n) = \sum_{m=0}^{N-1} e_m(n) \quad (7-53)$$

如图 7-22 所示是 FIR 直接型结构实现的量化模型。

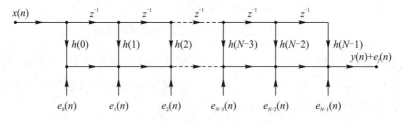

图 7-22 FIR 直接型结构实现的量化模型

由图看出,所有的舍入噪声都直接加在输出端,输出噪声是这些量化噪声的和。输出噪声的方差为

$$\sigma_f^2 = N \cdot \sigma_e^2 = N \cdot \frac{q^2}{12} \quad (7-54)$$

输出噪声的方差与字长有关,与阶数有关,阶数 N 越高,运算误差越大;在运算精度

相同的条件下,阶数越高,则滤波器需要的字长越长。

7.6　数字信号处理的实现

7.6.1　数字信号处理系统的组成

典型的数字信号处理系统如图 7-23 所示,其中数字信号处理系统也可以与其他数字信号处理系统接口实现系统间的信号传输与处理。

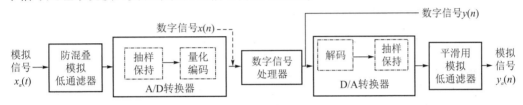

图 7-23　数字信号处理系统组成框图

基本的信号处理流程为:模拟信号 $x(t)$ 经过传感器转换为弱电形式的模拟信号,经过信号调理电路实现滤波、放大、整形和变频等变换为 ADC 转换器可以正确转换的模拟信号,之后 ADC 转换器对模拟信号进行采样、量化和编码将时间和幅度都连续的模拟信号转化为时间上和幅度上均为离散的数字序列 $x(n)$,数字信号处理系统按照预先系统性能的要求对 $x(n)$ 进行处理。处理完毕的信号可以经过 DAC 转换和信号重构电路输出给执行机构或者其他数字信号处理系统进行进一步处理或应用。

数字信号处理系统的性能主要取决于三个因素:采样频率(sample frequency)、架构(architecture)和字长(word length)。这三个因素对系统的处理精度、速度、带宽、功耗以及后续性能扩展升级等起决定性作用。

上述数字信号处理系统中的核心部分是数字信号处理单元。目前,主流的处理单元可分为三种代表性的模式:基于指令集的处理单元、硬件结构处理单元和可重构的处理单元。

指令集处理单元的典型代表是微处理器和通用的或专用的可编程 DSP 处理器。通用可编程 DSP 处理器基于 CPU 模式架构,采用顺序执行方式,通过软件指令方式完成数字信号处理,属于软件可编程。DSP 采用改进的哈佛结构的存储器、多总线结构、流水线技术(pipeline)、多处理单元和特殊的 DSP 指令等,使其具有可编程性,而且其实时运行速度远远超过其他类型的微处理器。其特殊的内部结构、强大的信息处理能力及较高的运行速度,是 DSP 最重要的特点。DSP 芯片的上述特点,使其在各个领域得到越来越广泛的应用。但是 DSP 处理器的不足之处,集中体现在:ALU(算术逻辑单元)数量偏少导致其并行处理能力大打折扣。而且随着采样速率的增加,每个采样周期完成的指令数目递减的。因此,对于一些特定算法 DSP 处理器的数据吞吐率比 ASIC 和 FPGA 要慢。

硬件结构处理单元的典型代表是 ASIC(Application Specific Integrated Circuit,专用集

成电路），它是针对完成某一种特定的数字信号处理任务设计的硬件电路，在性能、速度和可靠性上优于 DSP。但是，它的灵活性差、开发周期长、成本高等不足限制了其应用。

可重构处理单元的典型代表是 FPGA，它具有规则的可编程结构，属于硬件可编程。FPGA 内部集成了大量的硬线 MAC(multiply-accumulator)，这些 MAC 在全流水模式下可高速运行，运算能力强。架构上可以采用灵活的结构，如：采用全并行、半并行和串行三种方式。基于上述特点现在 FPGA 已经广泛应用于各种数字信号处理任务中。

通用的可编程 DSP 处理器灵活性强，但实时性欠佳；ASIC 具有很高的性能，但灵活性欠佳；FPGA 则在灵活性和高性能上取得兼顾。

7.6.2　数字信号处理的实现

数字信号处理实现的方法主要有：

（1）在通用计算机上实现，属于软件实现，速度慢，用于算法的模拟与仿真。

（2）通用计算机系统中加入专用的加速处理器，增强运算能力、提高运算速度。不适合做嵌入式应用，专用性强，应用受到限制。

（3）用单片机实现，用于算法不是很复杂、速度要求不是很高的数字信号处理问题。但由于单片机没有专用的硬件乘法累加器，不适合于以乘法累加运算为主的密集型算法处理。

（4）通用的可编程 DSP 系统实现，具有可编程和实时高速的处理能力，尤其对复杂算法的处理，在实时 DSP 领域占主导地位。

（5）用专用 DSP 芯片实现，主要用在对信号处理速度要求极快的场合。如专用的 FFT、数字滤波器、卷积和信号相关性运算。专用性强，应用受到限制。

（6）用基于通用 DSP 核的 ASIC 芯片实现。随着专用集成电路 ASIC 的广泛使用，可以将 DSP 的功能集成到 ASlC 中。一般说来，DSP 核是通用 DSP 器件中的 CPU 部分，再配上用户所需的存储器（包括 Cache、RAM、ROM、flash、EPROM）和外设（包括串口、并口、主机接口、DMA、定时器等），组成用户的 ASIC。

（7）基于 FPGA/CPLD 实现，主要利用 FPGA/CPLD 芯片内部逻辑和互联资源的可编程性质将信号处理算法直接映射为满足性能要求的特定的数字电路。FPGA/CPLD 的可编程能力在保持专用集成电路所具有的大规模、高集成度、高可靠性等优点的同时克服了定制专用集成电路设计周期长、投资大、灵活性差等缺陷，目前已经成为设计实现实时信号处理系统的理想选择和必然的发展方向。

（8）当所需要实现的数字信号处理系统更为复杂且包含多种具有不同的实时性要求的算法时，可以采用 FPGA+DSPs 架构的软硬件结合的方式实现，其中 FPGA 主要完成系统的逻辑控制和结构标准、简单的算法，而 DSP 主要实现复杂的信号处理算法。

目前，主流的高速与高性能的数字信号处理系统架构模式主要有 FPGA+DSPs 处理器、FPGA+DSPs+ARM 和 Soc FPGA，这些结构具有灵活性与通用性强，适合于软硬件的模块化设计，易于维护和性能扩展升级等。

本章小结

1.IIR 滤波器的基本结构形式有直接型、级联型和并联型三种。

(1)直接型中,Ⅰ型结构能够简单直观地实现滤波器的传递函数,但需要延时器较多;Ⅱ型结构比Ⅰ型结构延时器减少了一半,具有最少延迟单元数,被级联和并联型的子系统所采用。但两种结构都存在系统任何一个参数 (a_k,b_r) 的变化直接影响系统零点、极点的变化,不容易控制零点、极点,并且有限字长效应影响最大。

(2)级联型是通过因式分解的方法,将系统函数转化为多个二阶节相乘的形式来实现整个系统,由于可以通过各个二阶节来控制零点、极点的位置,灵活方便,因此可以很方便地控制系统的传输特性,与直接型结构相比,有限字长效应较小。

(3)并联型是通过将系统函数进行部分分式展开,系统输出为各个子系统输出之和,实现简单,运算速度快;由于各个子系统产生的误差互不影响,有限字长效应最小。但只能单独调整极点的位置,而不能直接调整零点。

2.FIR 滤波器的基本结构有直接型结构、级联型结构、频率样本结构及线性相位结构。

(1)直接型结构是以直观的形式直接实现差分方程,物理概念明确,实现简单。

(2)级联型结构可以单独控制每个子系统的零点,但运算时间长,运算大,需延时器多。

(3)频率样本结构可以有效地调整频响特性,适于标准化、模块化;但系统的稳定是靠位于单位圆上的 N 个零点、极点对消来保证的。实际上有限字长效应可能使零点、极点不能完全对消,从而影响系统稳定性;同时要求乘法器完成复加乘法运算,这对硬件实现是不方便的。为了克服上述缺点,可以采用修正频率样本结构。

(4)线性相位结构本质上属于直接型,但乘法次数比直接型减少了一半。

3.系数的量化会引起滤波器性能的偏差和零、极点位置的偏移,严重时会使系统失去稳定性。数字信号处理系统中运算过程的有限字长效应所造成的误差与运算方式、滤波器的结构和字长有关。

表 7-2   与本章有关的 MATLAB 函数

函数名	函数功能描述
tf2sos	[b,a]=tf2sos(b,a),将直接型结构转换为基本二阶节的级联型结构
sos2tf	[b,a]=sos2tf(sos),将级联结构转换为基本二阶节的直接型结构
residuez	[z,p,k]= residuez (b,a),将零点、极点型结构转换为直接形式 [b,a]= residuez (z,p,k),将直接型结构转换为零点、极点形式
tf2latc	K=tf2latc(b/b(1)),将 FIR 滤波器的直接型系数向量 b 转换为格型滤波器的反射系数
latc2tf	b=latc2tf(k),将 FIR 滤波器的格型反射系数向量 k 转换为直接型系数向量 b

续表 7-2

函数名	函数功能描述
dec2bin	str= dec2bin（d,n），将十进制数转换为 n 位二进制代码
dir2fs	［C,B,A］=dir2fs（h）；已知 FIR 滤波器单位脉冲响应计算 FIR 滤波器频率样本结构
dir2cas	［C,B,A］= dir2cas（b,a），将滤波器直接型结构转换为级联型结构
dir2par	［C,B,A］= dir2par（b,a），将滤波器直接型结构转换为并联型结构

习题与上机

一、填空题

1.数字滤波器的基本算法单元有＿＿＿＿＿＿、＿＿＿＿＿＿和＿＿＿＿＿＿。

2.数字滤波器的运算结构不同需要的存储单元和乘法次数不同。前者影响系统的＿＿＿＿，而后者影响＿＿＿＿＿＿。

3.FIR 滤波器的频率采样结构中,并联支路的 $H(k)$ 就是＿＿＿＿＿＿,因而可以直接控制滤波器的＿＿＿＿＿＿。

4.频率采样结构在实际实现时由于寄存器长度都是有限的,由于＿＿＿＿＿＿＿存在,可能使零点、极点不能完全抵消,从而影响系统的＿＿＿＿＿＿。

5.如图 7-24 所示,信号流图的系统函数为 $H(z)=$＿＿＿＿＿＿。

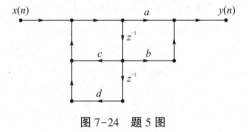

图 7-24　题 5 图

6.如图 7-25 所示,信号流图的系统函数为＿＿＿＿＿＿＿。

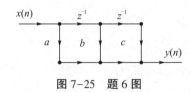

图 7-25　题 6 图

7.用有限位的二进制数表示序列值或数字系统的系数会形成误差,称为＿＿＿＿＿。数字系统的运算误差主要来自于＿＿＿＿＿＿。

8.对滤波器的系数量化时有时相差很多,系数量化会引起极点位置发生变化,严重时

不仅滤波器的_____会发生改变,而且还会影响系统的_____。描写几点位置变化用_____。

9.有限字长效应造成的误差主要与滤波器的_____、_____和_____有关。

10.数字信号处理的主要实现方法有_____和_____。

二、选择题

1.下列结构中,不属于 FIR 滤波器基本结构的是(　　　)。

A.直接型　　　　　B.级联型　　　　　C.并联型　　　　　D.频率样本型

2.下面信号流图表示的系统函数为(　　)。

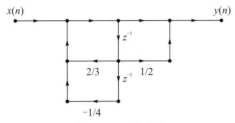

图 7-26　题 2 图

A. $H(z)=\dfrac{1+\frac{1}{2}z^{-1}}{1-\frac{2}{3}z^{-1}+\frac{1}{4}z^{-2}}$

B. $H(z)=\dfrac{1-\frac{2}{3}z^{-1}+\frac{1}{4}z^{-2}}{1+\frac{1}{2}z^{-1}}$

C. $H(z)=\dfrac{1+\frac{1}{2}z^{-1}}{1+\frac{2}{3}z^{-1}-\frac{1}{4}z^{-2}}$

D. $H(z)=\dfrac{1+\frac{2}{3}z^{-1}-\frac{1}{4}z^{-2}}{1+\frac{1}{2}z^{-1}}$

3.下列结构中,不属于 IIR 滤波器基本结构的是(　　)。

A.直接型　　　　　B.级联型　　　　　C.并联型　　　　　D.频率样本型

4.下列结构中,不属于 FIR 滤波器基本结构的是(　　)。

A.直接型　　　　　B.级联型　　　　　C.并联型　　　　　D.频率样本型

5.下面信号流图表示的系统函数为(　　)。

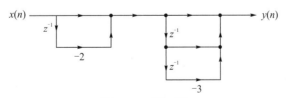

图 7-27　题 5 图

A.$H(z)=-1+z^{-1}+5z^{-2}-6z^{-3}$　　　　B.$H(z)=1+3z^{-1}-z^{-2}-6z^{-3}$

C.$H(z)=1-3z^{-1}+5z^{-2}-6z^{-3}$　　　　D.$H(z)=1-z^{-1}-5z^{-2}+6z^{-3}$

三、作图题

1.画出如下系统函数所表示的系统的级联型结构和并联型网络结构图。

$$H(z) = \frac{4z^3 - 2.8284z^2 + z}{(z^2 - 1.4142z + 1)(z + 0.7071)}$$

2.用横截型结构实现系统函数：

$$H(z) = (1 - \frac{1}{2}z^{-1})(1 + 6z^{-1})(1 - 2z^{-1})(1 + \frac{1}{6}z^{-1})(1 - z^{-1})$$

3.已知滤波器的单位脉冲响应为

$$h(n) = \delta(n) + 0.2\delta(n-1) + 0.25\delta(n-2) + 0.11\delta(n-3) + 0.33\delta(n-4)$$

(1)求滤波器的系统函数；

(2)试分别画出滤波器的直接型和级联型结构。

4.设滤波器的差分方程为

$$y(n) = x(n) + 2\delta(n-1) + 0.33x(n-2) + 0.25x(n-3) + 0.5x(n-4)$$

(1)求滤波器的单位脉冲响应和系统函数；

(2)画出滤波器的直接型、级联型网络结构图。

第8章 数字信号处理实验

【学习导读】

数字信号处理是一门工程实践特色非常鲜明的专业基础课,要求具备较高的实践动手能力,必须通过大量的上机实验来巩固和验证所学理论知识,并且要求能够举一反三,综合运用所学知识来解决工程实践问题,真正做到"从工程实践中来,到工程实践中去"。

【学习目标】

● 知识目标:①通过验证性实验进一步系统化、深化离散时间信号与系统的时域与频域分析;②通过设计性实验掌握数字滤波器的 MATLAB 设计与实现;③通过综合性实验掌握电子系统设计与开发的基本流程以及应该重点把握的各个环节,并提升自身撰写工程项目市场可行性、技术可行性、整体可行性以及研究报告的能力。

实验讲义

● 能力目标:①培养自身应用计算机、互联网等现代技术手段分析解决工程实际问题的能力;②通过数字信号处理的实验课的学习,对自身进行系统化的工程项目训练,培养工程意识、工程素养、工程研究、工程实践与工程创新能力。

C 语言版
实验微课

● 素质目标:力争实现知识与能力、创新与创业、理论与实践、科学性与价值性的辩证统一。树立正确的人生观、价值观和世界观,铸就科学精神、工匠精神与爱国主义情怀。

8.1 离散时间信号的产生及时域处理

1.实验目的

(1)初步了解 MATLAB 在数字信号处理中的应用及编程方法。

(2)熟练掌握应用 MATLAB 产生基本序列。

(3)熟练掌握序列的运算:序列的翻转、移位、尺度变换,序列的合成与截取。

(4)掌握求离散时间系统对基本序列响应的方法。

实验一微课
(MATLAB)

2.实验原理与方法

(1)数字信号处理是从事与信号处理相关专业的工程技术人员必不可少的专业知识。MATLAB 上机实验是课程学习的重要实践环节,它不仅能帮助大家灵活运用课程的基本内容,加深对课程基本概念的理解,并学会利用计算机软件解决在理论学习中不易解决的问题,对以后深入学习和应用信号处理知识都会有很大的帮助。

（2）数字信号处理中常用的基本序列有：单位脉冲序列、单位阶跃序列、矩形序列、实指数序列、复指数序列和正弦序列。对这些基本序列要把握序列之间的关系、序列的周期性、序列的基本运算以及离散时间系统对这些序列响应的求解方法和物理意义。

3.实验内容

（1）基本离散信号序列的产生。

编程程序产生单位采样序列并绘制出图形：

$\delta(n)$、$\delta(n-5)$、$u(n)$、$u(n-5)$，$3\sin(0.5\pi n)$。

（2）序列的移位及周期延拓。

已知 $x(n)=0.8^n R_8(n)$，利用 MATLAB 生成并图示 $x(n)$，$x(n-m)$，$x((n))_8 R_N(n)$ 和 $x((n-m))_8 R_N(n)$，其中 $N=24$，m 为整常数且 $0<m<N$。

（3）离散系统对几种常用序列的响应。

给定因果稳定线性移不变系统的差分方程：

$$\sum_{k=0}^{N} a_k y(n-k) = \sum_{k=0}^{M} b_k x(n-k)$$

其中系数向量：$B=[1,6,15,20,15,5,6,1]\cdot 0.0007378$

$A=[1.0000,-3.1836,4.6223,-3.7795,-0.4800,0.0544]$；

对下列输入序列 $x(n)$ 求系统输出序列并作图表示：

$\delta(n)$，$\delta(n-10)$，$u(n)$，$R_{32}(n)$，$e^{j\frac{\pi}{8}n}R_{32}(n)$。

4.实验报告要求

（1）简述由模拟信号产生离散序列 $x(n)$ 的过程。

（2）简述在时域求解线性移不变系统的响应的方法。

（3）说明连续时间信号、离散时间信号、数字信号以及它们之间的联系。

8.2 离散时间系统的响应及稳定性

实验二微课
（MATLAB）

1.实验目的

（1）分别掌握利用线性卷积和滤波函数 filter 求解系统响应的方法。

（2）掌握利用 MATLAB 检验系统的因果性与稳定性的方法。

2.实验原理与方法

（1）离散时间系统的响应。

设线性移不变系统的单位脉冲响应为 $h(n)$，系统的输入序列为 $x(n)$，则系统的输出序列 $y(n)$ 等于输入序列与输出序列的线性卷积：

$$y(n)=x(n)*h(n)=\sum_{n=-\infty}^{\infty} x(m)h(n-m)$$

在 MATLAB 中线性卷积可以调用函数 conv 计算，调用格式为

$$y(n)=\text{conv}(x,h)$$

设线性移不变系统的单位脉冲响应为 $h(n)$，系统的输入序列为 $x(n)$，则系统的输出序列 $y(n)$ 可以用 N 阶线性常系数差分方程描述：

$$y(n) = \sum_{i=0}^{M} b_i x(n-i) - \sum_{i=1}^{N} a_i y(n-i)$$

其中 $x(n)$ 及其移位序列的系数向量为 B，$y(n)$ 及其移位序列的系数向量为 A。

$$B = [b_0, b_1, \cdots b_{M-1}], A = [1, a_0, a_1, \cdots a_{N-1}]$$

调用 filter 函数计算线性移不变系统的响应；filter 函数的调用格式为

$$y(n) = \text{filter}(B, A, x)$$

(2)离散时间系统的线性、移不变性、因果性及稳定性的判定。

系统的时域特性指的是系统的线性、移不变性质、因果性和稳定性。本实验应用 MATLAB 重点分析系统的线性和稳定性。

设系统的输入序列 $x_1(n)$、$x_2(n)$ 和 $x_3(n) = ax_1(n) + bx_2(n)$。计算并图示系统对 $x_1(n)$ 的响应 $y_1(n)$；计算并图示系统对 $x_2(n)$ 的响应 $y_2(n)$；计算并图示系统对 $x_3(n)$ 的响应 $y_3(n) = T[ax_1(n) + bx_2(n)]$，计算 $y(n) = ay_1(n) + by_2(n)$。观察 $y(n)$ 与 $y_3(n)$ 的波形，判断二者波形是否相同，相同说明系统为线性系统，否则为系统非线性系统。

系统的稳定性是指对任意有界的输入信号，系统都能得到有界的系统响应。应用 MATLAB 检查系统是否稳定的方法：在系统的输入端加入单位阶跃序列，如果系统的输出趋近一个常数（包括零），就可以断定系统是稳定的。

3.实验内容及步骤

(1)线性移不变系统的响应。

线性移不变系统的差分方程为

$$y(n) + 0.1y(n-1) - 0.06y(n-2) = x(n) - 2x(n-1)$$

分别利用 filter 函数和 conv 编程求解：

①系统对输入信号 $x(n) = R_8(n)$ 响应，并画出 $x(n)$ 和 $y(n)$ 的波形。

②求解系统的单位脉冲响应和单位阶跃响应，并画出波形。

(2)系统线性的验证。

设系统的差分方程为：$y(n) = x(n) + x(n-1) + 0.5y(n-1)$。

分别产生输入序列 $x_1(n) = 0.5^n R_8(n)$，$x_2(n) = \delta(n-16)$，$x_3(n) = 3x_1(n) + 2x_2(n)$。

编程计算并图示 $x_1(n)$ 的响应 $y_1(n)$；计算并图示系统对 $x_2(n)$ 的响应 $y_2(n)$；计算并图示 $x_3(n)$ 的响应 $y_3(n)$，计算并图示 $y(n) = 3y_1(n) + 2y_2(n)$。观察 $y(n)$ 与 $y_3(n)$ 的波形，判断二者波形是否相同，并用线性系统的理论解释。

(3)系统稳定性的判定。

给定一线性移不变系统的差分方程为：$y(n) = x(n) + 0.5y(n-1)$。

①求解系统当输入序列为 $x(n) = u(n)$ 时的响应，检验系统是否稳定。画出系统输出波形；

②给定输入信号为 $x(n) = \cos(0.01n) + \cos(0.1n)$，求解系统的响应并画波形。

4.实验报告要求

(1)简述在时域求系统响应的方法。

(2)简述通过实验判断系统稳定性的方法。

(3)对各实验所得结果进行分析和解释。

(4)是否可以用 MATLAB 语言编程判定系统的因果性和移不变性？如何判定。

8.3　FFT 频谱分析及应用

实验三微课
(MATLAB)

1.实验目的

(1)进一步深化对 DFT 的物理意义、计算方法及应用的理解。

(2)学习应用 FFT 对典型模拟信号和离散时间信号进行频谱分析的方法,了解利用 FFT 进行谱分析时的分析误差和产生误差的原因。

2.实验原理与方法

(1)对离散序列进行谱分析。

DFT 是数字信号处理中最重要的概念之一。其实质是对有限长序列 $x(n)$ 频谱的离散化,即通过 DFT 使时域内的有限长序列 $x(n)$ 与频域内的有限长序列 $X(k)$ 相对应,从而可以在频域利用计算机进行信号处理。更为重要的是 DFT 由多种快速算法(FFT),使高速、实时数字信号处理得以实现。

在 MATLAB 信号处理工具箱中的函数 fft(x,N),可用来实现序列 x 的 N 点快速傅里叶变换。经函数 fft 求得的序列一般是复序列,通常要求其幅值和相位。MATLAB 中提供了求复数的幅值和相位函数:abs、angle,这些函数一般和 fft 同时使用。

(2)用 DFT 对连续信号进行谱分析。

对于连续信号 $x_a(t)$,其频谱函数 $X_a(\mathrm{j}\Omega)$ 也是连续函数。为了应用 DFT 对连续信号 $x_a(t)$ 进行谱分析,先对 $x_a(t)$ 进行时域采样,得到 $x(n)=x_a(nT)$,再对 $x(n)$ 进行 DFT 变换得到 $X(k)$,$X(k)$ 是 $x(n)$ 的傅里叶变换 $X(\mathrm{e}^{\mathrm{j}\omega})$ 在频率区间 $[0,2\pi]$ 上的 N 点等间隔采样。对持续时间很长的信号,采用加窗函数截断,截取有限点进行 DFT 变换。

在对连续信号作谱分析时,主要关心两个问题,谱分析范围和频谱分辨率。谱分析范围为 $[0,F_s/2]$,直接受到采样频率 F_s 限制,为了不产生频谱混叠失真,通常要求信号的最高频率 $f_c < F_s/2$,频谱分辨率用 F 表示,F 表示谱分析时能够分辨的两个频谱分量的最小间隔。F 越小,谱分析的结果 $X(k)$ 越接近 $X_a(\mathrm{j}\Omega)$。频谱分辨率 $F = F_s/N$。

①当 N 不变时,要提高频谱分辨率,就必须降低采样频率,采样频率 F_s 降低会引起谱分析的范围变窄且易引起频谱混叠失真。

②维持采样频率 F_s 不变,为了提高分辨率 F 可以增大采样点数 N。

由于 $NT = T_p$,$T = F_s^{-1}$,F_s 不变则 T 不变,为了增大 N,需增加观测时间 T_p。但 N 过大会使需要的存储单元过多且运算速度变慢,N 的选择要合适。

理论与实践都已证明,加大截取长度 T_p 可以提高频谱分辨率;选择合适的窗函数可降低谱间干扰;而频谱混叠失真要通过提高采样频率或与滤波来改善。

(3)用 DFT 对连续周期信号进行谱分析。

周期信号的频谱是离散谱,如果所分析的信号的周期已知,则可以选取整数倍周期的长度作 FFT,即可得到周期信号的频谱。如果所分析的信号的周期未知,则在采样频率不变时,可以尽量增加观测时间。

3.实验内容及步骤

(1)序列的谱分析。

①有限长序列的谱分析:

计算序列 $x(n) = R_8(N)$ 的 $N = 8$ 和 $N = 16$ 点的 DFT,作出幅频特性曲线和相频特性曲线,并比较当变换区间的长度增大时两种 DFT 变换结果。

②周期序列的谱分析:

$$x(n) = \cos(\frac{\pi}{4}n) + \cos(\frac{\pi}{8}n)$$

分别选择变换区间的长度为 $N = 8$、$N = 16$、$N = 64$ 进行频谱分析,作出幅频特性曲线和相频特性曲线,比较两者的结果。

(2)频域采样定理的验证。

给定一个信号如下:

$$x(n) = \begin{cases} n + 1 & 0 \leq n \leq 13 \\ 27 - n & 14 \leq n \leq 26 \\ 0 & \text{其他} \end{cases}$$

编程计算 $x(n)$ 的 $N = 16$ 点的离散傅里叶变换 Xk16;再对 Xk16 作 $N = 16$ 点的 IDFT 得序列 $x_{16}(n)$,比较 $x(n)$ 与 $x_{16}(n)$ 的波形;再计算 $x(n)$ 的 $N = 32$ 点的离散傅里叶变换 Xk32;再对 Xk32 作 $N = 32$ 点的 IDFT 得序列 $x_{32}(n)$,绘制 $x(n)$,比较 $x(n)$、$x_{16}(n)$ 与 $x_{32}(n)$ 的波形,分析上述结果从而验证频率采样定理。

(3)对连续信号进行谱分析:

$$x_a(t) = \cos(8\pi t) + 3\cos(16\pi t) + 2\sin(20\pi t)$$

采样频率 $F_s = 64$ Hz,分别取 $N = 16$、$N = 32$、$N = 64$ 三种情况对已知信号做谱分析,作出频谱图比较结果。

4.实验报告要求

(1)按实验步骤附上实验信号序列和幅频特性曲线,分析所做各个实验的结果。

(2)总结应用 DFT 对信号进行谱分析的方法。

(3)如何减少谱分析的误差。

(4)详细说明当一个序列为无限长时,如何对序列进行谱分析。

(5)现有两个实序列 $x_1(n)$ 和 $x_2(n)$,设计一种高效算法,通过计算一个 N 点的 DFT 就可以计算出两个实序列的 N 点 DFT。

8.4　IIR 数字滤波器设计及软件实现

1.实验目的

（1）熟悉使用脉冲响应不变法和双线性变换法设计 IIR 数字滤波器的原理与方法。

（2）掌握调用 MATLAB 信号处理工具箱中滤波器设计函数设计各种 IIR 数字滤波器。

（3）通过观察滤波器输入、输出信号的时域波形及其频谱,建立数字滤波的概念。

2.实验原理

间接法设计 IIR 数字滤波器就是根据工程实际的要求首先确定数字滤波器的性能指标,将数字滤波器的性能指标转换为模拟滤波器的设计指标,然后设计模拟滤波器。在模拟滤波器设计完成以后,将模拟滤波器转换为数字滤波器,这个过程实际上是将模拟滤波器的系统函数 $H_a(s)$ 转换为数字滤波器的系统函数 $H(z)$ 。间接法设计 IIR 数字滤波器有脉冲响应不变法和双线性变换法。

本实验 IIR 数字滤波器的实现是指调用 MATLAB 信号处理工具箱函数 filter 对给定的输入信号 $x(n)$ 进行滤波,得到滤波后的输出信号 $y(n)$ 。

MATLAB 的信号处理工具箱里提供了函数：$[Bz,Az]=impinvar(B,A)$。实现用脉冲响应法将所设计的模拟滤波 $H_a(s)$ 转换为数字滤波器的系统函数 $H(z)$ 。其中 B、A 为模拟滤波器的系统函数的分子分母多项式的系数向量;Bz、Az 为数字滤波器的系统函数的分子分母多项式的系数向量。

MATLAB 的信号处理工具箱里提供了函数：$[Bz,Az]=bilinear(B,A,fs)$。实现用双线性变化法将所设计的模拟滤波 $H_a(s)$ 转换为数字滤波器的系统函数 $H(z)$ 。其中 fs 为采样频率,B、A 为模拟滤波器的系统函数的分子分母多项式的系数向量;Bz、Az 为数字滤波器的系统函数的分子分母多项式的系数向量。

3.实验内容及步骤

（1）选择巴特沃斯原型,分别采用脉冲响应不变法和双线性变换法设计 IIR 数字低通滤波器,要求:通带截止频率 $\omega_p=0.2\pi$ rad,通带内的最大衰减为 $\alpha_p=1$ dB;阻带截止频率 $\omega_s=0.4\pi$ rad。阻带最小衰减 $\alpha_s=40$ dB,$T=1$ ms。作出滤波器的幅频特性曲线和相频特性曲线,比较两种设计方法的优缺点。

（2）已知模拟信号

$$x(t)=\cos(2\pi f_1 t)+\cos(2\pi f_2 t)+\cos(2\pi f_3 t)$$

$f_1=400$ Hz,$f_2=1\ 200$ Hz,$f_3=3.2$ kHz。应用双线性变换法设计与实现满足要求的 IIR 数字滤波器。设系统的采样频率为 $f_s=8$ kHz,通带最大衰减 $R_p=0.1$ dB,阻带最小衰减 $A_s=60$ dB。绘出各种滤波器的幅频特性曲线和输入、输出信号的时域波形。

①设计高通滤波器,保留 $\cos(2\pi f_3 t)$,滤除 $\cos(2\pi f_1 t)+\cos(2\pi f_2 t)$;

②设计带通滤波器,保留 $\cos(2\pi f_2 t)$,滤除 $\cos(2\pi f_1 t)+\cos(2\pi f_3 t)$ 。

4.实验报告要求

(1)简述 IIR 数字滤波器的设计方法。比较脉冲响应不变法和双线性变换设计 IIR 数字滤波器的各自的优缺点。

(2)列举两个 IIR 具体实际应用的实例,说明 IIR 滤波器的应用。

(3)对实验步骤中所设计的数字滤波器,绘制滤波器的幅频特性曲线、相频特性曲线以及相应的输入输出时域波形和频谱图。

(4)总结利用 MATLAB 设计与实现 IIR 滤波器的方法及程序设计的要点。

8.5　FIR 数字滤波器设计及软件实现

实验五微课
(MATLAB)

1.实验目的

(1)掌握用窗函数法设计与实现 FIR 数字滤波器的原理与方法。

(2)掌握用等波纹最佳逼近法设计与实现 FIR 数字滤波器的原理与方法。

2.实验原理

线性相位 FIR 滤波器的设计是选择有限长度的 $h(n)$,使频率响应函数 $H(e^{j\omega})$ 满足技术指标要求。FIR 滤波器有三种设计方法:窗函数法、频率采样法和切比雪夫等波纹逼近法。

(1)窗函数法设计原理。

设计 FIR 滤波器最简单的方法就是窗函数法。这种方法是给定理想滤波器的频率响应 $H_d(e^{j\omega})$,用一个实际的 FIR 滤波器的频率响应 $H(e^{j\omega})$ 去逼近 $H(e^{j\omega})$。窗函数设计法是在时域内进行的,先由 $H_d(e^{j\omega})$ 求解理想滤波器的单位脉冲响应 $h_d(n)$,然后选择合适的窗函数 $w(n)$ 加窗截断得到所需设计的 FIR 滤波器的单位脉冲响应 $h(n) = h_d(n)w(n)$。由于截断产生吉布斯效应,可能导致阻带衰减不满足技术指标的要求,因此,设计完毕要检验所涉及的滤波器是否满足技术指标的要求。

(2)频率采样法的基本思想。

窗函数设计法是从时域出发,把理想滤波器的单位脉冲响应 $h_d(n)$ 用窗函数截断得到有限长序列 $h(n)$,用 $h(n)$ 来近似逼近 $h_d(n)$,属于时域内逼近。

频域采样法从频域出发,对给定的理想滤波器的频率响应 $H_d(e^{j\omega})$ 在 $[0,2\pi]$ 内进行等间隔采样得到 $H(k)$,对 $H(k)$ 进行 N 点的 IDFT 运算得到 $h(n)$,将 $h(n)$ 作为所涉及的 FIR 滤波器的单位脉冲响应,其系统函数 $H(z)$ 根据频域采样理论的内插公式,可由这 N 个频域采样值内插恢复出 FIR 滤波器的 $H(z)$ 和 $H(e^{j\omega})$:

$$H(z) = \frac{1 - z^{-N}}{N} \sum_{k=0}^{N-1} \frac{H(k)}{1 - W_N^{-k} z^{-1}}$$

$$H(e^{j\omega}) = \frac{1 - e^{-j\omega N}}{N} \sum_{k=0}^{N-1} \frac{H(k)}{1 - W_N^{-k} e^{-j\omega}}$$

(3)等波纹逼近法的基本思想。

设希望逼近的滤波器的幅度特性为 $H_d(\omega)$，实际设计的滤波器的幅度特性为 $H(\omega)$，则其加权误差 $E(\omega)$ 可表示为

$$E(\omega) = W(\omega)\left|H_d(\omega) - H(\omega)\right|$$

式中，$W(\omega)$ 为误差加权函数，用来控制通带或阻带的逼近精度。在逼近精度要求高的频带，$W(\omega)$ 的取值大；在逼近精度要求低的频带，$W(\omega)$ 的取值小。使得在逼近的频率范围 B 内，加权误差 $E(\omega)$ 的最大值最小化。

3.实验内容及步骤

(1)FIR 滤波器的技术指标如下：

$$\omega_p = 0.2\pi, \alpha_p = 0.25 \text{ dB}; \omega_s = 0.4\pi, \alpha_s = 50 \text{ dB}。$$

分别选择哈明窗和凯赛窗函数设计一个低通 FIR 滤波器。作出幅度响应和相频响应曲线，比较设计结果。

(2)分别用频率采样法和等波纹逼近法设计一个满足如下性能指标的 FIR 带通滤波器。作出滤波器的单位脉冲响应、幅频特性曲线和相频特性曲线，比较设计结果。

$$\omega_{s1} = 0.2\pi, \omega_{p1} = 0.4\pi, \alpha_p = 0.5 \text{ dB}; \omega_{p2} = 0.6\pi, \omega_{s2} = 0.8\pi, \alpha_s = 40 \text{ dB}$$

(3)正弦信号 $x(t) = \sin(2\pi f_0 t)$ 进行采样，已知采样频率 $f_s = 100$ Hz，信号的频率为 $f_0 = 25$ Hz；采样点 $N = 500$。

①调用 MATLAB 函数 $y(n) = 0.5\text{rand}(\text{length}(x),1)$ 给信号 $x(t) = \sin(2\pi f_0 t)$ 叠加噪声，生成信号 $z(n) = x(n) + y_1(n)$；

②调用 MATLAB 信号处理工具箱函数 remezord 和 remez 设计 FIR 数字低通滤波器。从 $z(n)$ 高频噪声信号中提取信号 $x(n)$，技术指标要求：

$$\omega_p = 0.20\pi, \alpha_p = 0.5 \text{ dB}; \omega_s = 0.35\pi, \alpha_s = 60 \text{ dB}$$

4.实验报告要求

(1)采用窗函数法设计 FIR 滤波器时如何选择合适的窗函数；
(2)总结选择凯赛窗函数设计 FIR 数字滤波器的过程；
(3)总结应用窗函数法、频率采样法和等波纹逼近法设计 FIR 滤波器的设计流程；
(4)总结如何在 MATLAB 中给已知信号加噪声并且选择合适的滤波器提取信号。

8.6 语音信号的处理

实验六微课
（MATLAB）

1.实验目的

(1)阅读相关文献了解语音信号的特点,掌握应用 MATLAB 实现语音信号采集、分析、合成、谱分析和滤波处理的方法。

(2)能够利用计算机及相关软件,根据特定需求完成数字信号处理系统的设计和实现,并能够在设计环节中体现创新意识。能够通过课程设计报告、课程总结报告、PPT 等形式展示成果,汇报交流复杂工程方案和技术问题,对挑战性问题进行开放式的在线

讨论。

2.实验原理与方法

语音信号是一种典型的非平稳信号。语音信号的基本组成单位是音素。音素可分为"浊音"和"清音"两大类。如果将不存在语音而只有背景噪声的情况称为"无声",那么音素可以分为"无声""浊音""清音"三大类。语音信号具有时变特性,但在一段时间范围内(一般认为在 10~30 ms 内),其特性基本保持不变,即语音信号具有短时平稳性。任何语音信号的分析和处理必须建立在"短时"的基础上,即进行"短时分析",将语音信号分段来分析其特征函数,其中每一段称为一"帧",帧长一般取为 10~30 ms。这样,对于整体的语音信号来讲,分析出的是由每一帧特征参数组成的特征参数时间序列。

语音识别已经成为一个非常活跃的研究领域。语音识别技术有可能作为一种重要的人机交互手段,辅助甚至取代传统的键盘、鼠标等输入设备,在个人计算机上进行文字录入与操作控制。在智能家电、工业现场控制等其他应用场合,语音识别技术会有更广阔的发展前景。

MATLAB 中语音信号分析和滤波处理:

(1)语音信号的采集。

采集语音信号并保存为.wav 文件,长度小于 30 s,并对语言信号进行采样;录制的软件可以使用 Windows 自带的录音机,或者也可以使用其他专业的录音软件,为了方便比较,需要在安静、无噪声、干扰小的环境下录;

(2)语音信号的读入与打开。

在 MATLAB 中,[y,fs,bits]=wavread('Blip',[N1 N2]):

用于读取语音,采样值放在向量 y 中,fs 表示采样频率(Hz),bits 表示采样位数。[N1 N2]表示读取从 N1 点到 N2 点的值。

sound(y):用于对声音的回放。向量 y 则代表了一个信号,也即一个复杂的"函数表达式",也可以说像处理一个信号的表达式一样处理这个声音信号。

(3)自行设计实验、撰写方案,完成对语音信号的采集、合成、谱分析与滤波处理。

3.实验内容

(1)录制一段语音信号并保存在电脑里,格式.wav。

(2)设计低通滤波器对叠加高频噪声干扰的语音信号进行滤波,要求对所采集的语音信号进行频谱分析,并说明语音信号进行滤波前后的变化。

4.实验报告要求

(1)简要叙述语音信号的特点,语音信号数字化处理的实际应用。

(2)总结在 MATLAB 环境下进行语音信号的采集与分析的方法。

(3)总结在 MATLAB 环境下如何设计合适的数字滤波器对语音信号进行滤波处理。

(4)对实验中相关程序及各个波形进行分析与总结。

(5)举一些实例说明语音信号数字化处理的实际应用。

(6)撰写 2 000~3 000 字的工程项目研究报告;撰写 PPT 展示设计成果,汇报交流复杂技术问题和工程设计方案。

8.7　心电信号的时域与频域分析

1.实验目的

（1）阅读相关文献,给出心电信号的数学模型,应用 MATLAB 实现正常心电信号谱分析和滤波处理。

（2）对正常心电信号叠加干扰信号,设计合适的滤波器实现加噪信号的谱分析和滤波处理。

（3）能够利用计算机及相关软件,根据特定需求完成数字信号处理系统的设计和实现,并能够在设计环节中体现创新意识。

（4）具有良好的文字和语言表达能力,能够通过课程设计报告、课程总结报告 PPT 等形式展示成果,汇报交流复杂工程方案和技术问题,对挑战性问题进行开放式的在线讨论。

2.实验要求

自行设计实验、撰写实验原理、实验方案,完成对心电信号的采集、合成、谱分析与滤波处理的 MATLAB 实现。

3.实验报告要求

（1）说明国内外对心电信号研究的现状与发展趋势及本实验研究的实际意义。

（2）说明心电信号的特点及数学模型。

（3）系统的心电信号时域及频域分析的方法。

（4）撰写 2 000~3 000 字的工程项目研究报告;撰写 PPT 展示设计成果,汇报交流复杂技术问题和工程设计方案。

8.8　数字图像处理初步

1.实验目的

（1）阅读相关文献,学习并掌握图像的平滑滤波、锐化滤波和种植滤波原理。

（2）掌握图像的平滑滤波器、锐化滤波器和种植滤波器对图像处理的 MATLAB 实现。

2.图像的空域滤波增强

图像噪声按照其干扰源可以分为外部噪声和内部噪声,外部噪声是指系统外部干扰以电磁波或经电源进入系统内部引起的噪声。如电气设备等引起的噪声。内部噪声主要有系统内部的器件噪声、材料引起的噪声、电器机械运动产生的噪声以及光和电的基

实验八微课
（MATLAB）

本性质引起的噪声。按照概率密度函数分,噪声通常有:白噪声、椒盐噪声、冲击噪声和量化噪声等。

图像的增强处理技术是图像处理领域很重要的技术。对图像恰当增强,能使图像去噪的同时特征得到较好保护,使图像更加清晰,从而提供给我们更加准确的信息。使用空域模板进行的图像处理,被称为空域滤波。空域滤波的原理就是在待处理的图像中逐点地移动模板,滤波器在该点的响应通过事先定义的滤波器系数与滤波模板扫过区域的相应值的关系来计算。图像空域滤波中常用的滤波技术有平滑滤波器、锐化滤波器、中值滤波器和自适应滤波器。本实验重点学习图像的平滑滤波、锐化滤波和中值滤波。

3.实验要求

自行设计实验、撰写实验原理、实验方案,完成图像平滑滤波器、锐化滤波器和中值滤波器的 MATLAB 实现。

4.实验报告要求

撰写 2 000~3 000 字的工程项目研究报告;撰写 PPT 展示设计成果,汇报交流复杂技术问题和工程设计方案。

"数字信号处理"课程思政教育的研究与实践

　　"数字信号处理"是电子信息工程、通信工程等10多个专业开设的专业必修课,课程的总体培养目标:以立德树人为根本,课程立足于电子信息领域高素质人才培养,发挥实践需求引领、工程特色鲜明的优势,以学生为中心,以"学"为核心,以工程实践能力的提升为目标,线上线下结合,通过理论课的学习,培养理论分析能力;通过实验课的学习对学生进行系统的工程项目训练,培养学生的工程素养与工程研究能力;通过解决行业的实际问题,提高工程应用能力;通过综合性实验,培养学生的创新理念与创新精神。教学过程中遵循"夯实基础,拓宽口径,重视设计,突出综合,强化实践"的原则,形成"教、学、做、创新"一体化。注重学思结合、知行统一,增强学生勇于探索、善于解决问题的实践能力。注重培养学生"敢闯会创",在实践中增长智慧才干,在艰苦奋斗中锤炼意志品质,力争做到以创促学、以赛促学、以创新促进创业。本课程认真研究本学科特点与课程思政资源,将思政教育、专业课教学与实验课教学深度融合与匹配互动,使学生树立正确的人生观、世界观与价值观,努力实现知识与能力、创新与创业、理论与实践、科学性与价值性的辩证统一,铸就学生的科学精神、大国工匠精神与爱国主义情怀。

1.存在的问题

　　课程思政作为高等教育的重要环节,是立德树人的关键举措。全国高等教育课程在如火如荼地进行课程思政化的探讨与改革,但存在的问题也比较突出,主要体现在:

　　(1)对课程思政的含义、意义、重要性理解的深度不够。课程思政的理念已提出四年有余,但还有很多高校教师认为专业课教师只要讲好专业课足矣,思政相关的内容应该由思政课老师讲授,使课程思政教育流于"表面化",未取得应有的成效。

　　(2)专业课教师课程思政育人的能力需要进一步提升。对课程思政元素的挖掘不到位,进行课程思政教学所需的相关的知识和信息积累不足,对融合点、融合载体和融合方法的研究不足,思政教育与专业课教学融合时存在"硬融入",显得直白突兀,缺少课程思政教育的教学设计,教学效果不佳。

　　(3)当然也存在着一些顶层设计的问题,比如学校总体的思政教育体系、学科体系、教学体系、教材体系、管理体系如何将课程思政教育纳入双一流建设、教学成果评定、教材建设、高校教学绩效考核、教师评奖评优等。

2."数字信号处理"课程思政教育的总体设计

针对"数字信号处理"课程思政中存在的上述问题,结合笔者 20 多年数字信号处理课程的教学实践经验,从以下三个方面对本课程的课程思政建设进行总体规划,更好地适应新时代、新工科人才培养目标的要求。

2.1 确立教师的"第一主角地位"

采用专题讨论、专题学习、专题讲座、外出学习、参加培训等模式,确立教师做学生为学、为事、为人示范的"大先生",做好课程思政这件大事,促进学生成长为全面发展的人;教师要树立热爱党的教育事业、爱岗敬业、爱学生,用心、用情、用爱、用真善美去教书育人;认真研究本课程蕴含的课程思政资源,切实把握课程思政的融合点、融合载体与融合方法,实际教学中做到课程思政进大纲、进教材、进教案(进课件)、进网络、进头脑。力争做"政治立场过硬、业务能力精湛、技术方法娴熟、育人水平高超"的"金师",使所教授的课程成为"有知识、有学问、有信仰、有力量"的"金课"。

2.2 课程思政总体目标

"数字信号处理"课程思政与电子信息工程专业开设的其他专业课的课程思政内容具有统一性,又有自身的个体性,把握的方向是立德树人为根本,为党育人、为国育才;要深刻认识到课程思政影响甚至决定着接班人问题、国家长治久安、民族复兴和国家崛起,是高等教育中的"应有之义,必备内容,至关重要,必须做好"。概括起来是一条主线、五大重点。一条主线是:坚定学生的理想信念,树立爱党、爱国、爱社会主义、爱人民、爱集体的深厚情感。五大重点是:用习近平新时代中国特色社会主义思想去教育人、武装人,使学生树立社会主义核心价值观;大力弘扬中华民族的优秀传统文化与传统美德;遵纪守法、遵守职业道德;强化科学伦理、工程伦理教育;树立科学思维、科学精神与大国工匠精神。

2.3 "数字信号处理"课程思政的重要元素

"数字信号处理"课程思政在认真把握一条主线、五个重点的基础上,实际教学中要注重四个思政元素与四种观念的研究、融合与培养,四个元素——科学精神、工匠精神、规矩意识、团队精神,四个观念——系统观、时频观、数字观、实践观。

3."数字信号处理"课程思政教学实践

"数字信号处理"课程分理论课与实验课,我校"数字信号处理"理论课分三个模块:离散时间信号的时域分析与频域分析、离散傅里叶变换及应用(包括快速傅里叶变换)、数字滤波器(IIR 数字滤波器与 FIR 数字滤波器)。实验教学采用"3+2+3"的模式:3 个验证性实验、2 个设计性实验和 3 个综合性实验。

3.1 教学方法

针对数字信号课程的特点,以学生为中心,以产出为导向,充分利用各种网络平台与课程资源,综合运用多种教学方法,对不同的学习内容采用不同的教学方法,以提升教学质量。

(1)讨论法:离散时间信号与系统的时域分析与频域分析在信号与系统中已系统学过,这部分内容采用讨论为主,在教师引导下,学生围绕课程目标展开讨论,讨论结束,教师进行点评,并就重点、难点问题进行归纳讲解。

(2)讲授法:对重点难点知识由教师进行系统讲解并讨论。比如 DFT 变换及应用、快速傅里叶变换(FFT)、数字滤波器设计、数字信号处理的实现、基于 MATLAB 语言、CCS 集成开发环境的数字信号处理程序设计与仿真等。

(3)直观演示法:对于典型应用案例、程序设计问题、工程实践问题,教师借助计算机、MATLAB、C 语言、DSP 试验箱等进行演示与分析,提升学生软件设计能力。

(4)任务驱动法:对工程实践性较强的问题,比如综合设计性实验,教师给出工程背景和技术指标,学生在任务的驱使下完成实验设计、撰写实验方案,完成实验内容。

(5)自主学习法:新人才培养方案出台后,课程学时压缩,对大纲中要求了解或相对容易掌握的内容,学生作为学习主体自学,培养学生独立学习的能力,形成适合自己的学习方法与模式,提升终身学习的能力。

(6)其他方法:比如对课外实践采用项目化教学,严格按照工程项目要求完成;对于热点问题,采用案例分析法。

3.2 课程思政与专业课教学的融合方法

(1)热点时事融合法:主要通过讲时事、热点问题、经典案例融合,是最直接、最易讲也是最容易为学生接受的方式,也是最重要的方法,适合各个思政目标点的融入,尤其适合爱党、爱国、爱社会主义、爱人民、爱集体思政目标的教学,大力弘扬中华民族的优秀传统文化和优秀传统美德,用习近平新时代中国特色社会主义思想去教育人。

(2)类比融入法:通过类比论证,将已知事物(或事例)与跟它有某些相同特点的事物(或事例)进行比较类推从而证明论点的论证方法。在类比出结果后引入科学精神的求是精神、探索精神、分析精神、开放精神、实证精神等。

(3)案例融合法,通过精选与教学内容相联系的典型案例,选择此案例时要有明确的指向性,选择的案例最终要能使教师希望讲解的思政元素很顺畅、很自然地融入专业教学。这一融合方法是自由度最高的方法,但要求任课教师对专业内容的理解要全面、深刻、透彻,才能真正选择出最恰当的案例。

(4)工程项目及产品融合法:通过对某一个工程项目或产品的不断改进过程与结果的讲解,融入科学精神的求实精神、探索精神、创新精神、实践精神等,尤其适合于工匠精神的融入,此外对团结协作精神、规矩意识的形成以及民主精神、批判精神都可以融入。

（5）程序融合法：在讲解各种计算机程序时，将规矩意识、科学精神、工匠精神融入专业课教学。比如讲述 C 语言的循环结构时，由 while、do-while 和 for 语句培养学生持之以恒、百折不挠、不断打磨专业能力的工匠精神。

（6）实验融合法：在课堂讨论时尤其适合融入科学精神的探索精神、创新精神、实践精神等，此外对团结协作精神、规矩意识的形成以及民主精神、批判精神都可以融入。

（7）逻辑思维融合法：通过对某一个问题严密逻辑推理的基础上得出结论后，融入科学精神的求实精神、实证精神、理性精神、怀疑精神、原理精神等。

（8）社会实践融合法：社会实践由多种多样的实践活动，主要有环保类、科普类、爱心类、成长类、励志类、支教类、普法类。依据不同的社会实践类型选择切入不同的课程思政点融入。如环保类，可以引入习近平总书记提出的“绿水青山就是金山银山”，进一步引申出爱党、爱国、爱社会主义、爱人民、爱集体；通过普法教育类可以引出规矩意识，遵纪守法、遵守职业道德等，依据不同类型、不同场景开展不同的思政教育。

实现课程思政与专业课教学的无缝连接与有机结合，一方面要求教师熟悉教学大纲、精通教学内容，采用恰当的教学方法，另一方面又要求教师研究课程思政目标，对各个思政元素的内涵有精准的理解，才能开展有效的课程思政教育。专业不精通的课程思政教育是无根之木、无源之水的思政；思政目标与思政元素内涵理解不通透的思政是表面化的思政、苍白的思政、“硬融入”的思政，不但起不到思政教育应有的效能，还会造成学生的逆反思维，引起不良的教学效果。纯熟的专业功底，载着纯正的课程必将走进学生心里，传遍校园，在中华大地上开出朵朵鲜花，结出累累硕果。

3.3 教学案例

下面以“窗函数法设计 FIR 数字滤波器”这一教学案例说明如何根据课程及所讲授内容的特点把握课程思政与专业课教学的融合点、找到合适的融合载体、采用正确的融合方法实现课程思政与专业课教学的融合。

一、复习提问，引入新课

1.教师提出问题进行讨论，并就讨论情况由教师归纳、总结，引入新课。

（1）请 1 到 2 名同学总结第 6 章第 1 节中学习过的线性相位 FIR 数字滤波器的特点与线性相位条件，展开讨论。

（2）给出事先准备的 IIR 数字滤波器设计的 MATLAB 程序，引导学生分析、归纳总结：IIR 数字滤波器的设计思路、设计方法、MATLAB 工具箱函数的调用方法、程序设计等，最后教师总结并引入 FIR 数字滤波器的设计方法的特点及本节课内容。

2.课程思政。

（1）热点时事融合法：讲解热点时事，比如通报新冠疫情，主要从疫情发展的现状、各国政府采取的应对措施、不同国家民众对待疫情防控的态度等诸方面进行国内外疫情对比，强调指出中国共产党与中国政府、各级地方政府、学校、学院、全中国人民积极采取有效应对措施，短时间内战胜疫情，使国计民生得以保障，由此激发学的爱党、爱国、热爱社会主义祖国、爱人民、爱集体的情怀。

（2）备选融入点，可以选择自己熟悉的热点问题、时事或经典问题融合。

可以讲述习近平同志在十九届六中全会上宣布我国已经进入小康社会这一精神，结合自己的亲身体会和经历说明作为中华民族的一员，用习近平新时代中国特色社会主义思想去教育人、引导人，造就社会主义事业的建设者与接班人。

也可通过讲述我国重大科技成果引入课程思政教育，比如歼-20、航空航天等其他重大的科技成果，在讲透这些案例的基础上，培养学生树立爱党、爱国、爱国主义的情怀，树立为中华民族伟大复兴事业献身的精神与理想。

二、新课教学

教师展示 PPT 讲授窗函数法设计 FIR 数字滤波器。

（一）窗函数法设计原理

采用讲授法讲解窗函数法设计 FIR 滤波器的设计原理。

（二）加窗截断对 FIR 滤波器性能的影响

1.专业课教学

（1）采用直观演示法与讲授法并讨论吉布斯效应。

吉布斯效应：用一个有限长的序列 $h(n)$ 去替代无限长序列 $h_d(n)$，肯定会引起误差，表现在频域就是通常所说的吉布斯（Gibbs）效应。该效应引起通带和阻带内的波动并且过渡带加宽，尤其使阻带的衰减小，不能满足技术指标的要求。

（2）分析吉布斯效应产生的原因。

直观上，由于截断引起了吉布斯效应。但在本质上，设计 FIR 滤波器就是根据技术指标要求找到 N 个傅里叶级数系数 $h(n)$（$n=0,1,2,\cdots,N-1$），因此，从这一角度来说，窗函数法也称傅里叶级数法，以 N 项傅氏级数取近似代替无限项傅氏级数，这样在一些频率不连续点附近会引起较大误差，这种误差就是前面说的吉布斯效应。如图 1 所示，学生可能推论出选取的傅里叶级数项数 N 值越大，引起的误差就越小；此处教师要明确指出：①选取的项数增多，即 N 增大，$h(n)$ 的长度增加，会使得滤波器在工程实现上的硬件开销和算法运算量过大，导致硬件系统更复杂、功耗增大、运行速度变慢等。②提出一个至关重要的问题，增大 N，是不是就可以完全解决吉布斯效应带来的影响？答案是否定的。展示程序运行的图 1，说明增大 N 只能有效控制过渡带带宽，而要减少带内波动以及增大阻带衰减，因此增大 N，并不是减少吉布斯效应的有效手段。

2.课程思政

（1）类比融入法：以上述问题的分析为课程思政的融入点，以分析结论融合载体，引入科学精神的求实精神：客观唯实、追求真理；不把偶然性当必然性，不能把现象当本质，要实事求是地分析客观问题。透过现象看本质，现象是增大 N 可以减小吉布斯效应，本质上引起吉布斯效应的根本原因是以 N 项傅里叶级数取近似代替无限项傅氏级数，这样在一些频率不连续点附近会引起较大误差。

（2）通过本问题六幅图的类比论证与结果融入科学精神中的实证精神，将已知事物（或事例）与跟它有某些相同特点的事物（或事例）进行比较类推从而证明论点的论证方法。实证精神要求一切科学认识必须建立在充分可靠的经验基础上，以可检验的科学事实为出发点，运用公认为正确的研究方法完成科学理论的构建。实证精神是一种客观的

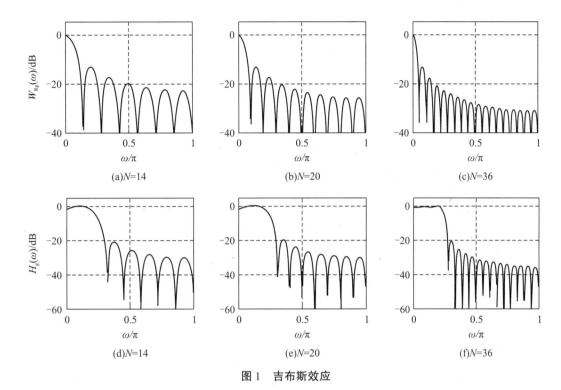

图1 吉布斯效应

态度,在思考和研究中尽力地排除主观因素的影响,尽可能精确地揭示出事物的本来面目。同时,这种客观性又必须满足普遍性的要求,即客观知识必须是能够重复检验的公共知识,而不是个体的体验。实证精神,就是尊重事实、诚实正直,并进行符合逻辑的思维,是科学的重要品质。

(3)逻辑思维融合法:通过对以上问题的分析,切入科学精神中的理性精神。理性精神是对理智的崇尚,是科学认识主体通过概念、判断、推理、分析、综合、归纳、演绎等逻辑性的思维活动所体现出来的。理性精神把自然界视为人认识和改造的对象,它坚信客观世界是可以认识的,人可以凭借智慧和知识把握自然对象、自然过程。要求人们尊重客观规律,探索客观规律,并把对客观规律的科学认识作为人们行动的指南。提倡科学的理性,就要反对盲从和迷信。但崇尚理性思考,绝非简单拒绝或否认人们的非理性的精神世界。人们具有丰富的精神世界,不仅追求理性和真理,而且追求情感、信仰,追求真善美与价值。

(三)选择不同的窗函数减少吉布斯效应

1.专业课教学

(1)窗典型窗函数介绍(略)。

(2)选择不同的窗函数对 FIR 数字滤波器性能的影响。

采用直观演示、讲授法、任务驱动法讲解构造不同的窗函数对滤波器性能的影响。分别从几种典型的窗函数的时域表达式、幅度特性函数说明不同的窗函数的时域与频域特性;通过展示六种典型窗函数时域波形、幅频特性曲线,以及技术指标相同的条件下,应用不同的窗函数设计出的 FIR 数字滤波器的单位脉冲响应、滤波器的幅频特性曲线,学生观察、教师详细分析说明构造不同的窗函数对滤波器性能的影响。

①窗函数不同,滤波器的阶数 N 不同;

②不同的窗函数对阻带的衰减不同,所设计出的滤波器的过渡带带宽也不同,因此构造不同的窗函数可以有效减小吉布斯效应,改善所涉及的滤波器的通带、阻带及过渡带的特性;

③各种教材中都只给出了矩形窗、三角窗、汉宁窗、哈明窗、布莱克曼窗和凯塞窗函数,随着数字信号处理的不断发展,学者们提出的窗函数已多达几十种,MATLAB 信号处理工具箱提供了 14 种窗函数的产生函数供我们调用。

2.课程思政

(1)逻辑思维融合法:通过本问题的分析融入科学精神中的原理精神。科学是发现规律,揭示事物最本质、最普遍的原理。科学不仅要回答是什么,还要回答为什么,以科学原理做指导,科学、理性地看待问题、分析问题,区分事物的统一性与个体性、主要矛盾与次要矛盾、矛盾的主要方面与次要方面。现象上吉布斯效应是截取引起的,那么加大截取长度可以减少吉布斯效应的影响吗?通过本问题直观分析不难发现,单纯增加截取长度不能改善吉布斯效应带来的影响,因而驱使我们去找到改善吉布斯效应影响更有效的方法——窗函数法。

(2)类比融合法:随着数字信号处理的发展,学者们提出的窗函数已多达几十种,通过多种窗函数的提出融入科学精神中的创新精神。科学精神倡导创新思维和开拓精神,鼓励人们在尊重事实和规律的前提下,敢于标新立异。科学精神的本质要求是开拓创新。科学领域之所以不断有新发明、新发现、新创意、新开拓,之所以充满着生机和活力,就在于不断更新观念,大胆改革创新。因此,科学的生命在于发展、创新,在于不断深化对自然界和人类社会规律的理解。实践证明,思维的转变、思想的解放、观念的更新,往往会打开一条新的通道,进入一个全新的境界。一部科学史,就是一部实践和认识上不断开拓创新的历史。

(四)演示程序,分析比较结果

本问题采用任务驱动法、探究教学法,在例题讲解讨论完毕后提出问题,引入课程思政。

1.专业课教学

例1 给出设计低通 FIR 数字滤波器的性能指标,首先采用哈明窗设计一个低通滤波器,给出 MATLAB 程序,运行程序后分析所设计的滤波器是否满足性能指标要求。再将窗函数改变为布莱克曼窗,观察滤波器阶数和性能有何变化?课后自己设计程序并运行,下节课提问。

(2)用凯塞窗设计相同性能指标的低通 FIR 数字滤波器。MATLAB 程序代码如下:

```
fp=1500;fs=2500;rs=40;
wp=2* pi* fp/Fs;ws=2* pi* fs/Fs;
Bt=ws-wp;                              % 计算过渡带宽度
alph=0.5842* (rs-21)^0.4+0.07886* (rs-21);    % 计算 kaiser 窗的控制参数 α
N=ceil((rs-8)/2.285/Bt);               % 计算 kaiser 窗所需阶数 N
```

```
wc = (wp+ws)/2/pi;                          % 计算理想高通滤波器通带截
                                              止频率(关于 π 归一化)

hn = fir1(N,wc,kaiser(N+1,alph));           % 调用 kaiser 计算低通 FIRDF
                                              的 h(n);
……
```

程序运行完毕后,由学生讨论、归纳出凯塞窗与哈明窗设计数字滤波器程序代码的不同点,阶数 N、性能指标的不同点。

2.课程思政

(1)案例融合法:通过本问题的讨论与分析融入科学精神的探索精神,探索精神是由作为科学研究对象的客观世界的无限性和复杂性所决定的。研究对象永无止境,科学永无止境,科学探索永无止境,思想解放亦永无止境。科学的最基本态度之一就是探索,科学的最基本精神之一就是批判。科学精神是顽强执着、锲而不舍的探索精神,古往今来,任何一项科学发现和发明,都不是凭空出现的,都经历过实践、认识、再实践、再认识这样一个完整过程;都不是一帆风顺的,都要经历不断探索真理、不断追求真理、不断坚持真理这样一个艰难过程。科学家们正是凭着锲而不舍、不畏艰难险阻的精神,以非凡的勇气和毅力,孜孜不倦地探索着科学的奥秘,在科学的各个领域做出了杰出的贡献。

(2)程序融合法:上述程序中为了检验各种窗函数设计同一滤波器对滤波器性能的影响,设计程序时除了用顺序语句实现,可不可以利用循环结构、选择结构去实现?从而培养学生持之以恒、不断打磨专业能力的品质和工匠精神。

3.专业课教学

例 2 信号去噪声:请设计低通滤波器,从高频噪声中提取 $x(t)$ 中的单频调幅信号,要求信号幅频失真小于 0.1 dB,将噪声频谱衰减 60 dB。观察 $x(t)$ 的频谱,确定滤波器指标参数。信号的时域波形和频谱如图 2 所示。采用任务驱动法、探究教学法。

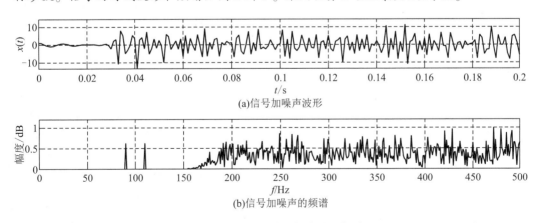

(a)信号加噪声波形

(b)信号加噪声的频谱

图 2 加噪声信号的时域波形及频谱

本例中要求用窗函数法设计低通滤波器观察波,信号滤波后的频谱与时域波形。提出问题:FIR数字滤波器有三种设计方法:窗函数法、频率采样法和等波纹逼近法,课后先预习后两种方法,并完成本例滤波器的设计,然后比较设计结果(作业)。

4.课程思政

(1)工程项目融合法、实验融合法:通过本例的分析融入工匠精神。①全心的敬业精神:工匠精神最根本的因素就是爱岗敬业。敬业精神实质上就是一种态度,包括职业理想信念、职业兴趣爱好、职业精神情感、职业道德素质、职业能力水平等。敬业精神是中国人的传统美德,也是社会主义核心价值观的基本要求之一,敬业精神具有高度的责任感和事业心,干一行、爱一行、精一行。②严谨的工作态度:严谨指的是工作态度细致入微、谦虚谨慎、力求完美、追求卓越,严谨的工作态度就是要求在职业生涯中注重细节、一丝不苟,不惜花费时间精力,孜孜不倦、精益求精,追求完美和极致的职业品质。对待自己工作中每一个细小的环节都要求做到上心、用心、细心、虚心、全心,做到眼勤、手勤、腿勤、嘴勤、脑勤。正如老子所说,"天下大事,必作于细"。③超强的工作能力:要求职业者具有充满激情,全心投入,尽心工作,敢于担当,善于观察,独立思考,沉着冷静,大胆果断,机智明辨,积极向上,敢于探索,追求完美,精益求精的精神特质,不断提高自己在专业领域的核心竞争力。④大胆的创新意识:工匠精神之所以得以传承,最重要的是能够结合时代的需求去进行大胆的创新。创新的动力就是对客观世界的认知不满足于传统而映射到现实生活,就是打破固有传统观念和思维模式进行创造更新。追求创新是新时代的要求,创新是一些新的思维、方式、方法、途径等,最终能够带来一定的效果和效率。工匠精神所要求的大胆的创新意识,就是职业者要保持好奇的心态,善于发现问题、提出问题、分析问题、解决问题,有工作热情,敢质疑,不断探索,意志顽强,面对困难,克服困难。

(2)案例融合法:融入团结协作精神。课后设计实验设计程序遇到问题时,要具有团队精神、协作精神,在共同努力下设计出完整性、规范性、科学性的内容,从而获得成就感,培养团结协作,求实创新思维。

(五)教学创新点

(1)思政教育与专业课教学深度融合,开展有成效的思政教育。弘扬五种精神——科学精神、工匠精神、爱岗敬业精神、无私奉献精神、爱国主义精神;培育五种情感——专业归属感、行业荣誉感、职业道德感、集体荣誉感、社会责任感;力争实现"四个统一"——知识与能力、创新与创业、理论与实践、科学性与价值性的辩证统一。

(2)创新实验教学模式,采用项目化教学,以学生为中心,以培养能力为主线,激发学生的学习兴趣,自主探索并实践,真正做到"敢闯会创",通过项目化教学过程开展课程思政教育。

(3)结合工程认证与课程思政,优化教学评价体系,制定更加符合新时代、新工科、课程思政目标和人才培养目标要求的教学评价体系。

(4)通过工程项目实践,从价值引领、知识探究、能力建设、态度养成"四个维度",实现知识、思维、能力、价值的有机统一。

专业课教师在课程思政中,要依据课程的知识目标、素质目标、技能目标的要求,认真研究课程思政目标与课程蕴含的思政资源,找准思政教育的融合点、选择合适的融合载体、采用正确的融合方法,使思政教育、专业课教育、实验教学实现有效融合,才能取得满意的教学效果。本书获2022年宁夏大学高水平教材出版基金资助。本书是2021年国家级和省级一流本科专业建设点——宁夏大学物理与电子电气工程学院电子信息工程专业的重点建设教材之一,宁夏回族自治区"十三五"电气信息类重点专业群建设的研究成果之一,教育部产学合作协同育人项目(项目编号:202002051001)建设的成果之一。

参考文献

[1] 程佩青.数字信号处理教程:MATLAB 版[M].5 版.北京:清华大学出版社,2017.

[2] 姚天任.数字信号处理[M].2 版.北京:清华大学出版社,2018.

[3] 胡广书.数字信号处理:理论、算法与实现[M].3 版.北京:清华大学出版社,2012.

[4] MITRA S K.数字信号处理:基于计算机的方法[M].孙洪,余翔宇,译.2 版.北京:电子工业出版社,2005.

[5] 张旭东,崔晓伟,王希勤.数字信号分析和处理[M].北京:清华大学出版社,2014.

[6] 高西全,丁玉美.数字信号处理[M].4 版.西安:西安电子科技大学出版社,2016.

[7] 王艳芬,王刚,张晓光,等.数字信号处理原理及实现[M].3 版.北京:清华大学出版社,2017.

[8] 谢平,林洪彬,刘永红,等.信号处理原理与应用[M].北京:清华大学出版社,2017.

[9] 陈纯锴.数字信号处理基础教程[M].北京:清华大学出版社,2018.

[10] BAESE U M.数字信号处理的 FPGA 实现[M].刘凌,译.3 版.北京:清华大学出版社,2011.

[11] 刘成龙.MATLAB 图像处理[M].北京:清华大学出版社,2017.

[12] 宋知用.MATLAB 数字信号处理 85 个实用案例精讲:入门到进阶[M].北京:北京航空航天大学出版社,2016.

[13] 沈再阳.精通 MATLAB 信号处理[M].北京:清华大学出版社,2015.

[14] KUO S M,LEE B H,TIAN W S.数字信号处理:原理、实现及应用:基于 MATLAB/Simulink 与 TMS320C55xx DSP 的实现方法:原书第 3 版[M].王永生,王进祥,曹贝,译.北京:清华大学出版社,2017.

[15] 徐国保,赵黎明,吴凡,等.MATLAB/Simulink 实用教程:编程、仿真及电子信息学科应用[M].北京:清华大学出版社,2017.

[16] 王芳,陈勇,何成兵.离散时间信号处理与 MATLAB 仿真[M].北京:电子工业出版社,2019.

[17] INGLE V K,PROAKIS J G.数字信号处理:应用 MATLAB[M].影印本.北京:科学出版社,2003.

[18] 张小虹.数字信号处理学习指导与习题解答[M].北京:机械工业出版社,2005.

[19] 程佩青,李振松.数字信号处理教程习题分析与解答[M].5 版.北京:清华大学出版社,2018.

[20] 姚天任.数字信号处理学习指导与题解[M].武汉:华中科技大学出版社,2002.

[21] 吴宝海,沈扬,徐冉.高校新工科课程思政建设的探索与实践[J].学校党建与思想教育, 2020(21):61-62,65.

[22] 强根荣,施仁信,王海滨,等.有机化学实验教学中融入思政教育的研究与实践[J].

实验技术与管理，2021，38(11):243-246.

[23] 栾声越,李庆华,崔国红. 新时代思政课程教育探索:评《新时代高职院校工科专业课程思政教育探索》[J].教育发展研究,2020,40(21):2.

[24] 张旭茗.新工科背景下材料实验课思政教学模式:评《材料力学实验教程》[J].中国科技论文,2020,15(2):257.

[25] 曹柳星,贺曦鸣,窦吉芳."新工科"视角下的"课程思政"实践:面向理工科专业本科生的主题式通识写作课设计[J].高等工程教育研究,2021(1):24-30.

[26] 胡军,于浍.理工科专业课程思政教学模式探析:以"网络化系统控制理论"课程为例[J].思想政治教育研究,2021,37(4):107-110.

[27] 岳宏杰.高校专业课教师课程思政能力建设研究[J].现代教育管理,2021(11):66-71.

[28] 石岩,王学俭.新时代课程思政建设的核心问题及实现路径[J].教学与研究,2021(9):91-99.